H. W. Knobloch · H. Kwakernaak

Lineare Kontrolltheorie

Mit 22 Abbildungen

Springer-Verlag
Berlin Heidelberg New York Tokyo

Prof. Dr. Hans Wilhelm Knobloch

Mathematisches Institut, Universität Würzburg
Am Hubland
D-8700 Würzburg

Prof. Dr. Huibert Kwakernaak

Dept. of Applied Mathematics, Twente University of Technology
NL-7500 AE Enschede

Mathematics Subject Classification (1980): 93C05, 93C45, 93E20, 93B99

ISBN-13:978-3-642-69885-9   e-ISBN-13:978-3-642-69884-2
DOI: 10.1007/978-3-642-69884-2

CIP-Kurztitelaufnahme der Deutschen Bibliothek

Knobloch, Hans W.:
Lineare Kontrolltheorie/H. W. Knobloch; H. Kwakernaak. —
Berlin; Heidelberg; New York; Tokyo: Springer, 1985.

NE: Kwakernaak, Huibert:

2144/3020-543210

Vorwort

Die Bezeichnung Kontrolltheorie ist eine etwas unglückliche neudeutsche Sprachschöpfung, die auch von Fachleuten nur zögernd akzeptiert wird. In gängigen Nachschlagewerken wird man ihn vergeblich suchen; denkbar wäre, daß man in Zukunft eine kurze Eintragung folgender Art findet: Die K. befaßt sich mit mathematischen Modellen für die Prozesse der Steuerung und Selbstregulierung, also mit den theoretischen Möglichkeiten der Beeinflussung von dynamischen Systemen. Diese mehr intuitive und vage Definition ist der Ausgangspunkt für die einleitenden Betrachtungen im Kap. 1, welches den Leser über den Gegenstand dieses Buches ausführlicher informiert.

Die Vorgänger der Kontrolltheorie hießen im deutschen Sprachraum Regelungs- und Steuerungstheorie oder auch technische Kybernetik. Aus der Sicht des Mathematikers lebten sie von Anleihen bei verschiedenen mathematischen Disziplinen: Differentialgleichungen, Variationsrechnung, Funktionentheorie und Stochastik. Man brauchte daher – dies war die gängige Meinung – auch nur über die nötigen Grundkenntnisse aus diesen Gebieten zu verfügen, um sich in der Regelungstheorie ohne fremde Hilfe zurechtfinden zu können. Diese Einschätzung mochte noch in den sechziger Jahren bis zu einem gewissen Grade zutreffen; heute liegen die Dinge anders. Die Kontrolltheorie ist eine angewandte Disziplin mit eigenem Profil und nicht mehr einfach eine Anhäufung mathematischer Hilfsmittel. Um mit ihrer spezifischen Problematik vertraut zu werden und einen Überblick über ihr methodisches Instrumentarium zu bekommen, ist man auf speziell ausgerichtete Lehrbücher oder Vorlesungen angewiesen.

Das alles gilt auch für den Teil der Kontrolltheorie, mit dem wir uns in diesem Buch vorwiegend beschäftigen wollen und bei dem man sich von vornherein für lineare Differentialgleichungen als mathematische Modelle dynamischer Systeme entscheidet. Wir werden also gewissermaßen nur erste Approximationen realistischer Modelle betrachten und es ist klar, daß in einer konkreten Situation allen Aussagen, die auf dieser Basis gewonnen werden, nur eine relative Bedeutung zukommt. Die Tragweite des linearen Ansatzes hängt ganz gewiß davon ab, ob wesentliche Eigenschaften eines realen Systems bei der Linearisierung erfaßt worden sind. Bis zu einem gewissen Grade können aber Unzulänglichkeiten in der Modellbildung kompensiert werden, dann nämlich, wenn es gelingt, ein lineares Modell quantitativ vollständig zu diskutieren. In dieser Möglichkeit liegt die Stärke der linearen Kontrolltheorie. Es wird einem freilich auch hier nichts geschenkt und nichts ist irriger als die Meinung, lineare Kontrolltheorie bestände im Grunde nur aus Übungsaufgaben zur linearen Algebra. Es ist zwar richtig, daß sich viele der von uns betrachteten Probleme prinzipiell auf die Frage nach der Lösbarkeit von linearen Gleichungen zurückführen lassen. Daß dies aber nicht gleichbedeutend mit der Reduktion auf ein Standardproblem der linearen Algebra ist, liegt an den für die Kontrolltheorie typischen Nebenbedingungen, deren Einhaltung unverzichtbar ist. Die wichtigste ist die sogenannte Polvorgabe. Darunter versteht man, grob gesprochen, Vorgaben für die Eigenwerte einer gewissen aus den Lösungen des Gleichungssystems zu bildenden Matrix. In ihr findet eine der Grundforderungen an die Lösung von Konstruktionsaufgaben, nämlich die Erhaltung oder Herbeiführung von Stabilität, ihren quantitativen Ausdruck. Das Thema Polvorgabe zieht sich wie ein roter Faden durch alle Teile dieses Buches und ist ein charakteristisches Beispiel für die Kontrollproblemen innewohnende spezifische Problematik.

Beschäftigung mit linearer Kontrolltheorie ist mehr als nur eine Propädeutik der Kontrolltheorie schlechthin, sie repräsentiert heute und sicher in absehbarer Zukunft immer noch einen wesentlichen Teil der täglichen Arbeit des Anwenders. Es gibt darüber hinaus eine Vielzahl wichtiger und offener Fragen, die bis jetzt nur im Rahmen der linearen Theorie in Angriff genommen werden können. Sie beziehen sich auf Situationen, in denen Linearisierung die einzige Möglichkeit zu einer quantitativen Analyse bietet: Unzulänglichkeiten in der Modellbildung, hohe Dimension, hochgradige Verkoppelung zwischen Teilsystemen. Es eröffnet sich hier noch ein weites Feld für gegenwärtige und zukünftige Forschung, die auch auf den Grundlagen aufbauen wird, die in der vorliegenden Einführung in die lineare Kontrolltheorie entwickelt werden.

Das Manuskript des Buches ist hervorgegangen aus Vorträgen, die in den Jahren 1976 und 1979 auf Arbeitsgruppen im Rahmen von Ferienakademien der Studienstiftung gehalten worden sind. Man findet das Programm dieser Arbeitsgruppen in den Kap. 1–4 und den ersten Abschnitten der Kap. 9–11 wieder. Es vermittelt dem Leser einen ersten Eindruck von den nun schon klassischen Teilen der linearen Kontrolltheorie. Hinzugekommen ist eine vertiefte Behandlung des optimalen Reglers und Beobachters sowie der Themenkreis Steuerungsinvarianz und geometrische Theorie (Kap. 5–7). Drei Gesichtspunkte sind für die Autoren bei der Auswahl des Stoffes maßgeblich gewesen.

1. Vermeidung einseitiger Festlegungen auf bestimmte Betrachtungsweisen. Damit soll der Leser in die Lage versetzt werden, Alternativen kennenzulernen und sich in konkreten Situationen selbst für den einen oder anderen Weg entscheiden zu können.
2. Anwendungsbezug und Aktualität in der Darstellung. Daher haben wir uns um eine Synthese aus deterministischer, stochastischer und geometrischer Kontrolltheorie bemüht. Wir glauben, daß dies eine der Möglichkeiten ist, die wachsende Nachfrage der Anwender nach effizienteren mathematischen Hilfsmitteln zu befriedigen.
3. Konsequente Fortführung der theoretischen Überlegungen bis zur praktischen Umsetzung in Rechenverfahren. Unser besonderes Augenmerk gilt dabei der geometrischen Theorie, wo der Transfer von der Theorie zur Praxis bisher noch unbefriedigend ist. In Kap. 5 werden wir daher neue Wege aufzeigen, um formale Konstruktionen rechnerisch nachzuvollziehen, und zwar in einfacher und praxisnaher Form. Wir hoffen, daß auf diese Weise das Buch

dazu beiträgt, der geometrischen Theorie größeren Einfluß auch auf die praktische Arbeit des Regelungstechnikers zu verschaffen.

Es versteht sich von selbst, daß wir im Sinne dieser Zielsetzung an explizit durchgerechneten Beispielen nicht gespart haben. Dort, wo es von der Sache her geboten ist, haben wir uns nicht gescheut, auch einmal ein höherdimensionales System zu diskutieren. Die benutzten Anwender-Computerprogramme aus der Numerik haben sich zumeist am MATLAB-Verfahren orientiert (Mohler, 1981).

An wen wendet sich das Buch? Nach unserem Dafürhalten sind es in erster Linie Studierende der Mathematik und der Ingenieurwissenschaften, die den theoretischen Unterbau der Regelungstechnik kennenlernen möchten. Darüber hinaus gibt es sicher einen weitgestreuten Kreis von potentiellen Interessenten aus den Bereichen Natur- und Wirtschaftswissenschaften, die in irgendeiner Form mit mathematischen Modellen für Steuerungsprobleme zu tun haben. (Man vergleiche hierzu auch die kurze Zusammenstellung von Anwendungsgebieten der Kontrolltheorie in Abschnitt 1.3). Schließlich denken wir auch an Dozenten an Hoch- und Fachschulen, die zwar selbst nicht auf dem Gebiet der Kontrolltheorie arbeiten, die aber gerne das Vorlesungsangebot für ihre Studenten in dieser Richtung ergänzt sehen möchten. Aus diesem Grunde haben wir den Landau-Stil konsequent vermieden und mit kommentierenden Bemerkungen nicht gegeizt.

Die Gretchenfrage nach der mathematischen Vorbildung, die vom Leser dieses Buches erwartet wird, ist nicht mit einem Satz zu beantworten. Unerläßlich sind in jedem Fall Kenntnisse auf dem Gebiet der linearen Algebra und der linearen Differentialgleichungen, etwa in dem Umfange, wie sie in den mathematischen Anfängervorlesungen des ersten Studienabschnittes vermittelt werden. Darüber hinaus wird man hie und da nicht darum herum kommen, ein Lehrbuch über lineare Algebra oder Differentialgleichungen zu Rate zu ziehen. Die drei mit [K], [S], [KK] (vgl. Literaturverzeichnis) bezeichneten Werke, auf die wir zumeist verweisen, passen nach unserer Meinung von der Terminologie, Bezeichnungsweise und auch von der Darstellung des Stoffes her am besten zu diesem Buch. Doch wird man die benötigte Information auch in fast jedem der auf dem Markt befindlichen Lehrbücher ohne Mühe finden können.

Eine kurze Bemerkung noch zum Thema Wahrscheinlichkeitsrechnung/ Stochastik. Die Elemente der stochastischen System- und Kontrolltheorie die einen integrierenden Bestandteil dieses Buches bilden, bauen streng genommen auf einfachen Grundtatsachen über stochastische Prozesse auf, mit denen aber erfahrungsgemäß die meisten der potentiellen Leser dieses Buches nicht vertraut sind. Wir haben uns daher entschlossen, ein einführendes Kapitel über stochastische Prozesse aufzunehmen. Ausgangspunkt ist die intuitive Definition eines Prozesses; anschließend werden dann die wichtigsten Regeln des stochastischen Differentialkalküls mit heuristischen Argumenten hergeleitet. Dieses Wenige an Fakten vorausgesetzt, werden wir dann mit relativ einfachen Überlegungen und ohne weitere Zugeständnisse hinsichtlich mathematischer Strenge die lineare stochastische Kontrolltheorie im wesentlichen vollständig entwickeln. Bei der Einführung des Kalman-Bucy-Filters bieten wir zudem zwei Alternativen. Zum einen den „Normalweg", den man sozusagen auch in Halbschuhen begehen kann, und der mit elementaren Überlegungen zur Charakterisierung als optimaler Beobachtet führt. Zum anderen den „Weg für Geübte", der in ein wesentlich weitreichenderes und aus der Sicht der Stochastik erst befriedigendes Resultat mündet.

Die Verfasser können sicher nicht für sich in Anspruch nehmen, beim Schreiben des Manuskriptes im zeit- oder energieoptimalen Sinne verfahren zu sein. Sie hoffen aber, daß die lange Zeit des Experimentierens mit einem Stoff, der noch vor zwei Jahrzehnten terra incognita war, der Verständlichkeit und der Aktualität des Buches zugute gekommen ist. Ohne die wohlwollende Haltung des Springer-Verlages, der lange auf das Manuskript hat warten müssen, und ohne die Unterstützung durch Mitarbeiter und Kollegen wäre es wohl kaum zu einem erfolgreichen Abschluß des Projektes gekommen. Zu besonderem Dank fühlen sich die Autoren denjenigen Mitarbeiterinnen der Abteilung für Angewandte Mathematik der TH Twente verpflichtet, die das Manuskript mit großer Gewissenhaftigkeit geschrieben (und etliche Male auch wieder umgeschrieben) haben. Es sind dies Frau Dinie Ticheler, Frau Manuela Fernandez und Frau Marja Langkamp. Herr M. W. van der Mey, ebenfalls von der TH Twente, hat mit großer Sorgfalt alle Abbildungen angefertigt. Für ihre Mithilfe bei der endgültigen Fertigstellung des Manuskripts danken wir auch Frau Ingrid Böhm (Mathematisches Institut der Universität Würzburg).

Teile des Manuskriptes sind von Kollegen und Mitarbeitern kritisch gelesen und in Seminaren und Übungen erprobt worden. Für Verbesserungsvorschläge und Anregungen danken wir den Herren H. Wimmer, D. Flockerzi, B. Gollan, K. Wagner (alle Mathematisches Institut der Universität Würzburg).

Enschede und Würzburg, im Frühjahr 1985   Die Verfasser

Inhaltsverzeichnis

1 Einleitung

1.1 Was ist Kontrolltheorie?

Kontrolltheorie befaßt sich, ganz allgemein gesprochen, mit der Steuerung dynamischer Systeme. Ein dynamisches System ist ein mathematisches Modell für einen Teil der Realität, an dessen zeitlicher Veränderung man interessiert ist. Solche Veränderungen können teilweise aus der Vorgeschichte heraus erklärt werden, d. h. sie hängen von Ereignissen ab, die bis zu einem gewissen Zeitpunkt im System stattgefunden haben. Teilweise sind sie das Resultat von äußeren Einflüssen, denen das System nach diesem Zeitpunkt ausgesetzt ist. Diese Einflüsse faßt man unter dem Begriff des *Eingangs* zusammen. Es können dies Möglichkeiten der Einwirkung von außen sein, die man vollständig in der Hand hat. In diesem Fall spricht man von Steuerung und nennt die Größen, die solche Einflüsse beschreiben, Steuervariable oder Stellgrößen. Es können dies aber auch Einflüsse sein, die man nicht kontrollieren kann, ja oft nicht einmal genau kennt. Dann spricht man von äußeren Störungen.

Was sich von den Vorgängen in einem dynamischen System nach außen hin manifestiert, bezeichnet man als *Ausgang* des Systems. An verschiedenen Stellen des Buches werden wir statt von Ausgang auch von „beobachteten" bzw. „zu kontrollierenden Variablen" sprechen. Darin kommt die inhaltliche Bedeutung, die der Begriff Ausgang in konkreten Situationen zumeist hat, zum Ausdruck: Es sind zum einen Größen, die man aus der Umgebung heraus am System beobachtet. Zum anderen sind es Größen, welche die vom System auf seine Umgebung ausgeübten Wirkungen beschreiben und auf deren Beherrschung man daher besonderen Wert legt. Bei der Festlegung dessen, was der Ausgang in einer konkreten Situation bedeutet, spielen daher naturgemäß subjektive Kriterien eines äußeren Beobachters eine gewisse Rolle.

Kontrolltheorie im engeren Sinne befaßt sich mit der Formulierung und Lösung von Kontrollproblemen. Bei Kontrollproblemen geht es vor allem um die Frage, inwieweit sich ein System über die Steuervariablen so beeinflussen läßt, daß sein Verhalten einem vorgegebenen Muster möglichst nahe kommt. Genaugenommen teilen sich in die Lösung solcher Probleme zwei mathematische Disziplinen, nämlich die *Systemtheorie* und die Kontrolltheorie. Beide sind Gegenstand dieses Buches. Systemtheorie ist gewissermaßen der Unterbau der Kontrolltheorie, sie befaßt sich vorwiegend mit der Analyse dynamischer Systeme und mit der Beschreibung ihrer Eigenschaften. Kontrolltheorie dagegen widmet sich vor allem der Frage nach der Synthese, d. h. der Schaffung neuer oder der Veränderung existierender dynamischer Systeme.

Systemtheorie kann auf verschiedenen Abstraktionsebenen betrieben werden, wie wir in Kap. 2 sehen werden. Doch ist für viele konkrete Systeme eine Beschreibung durch (gewöhnliche oder partielle) Differentialgleichungen das mathematische Modell der Wahl. Man spricht dann auch von differentiellen Systemen. Wir werden uns in diesem Buch vorwiegend mit solchen Systemen beschäftigen, die durch gewöhnliche lineare Differentialgleichungen beschrieben werden.

Eigenschaften differentieller Systeme lassen sich oft als Eigenschaften von Differentialgleichungen auffassen und ganz im Stil der einschlägigen Theorie behandeln (wie z. B. Stabilität). Andererseits sind aber fundamentale Begriffe der Systemtheorie, wie etwa Steuerbarkeit, in der Theorie der Differentialgleichungen nicht vorgezeichnet, weil dort ein wesentliches Element der Systemtheorie fehlt, nämlich die Möglichkeit einer Veränderung der Dynamik durch Eingriff von außen. Historisch gesehen markiert daher die Formulierung des Begriffs der Steuerbarkeit durch Kalman Anfang der 60er Jahre die Loslösung der Systemtheorie von der Theorie der Differentialgleichungen und den Beginn ihrer Existenz als selbständige Wissenschaft. Zu dieser Entwicklung hat nicht nur das Entstehen eigener Begriffsbildungen beigetragen, sondern auch die Tatsache, daß neben der Theorie der Differentialgleichungen auch Funktionentheorie, Algebra, Stochastik und Differentialgeometrie die Rolle des „Zulieferers" übernommen haben.

Wir geben nun eine kurze Beschreibung der wesentlichen Arbeits- und Forschungsrichtungen in der System- bzw. Kontrolltheorie.

Systemtheorie hat sich zu einer deduktiven mathematischen Wissenschaft entwickelt, an deren Spitze ein axiomatisch faßbarer Systembegriff steht, aus dem man durch fortgesetzte Spezialisierung dann alle Klassen von Systemen erhält, die als mathematische Modelle realer Systeme in Frage kommen. Mit der Klassifikation von Systemen ist der Inhalt der Systemtheorie aber keineswegs erschöpft, ihre wesentliche Aufgabe sieht sie vielmehr in der Mathematisierung dessen, was man in der Umgangssprache mit Eingangs-Ausgangsverhalten bezeichnet. Typische Begriffe aus diesem Bereich der Systemtheorie sind *Steuerbarkeit* und *Beobachtbarkeit* sowie ihre Abschwächungen *Stabilisierbarkeit* und *Entdeckbarkeit*, die auch in diesem Buch eine wichtige Rolle spielen werden. Diese fast schon klassische Arbeitsrichtung in der Systemtheorie betrachtet Modellbildung als etwas, was schon vor der eigentlichen Anwendung mathematischer Methoden erfolgt und abgeschlossen ist.

Eine grundsätzlich andere Position bezieht man in zwei neuen Ansätzen der Systemtheorie, die sich in den letzten Jahren entwickelt haben, in diesem Buch jedoch nicht zur Sprache kommen werden. Wir wollen sie aber der Vollständigkeit halber noch kurz erwähnen. Beim Thema Realisierung geht es um die Frage, wie man zu einer direkten Eingangs-Ausgangsbeschreibung ein Zustandsraum-Modell konstruiert, welches alle internen Vorgänge, die zur Erklärung des Eingangs-Ausgangsverhaltens notwendig sind, wiedergibt. Identifizierung schließlich ist ein Versuch, auf systematischem Weg aus Beobachtungen, die von außen erfolgen, Rückschlüsse auf die unbekannte innere Dynamik eines Systems zu ziehen.

Wir kommen nun zur Kontrolltheorie. Problemlösung spielt sich hier auf drei Ebenen ab, die durch die Stichworte

Steuerung, Regelung, Anpassung

charakterisiert werden. Eine Steuerung bedeutet ein Programm, d. h. einen Zeitplan für die vorzunehmenden Steueraktionen, an dessen Ende in dem zu kontrollierenden System eine bestimmte Veränderung erreicht sein soll. Da mit solchen Aktionen zumeist gewisse Zielvorstellungen verbunden sind, die sich in die Form von Optimierungsaufgaben kleiden lassen, ist das wichtigste mathematische Hilfsmittel zur Konstruktion solcher Programme die Theorie der optimalen Steuerungen.

Regelung ist eine unverzichtbare Ergänzung einer Steuerung. Allgemein gesprochen versteht man unter Regelung eine Strategie zur Überwindung all derjenigen Umstände, die den Erfolg eines Programms bei der praktischen Durchführung gefährden können: Diskrepanzen zwischen dem realen System und dem mathematischen Modell, äußere Störungen, die bei der Modellbildung nicht berücksichtigt worden sind, unexakte Ausführung des Programms. Das wesentliche Element einer solchen Strategie ist die Rückkoppelung, d. h. die kontinuierliche Überwachung des Systemzustands während des Steuervorgangs und die unmittelbare Korrektur der Steueraktion, falls Abweichungen vom Programm erkennbar werden. Eine Regelung ist dann effizient, wenn sie verhindert, daß Störungen im Programmablauf sich überhaupt „entfalten" können.

Regelung ist auch heute noch zentrales Thema der Kontrolltheorie, die im deutschen Sprachraum daher gelegentlich Regelungstheorie heißt und die ihre eigene Terminologie entwickelt hat. So bezeichnet man das zu regelnde System als die *Strecke*. Ein *Regler* ist ein dynamisches System, welches die Aufgabe des Regelns – die Beobachtung der Strecke und die Umwandlung der Beobachtung in Steuersignale – selbsttätig ausführt. Die Verbindung von Strecke und Regler bildet einen *Regelkreis* oder auch einen *geschlossenen Kreis* (Abb. 1.1, in das Diagramm sind die Zielvorgaben für den Regler unter der Bezeichnung *Referenzgröße* einbezogen). Unter *Reglerentwurf* versteht man die Konstruktion eines Modells für einen Regler.

Bei allen Betrachtungen, die in diesem Buch zum Thema Steuerung und Regelung angestellt werden, gehen wir von der Annahme aus, daß die Zuverlässigkeit des mathematischen Modells der Strecke nicht zur Diskussion steht. Wenn man diese Annahme relativiert, gelangt man zu Aufgabenstellungen, die im Rahmen dieses Buches nicht mehr behandelt werden können und die in den Problemkreis „Anpassung" hineinführen.

Wir stellen zum Schluß eine Auswahl von Lehrbüchern zusammen, in welchen die Grundlagen der System- und Kontrolltheorie unter verschiedenen Aspekten behandelt werden: Anderson und Moore (1979), Athans und Falb (1966), Bryson und Ho (1969), Casti (1977), Csáki (1977), Eykhoff (1974), Jamshidi (1983), Jazwinski (1970), Kalman, Falb und Arbib (1969), Kailath (1980),

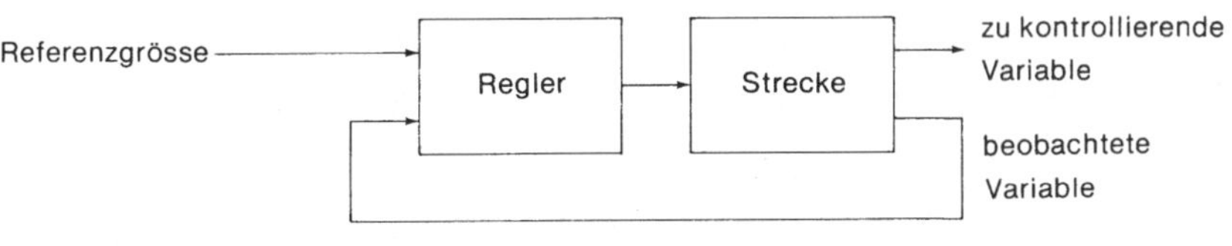

Abb. 1.1   Regelkreis

Kwakernaak und Sivan (1972), Luenberger (1979), Padulo und Arbib (1974), Pichler (1975), Schwarz (1979), Thoma (1973), Wonham (1979), Zadeh und Desoer (1963).

1.2 Anwendungsgebiete der Kontrolltheorie

Keine andere mathematische Disziplin weist ein so großes Spektrum von Anwendungsgebieten auf wie die Kontrolltheorie.

Ein besonderes Verhältnis unterhält die Kontrolltheorie zu den Ingenieurwissenschaften. Nicht ohne Grund ist im Russischen die Bezeichnung technische Kybernetik für Kontrolltheorie gebräuchlich. Die Bewältigung komplexer Steuerungs- und Regelungsaufgaben in der Luft- und Raumfahrt ist der Motor für die historische Entwicklung der Kontrolltheorie gewesen. Als weitere Anwendungsbereiche nennen wir: Steuerung von Prozessen in der industriellen Fertigung, vor allem bei chemischen Anlagen und Kernreaktoren, Stabilisierung von Funktionsabläufen in elektrischen Netzwerken und Verbundsystemen, Steuerung von Robotern und Manipulatoren und vieles andere mehr.

Kommunikations- und Informationswissenschaften profitieren von den Resultaten der Kontrolltheorie, etwa beim Problem der Steuerung von Datenflüssen. Umgekehrt bedarf die Kontrolltheorie der Kooperation mit diesen Wissenschaften, wenn es um die Realisierung von mathematischen Modellen für Regler in konkreten Situationen geht.

Auch für die experimentellen Naturwissenschaften gewinnt die Kontrolltheorie zunehmend an Bedeutung. Die Durchführung von Versuchen, etwa in der Hochenergiephysik, ist ohne Einsatz von Reglern zur Aufrechterhaltung konstanter Bedingungen über einen längeren Zeitraum nicht mehr denkbar. Systemtheoretische Begriffe und Untersuchungsmethoden haben schon seit langem Eingang in die Biologie gefunden und zur Entstehung einer eigenen Disziplin, der Biokybernetik, geführt. Sie befaßt sich mit der Analyse und Beschreibung von Regelungsmechanismen, wie sie im lebenden Organismus in großer Zahl vorkommen (z. B. Stoffwechsel, Koordination von Bewegungen). In jüngster Zeit leistet die Kontrolltheorie auch Hilfestellungen in der Medizin, etwa beim Problem der Reaktivierung verlorengegangener oder mangelhaft ausgebildeter Körperfunktionen (wie etwa Muskelbewegungen bei gelähmten Patienten).

Anwendungsmöglichkeiten der Kontrolltheorie auf Fragestellungen der Wirtschafts- und Sozialwissenschaften liegen vor allem in den Bereichen Vorhersage und Planung gesamt- und einzelwirtschaftlicher Entwicklungen. Auch dynamische Phänomene im gesellschaftlichen Sektor, wie Verhaltensweisen von Bevölkerungsgruppen, Wanderungsbewegungen, Veränderungen der Nachfrage (etwa beim Wohnbedarf) lassen sich mathematisch modellieren und als Kontrollprobleme formulieren.

1.3 Kontrolltheorie und Kybernetik

Der Gegenstand des Buches heißt im Englischen *control theory*. Die sprachlich etwas unglückliche wörtliche Übersetzung dieses Terminus hat sich in den letzten Jahren im deutschen Sprachraum eingebürgert, wohl aus Mangel an einem adäquaten deutschen Fachausdruck, der die umfassende Bedeutung von „control" wiederzugeben vermag. „Regelung" ist ja nur einer unter mehreren Aspekten der modernen Kontrolltheorie. Man könnte sich fragen, ob nicht durch Einordnung der Kontrolltheorie in die Kybernetik – dem Namen nach ja die Wissenschaft vom „Steuerungswesen" – eine Diskussion über die Terminologie zu vermeiden wäre. Daß dies so einfach nicht geht, liegt vor allem an grundsätzlichen Unklarheiten über die Stellung der Kybernetik innerhalb der modernen naturwissenschaftlichen Begriffswelt. Es ist hier nicht der Ort, auf die verschiedenen Versuche einer Standortbestimmung der Kybernetik einzugehen. Der interessierte Leser sei auf Sachssee (1971) und die dort angegebene Literatur verwiesen. Wir begnügen uns mit den folgenden kurzen Bemerkungen. Was heute alles unter den Begriff „Kybernetik" fällt, ist nur zum Teil eine exakte, d. h. einer Mathematisierung zugängliche Wissenschaft. Dieser „harte Kern" der Kybernetik wird aus der Kontrolltheorie und den Informations- und Kommunikationswissenschaften gebildet.

Vereinfacht dargestellt, gibt es zwischen diesen drei Disziplinen eine Art Arbeitsteilung, die sich etwa so beschreiben läßt. Information wird in der Kontrolltheorie zumeist mit dem Begriff „beobachtete Variable" oder „Ausgang" (s. o.) gleichgesetzt. Das Interesse am Thema Information konzentriert sich dabei vor allem auf die Frage: Wie umfangreich muß der Ausgang sein, und welche Fehler können bei der Messung des Ausgangs noch toleriert werden, damit diese oder jene Aufgabe lösbar wird. Mit anderen Worten: Zu den Aufgaben der Kontrolltheorie gehört es, den Bedarf an Information, den sie zur Lösung ihrer Aufgaben benötigt, hinsichtlich Quantität und Qualität festzulegen. Den Informations- und Kommunikationswissenschaften fällt dann die Aufgabe zu, Mittel und Wege zu finden, um diesen Bedarf zu befriedigen.

1.4 Aufbau des Buches

Wir befassen uns mit den Themen Steuerung und Regelung und gehen dabei von endlich-dimensionalen linearen differentiellen mathematischen Modellen aus. Innerhalb dieses begrenzten Rahmens wird die Entwicklung der Kontrolltheorie in ihrer vollen Breite dargestellt. Thematisch ergibt sich dabei eine Aufgliederung in die folgenden Abschnitte:

  I. Elemente der Systemtheorie (Kap. 2),
 II. Beschreibung linearer zeitinvarianter Systeme im Zustandsraum (Kap. 3, 4).
III. Steuerungsinvarianz und Störungsentkoppelung (Kap. 5–7),
IV. Optimale Regler und Beobachter (Kap. 8–11).

Wir geben nun einen kurzen Überblick über den Inhalt der einzelnen Abschnitte.

I. Elemente der Systemtheorie. Wir beginnen mit einem Exkurs in die axiomatische Systemtheorie und skizzieren den Übergang (durch schrittweise Verschärfung der Voraussetzungen über die zugrundeliegenden Objekte) zum eigentlichen Gegenstand dieses Buches, den linearen differentiellen Systemen.

II. Zustandsraumbeschreibung. Kapitel 3 bringt zunächst die Erörterung der grundlegenden Systemeigenschaft der Steuerbarkeit. Sie spielt eine Schlüsselrolle in der modernen Kontrolltheorie, wofür es im wesentlichen zwei Gründe gibt. Einer von ihnen beruht auf den verschiedenen Möglichkeiten, den Steuerbarkeitsbegriff dynamisch zu interpretieren. Steuerbarkeit bedeutet nämlich zunächst einmal, daß beliebige Veränderungen des Zustandes mit Hilfe von Steuerprogrammen (open-loop-Steuerungen) durchsetzbar sind. Das ist die Definition der Steuerbarkeit. Zum anderen ist die Dynamik eines steuerbaren Systems durch Zustandsrückführung (d. h. Bindung des Eingangs an den Zustand) in weitreichender Weise manipulierbar. Insbesondere läßt sich Instabilität eines steuerbaren Systems durch Zustandsrückführung beseitigen. Das ist der Satz von der *Polvorgabe,* eines der zentralen Resultate der Kontrolltheorie.

Der zweite Grund für die Herausstellung des Steuerbarkeitsbegriffes liegt in der algebraischen Struktur der einschlägigen Kriterien. Sie knüpft eine Verbindung zwischen dem Begriff der Steuerbarkeit und einer anderen wichtigen Systemeigenschaft, der *Rekonstruierbarkeit,* mit der wir uns im Kap. 4 befassen werden. Rekonstruierbarkeit bedeutet, daß sich die inneren Vorgänge am Ausgang des Systems soweit zu erkennen geben, daß man im Prinzip den Zustand aus dem Ausgang vollständig rekonstruieren kann.

Die Ausnutzung der Dualität zwischen Steuerbarkeit und Rekonstruierbarkeit ist ein wichtiges Arbeitsprinzip der Kontrolltheorie. So führt die Suche nach einem Gegenstück zum Konzept der Zustandsrückführung in naturgemäßer Weise auf den Begriff des dynamischen *Beobachters.* Man geht im Grunde nur einer Frage nach, wie sie sich in ähnlicher Form beim Thema Steuerbarkeit gestellt hat, und die hier so lautet: Wie läßt sich das, was ein äußerer Beobachter im Prinzip perfekt leisten kann – nämlich den Systemzustand durch Messung des Ausgangs zu bestimmen –, auch ohne dessen Zutun wenigstens approximativ erreichen?

Eine weitere indirekte Anwendung des Dualitätsprinzips wird uns im Kap. 11 begegnen. Wir werden dort für ein tiefliegendes Problem aus der Wahrscheinlichkeitsrechnung (Konstruktion des optimalen Filters) vom dualen Problem her zu einem elementaren, aber keinesfalls naheliegenden Lösungsansatz geführt.

Steuerbare Systeme sind – nach dem Satz von der Polvorgabe – durch Zustandsrückführung stabilisierbar. Dies aber kann auf vielen Wegen geschehen, und es erhebt sich die Frage, inwieweit man Stabilität mit der Erreichung zusätzlicher Systemeigenschaften verbinden kann. Diese Fragen werden wir in diesem Buch in zwei Richtungen weiter verfolgen. Als zusätzliche Entwurfsziele diskutieren wir die Aufgaben „Störungsentkoppelung" bzw. „Minimierung von quadratischen Zielfunktionalen".

III. Steuerungsinvarianz und Störungsentkoppelung. Unter „Störung" versteht man den unerwünschten Anteil am gesamten Eingang des Systems. Die Frage liegt nahe, ob und wie man die Steuerung – also den erwünschten Anteil – dazu benutzen kann, um den Einfluß von Störungen auf den Ausgang zu eliminieren. Das mathematische Handwerkszeug, welches man zur Behandlung dieses Problemes benötigt, stellt die Theorie der steuerungsinvarianten Räume bereit. Sie geht in ihrer heutigen Form vor allem auf das grundlegende Werk von Wonham (1979) zurück; ihre wesentlichen Elemente werden in Kap. 5 und 6 organisch aus den Grundlagen der Kontrolltheorie heraus entwickelt. Dabei wird u. a. ein neuer Algorithmus zur Berechnung steuerungsinvarianter Räume vorgestellt.

IV. Optimale Regler und Beobachter. Methoden der Optimierungstheorie und der Variationsrechnung spielen seit Ende der fünfziger Jahre eine immer größere Rolle bei der Lösung von Entwurfsaufgaben. Optimierung ist daher auch ein wichtiges Thema dieses Buches. Entsprechend dem allgemeinen Rahmen, den wir uns gesetzt haben, beschränken wir uns auf die Behandlung linear-quadratischer Probleme, die – nach den Maßstäben der allgemeinen Optimierungstheorie – relativ einfach sind, da es hier „nur" um die Minimierung eines quadratischen Zielfunktionals unter linearen Nebenbedingungen geht. Die Bedeutung der Theorie des optimalen linearen Reglers und Beobachters liegt in der expliziten Form der Lösung, die eine unmittelbare Umsetzung in konkrete Anweisungen für die Behandlung praktischer Probleme ermöglicht. Das gilt insbesondere für das Problem der optimalen Zustandsschätzung, d. h. der bestmöglichen Rekonstruktion des Systemzustands aus unvollständigen und verfälschten Beobachtungen. Man spricht in diesem Zusammenhang auch vom Problem des Filterns, d. h. der Gewinnung eines Maximums an Information aus einer von zufälligen Störungen überlagerten Signalfolge.

Die generelle Lösung dieser Aufgabe geht auf die grundlegenden Arbeiten Norbert Wieners zurück (vgl. Wiener (1949)). Die spezielle Form, die man der Wienerschen Lösung des Filterproblems im Falle eines linearen differentiellen Kontrollsystems geben kann, ist in den 60er Jahren gefunden und unter dem Namen Kalman-Bucy Filter bekannt geworden. Ihre Bedeutung für die Anwendungen liegt vor allem in dem Umstand begründet, daß sich die Erstellung der besten Zustandsschätzung on-line, d. h. parallel zum Prozeß der Messung des Ausgangs und der Erzeugung des Steuersignals vornehmen läßt.

Für zeitinvariante lineare Systeme, welche die Eigenschaft der Steuerbarkeit und Beobachtbarkeit besitzen, enthalten die Kap. 9–11 eine umfassende Darstellung der Theorie des optimalen Reglers und Beobachters, die die wesentlichen Aspekte der Anwendungen berücksichtigt und hinsichtlich der mathematischen Fundierung lückenlos ist. Unser wichtigstes Werkzeug, welches tiefliegendere Hilfsmittel aus der Analysis und der Wahrscheinlichkeitsrechnung entbehrlich macht, ist dabei ebenso elementar wie effizient: Es sind Vergleichssätze für (lineare und nichtlineare) Matrix-Differentialgleichungen, die sich in völliger Analogie zu den wohlbekannten Aussagen für skalare Differentialgleichungen entwickeln lassen.

1.5 Zielsetzung des Buches

Die Anwendungen, auf die der Aufbau des Buches hin ausgerichtet ist, lassen sich durch das Stichwort *Ausgangsrückführung* charakterisieren. Es geht dabei um das Entwerfen von Reglern, welche den Einfluß äußerer Störungen auf den Ausgang eines Systems zu reduzieren vermögen, dabei aber nur Information benötigen, die eben diesem Ausgang entnommen werden kann. Das Konzept der Ausgangsrückführung wird den Bedürfnissen der Praxis besser gerecht als die klassische Vorstellung einer Regelung unter Heranziehung des gesamten Systemzustandes. Ausgangsrückführung ist daher ein zentrales Thema der modernen Kontrolltheorie und wird uns zweimal in diesem Buch beschäftigen. Im Abschn. 7.4 entwickeln wir aus den Ergebnissen der Kap. 3–6 heraus das *Prinzip der inneren Modellbildung*, in Abschn. 11.5 verarbeiten wir die Ergebnisse der Kap. 9–11 zum sogenannten *Separationsprinzip*.

Das Separationsprinzip besagt, daß eine im Sinne eines quadratischen Gütekriteriums optimale Ausgangsregelung sich durch Kombination der jeweiligen optimalen Lösung des Regler- und Beobachterproblems ergibt. Dieses Resultat rundet den Themenkreis „Optimierung" in mathematisch befriedigender Weise ab. Seine Schärfe verdankt es den verwendeten Methoden, mit deren Hilfe die Wechselwirkung zwischen der Dynamik der Strecke und der Dynamik der Störung quantitativ und präzis erfaßbar wird. Eben zu diesem Zweck benötigt man aber ein genaues und vollständiges dynamisches Modell der Störung, eine Voraussetzung, die in vielen konkreten Situationen nicht erfüllt ist. Die Tragweite des Separationsprinzips ist daher beschränkt.

Dem Prinzip der inneren Modellbildung liegt eine ganz andere Philosophie zugrunde. Der Beurteilungsmaßstab für die Güte einer Regelung ist qualitativer Art. Ziel ist der Entwurf eines Reglers, der im Laufe der Zeit alle konkreten Daten, die er zum Ausmanövrieren der Störung benötigt, selbständig zu gewinnen vermag, sofern man ihn mit gewissen Informationen über die Dynamik der Störung versorgt. Verglichen mit den Voraussetzungen, die man beim Entwurf eines optimalen Reglers machen muß, sind aber hier die Ansprüche hinsichtlich der Modellbildung wesentlich geringer, insbesondere kann der Regler auch mit einem unvollständigen Modell etwas anfangen – er kann nämlich den Anteil der Störung, den das Modell erfaßt, asymptotisch eliminieren. Obwohl sich der Inhalt von Abschn. 7.4 im Vergleich mit dem des Abschn. 11.5 als eine weit weniger beeindruckende und geschlossene mathematische Theorie präsentiert, ist er für die Anwendungen nicht weniger wichtig. Er erlaubt es, auch dort noch mit quantitativen Methoden etwas zu erreichen, wo die traditionellen Verfahren der Optimierungstheorie versagen.

2 Zustandsbeschreibung und Eingangs-Ausgangsverhalten

2.1 Einleitung

In diesem Kapitel soll der Leser mit den vier Grundbegriffen der Kontrolltheorie, nämlich „System, Eingang, Ausgang, Zustand" bekannt gemacht werden. Wir unternehmen zu diesem Zwecke im Abschn. 2.2 einen Exkurs in die axiomatische Kontrolltheorie. Ähnlich wie in anderen mathematischen Disziplinen ist auch hier das Axiomensystem nichts anderes als eine Formalisierung gewisser anschaulicher Vorstellungen vom Gegenstand der zu behandelnden Theorie. So gibt es auch in der Kontrolltheorie so etwas wie eine intuitive Definition eines Kontrollsystems, die symbolisch in Abb. 2.1 dargestellt ist.

Eine Erläuterung dieser Figur hört sich in der Umgangssprache etwa so an: Ein Kontrollsystem ist ein von seiner Umgebung unterscheidbarer Teil der realen Welt, der mit dieser Umgebung auf zweifache Art in Wechselwirkung steht. Zum einen wirkt die Umgebung über die Eingangsgröße u auf das System ein. u kann dabei durchaus eine zusammengesetzte und sehr heterogene Größe sein; z. B. können einige Komponenten von u Störungen bedeuten, die von der Umgebung auf das System einwirken und im allgemeinen nicht beeinflußbar und in ihrem zeitlichen Ablauf auch nicht vorhersehbar sind. Man wird jedoch nicht von einem Kontrollsystem sprechen, wenn nicht unter dem gesamten Eingang des Systemes auch sogenannte Stellgrößen vorkommen. Es sind dies Systemparameter, die sich von der Umgebung her innerhalb gewisser Grenzen nach Belieben einstellen und – was das Wesentliche ist – im Laufe der Zeit nach Belieben variieren lassen. Mittels dieser Größen kann das System also gesteuert werden.

Zum zweiten wirkt das System über den Ausgang y auf seine Umgebung zurück. Auch y kann Komponenten besitzen, deren Auswirkungen ganz unterschiedlicher Natur sein können. Es kann sich z. B. um die Resultate von Beobachtungen, die an Größen des Systems von außen vorgenommen werden, handeln. Diese

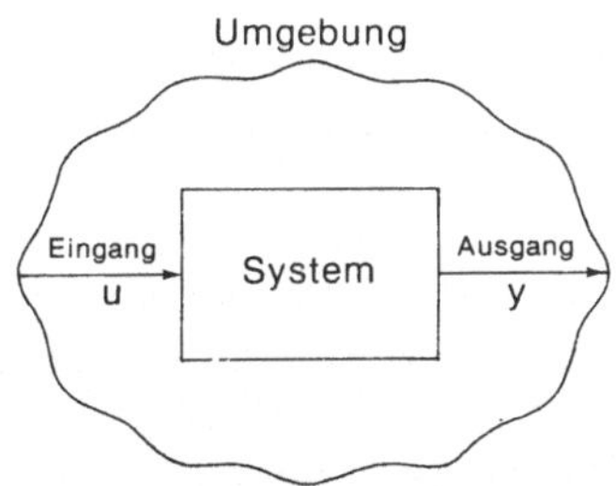

Abb. 2.1 Schematische Darstellung eines Sysems

Größen brauchen selbst keine direkte Beziehung zur Umgebung zu haben. Andere Komponenten von y hingegen können die Bedeutung von tatsächlichen Einwirkungen des Systemes auf die Umgebung haben, die dort Veränderungen bewirken.

Man bemerkt, daß in der intuitiven Definition eines Kontrollsystems der Begriff des Zustandes nicht vorkommt. Es liegt dies nun aber keineswegs etwa an der propädeutischen Natur dieser Definition. Aussagen über das Eingangs-Ausgangsverhalten von Systemen, bei denen die internen Vorgänge des Systemes völlig ausgeklammert bleiben, sind möglich und notwendig; es gibt Beispiele konkreter Kontrollsysteme – etwa in der biologischen Kybernetik – wo dies die einzig mögliche Betrachtungsweise ist. Dem gegenüber steht aber eine Vielzahl von Anwendungen der Kontrolltheorie, bei der über die mathematische Modellbildung in ganz natürlicher Weise der Begriff des Zustandes ins Spiel kommt. Aber auch dann, wenn die systemtheoretische Bedeutung nicht so evident ist – wenn etwa ad hoc zusätzliche Komponenten eingeführt werden – ist das Arbeiten mit diesem Begriff vor allem dann von Vorteil, wenn der dynamische Aspekt eines Kontrollsystems im Vordergrund steht, d. h. wenn es um die zeitliche Veränderung geht, die aus dem Zusammenwirken von Eigendynamik und Steuerung resultiert.

Die axiomatische Fassung des Systembegriffes wird nun dieser Bemerkung einen präzisen Sinn geben: Es repräsentiert der Zustand des Systems zu einem Zeitpunkt t_0 gerade diejenige Information über die Vorgeschichte des Systems, die für die zeitliche Entwicklung nach diesem Zeitpunkt relevant ist.

Im Abschn. 2.3 werden wir durch zusätzliche Forderungen an die ein Kontrollsystem definierenden Gegebenheiten den Rahmen unserer Betrachtungen erheblich verkleinern. Die Theorie wird dann wesentlich konkretere Formen annehmen, dabei aber immer noch allgemeiner sein als es dem Gegenstand des Buches entspricht. Als wesentlich neues Element kommen Differentialgleichungen ins Spiel. Sie ersetzen von nun an den umständlichen Formalismus zur Beschreibung der Systemdynamik in Abschn. 2.2 und sind in vielen Anwendungssituationen unmittelbarer Ausdruck physikalischer oder sonstiger Gesetzmäßigkeiten (Bewegungsgleichungen, Erhaltungssätze usw.). Die Bedeutung des Systemzustandes wird nun auch sehr viel leichter faßbar: Er repräsentiert die Anfangsbedingungen, deren Kenntnis die notwendige und hinreichende Voraussetzung für die eindeutige Integration einer Differentialgleichung ist. Auch der Rest der axiomatischen Theorie löst sich in Wohlgefallen auf: Er findet sich bestätigt in wohlbekannten Resultaten aus der elementaren Theorie der Differentialgleichungen.

In Abschn. 2.4 engen wir den Systembegriff noch weiter ein (und kommen damit zum eigentlichen Gegenstand dieses Buches), indem wir den früheren Annahmen noch die Forderung der Linearität und Zeitinvarianz hinzufügen. Diese beiden Bedingungen sind im wesentlichen dafür verantwortlich, daß sich die in den folgenden Kapiteln behandelten Probleme der Kontrolltheorie auf Standardprobleme der linearen Algebra reduzieren lassen; dies im einzelnen auszuführen ist – auf eine kurze Formel gebracht – die Zielsetzung dieses Buches.

In den Abschn. 2.4 und 2.5 werden später benötigte Hilfsmittel aus der Theorie der linearen Differentialgleichungen zusammengestellt. Besonders ausführlich gehen wir dabei auf den grundlegenden Begriff der Stabilität einer linearen Differentialgleichung ein.

Im Abschn. 2.6 werden einige wichtige Begriffe (Übertragungsfunktion, Frequenzgang), welche das Eingangs-Ausgangsverhalten von Systemen charakterisieren, kurz angedeutet.

Wir beschließen diesen einleitenden Abschnitt mit einer mehr grundsätzlichen Bemerkung. Der deduktive Aufbau der Kontrolltheorie, so wie er in den folgenden Abschnitten im Ansatz skizziert wird, enthält kein Rezept zur Anwendung der Theorie auf konkrete Situationen. Die Problematik der Modellbildung, d. h. der Gewinnung passender mathematischer Modelle für reale Systeme, hat vielerlei Aspekte. Einer von ihnen ist die Unmöglichkeit, System und Umgebung so gegeneinander abgrenzen zu können, wie es in der intuitiven Systemdefinition unterstellt wird. Eine solche Abgrenzung ist zumeist eine subjektive und von Willkür nicht freie Entscheidung desjenigen, der ein gegebenes Kontrollsystem untersucht. Sie ist andererseits unumgänglich, um mit der Komplexität einer gegebenen Situation fertig zu werden. Inwieweit sie sachgerecht ist, d. h. inwieweit sie die für ein bestimmtes Phänomen wesentlichen Eigenschaften in die Modellbildung einbezogen hat, entscheidet sich oft erst im nachhinein. Darin liegt sicher eine der Schwächen mathematischer Modellbildung. Ihre Stärke liegt in der Tatsache, daß sie den Weg zu einer quantitativen Systemanalyse eröffnet, die in der Präzision und Aussagefähigkeit qualitativen Betrachtungsweisen so überlegen ist, daß sie die im mathematischen Ansatz liegenden Mängel zu kompensieren vermag. Zustandsbeschreibung von Kontrollsystemen ist, wie schon erwähnt, nicht der einzige Weg, um das Eingangs-Ausgangsverhalten konkreter Systeme zu verstehen, sie ist aber derjenige Zugang, der die Möglichkeiten und Grenzen mathematischer Methoden am deutlichsten sichtbar macht.

2.2 Axiomatischer Aufbau der Kontrolltheorie

In diesem Abschnitt geben wir die formale Definition des Begriffes „Kontrollsystem" und verfahren dabei nach einem Schema, das in der modernen Mathematik häufig praktiziert wird. Man identifiziert den zu erklärenden Begriff mit einer Kollektion von mathematischen Objekten, mit deren Hilfe sich die Eigenschaften des Begriffes beschreiben lassen.

In unserem Falle handelt es sich um sieben mathematische Objekte, die wir in der nachstehenden Weise aufschreiben wollen:

$$\{\mathcal{T}, U, \mathcal{U}, X, Y, s(\cdot), r(\cdot)\}\,, \tag{2.1}$$

und die folgende Bedeutung haben.

1) $\mathcal{T}$ ist die sogenannte Zeitmenge, d. h. eine Teilmenge der reellen Zahlen. $\mathcal{T}$ legt insbesondere fest, ob sich die zeitliche Entwicklung des Systems kontinuierlich oder in diskreten Schritten vollzieht. Im ersten Fall ist $\mathcal{T}$ ein (endliches oder unendliches) Intervall, im zweiten Fall eine Teilmenge der natürlichen Zahlen.

2) U, X, Y sind Mengen, die nicht näher spezifiziert werden. $\mathcal{U}$ ist die Menge der *Eingangsfunktionen*. Dies sind Funktionen mit Definitionsbereich $\mathcal{T}$ und Werten in der Menge U (U heißt gelegentlich auch Kontrollbereich). Man beachte, daß nicht notwendig jede Abbildung $\mathcal{T} \to U$ zur Menge $\mathcal{U}$ gehört, sondern daß in die Definition der Menge $\mathcal{U}$ zusätzliche Bedingungen – wie Stetigkeit, Differenzierbarkeit – aufgenommen werden können. In den folgenden Kapiteln des Buches ist U stets ein endlich-dimensionaler euklidischer Raum. Falls $\mathcal{T}$ ein Intervall ist, werden wir dann — wenn nichts anderes gesagt ist – annehmen, daß $\mathcal{U}$ aus allen stückweise stetigen Funktionen mit Werten in U besteht. Die Elemente von $\mathcal{U}$ bezeichnen wir mit $u(\cdot)$, den Wert von $u(\cdot)$ an einer Stelle t wie üblich mit $u(t)$.

3) s ist eine Abbildung der Menge

$$\{t, t', x', u(\cdot): \quad t, t' \in \mathcal{T}, \quad t \geqq t', \quad x' \in X, \quad u(\cdot) \in \mathcal{U}\} \quad (2.2)$$

in die Menge X. X heißt gelegentlich auch Zustandsraum. Für jedes Paar t, t' mit $t \geq t'$, jedes $x' \in X$ und jedes $u(\cdot) \in \mathcal{U}$ ist $s(t; t', x', u(\cdot))$ also wieder ein Element von X. Die Abbildung s heißt auch die *Zustandsübergangsfunktion*.

4) r ist eine Abbildung der Menge

$$\{t, x, u: t \in \mathcal{T}, x \in X, u \in U\} \quad (2.3)$$

in die Menge Y und heißt die Ausgangsfunktion.

Definition 2.1. Die Kollektion (2.1) heißt ein *Kontrollsystem*, wenn die Zustandsübergangsfunktion den folgenden drei Bedingungen genügt.

(i) Es ist $s(t; t, x, u(\cdot)) = x$ identisch in t, x, $u(\cdot)$. *(Konsistenz)*.

(ii) Wenn t_0, t_1 beliebige Elemente von $\mathcal{T}$ mit der Eigenschaft $t_0 < t_1$ sind, und wenn $u(\cdot)$, $u'(\cdot)$ Elemente von $\mathcal{U}$ sind und der Bedingung

$$u(t) = u'(t) \quad \text{für } t_0 \leqq t < t_1, \, t_0, t_1 \in \mathcal{T},$$

genügen, so gilt identisch in $x \in X$

$$s(t_1; t_0, x, u(\cdot)) = s(t_1; t_0, x, u'(\cdot)).$$

(Kausalität).

(iii) Für jedes Tripel $t_0, t_1, t_2 \in \mathcal{T}$ mit $t_0 \leqq t_1 \leqq t_2$, jedes $x_0 \in X$ und jedes $u(\cdot) \in \mathcal{U}$ gilt

$$s(t_2; t_1, s(t_1; t_0, x_0, u(\cdot)), u(\cdot)) = s(t_2: t_0, x_0, u(\cdot)).$$

(Halbgruppeneigenschaft).

Wir wollen diese Definition nun kurz kommentieren und uns insbesondere überlegen, inwieweit sie mit den anschaulichen Vorstellungen eines Kontrollsystems, so wie sie im Abschn. 2.1 skizziert wurden, harmoniert.

Zunächst zum Begriff des Einganges. Die möglichen Eingänge des Systemes sind die Elemente des Raumes $\mathcal{U}$, wohlgemerkt *nicht* die Elemente von U. Diese Interpretation steht im Einklang mit der anschaulichen Vorstellung von dem was eine „Steuerung" ist: Nicht eine einmalige Einstellung der

Systemparameter, sondern ein Programm, nach welchem diese Einstellung für die verschiedenen Elemente des Zeitbereichs vorzunehmen ist.

Ein möglicher Ausgang des Systemes ist ebenfalls eine Funktion auf $\mathcal{T}$ und gegeben durch

$$y(t) := r(t, s(t; t', x', u(\cdot)), u(t)) , \qquad t \geqq t' ,$$

hängt also außer vom Eingang $u(\cdot)$ auch noch von zwei weiteren Parametern, nämlich t', x', ab. Die Größe t' heißt Anfangszeit, x' Anfangszustand und

$$x(t) := s(t; t', x', u(\cdot)) \tag{2.4}$$

der Zustand des Systems zur Zeit $t \geqq t'$. Der Ausgang $y(t)$ kann demnach auch in der Form $r(t, x(t), u(t))$ geschrieben werden, und damit ist nun auch die inhaltliche Bedeutung der Ausgangsfunktion klar: Sie gibt den Wert des Ausgangs in Abhängigkeit von der Zeit, dem momentanen Wert des Zustandes und dem momentanen Wert des Eingangs an. Im folgenden werden wir für $r(t, x, u)$ auch kurzerhand das Symbol y verwenden.

Die Beziehung (2.4) motiviert den Namen Zustandsübergangsfunktion: s gibt an, in welchem Zustand sich das System – bei gegebenem Eingang – zur Zeit t befindet, wenn es zur Zeit t' im Zustand x' war. Die Bedingung (i) (Konsistenz) ist aus dieser Interpretation unmittelbar klar. Die beiden anderen Forderungen (ii) und (iii) sind nichts anderes als konsequente Übersetzungen der im vorigen Abschnitt bereits formulierten Bedeutung des Begriffes „Zustand": Alles was aus der Vorgeschichte (d. h. für den Zeitraum $t \leqq t'$) für die Zukunft des Systemes (d. h. für den Zeitraum $t > t'$) relevant ist, steckt in der Angabe des Anfangszustandes x'. Dies gilt unabhängig davon, wie der Anfangszeitpunkt t' gewählt worden ist. Insbesondere enthebt die Kenntnis von x' auch der Notwendigkeit, für die Kenntnis des Zustandes nach dem Zeitpunkt t' etwas über die Wahl der Steuerung vor diesem Zeitpunkt wissen zu müssen. Daß andererseits $x(t)$ auch nicht von möglichen zukünftigen Entscheidungen (nach t) über die Wahl der Steuerung abhängt, deckt sich sicher mit den üblichen Vorstellungen von Kausalität.

Die Forderung (iii) nennt man Halbgruppeneigenschaft. Sie besagt, daß bei fest gewählter Eingangsfunktion $u(\cdot)$ die Funktion $s(t; t', x', u(\cdot))$ der aus der Theorie der Evolutionsgleichungen wohlbekannten Halbgruppenbedingung genügt. Im vorliegenden Zusammenhang erscheint sie als eine unmittelbare Konsequenz der oben gegebenen Interpretation des Zustandsbegriffes: Auf die Frage, welches der Zustand des Systemes bei gegebener Eingangsfunktion $u(\cdot)$ zur Zeit t_2 ist, liefert die Zustandsübergangsfunktion die gleiche Antwort, ob man nun als Anfangszeit t_0 oder t_1 nimmt. Doch ist natürlich klar, daß die jeweiligen Anfangszustände nicht voneinander unabhängig gewählt werden können. Ist x_0 der Anfangszustand zur Zeit t_0, so muß man $s(t_1; t_0, x_0, u(\cdot))$ als Anfangszustand für den Zeitpunkt t_1 nehmen.

Beispiel 2.1. Die eben eingeführten Begriffe sollen an einem elementaren Beispiel verdeutlicht werden. Hinter diesem Beispiel steht ein sehr einfaches physikalisches System, nämlich ein Netzwerk, bestehend aus Widerstand und Kondensator (vgl. Abb. 2.2). Es wird durch zwei reelle Parameter R, C (Widerstand und Kapazität) charakterisiert.

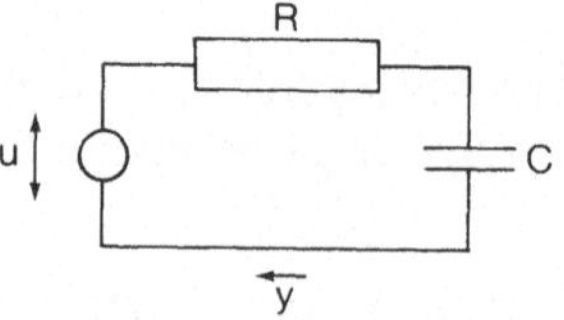

Abb. 2.2   Einfaches RC-Netzwerk

Als Eingang nehmen wir die von außen angelegte Spannung u, als Ausgang y die Stärke des fließenden Stromes, die man sich etwa durch eine aus der Umgebung heraus erfolgende Zeigerablesung gemessen denken kann. Aus der Physik ist nun wohlbekannt, daß die Ladung q des Kondensators den physikalischen Zustand des Netzwerks in jedem Zeitpunkt völlig bestimmt. Daher ist q die Größe, die sich als „Zustand" in unserem Sinne naturgemäß anbietet. Da Eingang, Ausgang, Zustand hier allesamt reelle skalare Größen sind, kann man jeden der Räume, X, Y, U mit der Menge R der reellen Zahlen identifizieren. Als Menge $\mathcal{T}$ nehmen wir das Intervall $[0, \infty)$ und als Funktionenmenge $\mathcal{U}$ alle auf $\mathcal{T}$ definierten stückweise stetige Funktionen. Dies entspricht der Vorstellung, daß die Eingangsspannung nach Belieben variiert, insbesondere auch plötzlich ein- und abgeschaltet werden kann.

Wir wollen nun Zustandsübergangsfunktion und Ausgangsfunktion für das vorliegende Beispiel bestimmen. Dabei machen wir von drei wohlbekannten physikalischen Tatsachen Gebrauch: 1. Die Stärke $y(t)$ des zum Zeitpunkt t im Kreis fließenden Stromes ist gleich der zeitlichen Ableitung $\dot{q}(t)$ der Ladung am Kondensator. 2. Die Kondensatorspannung ist $q(t)/C$. 3. Für das gesamte Netzwerk gilt das Kirchhoffsche Spannungsgesetz

$$u(t) = R\dot{q}(t) + q(t)/C\,,$$

oder

$$y(t) = \dot{q}(t) = -\frac{1}{RC}\,q(t) + \frac{1}{R}\,u(t)\,. \tag{2.5}$$

Daraus ergibt sich zunächst, daß die Ausgangsfunktion in unserem Beispiel gegeben ist durch

$$y = -\frac{1}{RC}\,q + \frac{1}{R}\,u\,.$$

Ferner kann man die Relation (2.5) dazu benutzen, um den Zustand $q(t)$ bei gegebener Eingangsspannung $u(t)$ auszudrücken durch den Anfangswert $q(t')$, $t' \leqq t$, indem man diese Differentialgleichung in üblicher Weise integriert. Man erhält dann

$$q(t) = e^{-(t-t')/RC}\,q(t') + \frac{1}{R}\int_{t'}^{t} e^{-(t-\theta)/RC}\,u(\theta)\,d\theta$$

und damit die folgende explizite Formel für den Wert der Zustandsübergangsfunktion in Abhängigkeit von t', q', $u(\cdot)$:

$$s(t;\,t',\,q',\,u(\cdot)) = e^{-(t-t')/RC}\,q' + \frac{1}{R}\int_{t'}^{t} e^{-(t-\theta)/RC}\,u(\theta)\,d\theta\,. \tag{2.6}$$

Bei festem t, t', q' stellt die Zuordnung $u(\cdot) \to s$ ein Funktional auf dem Raume $\mathcal{U}$ dar; für gegebenes $u(\cdot)$ hängt der Wert von s nur vom Verlauf von $u(\cdot)$ im Intervall $[t', t]$ ab. Daß die Forderung der Konsistenz und Kausalität erfüllt ist, sieht man der Formel (2.6) direkt an. Die Halbgruppeneigenschaft kann man einfach dadurch verifizieren, daß man (2.6) für $t = t_2$, $t' = t_0$ hinschreibt und das Integral auf der rechten Seite in die beiden Integrale von t_0 bis t_1 bzw. von t_1 bis t_2 zerlegt.

Das vorliegende Beispiel, so wie wir es eben behandelt haben, macht auch die subjektiven Elemente bei der Modellbildung deutlich. Bei der Abgrenzung des Systemes gegenüber der Umgebung haben wir den naiven Standpunkt eines Betrachters eingenommen, der an nichts anderem als an den elektrodynamischen Vorgängen, die sich im Netzwerk abspielen, interessiert ist. Alle übrigen physikalischen Phänomene rechnet er zur „Umgebung", d. h. er vernachlässigt sie schlichtweg. Daß dies unter Umständen den Wert des eben beschriebenen mathematischen Modells in Frage stellen kann, ergibt sich einfach aus der Tatsache, daß die Größe R im allgemeinen keine Konstante sondern eine Funktion der Temperatur des Widerstandes ist. Diese Temperatur wird nun durch die Energieabstrahlung des Widerstandes beeinflußt, und letztere hängt von der Stärke des hindurch fließenden Stromes ab. Somit gibt es eine Trennung der elektrischen und thermischen Vorgänge im Netzwerk im Grunde nicht, eine genauere Modellbildung wird daher letztere mit in die Systembeschreibung einbeziehen. Dies kann z. B. so geschehen, daß man den Zustand jetzt als ein Paar von Größen auffaßt, von denen eine Komponente die physikalische Bedeutung der Ladung am Kondensator, die andere etwa die Bedeutung des Wärmeinhaltes des Widerstandes hat.

2.3 Endlich-dimensionale differentielle Systeme

Wir machen für den Rest des Buches nachstehende generelle Voraussetzung und halten an den Bezeichnungen für die Dimensionen der jeweiligen Räume fest:

$$X, U, Y \text{ sind endlich-dimensionale Vektorräume}$$
$$n := \text{Dim}(X), \qquad m := \text{Dim}(U), \qquad k := \text{Dim}(Y).$$

Die Zahlen n bzw. m bzw. k heißen auch Dimensionen der Zustandsvariablen bzw. Kontrollvariablen bzw. Dimension des Ausgangs. Systeme, die dieser Bedingung genügen, heißen *endlich-dimensional*.

Eine Kontrollfunktion $u(\cdot)$, d. h. ein Element der Menge $\mathcal{U}$, ist dann ein m-Tupel $(u_1(\cdot), \ldots, u_m(\cdot))^\mathsf{T}$ von skalaren Funktionen, die auf $\mathcal{T}$ definiert sind. Wir wollen ebenfalls von nun an voraussetzen, daß die $u_i(\cdot)$ stückweise stetige Funktionen sind (falls $\mathcal{T}$ ein Intervall ist). Für gegebenes $u(\cdot) \in \mathcal{U}$ und festes t', x' ist

$$x(t) := s(t; t', x', u(\cdot)) \tag{2.7}$$

ein n-Tupel $(x_1(t), \ldots, x_n(t))^\mathsf{T}$ von skalaren Funktionen, die auf der Menge $\{t \in \mathcal{T} : t \geq t'\}$ definiert sind.

Wir betrachten nun den kontinuierlichen Fall, d. h. wir nehmen an, daß $\mathcal{T}$ ein Intervall ist, und wollen jetzt den Begriff des differentiellen Systemes einführen. Zu den Forderungen, die wir an ein solches System stellen werden, gehört die Differenzierbarkeit (fast überall) der Zustandsfunktion (2.7) nach der Variablen t. Sie alleine reicht nun allerdings noch nicht aus, um den Übergang von der globalen zur lokalen Systembeschreibung zu ermöglichen. Dieser Übergang wird dadurch vollzogen, daß wir die Veränderung des Zustandes während eines endlichen Zeitraumes in infinitesimale Schritte auflösen. Die Charakterisierung des infinitesimalen Schrittes wird dann wesentlich bequemer mathematisch faßbar sein als der Begriff des Zustandsübergangs.

Ähnliche Übergänge vom „Großen" ins „Kleine" sind aus der Physik wohlbekannt (z. B. von der Masse zur Dichte) und bedürfen zu ihrer Rechtfertigung in der Regel gewisser Stetigkeits- und Differenzierbarkeitsannahmen. In der Kontrolltheorie hat man entsprechende Forderungen an die Zustandsübergangsfunktion zu stellen. Verlangt man etwa, daß s eine Lipschitzbedingung bezüglich $u(\cdot)$ erfüllt, so kann man zur infinitesimalen Darstellung übergehen, was wir aber hier im Einzelnen nicht ausführen können. Wir bemerken lediglich, daß das Resultat einer solchen Prozedur davon abhängt, welche Norm auf dem zugrundeliegenden Funktionenraum $\mathcal{U}$ gewählt wird. Falls man sich für die übliche Maximum-Norm entscheidet, so wird $x(\cdot)$ (vgl. (2.7)) fast überall Lösung der Differentialgleichung

$$\dot{x} = f(t, x, u(t)) \, ,$$

wobei f die folgendermaßen definierte Funktion der Variablen $t \in \mathbb{R}$, $x \in \mathbb{R}^n$, $u \in U$ ist.

Wir denken uns zunächst aus s eine Funktion der Veränderlichen t, $t' \in \mathbb{R}$, $x \in \mathbb{R}^n$, $u \in U$, gemäß der folgenden Vorschrift gebildet

$$\hat{s}(t, t', x, u) := s(t; t', x, u(\cdot)) \quad \text{mit} \quad u(t) = \text{const} = u \, .$$

(N. B.: Mit $u(\cdot)$ wird ein Element des Funktionenraumes $\mathcal{U}$, mit u ein Element des endlich-dimensionalen Kontrollbereiches U bezeichnet). Dann setzen wir

$$f(t, x, u) := (\partial \hat{s}/\partial t) \, (t, t, x, u) \, . \tag{2.8}$$

(N. B.: Es ist erst nach t zu differenzieren, dann t' durch t zu ersetzen).

Man kann die Betrachtungen nun umkehren und ein Kontrollsystem von Anfang an differentiell beschreiben, indem man neben der Ausgangsfunktion r sich eine Differentialgleichung vorgibt:

$$\dot{x} = f(t, x, u) \, , \tag{2.9}$$

wobei die rechte Seite von einem m-dimensionalen Parameter u abhängt. Nimmt man etwa noch zusätzlich an, daß f auf der Menge $\mathcal{T} \times X \times U$ in allen Variablen stetig und in Bezug auf x Lipschitz-stetig ist, so kann man die Übergangsfunktion s dadurch definieren, daß man ihren Wert an einer Stelle $(t, t', x', u(\cdot))$ so festlegt: Man ersetzt in (2.9) den Parameter u durch die Eingangsfunktion $u(t)$, integriert die entstehende Differentialgleichung mit Anfangswert x' an der Stelle t' und nimmt den Wert der Lösung an der Stelle t.

Die Forderungen, die wir in der Definition 2.1 an die Zustandsübergangsfunktion gestellt haben, sind dann formal leicht zu verifizieren. Insbesondere ist die Halbgruppeneigenschaft nichts anderes als eine Identität, die direkt aus dem grundlegenden Satz über die eindeutige Lösbarkeit des Anfangswertproblems bei gewöhnlichen Differentialgleichungen folgt (siehe etwa [KK], Kap. III, Abschn. 2, insbesondere (2.2)). Die Einschränkung „formal" ist hierbei insofern nötig, als nicht automatisch klar ist, daß die Lösung von (2.9) auf der *gesamten* Menge $\mathcal{T}$ existiert; dies hängt mit der Möglichkeit einer „endlichen Entweichzeit" zusammen (vgl. hierzu wiederum [KK], loc. cit.). Im Falle eines linearen Systems – mit dem wir uns von nun an ausschließlich beschäftigen werden – ist diese Möglichkeit allerdings nicht gegeben. Daher wollen wir auf diese Problematik auch nicht weiter eingehen.

Von nun an werden wir uns ausschließlich mit differentiellen Systemen befassen, d. h. mit Systemen, deren Zustandsübertragungsfunktion in dem eben beschriebenen Sinne implizit durch eine Differentialgleichung der Form (2.9) gegeben ist. Es gibt zwei wesentliche Gründe für eine solche Selbstbeschränkung.

1. Da physikalische Gesetze oft in Form von Differentialgleichungen gegeben sind, bietet sich vor allem bei technischen Anwendungen ein differentielles System von vornherein an.

2. Auch dort, wo man auf diesen einfachen Modelltyp nicht zwangsläufig geführt wird, kann ein endlich-dimensionales differentielles System als erste Approximation von gewissem Nutzen sein, da die Theorie dieser Systeme mathematisch am weitesten entwickelt ist und man sich so am ehesten quantitative Resultate erhoffen kann.

2.4 Zeitinvariante und lineare Systeme

Man sagt von einem Kontrollsystem, es habe die Eigenschaft der Zeitinvarianz, wenn die Gesetzmäßigkeiten, denen das Eingangs-Ausgangsverhalten unterliegt, zeitlich konstant bleiben. Dies soll folgendes bedeuten. Nimmt man in der Eingangsfunktion $u(\cdot)$ und in der Anfangszeit t' eine Zeitverschiebung, etwa um τ Einheiten, vor, behält aber die zeitliche Abfolge des Eingangssignals und den Anfangszustand x' bei, so ändert sich auch an der Evolution des Zustandes und am Ausgang bis auf die entsprechende Zeitverschiebung nichts. Wir wollen dies etwas präziser formulieren.

Definition 2.2. Ein Kontrollsystem heißt *zeitinvariant*, falls für alle t, τ, t', x', und $u(\cdot)$ diese Bedingungen bestehen

$$r(t + \tau, x, u) = r(t, x, u)\,, \qquad s(t + \tau; t' + \tau, x', u(\cdot)) = s(t; t', x', u_\tau(\cdot))\,,$$

sofern $t \geq t' \geq 0$ und $t' + \tau \geq 0$. Dabei ist $u_\tau(\cdot)$ die durch Translation in t aus $u(\cdot)$ entstehende Funktion: $u_\tau(t) := u(t + \tau)$.

Für ein endlich-dimensionales differentielles und zeitinvariantes System genügt im kontinuierlichen Fall die in (2.9) eingeführte Funktion der Beziehung

$$f(t + \tau; x, u) = f(t; x, u)$$

für alle τ mit $t + \tau \geq 0$. Dies besagt aber, daß f von t explizit nicht abhängt.

Geht man umgekehrt von einem differentiellen System aus, dessen dynamische Gleichung

$$\dot{x} = f(x, u) \tag{2.10}$$

explizit von t nicht abhängt, so ist das auf diese Weise definierte Kontrollsystem zeitinvariant (sofern auch noch die Ausgangsfunktion von t nicht abhängt). Das ergibt sich sofort aus der Tatsache, daß die Zustandsübertragungsfunktion ja in dem früher präzisierten Sinne allgemeine Lösung der Differentialgleichung (2.10) ist, und daß – wegen des Fehlens von t auf der rechten Seite von (2.10) – die folgende Aussage richtig ist: Wenn $x(t)$ der Differentialgleichung

$$\dot{x} = f(x, u_\tau(t)) = f(x, u(t + \tau))$$

genügt, so ist $x(t - \tau)$ Lösung von

$$\dot{x} = f(x, u(t)) \ .$$

Wir werden nun denjenigen Typ von Kontrollsystemen einführen, der Gegenstand des Buches im engeren Sinne ist.

Definition 2.3. Ein Kontrollsystem (im Sinne der in Abschn. 2.2 gegebenen Definition) heißt linear, falls die Mengen U, X, Y, $\mathscr{U}$ Vektorräume und für jedes feste t, $t' \in \mathscr{T}$ die Abbildungen

$$(x', u(\cdot)) \to s(t; t', x', u(\cdot)) \ , \qquad x \to r(t, x)$$

lineare Abbildungen sind.

(Zum Begriff der linearen Abbildung vgl. [K], § 8). Aus der Definition 2.2 ergibt sich, daß im Falle eines linearen endlich-dimensionalen differentiellen Systems die Abbildungen

$$(x, u) \to \hat{s}(t, t', x, u) \ , \qquad (x, u) \to f(t, x, u) \ , \qquad (x, u) \to r(t, x, u)$$

für jedes feste $t \in \mathscr{T}$ lineare Abbildungen des endlich-dimensionalen Raumes $X \times U$ in die Räume X bzw. Y sind. Bekanntlich (vgl. [K], § 9) kann man diese Abbildungen immer durch Multiplikation des Argumentes (x, u) bzw. x mit einer Matrix realisieren. Wir haben somit explizite Darstellungen von f und r in der Form

$$f(t, x, u) = F(t) \, (x, u)^{\mathsf{T}} \ , \qquad r(t, x, u) = G(t) \, (x, u)^{\mathsf{T}} \ .$$

Dabei ist $F(t)$ eine Matrix vom Typ $(n, n + m)$, $G(t)$ eine Matrix vom Typ $(k, n + m)$. Um nun zur üblichen und in diesem Buch durchweg benutzten Schreibweise eines linearen differentiellen Systems überzugehen, denken wir uns $F(t)$ bzw. $G(t)$ in der Form $(A(t), B(t))$ bzw. $(C(t), D(t))$ aufgeteilt. In der differentiellen Schreibweise wird daher ein endlich-dimensionales lineares kontinuierliches System durch die folgenden beiden Beziehungen

$$\dot{x} = A(t) \, x + B(t) \, u \ , \qquad y = C(t) \, x + D(t) \, u \tag{2.11}$$

sowie durch die Angaben der Dimensionen von x, u, y (wodurch ja die Räume X, U, Y festgelegt werden) vollständig beschrieben. $A(\cdot)$, $B(\cdot)$, $C(\cdot)$, $D(\cdot)$ sind dabei Matrizen vom Typ (n, n), (n, m), (k, n), (k, m). Die Elemente von $A(\cdot)$ und $B(\cdot)$ sind stetige Funktionen von t. Fordert man zusätzlich Zeitinvarianz, so bedeutet dies, daß $A(\cdot)$, $B(\cdot)$, $C(\cdot)$, $D(\cdot)$ konstante Matrizen sind.

Wir wollen nun den Weg von der differentiellen Beschreibung linearer Systeme in der Form (2.11) zur Beschreibung im Sinne von Abschn. 2.2 auch formelmäßig zurückverfolgen und damit im übrigen auch den linearen Charakter eines Kontrollsystems, das durch Hinschreiben von Relationen der Form (2.11), definiert wird, bestätigen.
Wir machen dabei Gebrauch von einigen Tatsachen über Systeme linearer Differentialgleichungen und bedienen uns der in diesem Zusammenhang üblichen Terminologie. All dies ist in jedem einführenden Lehrbuch über gewöhnliche Differentialgleichungen, insbesondere in [KK], Kap. II, so ausführlich darge-

stellt, daß sich erläuternde Kommentare an dieser Stelle erübrigen. O. E. werden wir annehmen, daß $A(\cdot)$ und $B(\cdot)$ für alle reellen t definiert und stetig sind. Unter dieser Voraussetzung ist zunächst die Übergangsmatrix $\Phi(t, \tau)$ der homogenen Differentialgleichung

$$\dot{x} = A(t)\,x$$

für alle t, τ wohldefiniert. Es ist dies eine Matrix vom Typ (n, n), deren Elemente stetig differenzierbare Funktionen beider Argumente sind und die durch das Bestehen der nachstehenden Identität in t, τ bzw. in t vollständig charakterisiert wird:

$$\frac{\partial \Phi}{\partial t}(t, \tau) = A(t)\,\Phi(t, \tau)\,, \qquad \Phi(t, t) = I \qquad (= \text{Einheitsmatrix})\,.$$

Falls $A(t) = A$ eine konstante Matrix ist, so läßt sich $\Phi(t, \tau)$ mit Hilfe der Matrix-Exponentialfunktion in der folgenden Weise darstellen:

$$\Phi(t, \tau) = e^{A(t-\tau)}\,.$$

Die zum differentiellen System (2.11) gehörige Zustandsübergangsfunktion ist ja, wie wir bereits wissen, als Lösung des Anfangswertproblems

$$\dot{x} = A(t)\,x + B(t)\,u(t)\,, \qquad x(t') = x' \tag{2.12}$$

definiert. Diese Lösung ist nun mit Hilfe der unter dem Namen „Variation der Konstanten" wohlbekannten expliziten Formel für die Integration der Differentialgleichung (2.12) darstellbar:

$$x(t) = \Phi(t, t')\,x' + \int_{t'}^{t} \Phi(t, \tau)\,B(\tau)\,u(\tau)\,d\tau\,.$$

Damit haben wir:

Satz 2.1. *Die zu einem endlich-dimensionalen kontinuierlichen differentiellen linearen System mit den definierenden Relationen (2.11) gehörige Zustandsübergangsfunktion ist in expliziter Form durch die Vorschrift*

$$s(t;\, t',\, x',\, u(\cdot)) = \Phi(t, t')\,x' + \int_{t'}^{t} \Phi(t, \tau)\,B(\tau)\,u(\tau)\,d\tau$$

gegeben. Im zeitinvarianten Fall läßt sie sich auch in der folgenden Form niederschreiben

$$s(t;\, t',\, x',\, u(\cdot)) = e^{A(t-t')}\,x' + \int_{t'}^{t} e^{A(t-\tau)}\,Bu(\tau)\,d\tau\,.$$

Wir beschließen diesen Abschnitt mit zwei Beispielen von zeitinvarianten linearen und endlich-dimensionalen Systemen, die einen einfachen physikalischen Hintergrund haben. Aus den entsprechenden Gesetzmäßigkeiten wollen wir die von nun an stets praktizierte Systemdarstellung in der Form (2.11) herlei-

Beispiel 2.2. Das erste Beispiel ist bereits früher behandelt worden (Beispiel 2.1). Hier sind x, y, u eindimensional und die Systemgleichungen sehen so aus

$$\dot{x} = -\frac{1}{RC}x + \frac{1}{R}u, \qquad y = -\frac{1}{RC}x + \frac{1}{R}u.$$

Beispiel 2.3. Als nächstes Beispiel betrachten wir ein differentielles System, bei dem die Dimension des Zustandes größer ist als die des Ausganges. Es handelt sich um ein vereinfachtes mathematisches Modell für einen Gleichstrom-Motor, der über die Eingangsspannung u gesteuert wird (siehe Abb. 2.3). Als Zustand des Systems nehmen wir das Paar $(\theta, \omega)^{\mathsf{T}} =: x$, wobei θ der Drehwinkel und ω die Winkelgeschwindigkeit der Motor-Achse ist. Die linearisierten Bewegungsgleichungen dieses Systems lauten dann

$$\dot{\theta} = \omega, \qquad J\dot{\omega} = -B\omega + ku. \tag{2.13}$$

J, B, k sind dabei positive Konstanten: J ist das Trägheitsmoment des Rotors, B ein Reibungskoeffizient und k ein Proportionalitätsfaktor, der die Wirkung des dem Motor vorgeschalteten Leistungsverstärkers repräsentiert. Als Ausgang y nehmen wir die Komponente θ des Zustandes. Wir haben dann eine Systembeschreibung der Form

$$\dot{x} = Ax + Bu, \qquad y = Cx.$$

Hierbei ist

$$x = \begin{pmatrix} \theta \\ \omega \end{pmatrix}, \qquad A = \begin{pmatrix} 0 & 1 \\ 0 & -B/J \end{pmatrix}, \qquad B = \begin{pmatrix} 0 \\ k/J \end{pmatrix}, \qquad C = (1, \ 0).$$

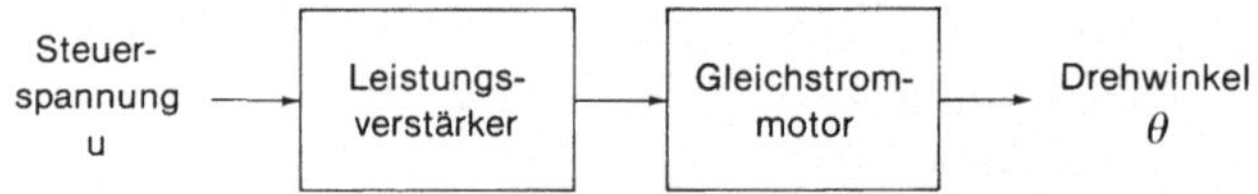

Abb. 2.3   Gleichstrommotor mit Leistungsverstärker

2.5 Stabilität

Die folgenden Betrachtungen beziehen sich auf lineare endlich-dimensionale kontinuierliche Systeme mit der Zeitmenge $\mathcal{T} = [t_0, \infty)$. Im Abschn. 2.4 haben wir eine explizite Formel für die Zustandsübergangsfunktion angegeben. In diesem Abschnitt interessieren wir uns für eine qualitative Eigenschaft dieser Funktion, die sich so formulieren läßt: Ist $u(\cdot)$ eine beliebige auf $\mathcal{T}$ beschränkte Eingangsfunktion, so ist $s(t; t_0, x_0, u(\cdot))$ für jeden Anfangswert x_0 ebenfalls auf $\mathcal{T}$ beschränkt und asymptotisch von x_0 unabhängig, d. h. es gilt für alle x_0, x_0'

$$\lim_{t \to \infty} \{s(t; t_0, x_0, u(\cdot)) - s(t; t_0, x_0', u(\cdot))\} = 0. \tag{2.14}$$

Wir nehmen zunächst an, daß das gegebene System kontinuierlich und durch eine Gleichung der Form

$$\dot{x} = A(t)\, x + B(t)\, u \tag{2.15}$$

gegeben sei. Eine Ausgangsfunktion braucht nicht angegeben zu werden, da es hier um eine Eigenschaft der Zustandsübergangsfunktion geht, die nichts mit der expliziten Form des Systemausganges zu tun hat. Wir setzen ferner voraus, ten, daß die Elemente der Matrizen $A(t)$, $B(t)$ für alle t definiert und stetig sind. Gegebenenfalls läßt sich die durch geeignete Fortsetzung dieser Funktionen in den Bereich $t \leq t_0$ erreichen. Wie man diese Fortsetzung vornimmt und welche Anfangszeit t_0 man wählt hat im übrigen keinen Einfluß auf die im folgenden zu diskutierenden Eigenschaften des Systems (2.15).

Definition 2.4. Das lineare System (2.15) heißt *stabil*, falls eine (und damit jede) Fundamentalmatrix $\Phi(t)$ der homogenen Differentialgleichung $\dot{x} = A(t)\,x$ auf einem (und damit auf jedem) Intervall der Form $[t_0, \infty)$ beschränkt ist. Das System heißt *asymptotisch stabil*, falls überdies $\lim\limits_{t \to \infty} \|\Phi(t)\| = 0$ gilt .

Der Inhalt der Definition 2.4 läßt sich auch so wiedergeben: Das System (2.15) ist dann und nur dann stabil (asymptotisch stabil), wenn jede Lösung der homogenen Differentialgleichung $\dot{x} = A(t)$ auf $[t_0, \infty)$ beschränkt ist (für $t \to \infty$ gegen Null geht). Das ergibt sich einfach aus der Tatsache, daß man eine Lösung mit Hilfe einer konstanten Spalte c in der Form $\Phi(t)\,c$ darstellen kann, und daß umgekehrt auch die Spalten von $\Phi(t)$ Lösungen der Differentialgleichung $\dot{x} = A(t)\,x$ sind. Da die Differenz $x_1(t) - x_2(t)$ zweier Lösungen von (2.15) – bei gegebener Eingangsfunktion $u = u(t)$ – stets eine Lösung der homogenen Differentialgleichung $\dot{x} = A(t)\,x$ ist, bedeutet somit die Stabilität der Differentialgleichung, daß man für zwei Lösungen $x_1(t)$, $x_2(t)$ von (2.15) die Differenz in der nachstehenden Form abschätzen kann:

$$\|x_1(t) - x_2(t)\| \leq \alpha(t_0)\, \|x_1(t_0) - x_2(t_0)\|, \qquad t \geq t_0 . \tag{2.16}$$

Hierbei hängt der Faktor $\alpha(t_0)$ nur vom Anfangszeitpunkt t_0, nicht aber von den beiden Lösungen x_1, x_2 selber ab. Wenn das System asymptotisch stabil ist, gilt zusätzlich

$$\lim_{t \to \infty} \|x_1(t) - x_2(t)\| = 0 . \tag{2.17}$$

Die Bedeutung des Begriffes der (asymptotischen) Stabilität liegt in der naheliegenden Interpretation der Aussagen (2.16) bzw. (2.17): Es ist die Abweichung zweier Systemzustände für alle Zeiten $t \geq t_0$ durch die Abweichungen ihrer Anfangszustände abschätzbar. In anderen Worten: Die Auswirkung einer einmaligen Störung des Systems zur Zeit t_0, die zu einer Veränderung des Anfangszustandes führt, bleibt für alle Zeiten begrenzt. Ein asymptotisch stabiles System hat darüber hinaus dank seiner Dynamik die Fähigkeit, den Effekt einer einmaligen Störung aus sich heraus zu kompensieren.

Man bemerkt, daß die Eigenschaft der Stabilität bzw. der asymptotischen Stabilität von dem inhomogenen Anteil der Differentialgleichung (2.15) unabhängig und somit eine Eigenschaft der homogenen Differentialgleichung $\dot{x} = A(t)\,x$ ist. Falls $A(t) = A$ eine konstante Matrix ist, läßt sie sich ohne Zuhilfenahme der Übergangsmatrix an A selber verifizieren. Das ergibt sich aus

Satz 2.2. *Wenn $A(t) = A$ eine konstante Matrix ist, so gelten folgende Aussagen.*
(i) Das lineare System (2.15) ist dann und nur dann asymptotisch stabil, wenn alle Eigenwerte von A negativen Realteil besitzen.

(ii) Das lineare System (2.15) ist genau dann stabil, wenn alle Eigenwerte von A nicht-positiven Realteil besitzen und zu jedem Eigenwert λ mit verschwindendem Realteil genau soviel linear unabhängige Eigenvektoren existieren, wie die Vielfachheit der Wurzel λ des charakteristischen Polynoms $\chi_A(s)$ beträgt.

Zum Beweis des Satzes sei auf [KK], Kap. III, Satz 7.2 verwiesen.

Wir wollen nun den Zusammenhang zwischen der Stabilität im Sinne der Definition 2.4 und der eingangs erwähnten Eigenschaft der Zustandsübergangsfunktion diskutieren. Da

$$x(t) := s(t; t_0, x_0, u(\cdot)) - s(t; t, x_0', u(\cdot))$$

eine Lösung der homogenen Differentialgleichung $\dot{x} = A(t)\, x$ darstellt, ist zunächst klar, daß die Forderung (2.14) mit der asymptotischen Stabilität des Systems (2.15) gleichbedeutend ist. Die weitergehende Forderung nach der Beschränktheit von $x(\cdot)$ bei beschränktem $u(\cdot)$ ist nun wenigstens bei zeitinvarianten asymptotisch stabilen Systemen aufgrund des exponentiellen Abklingens der Lösungen der homogenen Gleichung gegeben. Bei solchen Systemen genügt die Übergangsmatrix $\Phi(t, t_0) = \exp\left(A(t - t_0)\right)$ einer Abschätzung der Form

$$\|\Phi(t, t_0)\| \leq \alpha\, e^{-\beta(t - t_0)} \quad \text{für alle} \quad t \geq t_0\,, \tag{2.18}$$

wobei α, β nur von A abhängige positive Konstante sind (vgl. [KK]. Kap. III, Abschn. 7.1 und Satz 7.4). Man nennt eine homogene lineare Differentialgleichung $\dot{x} = A(t)\, x$ *exponentiell asymptotisch stabil*, wenn – mit passenden positiven Konstanten α, β – für ihre Übergangsmatrix eine Abschätzung der Form (2.18) besteht.

Satz 2.3. *Die Übergangsmatrix $\Phi(t, t_0)$ der homogenen Differentialgleichung $\dot{x} = A(t)\, x$ genüge der Abschätzung (2.18) und es sei $u(\cdot)$ eine Eingangsfunktion mit der Eigenschaft, daß $B(t)\, u(t)$ für alle t beschränkt ist, d. h. es bestehe eine Abschätzung der Form $\|B(t)\, u(t)\| \leq \Theta$ für alle $t \in \mathbb{R}$. Dann besitzt die Differentialgleichung*

$$\dot{x} = A(t)\, x + B(t)\, u(t)$$

genau eine auf $\mathbb{R}$ beschränkte Lösung $x_0(\cdot)$, gegen die jede andere Lösung für $t \to \infty$ exponentiell abklingt. Genauer gesagt genügt $x_0(\cdot)$ der Abschätzung $\|x_0(t)\| \leq \Theta\alpha\beta^{-1}$ für alle $t \in \mathbb{R}$.

Beweis. Aus (2.18) folgt, daß für eine Lösung $x(\cdot)$ der homogenen Differentialgleichung $\dot{x} = A(t)\, x$ die Abschätzung

$$\|x(t)\| \leq \alpha\, e^{-\beta(t - t_0)}\, \|x(t_0)\|$$

gilt, sobald $t \geq t_0$ ist. Wenn $x(\cdot)$ auf $\mathbb{R}$ beschränkt ist, ergibt sich daher aus dieser Ungleichung durch Grenzübergang $t_0 \to -\infty$, daß $x(t) = 0$ für alle t ist. Mit anderen Worten: die homogene Differentialgleichung $\dot{x} = A(t)\, x$ besitzt außer der trivialen keine weitere auf ganz $I\!R$ beschränkte Lösung. Da die Differenz zweier Lösungen der inhomogenen Differentialgleichung (2.15) stets Lösung der homogenen Differentialgleichung $\dot{x} = A(t)\,x$ ist, kann es – unter den Voraussetzungen unseres Satzes – nicht mehr als eine Lösung von (2.15) geben, die auf $I\!R$ beschränkt ist. Eine solche Lösung kann man nun leicht in Integralform angeben:

$$x_0(t) = \int\limits_{-\infty}^{t} \Phi(t,\,\tau)\, b(\tau)\, d\tau\,, \qquad b(t) := B(t)\, u(t)\,.$$

Daß dieses Integral eine Lösung von (2.15) darstellt, ergibt sich sofort aus der Feststellung, daß man nach t so differenzieren darf wie bei einem entsprechenden Integral mit endlicher und von t unabhängiger unterer Grenze. Dies wiederum folgt aus bekannten Sätzen der Integralrechnung, aus der Abschätzung $\|\Phi(t,\,\tau)\, b(\tau)\| \leqq \Theta\alpha\, e^{-\beta(t-\tau)}$ sowie aus der Konvergenz von

$$\int\limits_{-\infty}^{t} e^{-\beta(t-\tau)}\, d\tau = \int\limits_{0}^{\infty} e^{-\beta\tau}\, d\tau = 1/\beta\,.$$

Die Abschätzung $\|x_0(t)\| \leqq \Theta\alpha\beta^{-1}$ ist damit auch gezeigt. Ferner ist klar, daß jede Lösung von (2.15) aus $x_0(\cdot)$ durch Addition einer Lösung der homogenen Differentialgleichung $\dot{x} = A(t)\,x$ entsteht und daher notwendig für $t \to \infty$ gegen $x_0(\cdot)$ abklingt. $\qquad\square$

Im zeitinvarianten Fall ($A(t) = A$) läuft die Frage nach der asymptotischen Stabilität auf die Frage hinaus, ob die Nullstellen des charakteristischen Polynoms $\chi_A(s)$ sämtlich in der offenen linken Halbebene liegen oder nicht. Man kann diese Frage natürlich dadurch beantworten daß man die Nullstellen explizit berechnet. Diesen Weg wird man jedoch nur dann gehen, wenn man mehr wissen will als nur die Stabilität des linearen Systems, wenn man z. B. die Größenordnung des exponentiellen Abklingens der Lösungen der Differentialgleichung $\dot{x} = Ax$ bestimmen möchte. Geht es dagegen nur um die Frage, ob alle Nullstellen von $\chi_A(s)$ in der linken Halbebene liegen, so ist ein algebraisches Stabilitätskriterium (Routh-Hurwitz-Kriterium) das Mittel der Wahl. Bei diesem Kriterium hat man aus den Koeffizienten von $\chi_A(s)$ gewisse homogene Polynome zu bilden und deren Vorzeichen festzustellen. Eine ausführliche Herleitung findet man in Hahn (1967), II.6, Hinweise zur praktischen Anwendung in Lehrbüchern der Regelungstheorie (z. B. Schwarz 1969, Abschn. 9.5).
Aus dem Routh-Hurwitz-Kriterium folgt u. a., daß die Koeffizienten von $\chi_A(s)$ positiv sein müssen, wenn die Eigenwerte von A in der linken Halbebene liegen. Diese Aussage ist aber für die Stabilität von $\dot{x} = Ax$ im allgemeinen nicht hinreichend. Daß es eine notwendige Bedingung ist, kann man übrigens auch leicht direkt beweisen, indem man zunächst den Fall betrachtet, daß $\chi_A(s)$ vom Grad 1 oder 2 ist (hier ist die Bedingung auch hinreichend), und dann die Tatsache ausnutzt, daß ein Polynom mit reellen Koeffizienten als ein Produkt von linearen und quadratischen Polynomen mit reellen Koeffizienten geschrieben werden kann.

Beispiel 2.4. Wir wollen die zwei bisher betrachteten Beispiele auf Stabilität bzw. asymptotische Stabilität hin untersuchen. Da es sich in allen Fällen um lineare zeitinvariante Systeme handelt, genügt es, die Eigenwerte der Systemmatrix A und gegebenenfalls deren Vielfachheit zu untersuchen.

1) Beispiel 2.2. Hier ist A skalar und gleich $-1/RC$, d. h. wir haben überhaupt nur einen Eigenwert und der ist negativ. Also ist das System (exponentiell) asymptotisch stabil.

2) Beispiel 2.3. (Gleichstrommotor). Das charakteristische Polynom ist $\chi_A(s) = s(s + B/J)$, hat also die zwei verschiedenen Wurzeln 0 und $-B/J$. Nach Satz 2.2 ist das System stabil, aber nicht asymptotisch stabil.

2.6 Impulsantwort, Übertragungsfunktion und Frequenzgang

Wir wollen in diesem Abschnitt kurz auf drei wichtige Begriffe eingehen, die ihren Ursprung in der klassischen Regelungstheorie haben. Sie werden in der folgenden Definition für zeitinvariante lineare Systeme eingeführt, und zwar unter Zugrundelegung einer Darstellung der Form

$$\dot{x} = Ax + Bu , \qquad y = Cx . \tag{2.19}$$

Man kann aber, wie wir weiter unten sehen werden, Impulsantwort und Übertragungsfunktion auch direkt und ohne Bezug auf eine solche Darstellung mit dem Eingangs-Ausgangsverhalten eines Systemes in Verbindung bringen. Es ist dies ein wichtiger Aspekt des jetzt zu behandelnden Themas, den wir aber im Rahmen dieses Buches nicht weiter verfolgen werden. Wir verweisen den Leser auf Lehrbücher der Regelungstheorie, z. B. Wunsch (1975), Göldner (1981).

Wie bisher werden die Dimensionen von y bzw. u mit k bzw. m bezeichnet. Wir führen zwei von einem skalaren komplex- bzw. reellwertigen Parameter s bzw. t abhängigen Matrizen vom Typ (k, m) ein, nämlich

$$H(s): = C(sI - A)^{-1} B , \qquad K(t): = \begin{cases} Ce^{At}B & \text{für} \quad t \ge 0 , \\ 0 & \text{für} \quad t < 0 . \end{cases} \tag{2.20}$$

Die Elemente der Matrix $H(\cdot)$ sind echt-gebrochene rationale Funktionen von s, deren Pole sämtlich Eigenwerte der Matrix A sind (es kommt aber nicht notwendig jeder Eigenwert auch unter den Polen der Elemente von $H(\cdot)$ vor). Falls $k = m = 1$ ist, sind H und K skalare Funktionen von s und t. Späterer Anwendungen halber halten wir fest, daß sich jede echt-gebrochene rationale Funktion p/q stets in der Form (2.20) darstellen läßt. Wenn etwa

$$p(s) = p_{n-1}s^{n-1} + p_{n-2}s^{n-2} + \ldots + p_0$$

und

$$q(s) = s^n + q_{n-1}s^{n-1} + \ldots + q_0$$

ist, so braucht man nur A als sogenannte Begleitmatrix des Polynomes q und

$$B = (0,0, \ldots , 0,1)^\mathsf{T} , \qquad C = (-p_0, -p_1, \ldots , -p_{n-1})$$

zu wählen (Begleitmatrizen sind Teilblöcke gewisser Normalformen, vgl. Kowalsky 1979, Satz 35.6).

Definition 2.4. $H(s)$ heißt die zum System (2.19) gehörige *Übertragungsmatrix*, $H(i\omega)$, $\omega \in R$, die zugehörige *Frequenzgangmatrix* und $K(t)$ die *Impulsantwortmatrix*. Falls $m = k = 1$ ist spricht man von Übertragungsfunktion, Frequenzgang und Impulsantwortfunktion.

Wir machen für den Rest des Abschnittes die folgende Annahme:

Die Eigenwerte von A haben sämtlich negativen Realteil.   (2.21)

Es genügt dann die Impulsantwortmatrix einer Abschätzung der Form

$$\|K(t)\| \leqq c\, e^{-\alpha|t|}, \qquad \alpha > 0 \tag{2.22}$$

für alle t, wie man anhand der Formel (2.20) sofort sieht. Es ist ferner klar, daß $H(s)$ keine Pole auf der imaginären Achse besitzt, d. h. $H(i\omega)$ ist auf ganz R definiert. Unter diesen Annahmen läßt sich nun in einfacher Weise ein Zusammenhang zwischen Frequenzgang- und Impulsantwortmatrix herstellen, der gleichzeitig auch die anschauliche Bedeutung beider Begriffe herausstellt. Dies soll jetzt kurz skizziert werden.

Für festes reelles ω und jeden m-dimensionalen Vektor u_0 besitzt die Dgl. (diese Abkürzung steht von nun an für Differentialgleichung)

$$\dot{x} = Ax + B\, e^{i\omega t}\, u_0 \tag{2.23}$$

die auf ganz R definierte und beschränkte Lösung

$$(i\omega I - A)^{-1}\, B\, e^{i\omega t}\, u_0 . \tag{2.24}$$

Dies läßt sich unmittelbar verifizieren. Da die Eigenwerte von A nach Voraussetzung sämtlich negative Realteile besitzen, kann nun gemäß Satz 2.3 diese Lösung auch in der nachstehenden Form dargestellt werden

$$\left(\int_{-\infty}^{t} e^{A(t-\tau)} B\, e^{i\omega\tau}\, d\tau \right) u_0 . \tag{2.24'}$$

Beide Ausdrücke repräsentieren den „eingeschwungenen Zustand" der Dgl. (2.23), d. h. diejenige Lösung, der sich für wachsende Zeiten unabhängig vom Anfangszustand $x(0)$ jede andere unbegrenzt nähert. Multipliziert man (2.24) bzw. (2.24') mit der Matrix C von links und beachtet man die Definition von $H(\cdot)$ und $K(\cdot)$, so gelangt man zu zwei Darstellungen des zugehörigen Ausgangs, nämlich

$$H(i\omega)\, e^{i\omega t} u_0 = \left(\int_{-\infty}^{t} K(t-\tau)\, e^{i\omega\tau}\, d\tau \right) u_0 = \left(\int_{-\infty}^{+\infty} K(t-\tau)\, e^{i\omega\tau}\, d\tau \right) u_0 . \tag{2.25}$$

Es gibt also eine einfache Beziehung zwischen dem Eingangssignal $e^{i\omega t} u_0$ und demjenigen Ausgangssignal, welches sich nach genügend langer Zeit unabhängig vom Anfangszustand einstellt. Unter Zugrundelegung der komplexen Schreibweise ist es gerade die Multiplikation mit der Frequenzgangmatrix welche den

Übergang vom Eingang zum Ausgang bewirkt. Dies ist die genaue physikalische Bedeutung des Begriffes Frequenzgang.

Es gilt die Relation (2.25) identisch in t, ω, u_0. Daher kann man aus ihr sofort eine Darstellung von $H(i\omega)$ selber gewinnen:

$$H(i\omega) = \int_{-\infty}^{\infty} K(t - \tau)\, e^{i\omega(\tau - t)}\, d\tau = \int_{-\infty}^{+\infty} K(t)\, e^{-i\omega t}\, dt \, . \tag{2.26}$$

Damit ist nun auch der Zusammenhang zwischen Impulsantwort- und Frequenzgangmatrix deutlich geworden. Da das Integral auf der rechten Seite von (2.26) wegen (2.22) absolut konvergiert, kann man obige Beziehung gemäß dem Fourierschen Integralsatz umkehren:

$$\frac{1}{2}\,(K(t + 0) + K(t - 0)) = \frac{1}{2\pi} \int_{-\infty}^{+\infty} e^{i\omega t} H(i\omega)\, d\omega \, , \tag{2.27}$$

(vgl. Doetsch 1970, Satz 24.2).

Frequenzgang und Impulsantwort sind also durch die Fouriertransformation miteinander verknüpft.

Beispiel 2.5. Wir betrachten noch einmal das RC-Netzwerk aus den Beispielen 2.1 und 2.2, wählen aber jetzt die Kondensatorspannung als Ausgangsgröße y. Damit werden Zustandsdifferential- und Ausgangsgleichung

$$\dot{x} = -\frac{1}{RC}\,x + \frac{1}{R}\,u \, , \qquad y = \frac{1}{C}\,x \, .$$

Mit Hilfe von (2.20) findet man, daß Übertragungsfunktion und Impulsantwort dieses Systems gegeben werden durch

$$H(s) = \frac{1/RC}{s + 1/RC}\,, \qquad K(t) = \begin{cases} \dfrac{1}{RC}\, e^{-t/RC}\,, & t \geq 0\,, \\[2ex] 0\,, & t < 0\,. \end{cases}$$

3 Steuerbarkeit, Zustandsrückführung und Polvorgabe

3.1 Einleitung

Im Kap. 1 sind die verschiedenen Problemstellungen, die sich unter dem Stichwort „Reglerentwurf" zusammenfassen lassen, beschrieben. Beginnend mit diesem Kapitel soll nun dieses Thema systematisch und basierend auf Zustandsraum-Modellen behandelt werden. Dabei werden wir schrittweise von vereinfachten und idealisierten zu mehr realistischen Situationen übergehen.

Als Erstes führen wir in diesem Kapitel den Begriff der Steuerbarkeit für lineare zeitabhängige Systeme

$$\dot{x} = A(t)\,x + B(t)\,u \tag{3.1}$$

ein. Es geht hierbei um eine grundlegende Eigenschaft eines solchen Systems, die sich alleine auf seine Dynamik bezieht und unabhängig von der Festlegung des Ausganges ist. Man nennt ein System steuerbar, wenn es grundsätzlich möglich ist, durch Wahl einer geeigneten Steuerfunktion von einem vorgegebenen Anfangszustand x_0 in endlicher Zeit zu einem vorgegebenen Endzustand x_1 zu gelangen.

Die Betonung liegt dabei auf dem Wort grundsätzlich, denn hinsichtlich des Vorganges der Überführung $x_0 \to x_1$ werden keine zusätzlichen Bedingungen an $u(\cdot)$ (außer Stetigkeit) und $x(\cdot)$ gestellt. Bei konkreten Systemen hat man im allgemeinen derartige Freiheit in der Wahl der Steuerfunktion nicht, sondern hat darauf zu achten, daß Nebenbedingungen der Form $u(t) \in U_0 \subset U$ oder auch $x(t) \in X_0 \subset X$ (Stellgrößenbeschränkungen, Zustandsbeschränkungen) eingehalten werden. Wenn ein konkretes System durch ein steuerbares Modell in Form einer Systemgleichung (3.1) beschrieben wird, so bedeutet dies daher noch keineswegs, daß sich auch der Zustand des zugrundeliegenden Systems stets in gewünschter Weise verändern läßt.

Wenn man dennoch bei der Analyse konkreter Systeme anhand einer Systembeschreibung der Form (3.1) die Steuerbarkeit prüft, so hat dies seinen Grund in einer Tatsache, die an verschiedenen Stellen dieses Buches sichtbar werden wird: Steuerbarkeit eines Systems ist eine Grundvoraussetzung für eine befriedigende mathematische Behandlung der wichtigsten regelungstechnischen Probleme (auch solcher, die mit der Frage der reinen Zustandsveränderung direkt nichts zu tun haben). Die genaue Definition der Steuerbarkeit wird im Abschn. 3.2 angegeben. Dort findet man auch die wichtigsten Kriterien, mit deren Hilfe sich die Steuerbarkeit eines vorgelegten konkreten Systems testen läßt, und deren Kenntnis für die Lektüre des restlichen Teiles des Buches unentbehrlich ist.

Wenn man von obiger Definition ausgeht, so ist Steuerbarkeit zunächst eine Eigenschaft des offenen Kreises, wie er durch die Systemgleichung (3.1) beschrieben wird. Nun gibt es – wenigstens im zeitinvarianten Fall – auch eine Charakterisierung durch Eigenschaften geschlossener Kreise. Genauer gesagt handelt es sich dabei um diejenigen geschlossenen Kreise, die man mittels linearer Zustandsrückführung

$$u = -F(t)\, x \tag{3.2}$$

aus (3.1) erhält und deren Dynamik daher durch eine Differentialgleichung der Form

$$\dot{x} = (A(t) - B(t)\, F(t))\, x \tag{3.3}$$

wiedergegeben wird. Welche Möglichkeiten zur Veränderung der Dynamik durch Wahl von $F(\cdot)$ und insbesondere zur Herstellung stabiler geschlossener Kreise bestehen, hängt wesentlich von der Steuerbarkeit des Systems (3.1) ab. Dieser Zusammenhang wird in den Abschn. 3.3 und 3.5 ausführlich erörtert werden.

Das wichtigste Resultat und eine der grundlegenden Aussagen der linearen Kontrolltheorie überhaupt ist der Satz 3.4. Er besagt, daß man im Falle eines steuerbaren zeitinvarianten Systems (3.1) (d. h. wenn $A(t) = A$, $B(t) = B$ konstante Matrizen sind) eine konstante Matrix F finden kann, deren Zeilenzahl (Spaltenzahl) gleich der Dimension von u (Dimension von x) ist und die bewirkt, daß die Eigenwerte von $A - BF$ ein vorgegebenes und zur reellen Achse symmetrisches Muster komplexer Zahlen bilden. Da die Pole der Übertragungsfunktion Eigenwerte der Systemmatrix sind, spricht man hier auch von *Polvorgabe*.

(Lineare) Zustandsrückführung in der Form (3.2) ist eine spezielle Form der Rückkoppelung, d. h. einer irgendwie gearteten Bindung des Eingangs an den Ausgang (siehe Abb. 3.1, 3.2; die Schreibweise mit dem Minus-Zeichen ist eine in der Kontrolltheorie übliche Konvention). Rückkoppelung ist prinzipiell ein wichtiges Hilfsmittel, um ein erwünschtes Systemverhalten zu erreichen. Zustandsrückführung ist nun die „konzentrierteste" Form der Rückkoppelung, denn im Systemzustand $x(t_0)$ steckt ja – wie wir uns in Kap. 2 klargemacht haben – sämtliche für $t \geq t_0$ relevante Information über die Vorgeschichte des Systems. Andererseits ist sie aber in der Praxis selten realisierbar, weil die vollständige und genaue Messung des Zustandes in jedem Zeitpunkt entweder unmöglich oder zu aufwendig ist. Dennoch ist der Satz von der Polvorgabe als theoretisches Hilfsmittel von großer Bedeutung, auch für die Konstruktion von Steuergesetzen, die nur die tatsächlich gemessenen Ausgänge benutzen (Ausgangsrückführung, siehe Kap. 7).

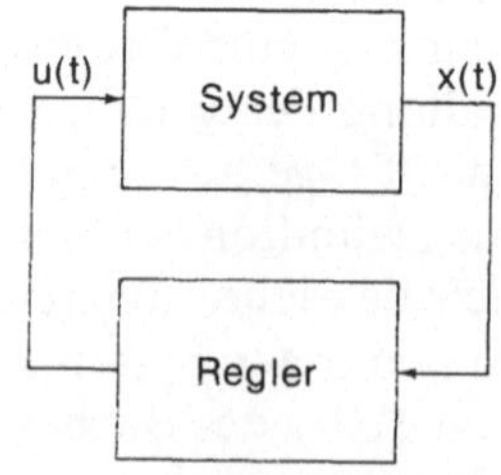

Abb. 3.1   Zustandsrückführung

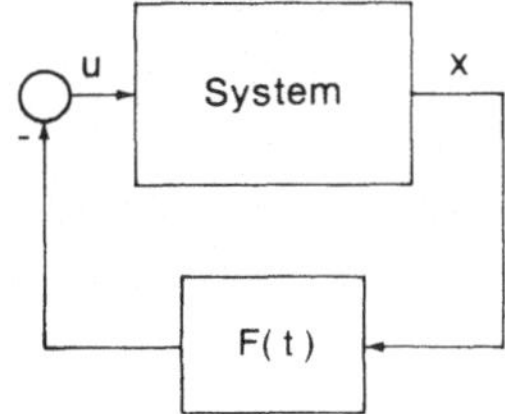

Abb. 3.2   Lineare Zustandsrückführung

Dem eigentlichen Beweis des Satzes von der Polvorgabe geht eine Herleitung der sogenannten Regelungs-Normalform eines linearen zeitinvarianten Systemes voraus. Es ist dies eine durch Transformationen erreichbare und durch besonders einfache Bauart der Matrizen A und B ausgezeichnete Systemgleichung der Form (3.1). Die Aufstellung von Normalformen wird in Abschn. 3.4 ausführlich besprochen. Im abschließenden Abschn. 3.5 wird eine weitere Systemeigenschaft diskutiert, nämlich die Stabilisierbarkeit. Sie ist eine Abschwächung des Begriffes der Steuerbarkeit und bedeutet, daß man durch geeignete Zustandsrückführung den offenen in einen asymptotisch stabilen geschlossenen Kreis verwandeln kann.

Beispiel 3.1. Ehe wir die genaue Definition des Begriffes Steuerbarkeit angeben, wollen wir versuchen, ihren systemtheoretischen Hintergrund an einem einfachen Beispiel zu demonstrieren (die Durchrechnung erfolgt dann am Schluß von Abschn. 3.2). Es handelt sich um ein (mathematisches) Pendel, das durch beliebige horizontale Verschiebung seines Aufhängepunktes gesteuert wird (Abb. 3.3, p. 36). Man kann sich in dieser Form eine vereinfachte Vorstellung vom Funktionsablauf einer Verladebrücke machen. Das Pendel repräsentiert den Greifer, also den Teil der Vorrichtung, welcher das zu verladende Gut aufnimmt und wieder absetzt. Der Greifer ist frei beweglich an der Laufkatze aufgehängt, die ihrerseits auf einer Schiene rollt und den Transport besorgt. Die Steuerung des Gesamtsystems (Katze und Greifer) erfolgt durch die auf die Laufkatze wirkende Antriebskraft (repräsentiert etwa durch die Eingangsspannung u eines Elektromotors), von der wir annehmen, daß wir über sie jederzeit nach Größe und Richtung beliebig verfügen können.
Aufgabe der Steuerung ist es nun, das System wechselseitig in zwei ausgezeichnete Positionen (Beund Entladen) zu bringen. In diesen muß die Katze an vorgegebenen Punkten B, E der Laufschiene stehen und der Greifer ruhig darunter hängen. Es ist klar, daß man — freie Verfügbarkeit über die Antriebskraft vorausgesetzt — die Katze stets von B nach E bringen kann, ebenso aber ist klar, daß einfaches Abbremsen der Katze im Zielpunkt nicht auch bedeutet, daß die durch die Bewegungen des Aufhängepunktes ausgelösten Schwingungen des Greifers automatisch aufhören. Die Aufgabe, das Gesamtsystem in die für die Entladung des Greifers vorgeschriebene Position zu bringen, erfordert daher ein nicht-triviales Manöver der Laufkatze. Der Grund liegt auf der Hand: Man hat zwei Freiheitsgrade der Bewegung (Laufkatze, Greifer), aber nur einen Freiheitsgrad der Steuerung (Laufkatze). Die Steuerung beeinflußt direkt und überschaubar nur die eine Komponente des Systems, die andere dagegen indirekt (über die Reaktionskraft) und in nicht überschaubarer Weise. Hierin liegt die typische Problematik des Themas „Steuerbarkeit".

3.2 Steuerbarkeit

Wir betrachten in diesem Abschnitt ein lineares zeitabhängiges System in differentieller Form. Die Zustandsänderung wird dann durch eine lineare Differentialgleichung der Form (3.1) beschrieben. $A(t)$ und $B(t)$ sind Matrizen des Types (n, n) bzw. (n, m); die Elemente dieser Matrizen seien für alle t definierte und stetige, gegebenenfalls auch hinreichend oft differenzierbare Funktionen. Daß das System steuerbar ist bedeutet nun dies: Es soll stets möglich sein durch geeignete zeitliche Variation der Steuerung von jedem Ausgangszustand aus nach Ablauf eines gewissen Zeitintervalls einen vorgegebenen Zustand herzustellen. Diese Aussage soll jetzt präzisiert werden.

Definition 3.1. Gegeben sei das System (3.1), sowie Anfangszeit t_0, Anfangszustand x_0 und Endzustand x_1. Das Paar (t_0, x_0) heißt zur Zeit $t_1 > t_0$ nach x_1 *steuerbar*, falls es eine stetige Steuerfunktion $u(\cdot)$ gibt, derart daß die Lösung des Anfangswertproblems

$$\dot{x} = A(t)\,x + B(t)\,u(t)\,, \qquad x(t_0) = x_0 \tag{3.4}$$

der Bedingung $x(t_1) = x_1$ genügt. Das Paar (t_0, x_0) heißt nach x_1 steuerbar wenn es zu irgendeiner Zeit $t_1 > t_0$ nach x_1 steuerbar ist. Wenn für jedes (t_0, x_0) und jedes x_1 das Paar (t_0, x_0) nach x_1 steuerbar ist, so heißt (3.1) ein *(vollständig) steuerbares System.* $\square$

Man beachte, daß das in der Definition vorkommende t_1 von t_0, x_0, x_1 abhängen kann. Die Definition der vollständigen Steuerbarkeit wird in der Literatur gelegentlich in schwächerer Form angegeben (vgl. [KK], II, 11.2), doch sind solche Formulierungen mit obiger tatsächlich gleichwertig, wie man sich anhand der nachstehenden Kriterien klarmachen kann.

Ziel der folgenden Betrachtungen ist die Gewinnung von Kriterien für die Steuerbarkeit eines Paares (t_0, x_0) nach x_1 bzw. für die Steuerbarkeit des Systems. Als Vorbereitung befassen wir uns mit folgender Aufgabe: Gegeben sei ein Zeitintervall $[t_0, t_1]$. Wir wollen die Gesamtheit aller x_0 charakterisieren, welche die Eigenschaft haben, daß (t_0, x_0) zur Zeit t_1 nach 0 steuerbar ist. Diese Gesamtheit bezeichnen wir mit $\mathscr{L}(t_0, t_1)$. Die Angabe $x_0 \in \mathscr{L}(t_0, t_1)$ bedeutet demnach, daß sich eine Steuerfunktion $u(\cdot)$ so finden läßt, daß die Lösung des Anfangswertproblems

$$\dot{x} = A(t)\,x + B(t)\,u(t)\,, \qquad x(t_1) = 0$$

der Bedingung $x(t_0) = x_0$ genügt. Mit Hilfe der Übergangsmatrix $\Phi(t, \tau)$ der Dgl. $\dot{x} = A(t)\,x$ läßt sich diese Forderung in der Form

$$0 = \Phi(t_1, t_0)\,x_0 + \int_{t_0}^{t_1} \Phi(t_1, t)\,B(t)\,u(t)\,dt$$

darstellen. Daher kann die Menge $\mathscr{L}(t_0, t_1)$ auch in der folgenden Weise definiert werden: $x_0 \in \mathscr{L}(t_0, t_1)$, falls es eine Steuerfunktion $u(\cdot)$ gibt, derart daß

$$-x_0 = \int_{t_0}^{t_1} \Phi(t_0, t)\,B(t)\,u(t)\,dt \tag{3.5}$$

wird.

Eine andere Charakterisierung von $\mathscr{L}(t_0, t_1)$ beruht auf dem nachstehenden Hilfssatz, der in der linearen Kontrolltheorie die Rolle eines Fundamentallemmas spielt.

Hilfssatz 3.1. *Es sei $G(t)$ eine auf $(-\infty, \infty)$ definierte und stetige Matrix vom Typ (n, m) und es sei*

$$V := \int_{t_0}^{t_1} G(t)\, G(t)^{\top}\, dt\,, \qquad t_0 < t_1\,. \tag{3.6}$$

V ist eine symmetrische Matrix vom Typ (n, n). Dann gilt: $x \in \mathbb{R}^n$ läßt sich dann und nur dann in der Form

$$x = \int_{t_0}^{t_1} G(t)\, u(t)\, dt \tag{3.7}$$

mit einer stückweise stetigen m-dimensionalen Vektorfunktion $u(t)$ schreiben, wenn x im Bildraum der Matrix V liegt, d. h. wenn es ein z gibt, derart daß $x = Vz$ gilt.

Die Aussage des Hilfssatzes kann auch so formuliert werden:
Wenn x überhaupt mit Hilfe einer Funktion $u(\cdot)$ in der Form (3.7) dargestellt werden kann, so ist dies immer mit Hilfe eines speziellen Funktionentyps, nämlich

$$u(t) = G(t)^{\top} z\,, \qquad z = \text{const}\,, \tag{3.8}$$

möglich.

Beweis (vgl. [KK], II, Hilfssatz 11.1). V ist eine positiv-semidefinite Matrix. Man hat nämlich gemäß (3.6) für jedes $x \in \mathbb{R}^n$

$$x^{\top}Vx = \int_{t_0}^{t_1} x^{\top}G(t)\, G(t)^{\top} x\, dt = \int_{t_0}^{t_1} \|G(t)^{\top} x\|^2\, dt\,, \tag{3.9}$$

und das rechts stehende Integral ist nicht-negativ. Es verschwindet überdies genau dann, wenn der Integrand für alle t verschwindet. Bei einer semidefiniten Matrix stimmt nun bekanntlich der Kern mit der Menge derjenigen x überein, welche die zugehörige quadratische Form annullieren. Somit erhalten wir aus (3.9) die folgende Aussage: Es gilt

$$Vx = 0 \Leftrightarrow G(t)^{\top} x = 0 \quad \text{für alle} \quad t \in [t_0, t_1]\,. \tag{3.10}$$

Die Gesamtheit der Elemente $x \in \mathbb{R}^n$, die sich in der Form (3.7) mit einem geeigneten $u(\cdot)$ schreiben lassen, bildet einen linearen Raum $\mathscr{L}$, und der Bildraum der Matrix V ist ein Teilraum von $\mathscr{L}$, d. h. es ist $\mathscr{L} \supseteq$ Bild V. Um dies einzusehen, braucht man bloß (3.8) in (3.7) einzusetzen und die Definition von V zu beachten. Die zu beweisende Behauptung besagt gerade, daß $\mathscr{L}$ den linearen Raum Bild V nicht echt umfassen kann. Wegen der Symmetrie der Matrix V ist dies gleichbedeutend mit der Aussage

$$\mathscr{L} \cap \text{Ker } V = \{0\}\,.$$

Man macht sich dies am einfachsten klar, indem man eine Basis des $\mathbb{R}^n$ wählt, bezüglich der V eine Diagonalmatrix wird.

Nun besteht der Durchschnitt von $\mathscr{L}$ und Ker V gerade aus allen $x \in \mathbb{R}^n$, für die beide Aussagen (3.7) und (3.10) zutreffen. Es wird dann aber

$$\|x\|^2 = x^\top x = \int_{t_0}^{t_1} x^\top G(t)\, u(t)\, dt = \int_{t_0}^{t_1} (G(t)^\top x)^\top\, u(t)\, dt = 0$$

und daher $x = 0$. $\qquad\qquad\qquad\qquad\qquad\qquad\qquad\qquad\qquad\qquad$ □

Den Hilfssatz können wir nun unmittelbar zur Lösung unserer Aufgabe verwenden. Man braucht bloß $G(t)$ mit der Matrix $\Phi(t_0, t)\, B(t)$ zu identifizieren (vgl. (3.5)). Die zugehörige symmetrische Matrix V bezeichnen wir mit $W(t_0, t_1)$, d. h. es ist

$$W(t_0, t_1) := \int_{t_0}^{t_1} \Phi(t_0, t)\, B(t)\, B(t)^\top\, \Phi(t_0, t)^\top\, dt \ . \qquad (3.11)$$

Aus der Aussage des Hilfssatzes und aus (3.10) erhält man dann die folgende Charakterisierung von Kern und Bild dieser Matrix.

Satz 3.1. (i) $\mathscr{L}(t_0, t_1)$ *ist der Bildraum der Matrix* $W(t_0, t_1)$, *d. h. es gilt*

$$\mathscr{L}(t_0, t_1) = \{x: \text{Es gibt ein } z \text{ mit } x = W(t_0, t_1)\, z\} \ .$$

(ii) $W(t_0, t_1)\, x = 0$ *gilt dann und nur dann wenn* $x^\top \Phi(t_0, t)\, B(t) = 0$ *für alle* $t \in [t_0, t_1]$.

Damit sind die Vorbereitungen abgeschlossen und wir gehen nun daran, praktikable Kriterien für Steuerbarkeit aufzustellen. Eine wichtige Rolle spielen hierbei die Lösungen der homogenen linearen Dgl.

$$\dot{y} = -A(t)^\top y \ . \qquad (3.12)$$

Es ist dies die zur Systemgleichung (3.1) adjungierte homogene Differentialgleichung (zur Definition der adjungierten Differentialgleichung siehe [KK], II.3). Im folgenden machen wir häufig von der Tatsache Gebrauch, daß $\Phi(\tau, t)^\top$ Übergangsmatrix der Dgl. (3.12) ist.

Satz 3.2. *Das System (3.1) ist dann und nur dann steuerbar wenn folgende Aussage zutrifft. Ist* $y(\cdot)$ *eine nicht-triviale Lösung von (3.12), so verschwindet* $y(t)^\top B(t)$ *auf keinem Intervall* $[t_0, \infty]$ *identisch in* t.

Beweis. Die Bedingung ist sicher notwendig, Nehmen wir nämlich an, es läßt sich eine nicht-triviale Lösung $y(t)$ von (3.12) derart finden, daß

$$y(t)^\top B(t) = 0 \ , \qquad t \geqq t_0 \ . \qquad (3.13)$$

gilt. Es existieren dann gewisse Anfangswerte x_0 mit der Eigenschaft, daß das Paar (t_0, x_0) zu keiner Zeit $t_1 > t_0$ nach 0 steuerbar ist. Dies ergibt sich sofort aus folgender Bemerkung. Ist $y(\cdot)$ eine Lösung von (3.12), die der Beziehung (3.13) genügt, und ist $x(\cdot)$ eine Lösung von (3.1) (für irgendeine Spezialisierung $u \to u(t)$) so gilt

$$\frac{d}{dt}\left(x(t)^\mathsf{T}\, y(t)\right) = 0 \quad \text{für alle} \quad t \geqq t_0\,, \tag{3.14}$$

d. h. also es ist $x(t)^\mathsf{T}\, y(t) = x_0^\mathsf{T} y_0$, wobei $x_0 = x(t_0)$, $y_0 = y(t_0)$. Man braucht nun x_0 bloß so zu wählen, daß $x_0^\mathsf{T} y_0 \neq 0$ wird. Die Beziehung (3.14) bestätigt man durch direktes Nachrechnen unter Benutzung von (3.12) und (3.13).

Der Nachweis, daß die im Satz angegebene Bedingung für vollständige Steuerbarkeit hinreicht, ist etwas mühsamer. Wir nehmen jetzt an, daß für jede nicht-triviale Lösung von (3.12) und für jedes t_0 die Aussage (3.13) falsch ist und haben dann zu zeigen, daß das System (3.1) steuerbar ist. Dieser Nachweis erfolgt in mehreren Schritten.

1. Schritt. Wir wollen beweisen: Zu jedem t_0 gibt es ein festes $t_1 > t_0$, derart daß für jede nicht-triviale Lösung $y(\cdot)$ von (3.12) der m-dimensionale Vektor $y(t)^\mathsf{T} B(t)$ auf $[t_0, t_1]$ nicht identisch verschwindet. Den Beweis führt man am einfachsten durch Widerspruch. Wäre die Aussage falsch, so gäbe es eine Folge $t_\nu \to \infty$ und eine Folge $y_\nu(t)$ von Lösungen der Dgl. (3.12) mit der Eigenschaft

$$\|y_\nu(t_0)\| = 1\,, \qquad y_\nu(t)^\mathsf{T} B(t) = 0 \quad \text{für} \quad t_0 \leqq t \leqq t_\nu\,. \tag{3.15}$$

(N. B.: Zunächst hat man nur $y_\nu(t_0) \neq 0$; die erste Bedingung läßt sich immer mittels einer Abänderung $y_\nu \to \lambda y_\nu$, λ konstant, erreichen). Man kann ferner ohne Einschränkung annehmen, daß die Folge $y_\nu(t_0)$ konvergiert (Auswahl konvergenter Teilfolgen, Satz von Bolzano-Weierstrass!). Sei $y_0^* = \lim_{\nu \to \infty} y_\nu(t_0)$.

Es ist dann $\|y_0^*\| = 1$ und die Lösung $y_0(t)$ der Dgl. (3.12) mit Anfangswert $y_0(t_0) = y_0^*$ ist daher nicht-trivial. Nach Annahme gibt es nun ein $t_1^* > t_0$ derart daß $y_0(t_1^*)^\mathsf{T} B(t_1^*) \neq 0$ ist. Aus bekannten Sätzen über die stetige Abhängigkeit der Lösungen einer Differentialgleichung von den Anfangswerten folgt weiterhin, daß die Folge $y_\nu(t)$ gleichmäßig in t auf $[t_0, t_1^*]$ gegen $y_0(t)$ konvergiert. Daher gilt auch

$$y_\nu(t_1^*)^\mathsf{T} B(t_1^*) \neq 0$$

für alle hinreichend großen ν, im Widerspruch zu (3.15) (und der Tatsache, daß $t_\nu \to \infty$).

2. Schritt. Wir zeigen: Wenn für jede nicht-triviale Lösung $y(\cdot)$ der adjungierten Differentialgleichung (3.12) der m-dimensionale Vektor $y(t)^\mathsf{T} B(t)$ auf $[t_0, t_1]$ nicht identisch verschwindet, so ist $W(t_0, t_1) > 0$. Hierfür genügt der Nachweis, daß $W(t_0, t_1)$ nicht singulär ist, d. h. daß das lineare Gleichungssystem $W(t_0, t_1)\, x = 0$ nur die triviale Lösung $x = 0$ besitzt. Aus der Aussage (ii) von Satz 3.1 ersieht man nun aber, daß aus $W(t_0, t_1)\, x = 0$ das Bestehen einer Beziehung der Form (3.13) für alle $t \in [t_0, t_1]$ folgt, wobei $y(t)$ durch das Produkt $\Phi(t_0, t)^\mathsf{T}\, x$ gegeben ist. Dieses $y(\cdot)$ ist aber tatsächlich Lösung von (3.12), da $\Phi(t_0, t)^\mathsf{T}$ als Funktion von t ja Matrixlösung dieser Differentialgleichung ist. Also ist notwendig $x = 0$.

3. Schritt. Man verifiziert unmittelbar die Richtigkeit der folgenden Feststellung, mit der der Beweis des Satzes dann abgeschlossen ist. Wenn $W(t_0, t_1) > 0$ ist, so ist jedes Paar (t_0, x_0) in jedes x_1 zur Zeit t_1 steuerbar, und zwar mittels einer Steuerfunktion der Form

$$u(t) = B(t)^\mathsf{T} \, \Phi(t_0, t)^\mathsf{T} c \,, \qquad c \in R^n \tag{3.16}$$

In der Tat hat man zur Bestimmung von c ein lineares Gleichungssystem, das sich unmittelbar über die Formel für die Variation der Konstanten aufstellen läßt.

$$x_0 = \Phi(t_0, t_1) \, x_1 + \int_{t_1}^{t_0} \Phi(t_0, t) \, B(t) \, B(t)^\mathsf{T} \, \Phi(t_0, t)^\mathsf{T} c \, dt$$

$$= \Phi(t_0, t_1) \, x_1 - W(t_0, t_1) \, c \,. \tag{3.17}$$

Dieses Gleichungssystem ist eindeutig nach c auflösbar, da $W(t_0, t_1) > 0$. $\qquad \square$

Die Formeln (3.16), (3.17) beschreiben eine Möglichkeit (unter vielen anderen) zur expliziten Konstruktion einer Steuerung, mit deren Hilfe das Paar (t_0, x_0) nach x_1 gesteuert werden kann. Ein weiteres Nebenresultat, welches sich aus dem Beweis des Satzes ergibt, halten wir als Korollar fest.

Korollar 3.1. *Das System (3.1) ist dann und nur dann steuerbar, wenn es zu jedem t_0 ein t_1 gibt, derart daß $W(t_0, t_1) > 0$ ist. Es ist dann in dieser Zeit t_1 jedes (t_0, x_0) in jedes x_1 steuerbar.*

Das durch Satz 3.2 zur Verfügung stehende Kriterium für Steuerbarkeit hat insofern einen Schönheitsfehler, als seine Anwendung die Kenntnis aller Lösungen der adjungierten Differentialgleichung (3.12) voraussetzt. Man kann jedoch aus dem Satz handlichere Kriterien herleiten, bei deren Formulierung nur die Koeffizientenmatrizen $A(t)$, $B(t)$ benutzt werden. Von diesen Matrizen hat man dann unendlich oftmalige Differenzierbarkeit vorauszusetzen. Ausgangspunkt der Überlegungen ist dann die Feststellung, daß das Bestehen der Relation (3.13) die Relationen

$$\frac{d^k}{dt^k} \left(y(t)^\mathsf{T} B(t) \right) = 0 \,, \qquad t \geq t_0 \,, \qquad k = 0, 1, 2 \ldots \tag{3.18}$$

nach sich zieht. Man kann daher die in Satz 2 angegebene Bedingung für Steuerbarkeit durch die (scheinbar) schwächere Forderung ersetzen, daß die Aussagen (3.18) für jede nicht-triviale Lösung $y(t)$ der adjungierten Dgl. (3.12) nicht sämtlich zutreffen. Diese Forderung kann man nun so umformulieren, daß die Lösungen der adjungierten Dgl. nicht mehr explizit auftreten (Silverman und Meadows, 1967).

Wir gehen zum Schluß noch etwas ausführlicher auf den zeitinvarianten Fall ein, d. h. wir nehmen an, daß das zugrundeliegende System die Form

$$\dot{x} = Ax + Bu \tag{3.19}$$

mit konstantem A, B hat. Es wird sich herausstellen, daß die Frage der Steuerbarkeit eines Paares (t_0, x_0) nach x_1 unabhängig von der Wahl der Zeitpunkte t_0,

t_1 ist, d. h. Steuerbarkeit schlechthin ist jetzt gleichbedeutend mit verschärfter Steuerbarkeit im Sinne des Korollars 3.1.

Satz 3.3. *Für ein zeitinvariantes System der Form (3.19) ist $\mathcal{L}(t_0, t_1)$ von t_0, t_1 unabhängig und ist gleich dem von den Spalten der Matrix*

$$K = (B, AB, \ldots, A^{n-1}B) \tag{3.20}$$

aufgespannten Teilraum des $\mathbb{R}^n$, d. h. es ist $\mathcal{L}(t_0, t_1) = $ Bild K.

Beweis. Wir betrachten die orthogonalen Komplemente der in der Aussage des Satzes auftretenden linearen Unterräume des $\mathbb{R}^n$ und beweisen deren Übereinstimmung. Gemäß Satz 3.1 ist $\mathcal{L}(t_0, t_1)$ der Bildraum der symmetrischen Matrix $W(t_0, t_1)$, also ist das orthogonale Komplement von $\mathcal{L}$ gleich dem Kern dieser Matrix. Die zu beweisende Aussage lautet demnach so: Es gilt

$$W(t_0, t_1)\, x = 0 \Leftrightarrow x^T K = 0 \,. \tag{3.21}$$

In der Tat ist gemäß Satz 3.1, Teil (ii), die Beziehung $W(t_0, t_1)\, x = 0$ gleichbedeutend mit dem Bestehen der Beziehung

$$x^T e^{At} B = 0 \quad \text{für alle} \quad t \in [t_0 - t_1, 0] \,.$$

Indem man für e^{At} nun die bekannte Potenzreihendarstellung benutzt, erhält man eine neue äquivalente Bedingung, nämlich

$$x^T A^v B = 0\,, \qquad v = 0, 1, \ldots \,. \tag{3.22}$$

Nach dem Satz von Cayley-Hamilton läßt sich jede Matrix $A^v B$, v ganz und ≥ 1, aus den Matrizen $B, AB, \ldots, A^{n-1}B$ (d. h. gerade aus den Blöcken der Matrix K) linear kombinieren. Daher sind von den linearen Gleichungen (3.22) alle entbehrlich, bei denen $v \geq n$ ist, denn sie hängen von den n ersten linear ab. Mit anderen Worten: Das formal unendliche System von linearen Gleichungen (3.22) ist mit der einen Relation $x^T K = 0$ äquivalent.
Zum Satz von Cayley-Hamilton vgl. [S], Exercise 5.6.6. $\qquad\qquad\square$

Das folgende Korollar enthält die beiden gängigsten Steuerbarkeitskriterien für zeitinvariante Systeme.

Korollar 3.2. *Die Eigenschaft des Systems (3.19), steuerbar zu sein, ist mit jeder der beiden folgenden Bedingungen gleichwertig:*
1) Rg $K = n$.
2) Ist p ein Eigenvektor zu A^T, so gilt $p^T B \neq 0$.

Bemerkung. Das erste Kriterium ist erstmals von Kalman (1963), das zweite von Hautus (1969) angegeben worden. In einer etwas anderen Formulierung findet sich 2) auch bei Rosenbrock (1970).

Beweis. Daß 1) eine notwendige und hinreichende Bedingung für vollständige Steuerbarkeit darstellt, ergibt sich durch Kombination der bisherigen Ergebnisse, insbesondere von (3.16), (3.17), (3.21). Die zweite Bedingung muß etwas ausführlicher begründet werden.

Daß 2) eine notwendige Bedingung für vollständige Steuerbarkeit darstellt, ist leicht einzusehen. Wenn p ein Eigenvektor (zu einem Eigenwert α) von A^T ist, so gilt $p^\mathsf{T} A = \alpha p$. Die Beziehung $p^\mathsf{T} B = 0$ impliziert daher auch $p^\mathsf{T} A^\nu B = 0$ für alle ν und somit $p^\mathsf{T} K = 0$. Es ist daher Rg $K < n$ und das System nicht steuerbar.

Daß 2) auch eine hinreichende Bedingung für Steuerbarkeit darstellt, macht man sich mit Hilfe folgender Überlegung klar, deren Ziel diese Aussage darstellt: Wenn Rg $K < n$ ist, wenn also das Gleichungssystem

$$x^\mathsf{T} K = 0$$

nicht-triviale Lösungen besitzt, so gibt es einen Eigenvektor p zu A^T mit $p^\mathsf{T} B = 0$. Diese Aussage ist unabhängig davon, ob man das Gleichungssystem über den reellen oder den komplexen Zahlen betrachtet. Zudem ist jede Lösung auch eine Lösung von (3.22) und umgekehrt, wie wir am Schluß des Beweises von Satz 3.3 bemerkt haben. Die Gesamtheit der komplexwertigen Lösungen von (3.22) bildet nun einen linearen Raum über dem Körper der komplexen Zahlen, der unter der Abbildung $x \to A^\mathsf{T} x$ invariant ist. Aus der Form des Gleichungssystemes (3.22) sieht man nämlich sofort, daß mit x^T auch stets $x^\mathsf{T} A = (A^\mathsf{T} x)^\mathsf{T}$ Lösung ist. Da dieser Raum nicht nur aus der Null besteht, enthält er nach einem bekannten Satz der linearen Algebra mindestens einen Eigenvektor von A^T. D. h. es gibt ein $p \neq 0$. derart daß $p^\mathsf{T} B = 0, p^\mathsf{T} AB = 0, \dots$ und außerdem mit einer geeigneten komplexen Zahl α die Beziehung $A^\mathsf{T} p = \alpha p$ gilt. Damit ist die noch ausstehende Aussage 2) bewiesen. $\square$

Beispiel 3.2. Wir kommen auf das in Beispiel 3.1 betrachtete Modell der Verladebrücke zurück und wollen zunächst — wie angekündigt — die Systemgleichungen aufstellen. Als Zustand x nehmen wir das 4-Tupel $(s, \dot{s}, d, \dot{d})^\mathsf{T}$, wobei s bzw. d die horizontale Verrückung von Laufkatze bzw. Greifer bedeutet. Wir verwenden ferner die Symbole M, m, u, θ, g, L um die folgenden Größen zu bezeichnen: Masse der Laufkatze, Masse des Greifers, die an der Laufkatze angreifende äußere Kraft (= Eingangsgröße), Winkel des Pendels gegen die Vertikale, Schwerebeschleunigung, Länge des Pendels (vgl. Abb. 3.3).

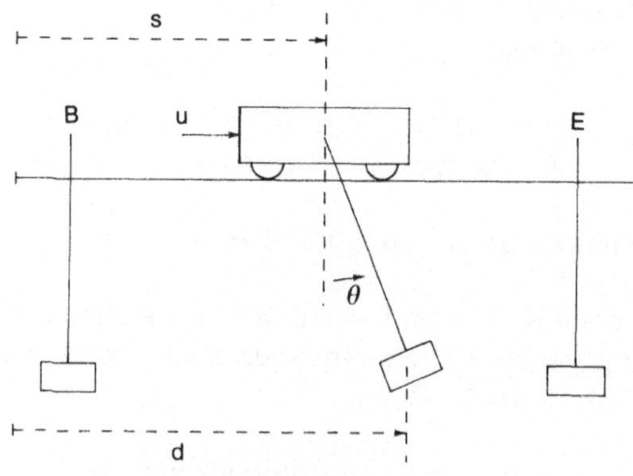

Abb. 3.3   Verladebrücke

Wenn man Reibung und die vom Pendel auf die Laufkatze ausgeübte Reaktionskraft vernachlässigt, so lassen sich leicht zwei Differentialgleichungen aufstellen, durch die die Bewegung der Verladebrücke vollständig bestimmt wird:

$$M\ddot{s} = u , \qquad m\ddot{d} = -mg\theta .$$

Für kleine Auslenkungen θ des Pendels wird nun $\theta \approx (d - s)/L$, und wir erhalten die nachstehenden linearisierten Differentialgleichungen

$$\ddot{s} = u/M , \qquad \ddot{d} = -(g/L)(d - s) .$$

Legt man sie der Systembeschreibung zugrunde, so wird die Zustandsvariable $x := (s, \dot{s}, d, \dot{d})^\mathsf{T}$ Lösung einer linearen Dgl. $\dot{x} = Ax + Bu$ mit

$$A = \begin{pmatrix} 0 & 1 & 0 & 0 \\ 0 & 0 & 0 & 0 \\ 0 & 0 & 0 & 1 \\ g/L & 0 & -g/L & 0 \end{pmatrix} , \qquad B = \begin{pmatrix} 0 \\ 1/M \\ 0 \\ 0 \end{pmatrix} . \tag{3.23}$$

Die Steuerbarkeit dieses Systems läßt sich hier am einfachsten über den Rang der Matrix K testen (vgl. (3.27)). Man findet

$$K = \begin{pmatrix} 0 & 1/M & 0 & 0 \\ 1/M & 0 & 0 & 0 \\ 0 & 0 & 0 & g/LM \\ 0 & 0 & g/LM & 0 \end{pmatrix} . \tag{3.24}$$

K hat ersichtlich den Maximalrang 4, d. h. das System bestehend aus Laufkatze und Greifer ist steuerbar (wenn man von linearen Systemgleichungen mit Koeffizientenmatrizen (3.23) ausgeht). Es ist also prinzipiell möglich, durch ein geeignetes Manöver der Laufkatze und ohne Abbremsung des Greifers die Verladebrücke aus der Position B in die Position E zu bringen.

Wir betrachten zum Schluß noch eine Variante des Modells der Verladebrücke und denken uns zwei Pendel mit gleicher Masse und gleichem Drehpunkt an der Laufkatze angebracht. L_i, $i = 1,2$, seien die Längen dieser Pendel. Gesteuert wird dieses etwas komplexere System aber nach wie vor nur über die Antriebskraft u der Laufkatze. Unter den gleichen vereinfachenden Annahmen wie vorhin (Vernachlässigung der Reibung sowie der Rückwirkung der Pendelbewegung auf die Laufkatze) erhält man die nachstehenden linearisierten Bewegungsgleichungen

$$\ddot{s} = u/M , \qquad \ddot{d}_1 = -(g/L_1)(d_1 - s) , \qquad \ddot{d}_2 = -(g/L_2)(d_2 - s) . \tag{3.25}$$

Es ist d_ν dabei die horizontale Auslenkung des ν-ten Pendels, $\nu = 1, 2$. Der Zustandsvektor ist jetzt 6-dimensional, $x = (s, \dot{s}, d_1, \dot{d}_1, d_2, \dot{d}_2)^\mathsf{T}$, und genügt der Dgl. $\dot{x} = Ax + Bu$, wobei

$$A = \begin{pmatrix} A_0 & 0 & 0 \\ D_1 & A_1 & 0 \\ D_2 & 0 & A_2 \end{pmatrix} , \qquad B = \begin{pmatrix} B_0 \\ 0 \\ 0 \end{pmatrix} . \tag{3.26}$$

A_ν, D_ν sind Matrizen vom Typ (2,2) und B_0 ist eine zweigliedrige Spalte:

$$A_0 = \begin{pmatrix} 0 & 1 \\ 0 & 0 \end{pmatrix} , \qquad B_0 = \begin{pmatrix} 0 \\ 1/M \end{pmatrix} , \qquad A_\nu = \begin{pmatrix} 0 & 1 \\ g/L_\nu & 0 \end{pmatrix} , \qquad D_\nu = \begin{pmatrix} 0 & 0 \\ -g/L_\nu & 0 \end{pmatrix} , \qquad \nu = 1, 2 . \tag{3.26'}$$

Wir wollen die Steuerbarkeit jetzt mit Hilfe des zweiten der beiden im Korollar 3.2 angegebenen Kriterien testen. Steuerbarkeit liegt demnach genau dann vor, wenn aus

$$p^\mathsf{T} A = \alpha p^\mathsf{T} , \qquad p^\mathsf{T} B = 0 \tag{3.27}$$

stets folgt, daß $p^\mathsf{T} = 0$ ist. Die Größe p^T ist dabei ein sechsdimensionaler Zeilenvektor, den wir in drei zweidimensionale Zeilenvektoren p_v^T zerlegt denken: $p^\mathsf{T} = (p_0^\mathsf{T}, p_1^\mathsf{T}, p_2^\mathsf{T})$. Wegen (3.26′) ist dann das Bestehen der Beziehung (3.27) gleichbedeutend mit den Relationen

$$p_0^\mathsf{T} B_0 = 0 \,, \qquad p_0^\mathsf{T} A_0 + p_1^\mathsf{T} D_1 + p_2^\mathsf{T} D_2 = \varkappa p_0^\mathsf{T} \,, \qquad p_v^\mathsf{T} A_v = \varkappa p_v^\mathsf{T} \,, \qquad v = 1,2 \,. \qquad (3.28)$$

Falls $L_1 = L_2$ und somit $D_1 = D_2$, $A_1 = A_2$ ist, so lassen sich diese Relationen immer in nichttrivialer Weise erfüllen: Man wähle $p_0 = 0$, $p_2 = -p_1 =$ Eigenvektor von A_1. In diesem Falle ist das System nicht steuerbar. Dies kann man auch den Bewegungsgleichungen (3.25) unmittelbar entnehmen. Falls $L_1 = L_2 = L$ ist, so genügt die Größe $d := d_1 - d_2$ der Dgl.

$$\ddot{d} = -(g/L)\, d \,,$$

d. h. ihr zeitlicher Ablauf hängt nur vom Anfangswert ab und kann durch die Steuerung nicht beeinflußt werden.

Betrachten wir nun den Fall, daß $L_1 \neq L_2$ ist. Es können dann die Matrizen A_1, A_2 keinen gemeinsamen Eigenwert haben, wie man sofort aus (3.26′) sieht. Es verschwindet also einer der Vektoren p_v, $v = 1, 2$. Wenn etwa $p_2 = 0$ gilt, so reduziert sich die Frage nach der Existenz von nicht-trivialen Lösungen für die Gleichungen (3.27) auf die entsprechende Frage für das verkürzte Kontrollsystem

$$\ddot{s} = u/M \,, \qquad \ddot{d}_1 = -(g/L_1)\,(d_1 - s) \,.$$

Dieses System ist aber steuerbar, wie wir oben gesehen haben. Daher hat man auch $p_0 = 0$, $p_1 = 0$. Falls die Pendel unterschiedliche Länge haben, ist es also möglich, durch ein geeignetes Manöver des gemeinsamen Aufhängepunktes beide Pendel simultan und unabhängig voneinander in vorgegebene Endpositionen (Auslenkungen und Geschwindigkeiten) zu steuern.

3.3 Zustandsrückführung und Polvorgabe

Wir betrachten in diesem Abschnitt wieder ein zeitinvariantes lineares System der Form (3.19) und wollen eine weitere Möglichkeit, die Eigenschaft der vollständigen Steuerbarkeit zu charakterisieren, kennenlernen. Sie bezieht sich auf die Art und Weise, in der sich mittels eines linearen Steuergesetzes der Form

$$u = -Fx \qquad (3.29)$$

die Dynamik des Systems verändern läßt. F ist hierbei eine beliebige Matrix vom Typ (m, n); (3.29) bedeutet daher die Ersetzung jeder Steuerkomponente durch eine homogene lineare Form in x.

Statt von Steuergesetz sprechen wir zumeist von Zustandsrückführung, d. h. von einer Bindung der Steuerung an den Zustand, die dadurch hergestellt wird, daß man für die Komponenten von u Funktionen von t und x einsetzt. Diese Funktionen können grundsätzlich willkürlich gewählt werden. Wenn man jedoch – wie es in diesem Buch geschieht – von vorneherein nur lineare Modelle für die zu betrachtenden Systeme zuläßt, ist eine Beschränkung auf Steuergesetze, die in x linear sind, konsequent, zumindest im Hinblick auf die Relevanz der Resultate. Die weitergehende Beschränkung auf zeitunabhängige Steuergesetze (die Matrix F ist konstant), werden wir dagegen später (Kap. 9) fallen lassen, wenn Optimalitätskriterien ins Spiel kommen.

Wie in der Einleitung zu diesem Kapitel schon angedeutet wurde, betrachten wir in diesem Abschnitt die Gesamtheit der geschlossenen Kreise, die sich aus dem System $\dot{x} = Ax + Bu$ durch eine Zustandsrückführung der Form (3.29) gewinnen lassen. Die zugehörigen Differentialgleichungen sind homogen, genauer gesagt bestehen sie aus der Gesamtheit aller Differentialgleichungen, deren Koeffizientenmatrizen sich in der Form

$$A - BF\,, \quad F \text{ eine Matrix vom Typ } (m, n) \tag{3.30}$$

darstellen lassen.

Satz 3.4. *Das zeitinvariante System $\dot{x} = Ax + Bu$ ist dann und nur dann steuerbar wenn folgende Aussage zutrifft: Jedes reelle normierte Polynom vom Grad n ist charakteristisches Polynom einer Matrix der Form (3.30). Falls $m = 1$ ist, ist F durch das vorgegebene Polynom $\chi(s) = s^n + \alpha_{n-1} s^{n-1} + \ldots + \alpha_0$ eindeutig bestimmt und ist gleich der n-ten Zeile der Matrix $K^{-1}\chi(A)$. Dabei ist K die im Satz 3.3 eingeführte Matrix, die ja im Falle $m = 1$ quadratisch und – wegen der Steuerbarkeit des Systems – invertierbar ist (Korollar 3.2). Es ist $\chi(A)$ die Matrix $A^n + \alpha_{n-1}A^{n-1} + \ldots + \alpha_0 I$.*

Beweis. Den Beweis dieses Satzes werden wir in mehreren Schritten führen. Zunächst ist leicht einzusehen, daß Steuerbarkeit eine notwendige Voraussetzung für die Gültigkeit des Satzes von der Polvorgabe ist. Wenn nämlich das System (3.19) nicht vollständig steuerbar ist, so haben *alle* Matrizen der Form (3.30) feste Eigenwerte gemeinsam. Es sind dies diejenigen Eigenwerte α der Matrix A^T, zu denen es einen Eigenvektor p mit $p^\mathsf{T} B = 0$ gibt (solche Eigenwerte existieren, gemäß dem Korollar 3.2). Es ist nämlich

$$(A - BF)^\mathsf{T} p = A^\mathsf{T} p - F^\mathsf{T}(p^\mathsf{T} B)^\mathsf{T} = A^\mathsf{T} p = \alpha p\,,$$

d. h. α ist Eigenwert von $(A - BF)^\mathsf{T}$ und somit auch von $A - BF$ für jedes F.

Auch der im letzten Teil der Aussage für den Fall $m = 1$ beschriebene Zusammenhang zwischen dem Zeilenvektor F und dem charakteristischen Polynom $p(s)$ der Matrix $\tilde{A} := A - BF$ ist leicht zu verifizieren (vgl. Ackermann, 1972). Die spezielle Gestalt von $\tilde{A}$ (A plus Spalte mal Zeile) überträgt sich auf die Potenzen von $\tilde{A}$ in der folgenden Weise:

$$\tilde{A}^\nu = A^\nu - A^{\nu-1}BF + \sum_{\varrho=0}^{\nu-2} A^\varrho B z_{\nu,\varrho}^\mathsf{T}\,, \tag{3.31}$$

wobei $z_{\nu,\varrho}^\mathsf{T}$ ebenfalls Zeilenvektoren sind. Das ist sofort mittels Induktion nach ν zu bestätigen. Multipliziert man nämlich obige Relation von rechts mit $\tilde{A} = A - BF$ so ergibt sich eine entsprechende Darstellung für $\tilde{A}^{\nu+1}$:

$$\tilde{A}^{\nu+1} = A^{\nu+1} - A^\nu BF - A^{\nu-1}B(F\tilde{A}) + \sum_{\varrho=0}^{\nu-2} A^\varrho B(z_{\nu,\varrho}^\mathsf{T}\tilde{A})\,.$$

Die rechte Seite läßt sich aber wieder in der Form (3.31) schreiben (man beachte, daß $F\tilde{A}$, $z_{\nu,\varrho}^\mathsf{T}\tilde{A}$ Zeilenvektoren sind!). Man denke sich nun die Relation (3.31) mit α_ν (dies ist der Koeffizient von s^ν in $\chi(s)$) multipliziert und die entstehenden n Beziehungen über $\nu = 1, 2, \ldots, n$ summiert. Wird nun dieser Summe noch $\alpha_0 I$

hinzugefügt, so steht auf der linken Seite gerade $\chi(\tilde{A})$ und dies ist – gemäß dem Satz von Cayley-Hamilton – die Nullmatrix. Man erhält also die Beziehung

$$0 = \chi(A) - \sum_{v=1}^{n} \alpha_v A^{v-1} BF + \sum_{v=2}^{n} \alpha_v \left(\sum_{\varrho=0}^{v-2} A^\varrho B z_{v,\varrho}^\mathsf{T} \right).$$

Beachtet man, daß $\alpha_n = 1$ ist, so läßt sie sich in die Form bringen

$$\chi(A) = (A^{n-1}B)\, F + \sum_{\varrho=0}^{n-2} (A^\varrho B)\, \hat{z}_\varrho \,, \tag{3.32}$$

wobei $\hat{z}_\varrho$ geeignete Zeilen sind. Jeder Term auf der rechten Seite ist nun das Produkt aus einer Spalte, nämlich $A^\varrho B$, und einer Zeile, nämlich F bzw. $\hat{z}_\varrho$. Daher kann (3.32) auch als Matrix-Relation geschrieben werden: .

$$\chi(A) = (B,\, AB, \ldots,\, A^{n-1}B) \begin{pmatrix} \hat{z}_0 \\ \vdots \\ \hat{z}_{n-2} \\ F \end{pmatrix}.$$

Aus dieser Faktorisierung von $\chi(A)$ liest man die letzte Behauptung von Satz 3.4 unmittelbar ab.

Der noch zu erbringende Teil des Beweises – Steuerbarkeit des Systems ist eine hinreichende Bedingung für die Gültigkeit des Satzes von der Polvorgabe – erfordert erheblich mehr an Aufwand. Wir werden ihn am Ende des nächsten Abschnittes als Folgerung aus einer weiteren grundlegenden algebraischen Eigenschaft steuerbarer Systeme erbringen. Steuerbare Systeme – und nur diese – lassen sich mit Hilfe von Transformationen in die sogenannte kanonische Form überführen, dies ist eine Systembeschreibung bei der die Matrizen A und B in geeigneter Normalform vorliegen. Legt man die Normalform zugrunde, so ist Satz 3.4 leicht zu beweisen. $\square$

Wir schließen noch einige Bemerkungen über die Bedeutung des Satzes von der Polvorgabe an. Er bringt eine wesentliche Eigenschaft steuerbarer Systeme zum Ausdruck, nämlich die Möglichkeit, die Eigenwerte des geschlossenen Kreises durch Wahl von F in beliebige Positionen in der komplexen Zahlenebene zu bringen (vorausgesetzt natürlich, die Eigenwerte sind so vorgegeben, daß mit einer komplexen Zahl auch die konjugiert-komplexe Zahl vorkommt). Insbesondere kann man durch Zustandsrückführung ein instabiles steuerbares System stabilisieren und man kann die Stabilitätsverhältnisse eines stabilen Systems in dem Sinne verbessern, daß man die Eigenwerte der Systemmatrix weiter in die linke Halbebene verschiebt. Einschränkend muß dazu allerdings folgendes gesagt werden. Die dynamischen Eigenschaften eines geschlossenen Kreises werden durch die Konfiguration der Eigenwerte keineswegs erschöpfend beschrieben. Die genaue Plazierung der Eigenwerte ist für viele praktische Probleme nicht das vorrangige Ziel beim Reglerentwurf. Daher hat man noch gewisse Freiheiten in der Wahl der Matrix F, wenn man etwa nur Schranken für die Realteile der Eigenwerte vorschreibt, um das Abklingen der Lösungen in einer gewissen exponeniellen Ordnung zu erzwingen. Die Frage, ob und wie man diese Freiheit benutzen kann, um dem geschlossenen Kreis zusätzliche Eigenschaften zu verleihen, wird uns in späteren Kapiteln beschäftigen.

Beispiel 3.3. Wir greifen wieder das Modell der Verladebrücke auf (Beispiele 3.1, 3.2) und wollen an diesem konkreten System mit einem Eingang die Konstruktion der Verstärkungsmatrix F (die hier eine Zeile aus vier Elementen ist) durchexerzieren. Wir denken uns also ein normiertes reelles Polynom

$$\chi(s) = s^4 + \alpha_3 s^3 + \alpha_2 s^2 + \alpha_1 s + \alpha_0 \tag{3.33}$$

vorgegeben. Dieses Polynom ist dann charakteristisches Polynom der Matrix $A - BF$, wobei F die letzte Zeile der Matrix $K^{-1}\chi(A)$ bedeutet, A, B, K sind hier durch (3.23), (3.24) gegeben. Es ist daher $F = k^\mathsf{T}\chi(A)$ wobei k^T die letzte Zeile der Matrix K^{-1} ist. Der Vektor k^T bestimmt sich also aus dem linearen Gleichungssystem $k^\mathsf{T}K = (0, 0, 0, 1)$. Es ist dann nicht schwer, anhand der vorliegenden Daten (vgl. (3.23), (3.24), (3.33)) k^T und F explizit anzugeben. Man findet

$$k^\mathsf{T} = (0, 0, ML/g, 0)\,,$$

$$F = M(\alpha_2 - g/L, \alpha_3, \alpha_0 L/g - \alpha_2 + g/L, \alpha_1 L/g - \alpha_3)\,.$$

3.4 Normalformen

In diesem Abschnitt wollen wir zeigen, wie sich jedes steuerbare System mit Hilfe einer geeigneten Transformation in eine Form überführen läßt, die durch besonders einfache Bauart der Matrizen A und B ausgezeichnet ist. Diese Normalform wird sich als nützlich nicht nur für den Beweis von Satz 3.4, sondern auch bei späteren Gelegenheiten erweisen.

Den Betrachtungen liegt wieder ein System mit der dynamischen Gleichung

$$\dot{x} = Ax + Bu \tag{3.34}$$

zugrunde. Die Dimensionen von x und u sind im folgenden als fest anzusehen und werden wie bisher mit n und m bezeichnet.

Die Transformationen, von denen hier die Rede sein soll, setzen sich zusammen aus
a) einer Transformation $x \to Px$ der Zustandsvariablen,
b) einer Transformation $u \to Qu$ der Kontrollvariablen,
c) einer Rückkoppelungstransformation $u \to -Rx + u$, sie bewirkt eine Veränderung der Dynamik durch Einfügen einer Rückkoppelungsschleife.

P bzw. Q sind nicht-singuläre Matrizen vom Typ (n, n) bzw. (m, m). R ist eine beliebige Matrix vom Typ (m, n).

Jedes System

$$\dot{x} = A'x + B'u\,, \tag{3.34'}$$

welches aus (3.34) durch wiederholte Anwendung einer der Transformationen a)–c) entsteht, heißt ein zu (3.34) *äquivalentes* System. Beispiele solcher Systeme erhält man, wenn man das Resultat jeder der obigen drei Transformationen explizit hinschreibt:

$$(A', B') = (P^{-1}AP, P^{-1}B), \quad (A', B') = (A, BQ),$$
$$(A', B') = (A - BR, B).$$
(3.35)

Es ist jedoch zunächst nicht gesagt, daß dies die einzigen Möglichkeiten sind, um Systeme zu erzeugen, die zu (3.34) äquivalent sind. Denn erst die Zulassung beliebig oftmaliger Wiederholungen solcher Transformationen schafft die Voraussetzungen, um von einer Äquivalenzrelation und von Äquivalenzklassen sprechen zu können (zu diesen Begriffen vgl. [K], § 11, Ergänzungen und Übungen). Die Normalformen oder kanonischen Formen, die wir in diesem Abschnitt aufstellen wollen, sind ausgezeichnete Repräsentanten der Äquivalenzklassen.

Es ist gelegentlich zweckmäßig, statt von der Äquivalenz der Systeme (3.34), (3.34') von der Äquivalenz der zugehörigen Matrizenpaare (A, B) bzw. (A', B') zu sprechen. Es läßt sich nämlich der Übergang von einem Paar zu einem äquivalenten in einfacher Weise algebraisch so beschreiben:

$$(A', B') = P^{-1}(A, B) \begin{pmatrix} P & 0 \\ -R & Q \end{pmatrix}.$$
(3.36)

Genau gesagt: Es ist (A', B') zu (A, B) dann und nur dann äquivalent wenn (3.36) mit geeigneten Matrizen P, Q, R gilt, wobei P, Q nicht singulär sind. In der Tat kann man alle Beziehungen (3.35) auch in der Form (3.36) schreiben, wobei als Matrix

$$\begin{pmatrix} P & 0 \\ -R & Q \end{pmatrix}$$
(3.37)

jeweils eine der folgenden Matrizen zu wählen ist:

$$\begin{pmatrix} P & 0 \\ 0 & I \end{pmatrix}, \quad \begin{pmatrix} I & 0 \\ 0 & Q \end{pmatrix}, \quad \begin{pmatrix} I & 0 \\ -R & I \end{pmatrix}.$$
(3.38)

Daß man umgekehrt auch das Resultat jeder Äquivalenztransformation in der Form (3.36) darstellen kann ergibt sich nun einfach aus dem Gruppencharakter der Transformationen (3.36). Der Hintereinanderausführung entspricht dabei die Multiplikation der zugehörigen Matrizen (3.37).

Man bemerkt ferner, daß man durch Multiplikation der drei Matrizen (3.38) in der angegebenen Reihenfolge gerade die Matrix (3.37) erhält, wenn man zuvor in dem dritten Faktor R durch $Q^{-1}R$ ersetzt hat. Dies bedeutet aber, daß man alle Übergänge der Form (3.36) auch dadurch realisieren kann, daß man an dem entsprechenden System (3.34) nacheinander je eine geeignete Transformation des Typs a)–c) ausführt. Für das Resultat einer solchen speziellen Transformation liest man nun mit Hilfe von Korollar 3.2 unmittelbar die Richtigkeit der nachstehenden Aussagen ab:

Wenn (3.34) steuerbar ist, so ist auch das äquivalente System (3.34') steuerbar. Wenn (A, B) zu (A', B') äquivalent ist, so ist jede Matrix der Form $A - BF$ ähnlich zu einer Matrix der Form $A' - B'F'$.

Diese beiden Aussagen sind daher auch richtig, wenn (A', B') durch eine beliebige Äquivalenztransformation (3.36) aus (A, B) entsteht. Wenn der Satz von der Polvorgabe (Satz 3.4) also für ein gegebenes System gilt, so gilt er auch automatisch für jedes äquivalente System. Es ist somit klar, warum es zweckmäßig ist, den Satz 3.4 erst dann zu beweisen, wenn man die kanonischen Formen eines steuerbaren Systems kennt. Man kann sich nämlich dann von vornherein auf die Betrachtung solcher Formen beschränken. Wie sie aussehen, ergibt sich nun aus dem folgenden Satz.

Satz 3.5. *Gegeben ist ein steuerbares System (3.34), wobei A vom Typ (n, n), B vom Typ (n, m) ist und B den Rang m besitzt (insbesondere ist daher $m \leqq n$). **Behauptung:** Es gibt natürliche Zahlen $n_1, n_2, \ldots, n_m$ derart daß folgende Aussagen zutreffen.*

(i) $n_1 \leqq n_2 \leqq \ldots \leqq n_m$, $n_1 + n_2 + \ldots + n_m = n$,
(ii) *(A, B) ist mittels einer Transformation der Form (3.36) überführbar in das kanonische Paar*

$$A_1 = \text{diag}\,(J_{n_1}, J_{n_2}, \ldots, J_{n_m})\,, \qquad B_1 = \text{diag}\,(e_{n_1}, e_{n_2}, \ldots, e_{n_m})\,.$$

Hier bedeutet J_j die j-reihige quadratische Matrix

$$\begin{pmatrix} 0 & 1 & 0\ldots\ldots\ldots0 \\ 0 & 0 & 1 & 0\ldots\ldots0 \\ \cdots\cdots\cdots\cdots\cdots \\ 0\ldots\ldots\ldots\ldots0 & 1 \\ 0\ldots\ldots\ldots\ldots\ldots0 \end{pmatrix}$$

und e_j die j-dimensionale Spalte $(0, \ldots, 0, 1)^{\mathsf{T}}$. Das Symbol „diag" besagt: Man reihe die dahinter stehenden Matrizen in der Reihenfolge, in der sie auftreten, diagonal aneinander und fülle mit 0 zu einer vollen Matrix auf.

Beweis von Satz 3.5 für den Fall $m = 1$. Im Fall $m = 1$ ist der Beweis relativ einfach und liefert explizit auch die Angabe der (in diesem Falle eindeutig bestimmten) Matrizen P, Q, R, mit deren Hilfe sich das gegebene System in seine kanonische Form überführen läßt. Wir betrachten daher zunächst diesen Fall, d. h. wir setzen voraus, daß B eine Spalte und $K = (B, AB, \ldots, A^{n-1}B)$ invertierbar ist. Wir werden dann zeigen, daß eine nicht-singuläre invertierbare Matrix P vom Typ (n, n) existiert, derart daß

$$P \begin{pmatrix} 0 & 1 & 0\ldots\ldots\ldots0 \\ \cdots\cdots\cdots\cdots\cdots\cdots\cdots \\ 0 & 0\ldots\ldots\ldots0 & 1 \\ -\alpha_0 & -\alpha_1 & -\alpha_2\cdots\cdots-\alpha_{n-1} \end{pmatrix} = AP\,, \qquad P \begin{pmatrix} 0 \\ \vdots \\ 0 \\ 1 \end{pmatrix} = B \qquad (3.39)$$

gilt. Hier sind α_i die Koeffizienten des charakteristischen Polynoms $s^n + \alpha_{n-1}s^{n-1} + \ldots + \alpha_0$ der Matrix A. Es ist also möglich, mittels einer Koordinatentransformation im Zustandsraum das Paar (A, B) in das äquivalente Paar

$$
A_1 := \begin{pmatrix} 0 & 1 & 0 & \ldots & 0 \\ \multicolumn{5}{c}{\cdots\cdots\cdots\cdots\cdots\cdots} \\ & 0 & \ldots\ldots & 0 & 1 \\ -\alpha_0 & -\alpha_1 & \ldots\ldots & & -\alpha_{n-1} \end{pmatrix} , \qquad B_1 := \begin{pmatrix} 0 \\ \vdots \\ 0 \\ 1 \end{pmatrix} \tag{3.40}
$$

überzuführen. Wendet man auf (A_1, B_1) nun noch die Rückkoppelungstransformation $u \to -Rx + u$ mit $R = (-\alpha_0, -\alpha_1, \ldots, -\alpha_{n-1})$ an, so erhält man ein äquivalentes Paar in der kanonischen Form

$$
A = \begin{pmatrix} 0 & 1 & 0 & \ldots & 0 \\ \multicolumn{5}{c}{\cdots\cdots\cdots\cdots} \\ 0 & 0 & \ldots & 0 & 1 \\ 0 & \multicolumn{4}{c}{\ldots\ldots\ldots 0} \end{pmatrix} , \qquad B = \begin{pmatrix} 0 \\ \vdots \\ 0 \\ 1 \end{pmatrix} .
$$

Daß es eine Matrix P gibt, welche das Paar (A, B) in die Form (3.40) bringt, zeigt man einfach dadurch, daß man P berechnet. Es seien $p_1, \ldots, p_n$ die Spalten von P. Die Gleichung (3.39) kann dann auch als System von $n + 1$ linearen Gleichungen für die p_i geschrieben werden:

$$
p_n = B , \quad p_{n-i} = Ap_{n-i+1} + \alpha_{n-i}B , \quad i = 1, \ldots, n-1 , \quad 0 = Ap_1 + \alpha_0 B .
$$

Die n ersten dieser Gleichungen lassen sich eindeutig nach den p_i auflösen:

$$
p_n = B , \qquad p_{n-i} = \left(\alpha_{n-i}I + \sum_{j=1}^{i-1} \alpha_{n-i+j}A^j + A^i \right) B , \qquad i = 1, \ldots, n-1 .
$$

Die letzte der Gleichungen ist eine Folge der vorangehenden:

$$
Ap_1 + \alpha_0 B = \left(\alpha_0 I + \alpha_1 A + \sum_{j=1}^{n-2} \alpha_{1+j}A^{j+1} + A^n \right) B = 0 ,
$$

denn die rechtsstehende Matrix ist nach dem Cayley-Hamiltonschen Satz nämlich die Nullmatrix. Aus der obigen Darstellung sieht man übrigens noch, daß man auch die Spalten $B, AB, \ldots, A^{n-1}B$ durch $p_1, \ldots, p_n$ ausdrücken kann. Da erstere nach Voraussetzung linear unabhängig sind, bilden auch $p_1, \ldots, p_n$ eine Basis des R^n, d. h. die Matrix P ist nichtsingulär. $\qquad\square$

Der Beweis im Falle $m > 1$ wird nun insofern analog zu $m = 1$ geführt, als wir zunächst versuchen, durch eine Koordinatentransformation in x und u (ohne Zustandsrückführung) zu Normalformen zu kommen, die ähnlich wie (3.40) gebaut sind (sogenannte *Regelungs-Normalformen* oder phasenvariable Formen). Sie werden am Schluß des Beweises von Satz 3.5 erklärt. Der Übergang von der Normalform zur kanonischen Form kann man dann genau wie im Falle $m = 1$ durch eine naheliegende Rückkoppelungstransformation vollziehen.

Im Gegensatz zum Fall $m = 1$ ist die transformierende Matrix für den Übergang in die Regelungs-Normalform nicht mehr eindeutig bestimmt. Dies ist auch der Grund, warum die Herstellung dieser Form jetzt subtilere Überlegungen erfordert als im Falle $m = 1$. Wir werden im folgenden das Problem auf dem direkten Weg angehen, nämlich durch Konstruktion geeigneter Basen im Zustands- und Kontrollraum (Hilfssatz 3.3). Jeder Einzelschritt dieser auf Kalman (1972) zurückgehenden Methode läßt sich numerisch leicht nachvollziehen, denn er läuft de facto auf die Lösung der folgenden beiden Standard-Aufgaben hinaus: (i) Testen, ob ein gegebener Vektor aus einem gegebenen System linear unabhängiger Vektoren linear kombiniert werden kann und gegebenenfalls Berechnung der Koeffizienten. (ii) Inversion einer Dreiecks-Matrix. Ein anderer Zugang zu der Regelungs-Normalform führt über die Theorie der Matrizen-Büschel, vgl. Brunovský 1970, Thorp 1972, Coppel 1981, Kailath 1980.

Für unser Konstruktionsverfahren benötigen wir einige Hilfsmittel aus der linearen Algebra, die wir zunächst zusammenstellen wollen. Die Symbole $\mathscr{B}$, $\mathscr{C}$ usw. bedeuten im folgenden lineare Unterräume des R^n. A ist eine Matrix vom Typ (n, n). Die Dimension n denken wir uns festgehalten. Mit $[a_1, \dots , a_s]$ oder $[a_\nu]$, $\nu = 1, \dots , s$, bezeichnen wir den von den endlich vielen Elementen $a_1, \dots , a_s$ aufgespannten linearen Unterraum des R^n, mit $\mathscr{B} + \mathscr{C}$ die Summe der linearen Unterräume $\mathscr{B}$ und $\mathscr{C}$, mit $A\mathscr{B}$ das Bild von $\mathscr{B}$ unter der Abbildung $x \to Ax$. A^0 ist im folgenden immer als Einheitsmatrix I zu verstehen.

Ausgehend von einem beliebigen m-dimensionalen Unterraum

$$\mathscr{B} = [x_1, \dots , x_m]$$

denken wir uns nun eine aufsteigende Folge von Unterräumen $\mathscr{B}_i$ in folgender Weise rekursiv definiert

$$\mathscr{B}_{-1} := [0], \qquad \mathscr{B}_0 := \mathscr{B}, \qquad \mathscr{B}_i := \mathscr{B}_{i-1} + A^i\mathscr{B} = \mathscr{B}_{i-1} + A\mathscr{B}_{i-1},$$

$$i = 1, 2, \dots . \tag{3.41}$$

Man bemerkt, daß die Folge konstant wird, sobald zwei aufeinanderfolgende Unterräume zusammenfallen.

Hilfssatz 3.2. *Es treffen die nachstehenden Aussagen zu:*

(i) $\mathscr{B}_i = \mathscr{B}_{n-1}$ *für* $i = n - 1, n, \dots ,$

(ii) $\mathscr{B}_i = \mathscr{B}_{i-1} + [A^i x_1, \dots , A^i x_m],$

(iii) $\mathscr{B}_j = \mathscr{B}_{j-1} + [A^j x_1, \dots , A^j x_k]$ *impliziert* $\mathscr{B}_i = \mathscr{B}_{i-1} + [A^i x_1, \dots , A^i x_k]$ *für* $i \geqq j,$

(iv) $\mathscr{B}_{n-1}$ *ist der kleinste $\mathscr{B}$ enthaltende und unter der Abbildung $x \to Ax$ invariante Teilraum von R^n.*

Beweis. Teil (ii) ergibt sich unmittelbar aus der Definition (3.41) der $\mathscr{B}_i$. Daß (iii) richtig ist, braucht man sich nur im Falle $i = j + 1$ klar zu machen, und dies geht wegen (3.41) einfach so:

$$\mathscr{B}_{j+1} = \mathscr{B}_j + A\mathscr{B}_j = \mathscr{B}_{j-1} + A\mathscr{B}_{j-1} + [A^{j+1} x_1, \dots , A^{j+1} x_k]$$

$$= \mathscr{B}_j + [A^{j+1} x_1, \dots , A^{j+1} x_k] .$$

Teil (i) folgt mit Hilfe des Satzes von Cayley-Hamilton aus (ii), denn man kann jeden Vektor der Form $A^\mu x_i$ immer aus den $A^\nu x_i$ mit $\nu < n$ linear kombinieren. Da man $\mathscr{B}_{n-1}$ demnach auch charakterisieren kann als den von allen Vektoren der Form $A^\nu x_i$, $i = 1, \ldots, m$, ν ganz und ≥ 0, aufgespannten Unterraum des $\mathbb{R}^n$, ist klar, daß auch (iv) richtig ist. $\qquad\square$

Hilfssatz 3.3. *Es sei $A : x \to Ax$ eine lineare Abbildung des $\mathbb{R}^n$, $\mathscr{B}$ ein linearer Unterraum des $\mathbb{R}^n$ und $\mathscr{B}'$ $(= \mathscr{B}_{n-1})$ der kleinste $\mathscr{B}$ enthaltende und unter der Abbildung $x \to Ax$ invariante Teilraum von $\mathbb{R}^n$. $\mathscr{B}_i$, $i = 0, 1, \ldots$ seien gemäß (3.41) definiert. Dann gilt*

1) Es gibt m $(= \mathrm{Dim}\ \mathscr{B})$ natürliche Zahlen $n_1, n_2, \ldots, n_m$ und eine Basis $x_1, \ldots, x_m$ von $\mathscr{B}$ derart, daß folgende Aussagen richtig sind:

(i) $\quad n_1 \leqq n_2 \leqq \ldots \leqq n_m$, $\quad n_1 + n_2 + \ldots + n_m = \mathrm{Dim}\ \mathscr{B}'$. $\qquad(3.42)$

(ii) *Die Elemente x_i, A^ν, $\nu = 1, \ldots, n_i - 1$, $i = 1, \ldots, m$, bilden eine Basis von $\mathscr{B}'$.*

(iii) *Für jedes $i = 1, \ldots, m$ hat man eine Beziehung der Form*

$$A^{n_i} x_i \in \mathscr{B}_{n_i - 1} . \qquad(3.43)$$

2) Zu jeder Basis $x_1, \ldots, x_m$, die alle unter 1) aufgeführten Eigenschaften besitzt, läßt sich eine Basis $\{p_{i,j}\}$, $i = 1, \ldots, m$, $j = 1, \ldots, n_i$ des Raumes $\mathscr{B}'$ finden, die nachstehenden Bedingungen (iv)–(vi) genügt.

(iv) *Es ist $p_{i,n_i} = x_i$, $i = 1, \ldots, m$,*

(v) *es ist $p_{i,j} - A p_{i,j+1} \in \mathscr{B}$, $i = 1, \ldots, m$, $j = 1, \ldots, n_i - 1$,*

(vi) *es ist $A p_{i,1} \in \mathscr{B}$, $i = 1, \ldots, m$.*

Beweis. Der Beweis der Behauptung 1) erfolgt in zwei Schritten. Im ersten Schritt gehen wir von einer beliebigen Basis $x_1, \ldots, x_m$ von $\mathscr{B}$ aus und zeigen, daß man durch Umnumerierung der x_i zu einer Basis von $\mathscr{B}'$ kommt, welche die beiden Bedingungen (i) und (ii) erfüllt. An Stelle von (iii) tritt die folgende schwächere Aussage: Für jedes $i = 1, 2, \ldots, m$ besteht, mit geeigneten reellen Zahlen $\alpha_{i,j,\nu}$, $\beta_{i,j,\nu}$, eine Relation der Form

$$A^{n_i} x_i = \sum_{j=1}^{i} \sum_{\nu=0}^{n_j - 1} \alpha_{i,\nu,j} A^\nu x_j + \sum_{j=i+1}^{m} \sum_{\nu=0}^{n_i} \beta_{i,\nu,j} A^\nu x_j . \qquad(3.44)$$

Wir denken uns zunächst $x_1, \ldots, x_m$ durch Hinzunahme von Vektoren aus der Menge $\{Ax_1, \ldots, Ax_m\}$ zu einer Basis von $\mathscr{B}_1$ ergänzt. Durch Umnumerieren können wir erreichen, daß die nicht-zugewählten Vektoren unter den Ax_i vor den zugewählten stehen, d. h. es ist für ein geeignetes $k \geq 1$

$$\mathscr{B}_1 = \mathscr{B}_0 + [Ax_k, \ldots, Ax_m] .$$

Aus Hilfssatz 3.2, (iii), folgt dann, daß man beim Aufbau der Basen von $\mathscr{B}_2, \mathscr{B}_3$ usw. nur noch unter Vektoren $A^i x_j$, mit $j \geq k$ und $i \geq 2$ zu wählen braucht. Durch eventuelles Umnumerieren der $x_k, \ldots, x_m$ kann man erreichen, daß

$$\mathscr{B}_2 = \mathscr{B}_1 + [A^2 x_l, \ldots, A^2 x_m] \quad \text{und} \quad l \geq k$$

ist. Von da an werden nur noch die $A^i x_j$ mit $i \geqq 2$, $j \geqq l$ bei der Basis-Ergänzung berücksichtigt. Dieses Verfahren wird so lange fortgesetzt, bis man auf den ersten der Unterräume in der Reihe $\mathscr{B}_0$, $\mathscr{B}_1$, ... , gestoßen ist, für den $\mathscr{B}_j = \mathscr{B}_{j+1}$ ($= \mathscr{B}'$) gilt. Wir setzen dann $n_m = j + 1$. Jedes $\mathscr{B}_i$ mit $0 < i \leqq n_m - 1$ entsteht aus $\mathscr{B}_{i-1}$ durch Zuwahl von Basiselementen der speziellen Form $A^i x_\nu$, $\nu \geqq k_i$. Die im Laufe der Konstruktion vorgenommene Umnumerierung der x_ν sorgt dafür, daß die Folge der k_i für $i \leqq n_m - 1$ monoton wächst und der Bedingung $1 \leqq k_i \leqq m$ genügt. Wir setzen nun $n_\nu = n_m$, falls alle $k_i \leqq \nu$ sind, andernfalls bezeichnen wir mit n_ν den ersten Index i, für den $k_i > \nu$ wird. Für die so definierten n_i treffen dann die Aussagen (i) und (ii) des Hilfssatzes sowie (3.44) zu (N.B.: $k_{i+1} \geqq k_i$!).

Im zweiten Schritt des Beweises der Behauptung 1) wird die im ersten Schritt konstruierte Basis x_1, ... , x_m so transformiert, daß die Eigenschaften (i), (ii) erhalten bleiben und zusätzlich (iii), d. h. das Bestehen der Beziehung (3.43) für $i = 1, ... , m$, erreicht wird. Zunächst bemerken wir, daß man durch Umschreiben aus (3.44) die folgende Relation gewinnt:

$$A^{n_i}\left(x_i - \sum_{j=i+1}^{m} \beta_{i,\,n_i,\,j} x_j \right) = \sum_{j=1}^{m} \sum_{\nu < \mathrm{Min}(n_i,\,n_j)} \alpha'_{i,\,\nu,\,j} A^\nu x_j \in \mathscr{B}_{n_i-1}, \qquad (3.45)$$

(vgl. (3.41) und beachte $n_j \leqq n_i$ für $j \leqq i$).
Wir setzen nun

$$x'_m = x_m, \qquad x'_i = x_i - \sum_{j=i+1}^{m} \beta_{i,\,n_i,\,j} x_j, \qquad i = 1, ..., m - 1. \qquad (3.46)$$

Es ist dann klar, daß x'_1, ... , x'_m wieder eine Basis von $\mathscr{B}$ bilden. Da sich ferner $A^\nu x_i$ linear kombinieren läßt aus $A^\nu x'_j$, $j \geqq i$, ist auch klar, daß die $n_1 + n_2 + ... + n_m$ Vektoren $A^\nu x'_j$, $j = 1, ... , m$, $\nu = 0, ... , n_j - 1$, eine Basis von $\mathscr{B}'$ bilden (an dieser Stelle macht man wieder von den Ungleichungen (3.42) Gebrauch!). Die Beziehung

$$A^{n_i} x'_i \in \mathscr{B}_{n_i-1}, \qquad i = 1, ... , m,$$

ergibt sich schließlich unmittelbar aus (3.45), (3.46) (für $i = m$ ist sie trivialerweise richtig, da $\mathscr{B}' = \mathscr{B}_{n_m-1}$ ist!). Damit ist der Beweis von Teil 1) des Hilfssatzes abgeschlossen.

Wir kommen zum Beweis der Behauptung 2). Die Größen x_1, ... , x_m bedeuten von nun an Basisvektoren des Unterraumes $\mathscr{B}$, die allen unter 1) aufgeführten Bedingungen genügen. Aus dieser Tatsache wollen wir zunächst eine Folgerung ziehen und die Richtigkeit nachstehender Aussage bestätigen (zur Definition der $\mathscr{B}_i$ vgl. (3.41)).

Gegeben sei ein System von Elementen $p_{i,\,j} \in \mathscr{B}'$, $i = 1, ... , m$, $j = 1, ... , n_i$, mit der Eigenschaft

$$p_{i,\,j} - A^{n_i-j} x_i \in \mathscr{B}_{n_i-j-1}, \qquad (3.47)$$

für $i = 1, ... , m$, $j = 1, ... , n_i$. Dann bilden die $p_{i,\,j}$ eine Basis des linearen Raumes $\mathscr{B}'$.

Da die Anzahl der $p_{i,j}$ gleich der Dimension von $\mathscr{B}'$ ist, genügt es zu zeigen, daß $\mathscr{B}'$ von den $p_{i,j}$ aufgespannt wird: $\mathscr{B}' = [p_{i,j}]$, $i = 1, \dots, m$, $j = 1, \dots, n_i$. Setzt man noch $p_{i,j} = 0$ für jedes ganzzahlige nicht-positive j, so ändert sich an dieser Aussage offenbar nichts. Andererseits ändert sich aber auch an der Voraussetzung (3.47) nichts, denn die hinzukommenden Beziehungen

$$-A^{n_i-j}x_i \in \mathscr{B}_{n_i-j-1}, \qquad i = 1,\dots, m, \qquad j = 0, -1, -2, \dots$$

sind wegen (3.43) (und wegen $A\mathscr{B}_{i-1} \subseteq \mathscr{B}_i$, vgl. (3.41)) sicher richtig. Die zu verifizierende Aussage kann demnach einfach aus der folgenden Feststellung erschlossen werden:

$$b_{i,j} - A^j x_i \in \mathscr{B}_{j-1} \quad \text{für} \quad i = 1, \dots, m, \qquad j = 0, 1, \dots, k, \qquad k \text{ ganz und} \geqq 0,$$

impliziert

$$\mathscr{B}_k = [b_{i,j}], \qquad i = 1, \dots, m, \qquad j = 0, 1, \dots, k.$$

Für $k = 0$ besagt diese Feststellung nichts anderes als daß die $x_1, \dots, x_m$ den Raum $\mathscr{B} = \mathscr{B}_0$ aufspannen; für $k > 0$ beweist man sie einfach durch Induktion unter Heranziehung von Hilfssatz 3.2, Teil (ii).

Der Beweis von Hilfssatz 3.3 kann nun leicht zu Ende geführt werden. Wir greifen noch einmal auf den Hilfssatz 3.2, Teil (ii), zurück und bemerken zunächst, daß sich für $k \geq 0$ jedes Element von $\mathscr{B}_k$ in der Form

$$\sum_{v=0}^{k} A^v z_v, \qquad z_v \in \mathscr{B} \, (= \mathscr{B}_0)$$

darstellen läßt. Die m Relationen (3.43) können demnach so ausgeschrieben werden:

$$A^{n_i} x_i = -\sum_{v=1}^{n_i} A^{n_i-v} z_{i,v}, \qquad i = 1,\dots, m, \tag{3.48}$$

wobei $z_{i,v}$ geeignete Elemente aus $\mathscr{B}$ sind. Wir setzen nun

$$p_{i,j} := A^{n_i-j}x_i + \sum_{v=1}^{n_i-j} A^{n_i-j-v} z_{i,v}, \qquad i = 1,\dots, m, \qquad j = 1,\dots, n_i - 1, \tag{3.49}$$

$$p_{i,n_i} := x_i, \qquad i = 1, \dots, m. \tag{3.50}$$

Da $A^{n_i-j-v} z_{i,v} \in \mathscr{B}_{n_i-j-1}$ für $v \geqq 1$ gilt, ist unmittelbar einzusehen, daß sämtliche Relationen (3.47) erfüllt sind. Mithin bilden die $p_{i,j}$ eine Basis von $\mathscr{B}'$. Klar ist auch – wegen (3.50) – daß Punkt (iv) des zweiten Teiles von Hilfssatz 3.3 erledigt ist. Mit Punkt (vi) verfahren wir so: Es ist, gemäß (3.49), (3.48)

$$Ap_{i,1} = A^{n_i}x_i + \sum_{v=1}^{n_i-1} A^{n_i-v} z_{i,v} = -z_{i,n_i} \in \mathscr{B}, \qquad i = 1,\dots, m.$$

Es verbleibt also noch Punkt (v). Hierzu bemerken wir zunächst, daß man (3.50) formal unter (3.49) subsumieren kann, indem man auch $j = n_i$ zuläßt.

Es ist daher für $j = 1, \dots, n_i - 1$

$$p_{i,\,j+1} = A^{n_i-1-j}x_i + \sum_{v=1}^{n_i-j-1} A^{n_i-j-1-v}z_{i,\,v}$$

und somit

$$Ap_{i,\,j+1} = A^{n_i-j}x_i + \sum_{v=1}^{n_i-j-1} A^{n_i-j-v}z_{i,\,v} = p_{i,\,j} - z_{i,\,n_i-j},$$

d. h. also $Ap_{i,\,j+1} - p_{i,\,j} = -z_{i,\,n_i+j} \in \mathscr{B}$. $\square$

Beweis von Satz 3.5 für den Fall $m > 1$. Wir führen den Beweis des Satzes 3.5 zu Ende und vollziehen jetzt den entscheidenden Schritt – die Herstellung der Regelungs-Normalform für ein steuerbares System $\dot{x} = Ax + Bu$. Es seien $b_1, \dots, b_m$ die Spalten der Matrix B, die ja nach Voraussetzung linear unabhängig sind. Wir setzen $\mathscr{B} = [b_1, \dots, b_m]$ und identifizieren die Matrix A mit der Abbildung $x \to Ax$ des $\mathbb{R}^n$. Da das System steuerbar sein soll, wird dann $\mathscr{B}' = \mathbb{R}^n$ (vgl. Korollar 3.2, (3.20) und Hilfssatz 3.2, Teil (iv)). Wir wenden nun den ersten Teil des Hilfssatzes 3.3 an. Durch eine Transformation der Form $u \to Qu$ läßt sich erreichen, daß die b_i folgenden Bedingungen genügen:
Die Vektoren $A^v b_i$, $i = 1, \dots, m$, $v = 0, \dots, n_i - 1$ bilden eine Basis des $\mathbb{R}^n$. Hierbei sind die n_i natürliche Zahlen mit $n_1 \leqq n_2 \leqq \dots \leqq n_m$, $n_1 + n_2 + \dots + n_m = n$. Ferner bestehen Darstellungen der Form

$$A^{n_i}b_i = -\sum_{v=0}^{n_i-1} A^{n_i-v}z_{i,\,v}, \qquad z_{i,\,v} \in \mathscr{B}, \qquad i = 1,\dots,m . \tag{3.51}$$

Wir definieren nun für jedes $i = 1, \dots, m$ Vektoren $p_{i,\,j}$ nach dem Muster von (3.49), (3.50):

$$p_{i,\,n_i} = b_i, \qquad p_{i,\,j} = A^{n_i-j}b_i + \sum_{v=1}^{n_i-j} A^{n_i-j-v}z_{i,\,v}, \qquad j = 1,\dots,n_i - 1 . \tag{3.52}$$

Die $p_{i,\,j}$ bilden eine Basis des $\mathbb{R}^n$. Wir denken sie uns in folgender Weise zu einer Matrix P angeordnet

$$P = (p_{1,1}, p_{1,2}, \dots, p_{1,n_1}, p_{2,1}, \dots, p_{2,n_2}, \dots, p_{m,1}, \dots, p_{m,n_m}) . \tag{3.53}$$

P ist vom Typ (n, n) und nicht-singulär. Schließlich definieren wir ein Matrizenpaar (A', B') durch die Relation

$$PA' = AP, \qquad PB' = B . \tag{3.54}$$

Es ist klar, daß (A', B') dann zu (A, B) äquivalent ist, denn es gilt (3.36) mit $Q = I$ und $R = 0$. Andererseits bestehen – gemäß Hilfssatz 3.3 – die folgenden Beziehungen für $i = 1, \dots, m$ und $j = 1, \dots, n_i - 1$

$$p_{i,\,n_i} = b_i, \qquad p_{i,\,j} - Ap_{i,\,j+1} \in [b_1, \dots, b_m], \qquad Ap_{i,\,1} \in [b_1, \dots, b_m] .$$

Die Relationen spiegeln sich nun in der Gestalt der Matrizen (A', B') wieder und bedeuten gerade, daß (A', B') in „Regelungs-Normalform" vorliegt (Abb. 3.4). Dies besagt demnach:

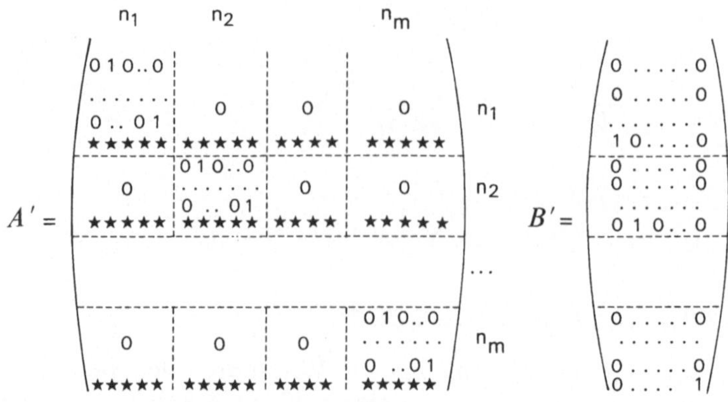

Abb. 3.4   Regelungs-Normalform

Es sind in A' mit von 0 verschiedenen Elementen besetzt
1. höchstens die n_1-te, die $(n_1 + n_2)$-te, usw. Zeile,
2. in den zwischen diesen Zeilen liegenden Feldern die Diagonalblöcke, und zwar mit Matrizen der Form

$$\begin{pmatrix} 0 & 1 & 0 & & \dots & & 0 \\ 0 & 0 & 1 & 0 & \dots & & 0 \\ & & \dots & & \dots & & \\ 0 & & \dots & & \dots & 0 & 1 \\ 0 & & \dots & & \dots & & 0 \end{pmatrix},$$

In der Matrix B' stehen Einsen auf den Plätzen $(n_1, 1)$, $(n_1 + n_2, 2)$, $(n_1 + n_2 + n_3, 3)$, ... , (n, m) und sonst überall Nullen.
Die Überführung des Paares (A', B') in die kanonische Form des Satzes 3.5 besorgt nun eine Rückkoppelungstransformation, nämlich $u_i \rightarrow u_i - a_i^\mathsf{T} x$, $i = 1$, ... , m. Dabei ist a_i^T derjenige Zeilenvektor, der in der Matrix A' gerade an der $(n_1 + n_2 + ... + n_i)$-ten Stelle steht. Damit ist der Satz 3.5 vollständig bewiesen. $\qquad\Box$

Wir können nun auch die noch bestehende Lücke im Beweis von Satz 3.4 schließen. Die Gültigkeit des Satzes von der Polvorgabe ist – aufgrund einer früher gemachten Bemerkung – nun noch für solche Paare (A, B) zu beweisen, die in kanonischer Form vorliegen. Es gilt das folgende

Korollar 3.3. *Wenn (A, B) in kanonischer Form vorliegt (vgl. Satz 3.5), so gibt es zu jedem n-Tupel $(\alpha_0, \alpha_1, ... , \alpha_{n-1})$ reeller Zahlen stets eine Matrix F (vom Typ (m, n)) derart daß*

$$A - BF = \begin{pmatrix} 0 & 1 & 0 & \dots & & 0 \\ & & \dots & & & \\ 0 & & \dots & 0 & 1 \\ -\alpha_0 & -\alpha_1 & \dots & & -\alpha_{n-1} \end{pmatrix} \tag{3.55}$$

gilt. Das charakteristische Polynom dieser Matrix ist dann also das Polynom
$s^n + \alpha_{n-1}s^{n-1} + \dots + \alpha_0$.

Beweis. Es genügt, den speziellen Fall zu betrachten, wo alle $\alpha_i = 0$ sind. Hat man nämlich eine Lösung F_0 der Matrixgleichung

$$A - BF = \begin{pmatrix} 0 & 1 & 0 & \dots & 0 \\ \dotfill \\ 0 & \dots\dots & 0 & 1 \\ 0 & \dots\dots\dots & & 0 \end{pmatrix}, \tag{3.56}$$

so erhält man eine Lösung von (3.55) indem man

$$F = F_0 + \begin{pmatrix} 0 & \dots & 0 \\ 0 & \dots & 0 \\ \alpha_0 & \dots & \alpha_{n-1} \end{pmatrix}$$

setzt. Wir betrachten also jetzt die Gleichung (3.56). Ihre rechte Seite unterscheidet sich von der Matrix $A = \operatorname{diag}(J_{n_1}, \dots, J_{n_m})$ durch eine Matrix, die eine 1 an den Stellen $(n_1, n_1 + 1)$, $(n_1 + n_2, n_1 + n_2 + 1)$, $\dots$, $(n_1 + \dots + n_{m-1}, n_1 + \dots + n_{m-1} + 1)$ und sonst Nullen hat. Diese Matrix läßt sich nun aber immer in der Form $- BF_0$ darstellen. Man braucht nur in F_0 die Plätze $(i, n_1 + n_2 + \dots + n_i + 1)$, $i = 1, \dots, m - 1$, mit -1 und alle übrigen Plätze mit 0 zu besetzen. $\qquad\square$

Damit ist auch der Satz 3.4 bewiesen, allerdings unter der zusätzlichen Voraussetzung, daß die Spalten der Matrix B linear unabhängig sind. Dies ist aber keine wirkliche Beschränkung der Allgemeinheit. Wenn es zwischen den Spalten von B lineare Abhängigkeiten gibt, so kann man B in der Form $B'Z$ schreiben, wobei B' vom Typ (n, m'), Z vom Typ (m', m) ist und B', Z beide den Rang m' haben $(m' < m)$. Die Steuerbarkeit des gegebenen Systems (3.34) ist dann gleichbedeutend mit der Steuerbarkeit des Systems

$$\dot{x} = Ax + B'u' , \tag{3.57}$$

wobei u' eine m'-dimensionale Kontrollvariable ist. Dies sieht man sofort an Hand der Definition der Steuerbarkeit. Ebenso leicht erkennt man auch, daß die Gesamtheit der Differentialgleichungen, die man durch Rückführung von u in (3.34) erhält, die gleiche ist wie diejenige Gesamtheit, die sich aus (3.57) durch Rückführung von u' gewinnen läßt. Von nun an wird stets angenommen, daß Rg $B = m$ gilt.

Wir gehen nun noch kurz auf die Möglichkeiten ein, auch für Systeme, die nicht mehr steuerbar sind, eine Normalform zu erklären. Es wird sich später mehrfach zeigen, daß das Arbeiten mit dieser Normalform Vorteile gegenüber der üblichen Systemdarstellung bietet. Eine erste Anwendung findet man im nächsten Abschnitt, weitere werden im Kap. 4 folgen.

Korollar 3.4. *Ein lineares System läßt sich durch eine Transformation* $x \rightarrow Px$, $u \rightarrow Qu$ *der Zustands- und Kontrollvariablen immer auf eine Form bringen, bei der die Matrizen A, B so aussehen*

$$A = \left(\begin{array}{c|c} A_{11} & * \\ \hline 0 & A_{22} \end{array}\right), \qquad B = \left(\begin{array}{c} B_{11} \\ \hline 0 \end{array}\right), \tag{3.58}$$

und die folgenden Aussagen zutreffen.

(i)   *Das Paar* (A_{11}, B_{11}) *liegt in der Regelungs-Normalform der Abb. 3.4 vor.*

(ii) *Die Anzahl* n_1 *der Zeilen der Matrizen* A_{11} *und* B_{11} *ist gleich der Dimension des linearen Raumes* Bild K *(vgl. Satz 3.3).*

(iii) *Denkt man sich x in der Form* $(x_1, x_2)^{\mathsf{T}}$ *aufgespalten, wo* x_1 *von der Dimension* n_1 *und* x_2 *von der Dimension* $n - n_1$ *ist, so wird* Bild $K = \{x = (x_1, x_2)^{\mathsf{T}} : x_2 = 0\}$.

(iv) *Das System* $\dot{x}_1 = A_{11}x_1 + B_{11}u$ *ist steuerbar.*

Beweis. Das System sei in der Form $\dot{x} = Ax + Bu$ gegeben, wobei natürlich noch keine spezielle Annahme über die Gestalt von A und B gemacht wird. Wir betrachten den linearen Raum $\mathscr{B} :=$ Bild B. Der kleinste, $\mathscr{B}$ enthaltende und unter der Abbildung $x \rightarrow Ax$ invariante Unterraum $\mathscr{B}'$ ist dann gerade der Raum Bild K. Es sei nun $\{p_{i,j}\}$, $i = 1, \dots, m$, $j = 1, \dots, n_i$, eine Basis von $\mathscr{B}'$, die alle im zweiten Teil von Hilfssatz 3.3 aufgeführten Eigenschaften besitzt. Es bilden dann insbesondere die p_{i,n_i} eine Basis von $\mathscr{B}$. Man kann daher durch eine Transformation $u \rightarrow Qu$ erreichen, daß B gerade aus den Spalten $p_{1,n_1}, \dots,$ p_{m,n_m} besteht. Wir betrachten nun die Matrix P (vgl. (3.53)) und denken sie uns zu einer invertierbaren quadratischen Matrix ergänzt, indem man gegebenenfalls hinter p_{m,n_m} geeignete Spalten einträgt. Bestimmt man dann wieder A', B' aus dem Gleichungssystem (3.54), so erhält man ein Matrizenpaar, welches sich in der Form (3.58) darstellen läßt. Aus der Gestalt von P ergibt sich sofort, daß (i) und (ii) zutrifft. Das Auftreten eines Null-Kästchens in der linken unteren Ecke von A' rührt einfach von der Tatsache her, daß $\mathscr{B}' =$ Bild K unter der Abbildung $x \rightarrow Ax$ invariant ist.

Um die Systemgleichung auf die Form $\dot{x} = A'x + B'u$ zu bringen, braucht man nun nur die Koordinatentransformation $x \rightarrow Px$ durchzuführen. Bezüglich des neuen Koordinatensystems trifft dann auch die Aussage (iii) zu.

Da, wie wir gesehen haben, für ein System, welches in Regelungs-Normalform vorliegt, der Satz von der Polvorgabe gilt, ist ein solches System stets steuerbar. Damit ist auch Punkt (iv) bewiesen. $\square$

Beispiel 3.4. Wir betrachten das steuerbare System $\dot{x} = Ax + Bu$ mit

$$A := \begin{pmatrix} 0 & 1 & 1 \\ 1 & 2 & 3 \\ 0 & 2 & 1 \end{pmatrix}, \qquad B := \begin{pmatrix} 1 & 0 \\ 1 & 0 \\ 0 & 1 \end{pmatrix}. \tag{3.59}$$

Die Dimension der Kontrollvariablen u ist hier 2. Die Aufstellung der Regelungs-Normalform hat daher nach dem für den Fall $m > 1$ entwickelten Schema zu erfolgen. Wir wollen dies tun und dabei die einzelnen beim Beweis von Hilfssatz 3.3. und Satz 3.5 ausgeführten Konstruktionen im konkreten Fall (3.59) nachvollziehen.

Zunächst konstruieren wir eine Basis für $\mathscr{B}' = R^3$ mit den im Teil 1) von Hilfssatz 3.3 aufgeführten Eigenschaften. Es ist $\mathscr{B} = [b_1, b_2]$ mit

$$b_1 := (1, 1, 0)^\mathsf{T}, \qquad b_2 := (0, 0, 1)^\mathsf{T}.$$

Man sieht sofort, daß man diese beiden Vektoren durch Zuwahl von $Ab_2 = (1, 3, 1)^\mathsf{T}$ zu einer Basis des R^3 ergänzen kann. Daher ist $n_1 = 1$, $n_2 = 2$ und $\mathscr{B}' = \mathscr{B}_1$.

Als Nächstes wollen wir eine neue Basis b_1', b_2' in $\mathscr{B}$ einführen, welche der nachstehenden Bedingung genügt.

$$Ab_1' \in \mathscr{B}_0 = \mathscr{B}, \qquad A^2 b_2' \in \mathscr{B}_1 = R^n \tag{3.60}$$

(vgl. (3.43)). Man sieht sofort, daß

$$b_1' := b_1 - b_2 = (1, 1, -1)^\mathsf{T}, \qquad b_2' := b_2 \tag{3.61}$$

die verlangte Eigenschaft besitzt. Wir schreiben (3.60) nun nach dem Muster von (3.48) aus, beschränken uns dabei auf die zweite Beziehung, denn die erste werden wir später nicht mehr brauchen:

$$A^2 b_2' = A^2 b_2 = A(1, 3, 1)^\mathsf{T} = (4, 10, 7)^\mathsf{T} = 1b_1' + 5b_2' + 3Ab_2'.$$

Mit Hilfe der Formeln (3.49), (3.50) lassen sich nun sofort die Basiselemente $p_{i,j}$ mit den im zweiten Teil von Hilfssatz 3.3 aufgeführten Eigenschaften aufschreiben:

$$p_{1,1} := b_1', \qquad p_{2,2} := b_2' = b_2, \qquad p_{2,1} = Ab_2' - 3b_2'.$$

Also wird, wegen (3.61), $p_{2,1} = Ab_2 - 3b_2 = (1, 3, -2)^\mathsf{T}$.

Die Matrix (5.53) hat daher in unserem Beispiel die Form

$$P = \begin{pmatrix} 1 & 1 & 0 \\ 1 & 3 & 0 \\ -1 & -2 & 1 \end{pmatrix}. \tag{3.62}$$

Um das gegebene System in Regelungs-Normalform zu bringen, hat man die Transformationen

$$x = Px', \qquad u = Qu',$$

auszuführen. P haben wir bereits bestimmt (vgl. (3.62)). Q ist so zu wählen, daß $Qb_i' = b_i$ wird, $i = 1, 2$. Aus (3.61) liest man die Gestalt von Q unmittelbar ab:

$$Q := \begin{pmatrix} 1 & 0 \\ -1 & 1 \end{pmatrix}.$$

Das Matrizenpaar (A', B') mit

$$A' := P^{-1}AP = \begin{pmatrix} 0 & 1 & 0 \\ 0 & 0 & 1 \\ 1 & 5 & 3 \end{pmatrix}, \qquad B' := P^{-1}BQ = \begin{pmatrix} 1 & 0 \\ 0 & 0 \\ 0 & 1 \end{pmatrix}$$

ist zu (A, B) äquivalent und liegt in Regelungs-Normalform vor. Das zugehörige kanonische Paar erhält man durch die Rückkoppelungstransformation $u \to u - Rx$ wobei R aus der n_1-ten, $(n_1 + n_2)$-ten, usw. Zeile von A' besteht (vgl. den Schluß des Beweises von Satz 3.5). Man hat also

$$R = \begin{pmatrix} 0 & 1 & 0 \\ 1 & 5 & 3 \end{pmatrix} \tag{3.63}$$

zu wählen. Wir haben damit folgendes Resultat: Das Matrizenpaar (3.59) ist äquivalent zum kanonischen Paar (A_0, B_0) mit

$$A_0 := \left(\begin{array}{c|cc} 0 & 0 & 0 \\ \hline 0 & 0 & 1 \\ 0 & 0 & 0 \end{array}\right), \qquad B_0 := \left(\begin{array}{c|c} 1 & 0 \\ \hline 0 & 0 \\ 0 & 1 \end{array}\right). \tag{3.64}$$

Wir wollen zum Schluß noch das Problem der Polvorgabe für das System (3.59) behandeln. Gegeben sei ein beliebiges reelles normiertes Polynom dritten Grades $\chi(s) := s^3 + \alpha_2 s^2 + \alpha_1 s + \alpha_0$. Gesucht ist eine Matrix vom Typ (2, 3), derart daß das charakteristische Polynom der Matrix $A - BF$ gleich $\chi(s)$ wird. Zunächst wird dieses Problem für das kanonische Paar (3.64) gelöst, d. h. es wird $\chi(s)$ zum charakteristischen Polynom einer Matrix der Form $A_0 - B_0 F_0$ gemacht. Wie sich aus dem Beweis des Korollars 3.3 ergibt, kann man dies erreichen, indem man als F_0 die Matrix

$$\begin{pmatrix} 0 & -1 & 0 \\ \alpha_0 & \alpha_1 & \alpha_2 \end{pmatrix}$$

wählt. Indem man nun die einzelnen Transformationsschritte rückgängig macht, erhält man das gesuchte F schließlich in der folgenden Form

$$F = Q(F_0 + R)\, P^{-1} = \begin{pmatrix} 0 & 0 & 0 \\ \dfrac{3}{2}\alpha_0 - \dfrac{1}{2}\alpha_1 - \dfrac{1}{2}\alpha_2 + \dfrac{1}{2} & -\dfrac{1}{2}\alpha_0 + \dfrac{1}{2}\alpha_1 + \dfrac{1}{2}\alpha_2 + \dfrac{7}{2} & \alpha_2 + 3 \end{pmatrix}.$$

3.5 Stabilisierbarkeit

Stabilisierbarkeit ist eine Abschwächung des Begriffes Steuerbarkeit. Es geht hier nicht um das Problem der Zustandsveränderung, d. h. der Überführung aus einem vorgegebenen Zustand in einen anderen, sondern um das Problem der Erhaltung der Gleichgewichtslage. Es ist dies der ausgezeichnete Zustand $x = 0$ des ungesteuerten Systems $\dot{x} = A(t)\, x$.

Wenn das System steuerbar ist, so kann man dieses Problem natürlich prinzipiell dadurch lösen, daß man abwartet, bis sich eine meßbare Abweichung x_0 von der Ruhelage einstellt und dann nach 0 zurücksteuert. Im zeitinvarianten Fall wissen wir nun, daß man bei einem steuerbaren System die Erhaltung der Gleichgewichtslage aber nicht nur durch Eingreifen von außen, sondern auch vom System selbst vornehmen lassen kann. Man braucht ja bloß mittels einer geeigneten Zustandsrückführung den offenen Kreis in einen asymptotisch stabilen geschlossenen Kreis zu verwandeln.

Steuerbarkeit ist nun sicher keine notwendige Voraussetzung für Stabilisierbarkeit. Es kann nämlich die Dynamik des ungesteuerten Systems schon dafür sorgen, daß Abweichungen von der Ruhelage mit wachsender Zeit von alleine ausgeglichen werden. Dies ist genau dann der Fall, wenn die Ruhelage der homogenen Differentialgleichung $\dot{x} = A(t)\, x$ asymptotisch stabil ist.

Der jetzt zu erklärende Begriff der Stabilisierbarkeit enthält die beiden eben betrachteten Typen (steuerbare Systeme, asymptotisch stabile Systeme) gewissermaßen als Extremfälle. Ein allgemeines stabilisierbares System verfügt über eine gewisse „Eigenstabilität". Es gibt nämlich eine Unterraum des Zustandsraumes, so daß alle Lösungen der ungesteuerten Gleichung $\dot{x} = A(t)\, x$ für $t \to \infty$ der Gleichgewichtslage zustreben, sofern der Anfangswert $x(t_0)$ diesem Unterraum angehört. Um das System zu stabilisieren, braucht man demnach nur noch einen beliebig vorgegebenen Zustand in diesen Unterraum zu steuern, braucht aber nicht mehr einen vorgeschriebenen Zustand zu erreichen. Es genügt daher im allgemeinen eine schwächere Form der Steuerbarkeit, die wir mit der nachstehenden Definition einführen werden.

Definition 3.2. Ein lineares System der Form (3.1) heißt *stabilisierbar*, wenn es zu jedem (t_0, x_0) eine für alle $t \geq t_0$ definierte stückweise stetige Steuerfunktion $u(t)$ gibt, derart daß die Lösung $x(t)$ des Anfangswertproblemes $\dot{x} = A(t)\, x + B(t)\, u(t)$, $x(t_0) = x_0$, der Bedingung $\lim\limits_{t \to \infty} x(t) = 0$ genügt.

Daß ein steuerbares System stabilisierbar ist, sieht man so ein:
Es gibt eine Steuerfunktion $u(t)$, so daß die Lösung des Anfangswertproblemes der Bedingung $x(t_1) = 0$ für passendes $t_1 > t_0$ genügt. Setzt man $u(t) = 0$ für $t \geq t_1$, so bleibt $x(t)$ natürlich gleich 0 für $t \geq t_1$.

Wir werden als nächstes ein Stabilisierbarkeitskriterium nach dem Vorbild von Satz 3.2 entwickeln. Die Analogie wird aber keine vollständige sein, denn das Kriterium ist eine notwendige, im allgemeinen aber nicht mehr hinreichende Bedingung.

Satz 3.6. *Die folgende Aussage ist eine notwendige Bedingung für die Stabilisierbarkeit des Systems (3.1): Ist $y(t)$ eine nicht-triviale Lösung der adjungierten Dgl. (3.12) und gilt nicht $\lim\limits_{t \to \infty} \|y(t)\| = \infty$, so kann auch nicht $y(t)^\mathsf{T} B(t) = 0$ von einer bestimmten Stelle t_0 an gelten.*

Beweis. Nehmen wir an, das System (3.1) ist stabilisierbar, es würde aber – im Gegensatz zur Behauptung – eine nicht-triviale Lösung $y(t)$ von (3.12) geben, für die nachstehende Aussagen zutreffen

$$y(t)^\mathsf{T} B(t) = 0 \quad \text{für} \quad t \geq t_0\,, \qquad \lim\limits_{t \to \infty} \|y(t)\| \neq \infty\,.$$

Es ergibt sich dann – wie beim Beweis von Satz 3.2 – daß für jede Wahl der Steuerfunktion $u(t)$ die Lösung des Anfangswertproblems

$$\dot{x} = A(t)\, x + B(t)\, u(t)\,, \qquad x(t_0) = x_0$$

der Bedingung $x(t)^\mathsf{T} y(t) = x_0^\mathsf{T} y(t_0)$ für $t \geq t_0$ genügt. Aus $\lim\limits_{t \to \infty} \|x(t)\| = 0$ und $\lim\limits_{t \to \infty} \|y(t)\| \neq \infty$ folgt nun, wie man sich leicht klarmacht, daß eine Folge $t_i \to \infty$ existiert für die $\lim\limits_{i \to \infty} x(t_i)^\mathsf{T} y(t_i) = 0$ ist. Mit anderen Worten $\lim\limits_{t \to \infty} x(t) = 0$ hat zur Folge, daß $x_0^\mathsf{T} y(t_0) = 0$ ist, d. h. es können höchstens solche Anfangswerte x_0 asymptotisch zu Null gesteuert werden, die in der Hyperebene $\{x : x^\mathsf{T} y(t_0) = 0\}$ liegen. Diese Aussage steht aber in Widerspruch zur Annahme, daß das System (3.1) stabilisierbar ist.

Die Frage nach der Umkehrbarkeit von Satz 3.6 kann man nur für spezielle Typen von linearen Systemen positiv beantworten. Für zeitinvariante Systeme gibt es eine hinreichende und notwendige Bedingung, die analog ist zu einem der im Korollar 3.2 angegebenen Kriterien. Wir formulieren sie als

Satz 3.7. *Das zeitinvariante System $\dot{x} = Ax + Bu$ ist dann und nur dann stabilisierbar (im Sinne der Definition 3.2) wenn folgende Aussage richtig ist:*
Ist α Eigenwert von A mit $\mathrm{Re}\,(\alpha) \geq 0$ und p ein dazugehöriger Eigenvektor von A^T, so ist $p^\mathsf{T} B \neq 0$.

$$\tag{3.65}$$

Wenn das System stabilisierbar ist, so gibt es eine stabilisierende Zustandsrück-führung mit einer konstanten Matrix, d. h. es gibt ein F, derart daß alle Eigen-werte der Matrix A—BF negativen Realteil haben.

Bemerkung. Die letzte Aussage des Satzes läßt sich umkehren: Wenn, mit einer geeigneten Matrix F, alle Eigenwerte von $A-BF$ negativen Realteil haben, so ist das System $\dot{x} = Ax + Bu$ stabilisierbar: Das Paar $u(t) := -Fx(t)$ und $x(t)$ (= Lösung des Anfangswertproblems $\dot{x} = (A-BF)x$, $x(t_0) = x_0$) erfüllt alle in der Definition 3.2 aufgeführten Bedingungen. Für ein zeitinvariantes System ist also Stabilisierbarkeit im Sinne der Definition 3.2 gleichbedeutend mit Stabilisierbarkeit durch Zustandsrückführung.

Beweis von Satz 3.7. Daß die Bedingung (3.65) für Stabilisierbarkeit des Systems notwendig ist, ergibt sich sofort aus dem Satz 3.6. Wenn nämlich α ein Eigenwert von A mit Re $(\alpha) \geqq 0$ und p ein dazugehöriger Eigenvektor von A^T ist, so sind Real- und Imaginärteil von $e^{-\alpha t}p$ beschränkte Lösungen der adjungierten Differentialgleichung, und eine von ihnen ist nicht-trivial. Wenn $p^T B = 0$ ist, so genügen aber beide Lösungen der Bedingung $y(t)^T B = 0$ für alle t. Daher kann das System nicht stabilisierbar sein.

Wir zeigen nun, daß das System stabilisierbar ist, sofern die Aussage (3.65) zutrifft. Dabei können wir o. E. annehmen, daß das System in der Normalform des Korollars 3.4 vorliegt. Wir denken uns also A und B in der Form (3.58) dargestellt und setzen voraus, daß alle Aussagen des Korollars zutreffen. Wir können ferner den Fall außer Betracht lassen, daß das System steuerbar ist, denn dann ist die Existenz einer stabilisierenden Zustandsrückführung ohnehin klar. Es tritt also in der Darstellung (3.58) der Matrix A die Untermatrix A_{22} wirklich auf, und wir wollen uns jetzt klarmachen, daß – als Folge der Bedingung (3.65), – alle Eigenwerte von A_{22} negativen Realteil besitzen. In der Tat, wenn α ein Eigenwert von A_{22}^T und p_2 ein dazugehöriger Eigenvektor ist, so ist $(0, p_2)^T = : p$ Eigenvektor der Matrix A^T zum Eigenwert α und es gilt $p^T B = (0, p_2)(B_{11}, 0)^T = 0$. Daher ist notwendig $R(\alpha) < 0$.

Da das System $\dot{x}_1 = A_{11}x_1 + B_{11}u$ steuerbar ist, läßt es sich durch eine Zu-standsrückführung $u = -F_1 x_1$ stabilisieren. Die gleiche Zustandsrückführung erzeugt aus dem Gesamtsystem einen Kreis mit der Systemmatrix

$$\begin{pmatrix} A_{11} - B_{11}F_1 & * \\ 0 & A_{22} \end{pmatrix},$$

und die Eigenwerte dieser Matrix sind entweder Eigenwerte von $A_{11} - B_{11}F_1$ oder solche von A_{22}, haben also stets negativen Realteil. $\qquad\Box$

Beispiel 3.5. Wir betrachten die in Beispiel 3.2 diskutierte nichtsteuerbare Variante des Modells der Verladebrücke (Laufkatze mit zwei darunter hängenden identischen Pendeln). Daß dieses System nicht stabilisiert ist, kann man sich zunächst rein physikalisch so klarmachen. Die Größe $d := d_1 - d_2$ genügt nämlich der Dgl. $\ddot{d} = -(g/L)d$, d. h. die Bewegung von d ist durch die Steuerung nicht beein-flußbar und klingt für $t \to \infty$ auch nicht von alleine ab. Man kann dies mit Hilfe des Kriteriums von Satz 3.7 bestätigen, indem man sich davon überzeugt, daß die im Beispiel 3.2 konstruierten Eigen-vektoren der Matrix A nicht nur die Bedingungen des Korollars 3.2, sondern auch die des Satzes 3.7 verletzen: Die zugehörigen Eigenwerte sind nämlich rein imaginär.

4 Rekonstruierbarkeit und dynamische Beobachter

4.1 Einleitung

Wir befassen uns in diesem Kapitel mit einem neuen Thema, das von der Problemstellung her mit der Steuerung von Systemen nichts zu tun hat. Doch schließt es sich methodisch und von der Struktur der Aussagen organisch an die bisherigen Überlegungen an, so daß man in der Literatur auch von einer Dualität zwischen der Theorie der Steuerung und der Theorie der Zustandsrekonstruktion spricht.

Wir gehen aus von einer Systemdarstellung der Form

$$\dot{x} = A(t)\, x + B(t)\, u \,, \qquad y = C(t)\, x \,. \tag{4.1}$$

Der Ausgang y ist also – im Gegensatz zur bisherigen Gepflogenheit – explizit angegeben. Damit wird nunmehr eine Nebenbedingung für die Lösung von Kontrollproblemen eingeführt: Zum Zeitpunkt t steht an Information über den Zustand x des Systemes nur die Größe $C(t)\, x$ zur Verfügung; unter dieser Einschränkung sind dann Probleme wie Stabilisierung durch Zustandsrückführung zu formulieren und zu lösen.

Wir werden in diesem Buch verschiedene Möglichkeiten zur Lösung von Kontrollproblemen unter der Nebenbedingung der „unvollständigen Zustandsinformation" vorstellen. Ein naheliegender Weg ist der folgende. Man versucht, den gesamten Zustand x aus dem Ausgang y möglichst genau zu rekonstruieren (eine „Zustandsschätzung" vorzunehmen) und verfährt dann mit dem Schätzwert so, als würde er den exakten Systemzustand darstellen. Zum Zwecke der Stabilisierung etwa verwendet man das gleiche Steuergesetz $u = -Fx$ wie bisher, ersetzt x aber durch den Schätzwert. Inwieweit dann auch das Entwurfsziel – in diesem Falle also die Stabilität des geschlossenen Kreises – erreicht wird, muß natürlich erneut geprüft werden.

Im Vordergrund unserer Überlegungen steht die Aufgabe einer Schätzung des gesamten Systemzustandes. Im Abschn. 4.2 erörtern wir die prinzipielle Möglichkeit, über den Ausgang den Zustand exakt bzw. asymptotisch zu rekonstruieren. Im ersten Fall spricht man von Rekonstruierbarkeit, im zweiten Fall von Entdeckbarkeit des Systems. Im Abschn. 4.3 führen wir dann das wichtigste Instrument zur effektiven (asymptotischen) Rekonstruktion des Zustandes bei zeitinvarianten Systemen ein, den „dynamischen Beobachter". Es ist dies ein lineares System, dessen Eingang das Paar (u, y) ist, wobei u bzw. y der Eingang bzw. Ausgang des gegebenen Systemes ist. Der Zustand des Beobachters wird dann gerade als Schätzwert für den Zustand des Systems genommen. Das Konzept des dynamischen Beobachters geht auf Luenberger (1964) zurück.

Auch der letzte Abschnitt ist wieder dem zeitinvarianten Fall gewidmet. Wir interessieren uns jetzt für solche linearen Funktionen der Form $c^\mathrm{T}x$, c ein Spaltenvektor, die sich asymptotisch über den Ausgang y rekonstruieren lassen. Die Komponenten von y gehören natürlich dazu. Wir werden nun einerseits diese Funktionen algebraisch charakterisieren, uns andererseits aber auch Gedanken darüber machen, wie man sie nach dem Muster von Abschn. 4.3 mit Hilfe von Beobachterstrukturen in konkreten Situationen realisieren kann. Bei diesem Verfahren – das natürlich auch im Falle eines entdeckbaren Systems funktioniert und dann zur Rekonstruktion sämtlicher linearen Funktionen führt – spart man an Differentialgleichungen gegenüber dem Beobachter des Abschn. 4.3, da man die Komponenten von y ja nicht mehr zu rekonstruieren braucht. Daher spricht man hier auch vom „reduzierten Beobachter".

4.2 Rekonstruierbarkeit und Entdeckbarkeit

In diesem und dem nächsten Abschnitt befassen wir uns mit grundsätzlichen Möglichkeiten der Zustandsrekonstruktion. Um zu verdeutlichen, worum es dabei geht, betrachten wir zunächst einmal den Fall des skalaren Ausganges. $C(t)$ sei also für den Moment eine Zeile, etwa $(1, 0, \ldots, 0)$. Es wird dann $y(t) = x_1(t)$. Die Rekonstruktion des Vektors $x(t)$ aus seiner ersten Komponente $x_1(t)$ ist natürlich nicht möglich, wohl aber ist denkbar, daß man aus der Kenntnis von $x_1(t)$ für *alle* t aus einem Intervall $[t_0, t_1]$ die Werte der restlichen Komponenten an der Stelle t_0 ermitteln kann, und zwar durch Auswertung der dynamischen Relationen (4.1). Der in der nachstehenden Definition eingeführte Begriff der Rekonstruierbarkeit sagt etwas über die dynamischen Beziehungen zwischen den Komponenten von $x(t)$ aus. Und zwar in dem Sinne, daß Abweichungen im Zustand zur Zeit t_0 sich in abweichenden Ausgängen $y(t)$ für t aus einem Intervall manifestieren.

Definition 4.1. Das System (4.1) heißt *rekonstruierbar*, falls folgende Aussage für jedes t_0 zutrifft. Sind $x(\cdot)$, $x'(\cdot)$ Lösungen der Systemgleichung (4.1) mit gleicher Steuerfunktion $u(\cdot)$ und gilt

$$C(t)\,x(t) = C(t)\,x'(t) \quad \text{für alle} \quad t \leq t_0 \,, \tag{4.2}$$

so ist $x(t) = x'(t)$ für alle $t \leq t_0$.
Mit anderen Worten: Gleicher Eingang und gleicher Ausgang für alle $t \leq t_0$ impliziert auch gleichen Zustand für alle $t \leq t_0$.

Indem man die Differenz zwischen $x(t)$ und $x'(t)$ bildet, erkennt man, daß die Steuerung für die Frage der Rekonstruierbarkeit keine Rolle spielt, und daß es sich nur um eine Eigenschaft der Lösungen der homogenen Differentialgleichung

$$\dot{x} = A(t)\,x \tag{4.3}$$

handelt. Das System (4.1) ist nämlich dann und nur dann rekonstruierbar, falls $C(t)\, x(t) = 0$ für alle $t \leq t_0$ impliziert, daß $x(t)$ die triviale Lösung von (4.3) ist. Mit anderen Worten: (4.1) ist dann und nur dann rekonstruierbar, falls folgende Aussage richtig ist:

> Ist $x(t)$ eine nicht-triviale Lösung von (4.3), so verschwindet
> $C(t)\, x(t)$ auf keinem Intervall der Form $(-\infty, t_0]$ identisch in t. (4.4)

$C(-t)\, x(-t)$ kann dann auf keinem Intervall der Form $[t_0, \infty)$ verschwinden. Andererseits ist $x(-t)$ eine nicht-triviale Lösung der Differentialgleichung $\dot{x} = -A(-t)\, x$. Aus dem Satz 3.2 ergibt sich damit sofort der Zusammenhang zwischen Steuerbarkeit und Rekonstruierbarkeit.

Satz 4.1. *Das System (4.1) ist dann und nur dann rekonstruierbar falls das System*

$$\dot{x} = A(-t)^\mathsf{T}\, x + C(-t)^\mathsf{T}\, u \tag{4.5}$$

steuerbar ist.

Damit können wir nun unmittelbar die Kriterien für Steuerbarkeit in entsprechende Kriterien für Rekonstruierbarkeit übersetzen. Als erstes greifen wir auf (3.11) und Koroller 3.1 zurück: Rekonstruierbarkeit bedeutet demnach, daß sich zu jedem t_0 ein $t_1 > t_0$ finden läßt, derart daß die symmetrische Matrix

$$\int_{t_0}^{t_1} \Phi^*(t_0, t)\, C(-t)^\mathsf{T}\, C(-t)\, \Phi^*(t_0, t)^\mathsf{T}\, dt \tag{4.6}$$

positiv-definit ist. $\Phi^*(t, \tau)$ ist dabei die Übergangsmatrix der linearen Differentialgleichung $\dot{x} = A(-t)^\mathsf{T}\, x$. Aus der bekannten und bereits im Zusammenhang mit (3.12) benutzten Beziehung zwischen den Übergangsmatrizen $\Phi(t, \tau)$ der Dgl. (4.3) und der adjungierten Dgl. ergibt sich nun $\Phi^*(t_0, t) = \Phi(-t, -t_0)^\mathsf{T}$, so daß man für die Matrix (4.6) auch folgende Darstellung hat

$$\int_{-t_1}^{-t_0} \Phi(t, -t_0)^\mathsf{T}\, C(t)^\mathsf{T}\, C(t)\, \Phi(t, -t_0)\, dt\,. \tag{4.7}$$

Wir denken uns dieses Integral umgeschrieben, indem wir $-t_0$ durch t_1 und $-t_1$ durch t_0 ersetzen, und können dann nachstehendes Kriterium für Rekonstruierbarkeit formulieren.

Korollar 4.1. *Das System (4.1) ist dann und nur dann rekonstruierbar, wenn es zu jedem t_1 ein $t_0 < t_1$ gibt, derart daß*

$$W^*(t_0, t_1) := \int_{t_0}^{t_1} \Phi(t, t_1)^\mathsf{T}\, C(t)^\mathsf{T}\, C(t)\, \Phi(t, t_1)\, dt > 0 \tag{4.8}$$

ist. $\Phi(t, \tau)$ ist dabei die Übergangsmatrix der Differentialgleichung (4.3). Zwischen Eingangs- und Ausgangsfunktion $u(\cdot)$, $y(\cdot)$, $t_0 \leq t \leq t_1$, und dem Endzustand

$x(t_1) = x_1$ *besteht dann die folgende Beziehung, aus der sich x_1 eindeutig bestimmen läßt:*

$$\int_{t_0}^{t_1} \Phi(t, t_1)\, C(t)^{\mathsf{T}}\, y(t)\, dt = \int_{t_0}^{t_1} \Phi(t, t_1)^{\mathsf{T}}\, C(t)^{\mathsf{T}}\, C(t) \int_{t_1}^{t} \Phi(t, \tau)\, B(\tau)\, u(\tau)\, d\tau\, dt$$

$$+ \; W^*(t_0, t_1)\, x_1 \, . \tag{4.9}$$

Beweis. Der erste Teil der Aussage ist nach dem zuvor gesagten klar. Die Beziehung (4.9) ergibt sich einfach aus der Formel für die Variation der Konstanten:

$$x(t) = \Phi(t, t_1)\, x(t_1) + \int_{t_1}^{t} \Phi(t, \tau)\, B(\tau)\, u(\tau)\, d\tau \, , \tag{4.10}$$

indem man mit $\Phi(t, t_1)^{\mathsf{T}}\, C(t)^{\mathsf{T}}\, C(t)$ multipliziert und dann zwischen den Grenzen t_0, t_1 integriert. Da $W^*(t_0, t_1)$ eine positiv-definite und somit nicht-singuläre Matrix ist, kann man aus (4.9) $x(t_1) = x_1$ durch Auflösen eines linearen Gleichungssystemes mit Hilfe von Eingang und Ausgang (ausgewertet über dem Zeitintervall $[t_0, t_1]$) darstellen. $\qquad \square$

Es erscheint nun auch die Bezeichnung „Rekonstruierbarkeit" für die in der Definition 4.1 beschriebene Systemeigenschaft gerechtfertigt: Aus der Kenntnis von Eingang und Ausgang für das Zeitintervall $[t_0, t_1]$ kann man in der Tat den Zustand $x(t_1)$ (und damit natürlich $x(t)$ für jedes t durch Integration der Systemgleichung) rekonstruieren.

Als Nächstes wollen wir den zeitinvarianten Fall (A, B, C konstant) etwas näher betrachten. Indem man die Ergebnisse von Kap. 3 hernimmt, sie auf das – nun ebenfalls zeitinvariante – System (4.5) anwendet und die Aussagen wieder für das gegebene System (4.1) formuliert, erhält man die folgenden Gegenstücke zu den Korollaren 3.2 und 3.4.

Korollar 4.2. *Das zeitinvariante System*

$$\dot{x} = Ax + Bu \, , \qquad y = Cx \tag{4.11}$$

ist dann und nur dann rekonstruierbar, wenn eine (und damit auch die andere) der beiden folgenden Bedingungen zutrifft.
(i) *Der Rang der Matrix*

$$K^* := (C^{\mathsf{T}}, A^{\mathsf{T}}C^{\mathsf{T}}, (A^2)^{\mathsf{T}}C^{\mathsf{T}}, \dots , (A^{n-1})^{\mathsf{T}}C^{\mathsf{T}}) \tag{4.12}$$

ist gleich n.
(ii) *Ist p ein Eigenvektor der Matrix A, so ist $Cp \neq 0$.*

Korollar 4.3. *Das lineare System (4.11) läßt sich mittels einer Transformation $x \to Px, y \to Qy$ in eine Form überführen, bei der die Matrizen A und C so aussehen*

$$A = \begin{pmatrix} A_{11} & 0 \\ A_{21} & A_{22} \end{pmatrix}, \qquad C = (C_{11}, 0) \, , \tag{4.13}$$

und das System

$$\dot{x}_1 = A_{11} x_1 , \qquad y = C_{11} x_1 \tag{4.14}$$

rekonstruierbar ist. Es ist x_1 ein Vektor der Dimension r, wobei $r = \mathrm{Rg}\, K^*$ und K^* durch (4.12) gegeben ist.

Beweis von Korollar 4.3. Der erste Teil der Aussage folgt unmittelbar aus dem Korollar 3.4 und dem Zusammenhang zwischen der Rekonstruierbarkeit des Systems (4.11) und der Steuerbarkeit des Systems $\dot{x} = A^{\mathsf{T}} x + C^{\mathsf{T}} u$. Berechnet man die Matrix K^* unter Zugrundelegung von Matrizen A, C der Form (4.13), so wird

$$K^* = \begin{pmatrix} K_1^* \\ 0 \end{pmatrix},$$

wobei $K_1^* = (C_{11}^{\mathsf{T}}, A_{11}^{\mathsf{T}} C_{11}^{\mathsf{T}}, \dots , (A_{11}^{n-1})^{\mathsf{T}} C_{11}^{\mathsf{T}})$. Da das System (4.14) rekonstruierbar ist, sind die Zeilen von K_1^* linear-unabhängig. Daher ist die Anzahl der Zeilen und Spalten von A_{11} gleich dem Rang r der Matrix K^*. Der Rang von K^* andererseits ändert sich nicht, wenn man vom gegebenen System zu einem äquivalenten vermittels einer Koordinatentransformation in x und y übergeht, d. h. falls man A und C durch $P^{-1} A P$ und $Q C P$ ersetzt. $\qquad \square$

Wir schließen nun noch einige Bemerkungen über Systeme, die nicht die Eigenschaft der Rekonstruierbarkeit besitzen, an. Dabei beschränken wir uns auf den zeitinvarianten Fall. Es kann dann die Matrix $W^*(t_0, t_1)$ (vgl. Korollar 4.1) auch in der Form

$$\int_{t_0}^{t_1} e^{A^{\mathsf{T}}(t-t_1)} C^{\mathsf{T}} C \, e^{A(t-t_1)} \, dt = \int_{t_0-t_1}^{0} e^{A^{\mathsf{T}} t} C^{\mathsf{T}} C \, e^{At} \, dt$$

geschrieben werden. Wenn das System (4.11) nicht vollständig rekonstruierbar ist, so gibt es Vektoren $x \neq 0$ mit $W^*(t_0, t_1)\, x = 0$. Es folgt nun aus den Darstellungen von W^* und K^* (und analogen Betrachtungen in Kap. 3, vgl. insbesondere den Beweis von Satz 3.4), daß man diese x auch durch die Bedingung $x^{\mathsf{T}} K^* = 0$ und ebenso auch durch die Gültigkeit der Beziehung $C e^{At} x = 0$ (identisch in t) charakterisieren kann. Die Gesamtheit dieser x nennt man den nicht-rekonstruierbaren Unterraum des Systems (4.11). Es ergibt sich ferner aus der Relation (4.9) – die ja auch besteht, wenn das System nicht rekonstruierbar ist –, daß man bei einem zeitinvarianten System aus Eingang und Ausgang den Anfangswert bis auf ein Element des nicht-rekonstruierbaren Unterraumes bestimmen kann. Eine Lösung von (4.9) – aufgefaßt als lineares Gleichungssystem für x_1 – ist nämlich dann nur bis auf ein Element des Kernes von $W^*(t_0, t_1)$ eindeutig bestimmt. Diese Bemerkung hat nun Bedeutung im Zusammenhang mit dem Begriff der Entdeckbarkeit, den wir jetzt erklären wollen. Es handelt sich hierbei um eine Abschwächung des Begriffes der Rekonstruierbarkeit in dem Sinne, daß man aus der Beobachtung von Ein- und Ausgang über ein Zeitintervall die Lösung nur bis auf einen asymptotisch verschwindenden Anteil rekonstruieren kann.

Definition 4.2. Das System (4.11) heißt *entdeckbar*, wenn jedes Element des nicht-rekonstruierbaren Unterraumes enthalten ist im sogenannten stabilen Unterraum (das ist die Gesamtheit aller $x \in R^n$ für die $\lim_{t \to \infty} e^{At} x = 0$ gilt).

Entdeckbarkeit kann man demnach auch so definieren: Wenn, für irgendein $t_0 < 0$, x im Kern der Matrix $W^*(t_0, 0)$ liegt, so geht $e^{At}x$ gegen 0 für $t \to \infty$. Für die Rekonstruktion des Wertes $x(0)$ einer Lösung aus dem zugehörigen Ausgang $y(t)$, $t_0 \leq t \leq 0$, spielt es daher langfristig gesehen keine Rolle, welche der Lösungen x_1 des linearen Gleichungssystems (4.9) (für $t_1 = 0$) man wählt. Wenn nämlich $x(t)$ und $\tilde{x}(t)$ Lösungen einer Differentialgleichung der Form $\dot{x} = Ax + Bu(t)$ sind, so ist $x(t) - \tilde{x}(t)$ Lösung der homogenen Differentialgleichung und somit in der Form $e^{At}(x(0) - \tilde{x}(0))$ darstellbar. Wenn (4.9) nun sowohl mit $x_1 = x(0)$ wie auch mit $x_1 = \tilde{x}(0)$ erfüllt ist, so liegt $x(0) - \tilde{x}(0)$ im Kern der Matrix $W^*(t_0, 0)$ und somit im stabilen Unterraum.

Aus den bisherigen Überlegungen gewinnt man nun leicht ein einfaches hinreichendes und notwendiges Kriterium für Entdeckbarkeit, das wir in zwei Versionen formulieren.

Satz 4.2. *Jede der beiden folgenden Bedingungen ist notwendig und hinreichend für die Entdeckbarkeit des Systems (4.11).*

(i) *Ist $x(\cdot)$ Lösung der homogenen Gleichung $\dot{x} = Ax$ und gilt $Cx(t) = 0$ identisch in t, so ist $\lim_{t \to \infty} x(t) = 0$.*

(ii) *Ist p Eigenvektor der Matrix A zu einem Eigenwert α mit $\mathrm{Re}\,(\alpha) \geq 0$, so ist $Cp \neq 0$.*

Beweis. Es ist klar, daß (i) die Aussage (ii) impliziert (man betrachte die speziellen Lösungen $x(t) = \mathrm{Re}\,(pe^{\alpha t})$ und $x(t) = \mathrm{Im}\,(pe^{\alpha t})$). Die Bedingung (ii) wiederum bedeutet gemäß Satz 3.7, daß das System $\dot{x} = A^{\mathsf{T}}x + C^{\mathsf{T}}u$ stabilisierbar ist. Es existiert daher eine Matrix F vom Typ (k, n) derart, daß die Eigenwerte von $A^{\mathsf{T}} - C^{\mathsf{T}}F$ alle negativen Realteil haben. Wenn nun $x(\cdot)$ Lösung der Dgl. $\dot{x} = Ax$ ist und wenn $Cx(t) = 0$ für alle t gilt, so ist $x(\cdot)$ auch Lösung von

$$\dot{x} = (A - F^{\mathsf{T}}C)\,x\,. \tag{4.15}$$

Da die Eigenwerte von $A - F^{\mathsf{T}}C$ alle negativen Realteil haben, gilt $\lim_{t \to \infty} x(t) = 0$.

Der Beweis reduziert sich also auf den Nachweis, daß die Aussage (i) mit der Eigenschaft der Entdeckbarkeit gleichwertig ist. Dies ist aber sofort klar, wenn man bedenkt, daß die Elemente x_0 des nicht-rekonstruierbaren Unterraumes durch die Bedingung $Ce^{At}x_0 = 0$ für alle t und die Elemente des stabilen Unterraumes durch die Beziehung $\lim_{t \to \infty} e^{At} x_0 = 0$ charakterisiert werden können. $\qquad\square$

Im Zusammenhang mit dem Problem der Schätzung des Systemzustandes mit Hilfe des Ausganges spricht man in der Literatur gelegentlich auch von Beobachtbarkeit statt von Rekonstruierbarkeit. Die Definition der Beobachtbarkeit erhält man, grob gesprochen, aus der Definition 4.1 durch Umkehrung des Ungleichheitszeichens: Gleicher Ein- und Ausgang für alle $t \geq t_0$ impliziert auch gleichen Zustand für alle $t \geq t_0$. Die Eigenschaft der Beobachtbarkeit läßt sich formal als die Rekonstruierbarkeit desjenigen Systems, welches aus (4.1) vermittels der Substitution $t \to -t$ entsteht, einführen. Für zeitinvariante Systeme laufen die Rangkriterien für Beobachtbarkeit und Rekonstruierbarkeit auf die gleiche Bedingung hinaus (die Spalten der betreffenden Matrizen spannen den gleichen Teilraum des R^n auf), daher wird in diesem Falle oft nicht zwischen Rekonstruierbarkeit und Beobachtbarkeit unterschieden. Wir werden uns im folgenden jedoch an die im Hinblick auf Fragen der Steuerung und Filterung korrekte Terminologie halten: Es geht bei diesen Problemen um die Rekonstruktion des Zustandes aus Beobachtungen, die in der Vergangenheit stattgefunden haben.

Beispiel 4.1. Wir wollen die Resultate dieses Abschnittes am Modell der Verladebrücke (Beispiele 3.1, 3.2) erläutern. Als Systemzustand nehmen wir wieder den Vektor $x = (s, \dot{s}, d, \dot{d})^\mathsf{T}$ und arbeiten auch wieder mit derselben Zustandsgleichung wie im Beispiel 3.2. Insbesondere wählen wir als Systemmatrix

$$A = \begin{pmatrix} 0 & 1 & 0 & 0 \\ 0 & 0 & 0 & 0 \\ 0 & 0 & 0 & 1 \\ g/L & 0 & -g/L & 0 \end{pmatrix}. \tag{4.16}$$

Wir werden nun verschiedene Möglichkeiten, durch Beobachtung einzelner Komponenten den Gesamtzustand des Systems zu rekonstruieren, näher erörtern.

a) Es wird $y = s$ gewählt, d. h. C ist die Zeile $(1, 0, 0, 0)$. Bildet man gemäß Korollar 4.2 die Matrix $K^* := (C^\mathsf{T}, A^\mathsf{T} C^\mathsf{T}, (A^2)^\mathsf{T} C^\mathsf{T}, (A^3)^\mathsf{T} C^\mathsf{T})$, so findet man

$$K^* = \begin{pmatrix} 1 & 0 & 0 & 0 \\ 0 & 1 & 0 & 0 \\ 0 & 0 & 0 & 0 \\ 0 & 0 & 0 & 0 \end{pmatrix}. \tag{4.17}$$

K^* hat also den Rang 2, daher ist das System mit Ausgang $y = s$ nicht rekonstruierbar. Dies ist auch physikalisch verständlich, da ja in unserem Modell der Verladebrücke die vom Pendel auf die Laufkatze ausgeübte Reaktionskraft vernachlässigt wurde und infolgedessen Rückschlüsse auf die Pendelbewegung allein aus der Beobachtung der Bewegung der Laufkatze nicht möglich sind.

b) Es wird der Winkel θ, den das Pendel mit der Vertikalen bildet, gemessen, d. h. es wird $y = \theta = (d - s)/L$ und somit $C = (1/L)(-1, 0, 1, 0)$ gewählt. Man findet in diesem Falle

$$K^* = (1/L) \begin{pmatrix} -1 & 0 & g/L & 0 \\ 0 & -1 & 0 & g/L \\ 1 & 0 & -g/L & 0 \\ 0 & 1 & 0 & -g/L \end{pmatrix}. \tag{4.18}$$

Auch hier hat K^* wieder den Rang 2, d. h. das System mit Ausgang θ ist nicht rekonstruierbar. Die physikalische Erklärung lautet hier anders als im Falle a), da ja in die Modellbildung die Rückwirkung der Bewegung der Laufkatze auf die Pendelbewegung ausdrücklich einbezogen wurde. Wenn die Eingangsgröße $u = 0$ ist, so nehmen die Bewegungsgleichungen die Form

$$\ddot{s} = 0 , \qquad \ddot{d} = -(g/L)(d - s)$$

an und können folgendermaßen umgeschrieben werden

$$\ddot{s} = 0 \,, \qquad (d - s)^{\cdot\cdot} = -(g/L)\,(d - s) \,.$$

Die Größen s und $\theta := (d - s)/L$ sind daher vollständig entkoppelt.

c) Intuitiv wird man erwarten, daß die simultane Messung von s und θ die Konstruktion des gesamten Zustandes möglich macht. Dies kann man nun leicht mittels des Kriteriums aus Korollar 4.2 bestätigen. Nimmt man nämlich als Ausgang y das Paar (s. $(1/L)\,(d - s))^\mathsf{T}$ so wird

$$C = \begin{pmatrix} 1 & 0 & 0 & 0 \\ -\dfrac{1}{L} & 0 & \dfrac{1}{L} & 0 \end{pmatrix} \,, \tag{4.19}$$

und die zugehörige Matrix K^* erhält man durch Aneinanderreihen der Spalten der beiden Matrizen (4.17) und (4.18). Daß dabei eine Matrix vom Range 4 entsteht, kann man unmittelbar erkennen.

d) Benutzt man das zweite der im Korollar 4.2 bzw. Satz 4.2 aufgeführte Kriterien für Rekonstruierbarkeit bzw. Entdeckbarkeit, so erkennt man unmittelbar, daß im vorliegenden Beispiel diese beiden Systemeigenschaften gleichwertig sind. Die Matrix A hat nämlich als Eigenwerte nur Zahlen mit nichtnegativem Realteil: $0,\ \pm i\sqrt{g/L}$. Daher ist das System in den Fällen a) und b) auch nicht entdeckbar.

4.3 Dynamische Beobachter

Wir betrachten in diesem Abschnitt wieder ein zeitinvariantes System der Form (4.11) und bemerken zunächst dies: Das System (4.11) ist rekonstruierbar bzw. entdeckbar dann und nur dann, wenn das System

$$\dot{x} = A^\mathsf{T}x + C^\mathsf{T}u \tag{4.20}$$

steuerbar bzw. stabilisierbar ist. Bezüglich der Rekonstruierbarkeit ist dies in Satz 4.1 explizit festgestellt worden, bezüglich der Entdeckbarkeit ergibt sich das sofort durch Vergleich der entsprechenden Kriterien (Satz 3.7 und Satz 4.2, Teil (ii)). Wir haben nun in den Abschn. 3.3 und 3.5 eine andere Möglichkeit zur Charakterisierung steuerbarer und stabilisierbarer Systeme kennengelernt. Wir formulieren die analogen Resultate für das System (4.11) wie folgt

Satz 4.3. *Wenn das System (4.11) entdeckbar ist (und nur dann) läßt sich eine Matrix K vom Typ (n, k) derart finden, daß die Eigenwerte von $A - KC$ alle negativen Realteil haben. Wenn das System (4.11) rekonstruierbar ist (und nur dann) läßt sich jedes normierte reelle Polynom vom Grade n als charakteristisches Polynom einer Matrix der Form $A - KC$ auffassen.*

Es geht im folgenden nun um eine Interpretation der Aussage dieses Satzes, die „dual" ist zu der Interpretation, die wir für die entsprechende Aussage in den Abschn. 3.3 und 3.5 gegeben haben („stabilisierbar durch Zustandsrückführung"). Der Zustandsrückführung entspricht hierbei eine systemtheoretische Konstruktion zur selbständigen Lösung derjenigen Aufgabe, die gemäß der Definition des entdeckbaren Systems zunächst nur prinzipiell und gewissermaßen von außen her durchführbar ist, nämlich durch Auswertung des Ausganges den Zustand für $t \to \infty$ mit beliebiger Genauigkeit zu berechnen.

Definition 4.3. Unter einem zum System (4.11) gehörigen (dynamischen) *Beobachter* versteht man ein System mit Eingang (u, y) und gleicher Zustandsdimension wie das gegebene System. Der Zustand des Beobachters genügt einer Systemgleichung der Form

$$\dot{\hat{x}} = A\hat{x} + Bu + K(y - C\hat{x}), \qquad (4.21)$$

wobei K eine (zunächst beliebige) Matrix vom Typ (n, k) ist.

Durch die Wahl der Symbole für den Eingang des Beobachters soll angedeutet werden, daß wir System und Beobachter stets zusammen betrachten und als Eingang für den Beobachter dann Eingang und Ausgang des gegebenen Systems nehmen (siehe Abb. 4.1).

Es geht im folgenden um die Frage, wie weit sich – unter dieser Annahme über den Eingang des Beobachters – mit wachsendem t der Zustand des Beobachters und der Zustand des ursprünglichen Systemes aneinander annähern, unabhängig von ihren jeweiligen Anfangspositionen. Statt von Rekonstruktion des Zustandes x spricht man in diesem Zusammenhang auch von Zustandsschätzung und nennt $\hat{x}$ einen Schätzwert für x.

An der Struktur der Beobachtergleichung (4.21) ist das Prinzip der Zustandsschätzung deutlich zu erkennen: Man vergleicht zunächst den tatsächlichen Ausgang des gegebenen Systems mit $C\hat{x}$ (das ist derjenige Ausgang, den man auf Grund der Schätzung $\hat{x}$ erwarten würde). Die Abweichung zwischen diesen beiden Größen wird dann mit einer Matrix multipliziert, d. h. also in geeigneter Weise verstärkt, und schließlich als äußere erregende Kraft der Dynamik des gegebenen Systemes hinzugefügt. K spielt hierbei die Rolle eines frei wählbaren Parameters. Die Frage, um die es in diesem Abschnitt geht, lautet dann so: Wie hat man diesen Parameter zu wählen, damit für jede Eingangsfunktion $u(t)$ der Schätzfehler

$$e(t) := x(t) - \hat{x}(t) \qquad (4.22)$$

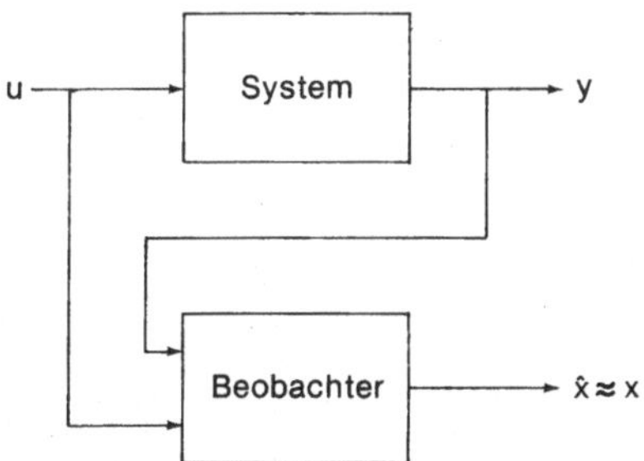

Abb. 4.1   System mit dynamischem Beobachter

für $t \to \infty$ zu Null wird. Dabei ist $x(\cdot)$ eine beliebige Lösung der Systemgleichung

$$\dot{x} = Ax + Bu(t) \,,$$

$\hat{x}(\cdot)$ eine beliebige Lösung der Beobachtergleichung

$$\dot{\hat{x}} = A\hat{x} + Bu(t) + K(y(t) - C\hat{x}) \,, \quad \text{wobei} \quad y(t) = Cx(t) \,.$$

Die Antwort ergibt sich einfach aus der folgenden Feststellung: $e(\cdot)$ ist Lösung der homogenen Differentialgleichung

$$\dot{e} = (A - KC)\,e \,. \tag{4.23}$$

Um dies einzusehen, braucht man bloß die beiden eben hingeschriebenen Gleichungen voneinander zu subtrahieren. Wir haben daher das

Korollar 4.4. *Wenn das System (4.11) entdeckbar ist (und nur dann) läßt sich der Parameter K in der Beobachtergleichung (4.21) so wählen, daß der Schätzfehler $e(\cdot)$ unabhängig von den Anfangswerten von $x(\cdot)$ und $\hat{x}(\cdot)$ für $t \to \infty$ gegen Null geht.*

Man spricht in diesem Falle auch von einem asymptotisch stabilen Beobachter.

Zustandsschätzung mit Hilfe eines Beobachters ist nicht immer Selbstzweck, sondern bildet auch die Grundlage für ein wichtiges Prinzip (Separationsprinzip) zur Behandlung von Regelungsproblemen, bei denen die wesentliche Voraussetzung der vollständigen Zustandsinformation nicht mehr gegeben ist. Dieses Prinzip besagt, grob gesprochen: Man teile die Aufgabe in einen Teil, der nichts mit der Frage der Zustandsinformation zu tun hat (bei dem also x wie eine stets bekannte Größe behandelt wird) und in einen zweiten Teil, bei dem es nur um eine bestmögliche Schätzung von x geht. Dann nehme man die im ersten Teil gefundene Lösung und ersetze x durch seinen Schätzwert. Wir werden dieses Thema im Kap. 7 weiter verfolgen.

Beispiel 4.2. Wir betrachten das in Beispiel 2.2 eingeführte Modell des Gleichstrommotors, denken es uns aber durch Einbeziehung eines Störsignals abgewandelt. An Stelle von (2.13) legen wir folgende Systemgleichungen zugrunde

$$\dot{\theta} = \omega \,, \qquad J\dot{\omega} = -B\omega + ku + v_0 e^{\alpha t} \,. \tag{4.24}$$

Als Ausgang y nehmen wir wieder den Drehwinkel: $y = \theta$.

Der zusätzliche Term in (4.24) repräsentiert ein auf die Motorachse wirkendes äußeres Drehmoment. Man kann diese Gleichungen auch in folgender Form schreiben

$$\dot{\theta} = \omega \,, \qquad J\dot{\omega} = -B\omega + ku + v \,, \qquad \dot{v} = \alpha v \,, \tag{4.25}$$

und daraus dann eine einzige Differentialgleichung $\dot{x} = Ax + Bu$ machen, wobei $x = (\theta, \dot{\theta}, v)$ und

$$A = \begin{pmatrix} 0 & 1 & 0 \\ 0 & -B/J & 1/J \\ 0 & 0 & \alpha \end{pmatrix}, \qquad B = \begin{pmatrix} 0 \\ k/J \\ 0 \end{pmatrix} \tag{4.26}$$

ist. Der gemessene Ausgang $y = \theta = Cx$ mit

$$C = (1, 0, 0) \,. \tag{4.27}$$

Daß bei dieser Wahl von C das System (4.26) rekonstruierbar wird, erkennt man z. B. unmittelbar mit Hilfe des Rangkriteriums von Korollar 4.2. Wir können daher gemäß Satz 4.3 einen Spaltenvektor K so finden, daß alle Eigenwerte der Matrix $A - KC$ negative Realteile besitzen. Ist etwa $K = (k_1, k_2, k_3)^\mathsf{T}$, so erhält man

$$A - KC = \begin{pmatrix} -k_1 & 1 & 0 \\ -k_2 & -B/J & 1/J \\ -k_3 & 0 & \alpha \end{pmatrix}. \tag{4.28}$$

Das charakteristische Polynom dieser Matrix sieht so aus:

$$s^3 + s^2\left(k_1 + \frac{B}{J} - \alpha\right) + s\left(k_1\frac{B}{J} + k_2 - k_1\alpha - \alpha\frac{B}{J}\right) - \alpha k_1\frac{B}{J} - \alpha k_2 + k_3\frac{1}{J}.$$

Es ist unmittelbar klar, daß man mit geeigneten k_1, k_2, k_3 jedes reelle normierte Polynom dritten Grades in dieser Form darstellen kann. Insbesondere kann man daher durch Wahl der k_i dafür sorgen, daß alle Eigenwerte dieses Polynoms negative reelle Zahlen sind.

4.4 Reduzierte Beobachter

Den Betrachtungen dieses Abschnittes liegt wieder ein zeitinvariantes System der Form

$$\dot{x} = Ax + Bu, \qquad y = Cx \tag{4.29}$$

zugrunde. Voraussetzungen hinsichtlich der Rekonstruierbarkeit des Systemes werden nicht gemacht. Ein reduzierter Beobachter ist dann, allgemein gesprochen, ein lineares System mit Eingang u, y und der Eigenschaft, daß jede Zustandskomponente des Beobachters asymptotisch mit einer gewissen linearen Funktion $c^\mathsf{T}x$ des Zustandes von (4.29) identifiziert werden kann. Wenn das System (4.21) ein asymptotisch stabiler Beobachter im Sinne des Korollars 4.4 ist, so hat es sicher diese Eigenschaft, denn jede Komponente $\hat{x}_i$ des Zustandes $\hat{x}$ ist im asymptotischen Sinne gleich dem Funktional $x_i = e_i^\mathsf{T}x$.

Wir wollen nun einen einfachen Algorithmus vorstellen, mit dessen Hilfe sich solche lineare Funktionen $c^\mathsf{T}x$, die auf dem Wege über geeignete Beobachterstrukturen asymptotisch dargestellt werden können, konstruieren lassen. Genau genommen handelt es sich um ein rekursives Schema zur Erzeugung der entsprechenden Spaltenvektoren c, das mit einer gewissen Willkür behaftet ist. Wenn man das System (4.29) auf eine geeignete Normalform transformiert, so läßt sich auch der Ablauf des Schemas normieren und führt nach einer vorhersagbaren Zahl von Schritten zur Erzeugung aller Funktionale $c^\mathsf{T}x$, die über einen reduzierten Beobachter überhaupt asymptotisch rekonstruiert werden können. Dies werden wir uns im Anschluß an den Beweis von Satz 4.4 klarmachen.

Es ist jedoch zweckmäßig, die Normalform zunächst nicht ins Spiel zu bringen und den Nachteil in Kauf zu nehmen, daß man über die mit dem Verfahren zu erzielende „Ausbeute" an linearen Funktionen zunächst keine genaue Angaben machen kann. Wenn man nämlich primär an der Rekonstruktion spezieller Funktionale $c^\mathsf{T}x$ interessiert ist (etwa im Zusammenhang mit dem

Problem der Ausgangsregelung, vgl. Kap. 7), so kann man unter Umständen die bei der Gestaltung des Verfahrens bestehenden Freiheiten dazu benutzen, um mit möglichst wenigen Schritten einen linearen Raum $\mathscr{C}_p$ (s. u.) zu erzeugen, der alle benötigten c enthält. Dies bedeutet dann, daß man mit einem reduzierten Beobachter geringerer Dimension auskommt, als es nach der allgemeinen Theorie zu erwarten wäre.

Wir numerieren im folgenden die einzelnen Schritte des Rekursionsverfahrens durch den Buchstaben i. Im i-ten Schritt wird dann ein linearer Unterraum $\mathscr{C}_i$ des Zustandsraums konstruiert, dessen Elemente c alle zu rekonstruierbaren Funktionalen Anlaß geben. Das erste Glied in der Kette der $\mathscr{C}_i$ ist immer der von den Spalten von c^T erzeugte Unterraum $\mathscr{C}_0$; die zugehörigen Funktionale sind gerade die Komponenten der direkt beobachteten Größe y. Der Schritt von $\mathscr{C}_{i-1}$ nach $\mathscr{C}_i$ besteht dann in der Wahl von komplexen Zahlen α_{ij} und Spaltenvektoren c_{ij} nach Maßgabe der beiden Bedingungen (4.30). Weitere Forderungen etwa hinsichtlich der Anzahlen r_i (s. u.) – werden nicht gestellt. Da die Anzahl der rekonstruierenden Differentialgleichungen aber gleich der Summe der r_i ist, wird man bestrebt sein, r_i möglichst klein zu halten und daher darauf achten, daß die c_{ij} linear unabhängig sind. Im übrigen ist es zweckmäßig, formal auch komplexwertige lineare Funktionale $c^\mathsf{T}x$ mit in die Betrachtungen einzubeziehen, obwohl man sie natürlich durch Zerlegung in Real- und Imaginärteil stets auf reelle Funktionale zurückführen kann.

Satz 4.4. *Gegeben seien n-dimensionale Vektoren*

$$c_{ij}, \quad i = 1, \dots, p, \quad j = 1, \dots, r_i.$$

sowie komplexe Zahlen α_{ij}, *derart daß die folgenden Bedingungen erfüllt sind:*

$$\mathrm{Re}\,(\alpha_{ij}) < 0, \quad (A^\mathsf{T} - \alpha_{ij}I)\, c_{ij} \in \mathscr{C}_{i-1}, \quad i = 1, \dots, p, \quad j = 1, \dots, r_i.$$

$$(4.30)$$

Die linearen Räume $\mathscr{C}_i$, $i \geqq 0$, *sind dabei so definiert:*

$$\mathscr{C}_0 = \mathrm{Bild}\,(C^\mathsf{T}), \quad \mathscr{C}_i = \mathscr{C}_{i-1} + [c_{i1}, \dots, c_{ir_i}], \quad i = 1, 2, \dots \quad (4.31)$$

Behauptung. *Die linearen Funktionale* $c_{ij}^\mathsf{T}x$ *sind mit Hilfe einer geeigneten Beobachterstruktur asymptotisch rekonstruierbar.*

Beweis. Wir werden explizit eine solche Beobachterstruktur angeben. Zunächst bemerken wir, daß – wegen (4.31) – die Beziehung (4.30) auch so geschrieben werden kann:

$$c_{ij}^\mathsf{T}A = \alpha_{ij}c_{ij}^\mathsf{T} + \sum_{\nu=1}^{i-1} \sum_{\mu=1}^{r_\nu} \beta_{i,\,j,\,\nu,\,\mu} c_{\nu\mu}^\mathsf{T} + l_{ij}^\mathsf{T}C. \quad (4.32)$$

Dabei sind die $\beta \dots$ reelle oder komplexe Zahlen und l_{ij} Spaltenvektoren, deren Dimension gleich der des Ausgangs y ist. Die Beobachterstruktur wird dann durch die folgenden dynamischen Gleichungen definiert

$$\dot{\xi}_{ij} = \alpha_{ij}\xi_{ij} + \sum_{\nu=1}^{i-1} \sum_{\mu=1}^{r_\nu} \beta_{i,\,j,\,\nu,\,\mu}\xi_{\nu\mu} + l_{ij}^\mathsf{T}y + c_{ij}^\mathsf{T}Bu, \quad (4.33)$$

$i = 1, \dots, p, j = 1, \dots, r_i$. Denken wir uns die ξ_{ij} zu einem Vektor $\hat{\xi}$ zusammengefaßt, so kann man das System (4.33) als eine Vektor-Differentialgleichung

$$\dot{\hat{\xi}} = \hat{A}\hat{\xi} + \hat{L}y + \hat{B}u \qquad (4.34)$$

schreiben. $\hat{A}$ ist dabei eine Dreiecksmatrix mit den α_{ij} als Diagonalelementen. Für jede Spezialisierung von y und u zu stetigen Funktionen von t erhält man daher stets eine lineare Differentialgleichung, deren zugehörige homogene Gleichung eine asymptotisch stabile triviale Lösung besitzt.

Wir wollen nun zeigen: Ist $u(\cdot)$ eine beliebige Eingangsfunktion und $x(\cdot)$ bzw. $\hat{\xi}(\cdot) = (\xi_{11}(\cdot), \dots, \xi_{1r_1}(\cdot), \xi_{21}(\cdot), \dots)$ Lösung der Dgl. $\dot{x} = Ax + Bu(t)$ bzw. der Dgl.

$$\dot{\hat{\xi}} = \hat{A}\hat{\xi} + \hat{L}y(t) + \hat{B}u(t) \quad \text{mit} \quad y(t) = Cx(t) \,,$$

so klingt die Differenz

$$\delta_{ij}(t) := \xi_{ij}(t) - c_{ij}^{\mathsf{T}}x(t) \,, \qquad i = 1, \dots, p \,, \qquad j = 1, \dots, r_i \,, \qquad (4.35)$$

für $t \to \infty$ exponentiell ab.

Wir setzen $\Delta(\cdot) := (\delta_{11}(\cdot), \dots, \delta_{1r_1}(\cdot), \delta_{21}(\cdot) \dots)$ und wollen uns klarmachen, daß $\Delta(t)$ Lösung der homogenen Dgl.

$$\dot{\hat{\xi}} = \hat{A}\hat{\xi}$$

ist. Da alle Eigenwerte von $\hat{A}$ negativen Realteil haben, ist damit die Behauptung bewiesen.

Es ist demnach nur noch der Nachweis zu führen, daß die skalaren Funktionen

$$\tilde{\xi}_{ij}(t) := c_{ij}^{\mathsf{T}}x(t) \,, \qquad i = 1, \dots, p \,, \qquad j = 1, \dots, r_i \,,$$

Lösungen von (4.33) (für $u = u(t)$, $y = y(t)$) sind. Dies ist aber anhand von (4.32) unmittelbar zu verifizieren. Aus

$$\dot{x}(t) = Ax(t) + Bu(t)$$

folgt nämlich

$$\frac{d}{dt}\, c_{ij}^{\mathsf{T}}x(t) = c_{ij}^{\mathsf{T}}(Ax(t) + Bu(t))$$

$$= \alpha_{ij}c_{ij}^{\mathsf{T}}x(t) + \sum_{\nu=1}^{i-1} \sum_{\mu=1}^{r_\nu} \beta_{i,j,\nu,\mu}c_{\nu\mu}^{\mathsf{T}}x(t) + l_{ij}^{\mathsf{T}}Cx(t) + c_{ij}^{\mathsf{T}}Bu(t) \,.$$

$\square$

Wenn man das System in die Normalform des Korollars 4.3 transformiert, so kann man sich leicht einen Überblick über alle linearen Funktionale, die man mit dem in Satz 4.4 angegebenen Konstruktionsverfahren bekommen kann, verschaffen. Gleichzeitig ergeben sich dabei Abschätzungen für die Anzahl der benötigten Differentialgleichungen der Form (4.33). Dies soll jetzt näher ausgeführt werden.

Da es bei der Rekonstruktion des Zustandes nicht auf die Steuerfunktion ankommt, setzen wir von nun an $u = 0$. Wir nehmen ferner an, daß A und C die

Form (4.13) haben, und daß A_{22} gegebenenfalls durch eine Koordinatentransformation auf die Form

$$\text{diag}\,(A_{22}^-, A_{22}^+)$$

gebracht worden ist, wobei die Eigenwerte von A_{22}^- alle negativen und die von A_{22}^+ alle nicht-negativen Realteil haben. Dies läßt sich z. B. über die reelle Normalform einer Matrix erreichen (siehe etwa Kowalsky (1979), § 35, vgl. auch [KK], II, Hilfssatz 8.1). Das gegebene System läßt sich dann in der Form schreiben

$$\dot{x}_1 = A_{11}x_1, \qquad y = C_{11}x_1, \qquad \begin{pmatrix} \dot{x}_2 \\ \dot{x}_3 \end{pmatrix} = \begin{pmatrix} A_{22}^- & 0 \\ 0 & A_{22}^+ \end{pmatrix} \begin{pmatrix} x_2 \\ x_3 \end{pmatrix} + A_{21}x_1 . \quad (4.36)$$

Dabei ist $x = (x_1, x_2, x_3)^\mathsf{T}$, x_1 ein r-dimensionaler Vektor und r der Rang der Matrix K^* (vgl. (4.12)). Eine lineare Funktion von x kann stets in der Form

$$c^\mathsf{T}x = c_1^\mathsf{T}x_1 + c_2^\mathsf{T}x_2 + c_3^\mathsf{T}x_3 \qquad (4.37)$$

geschrieben werden. Anhand der speziellen Form (4.36) der Systemgleichung lassen sich leicht diejenigen n-dimensionalen Vektoren $c = (c_1, c_2, c_3)^\mathsf{T}$ angeben, die nachstehender Bedingung genügen:

$$y(t) = 0 \text{ identisch in } t \text{ impliziert } \lim_{t\to\infty} c^\mathsf{T}x(t) = 0 . \qquad (4.38)$$

Da das System (4.14) rekonstruierbar ist, bedeutet $y(t) = 0$ für alle t, daß $x_1(\cdot)$ identisch in t verschwindet. c genügt also der Bedingung (4.38) dann und nur dann wenn

$$\lim_{t\to\infty} (c_2^\mathsf{T}x_2(t) + c_3^\mathsf{T}x_3(t)) = 0 \qquad (4.39)$$

gilt, wobei $x_2(\cdot)$ bzw. $x_3(\cdot)$ eine beliebige Lösung von $\dot{x}_2 = A_{22}^-x_2$ bzw. $\dot{x}_3 = A_{22}^+x_3$ ist. Letzteres trifft aber nur zu, wenn $c_3 = 0$ ist. Wir haben damit folgendes Resultat erhalten: Ein lineares Funktional der Form (4.37) hat dann und nur dann die Eigenschaft (4.38) wenn $c_3 = 0$ ist. Andererseits ist (4.38) aber eine notwendige Bedingung dafür, daß $c^\mathsf{T}x$ über einen wie immer gearteten Beobachter (d. h. also ein asymptotisch stabiles System mit Eingang (u, y) und Zustand $\hat{x}$) asymptotisch rekonstruiert werden kann, d. h. daß $c^\mathsf{T}x$ asymptotisch gleich ist einem geeigneten Funktional $\hat{c}^\mathsf{T}\hat{x}$. Wenn nämlich u und y beide identisch Null sind, so klingt $\hat{x}$ wegen der vorausgesetzten asymptotischen Stabilität der Beobachtergleichung für $t \to \infty$ exponentiell ab.

Wir wollen uns nun klarmachen, daß das im Satz 4.4 dargestellte Verfahren zur Erzeugung rekonstruierbarer Funktionale im Prinzip so angelegt werden kann, daß jedes lineare Funktional, welches der Bedingung (4.38) genügt, nach dem letzten Schritt erfaßt wird. Genauer gesagt wollen wir zeigen, daß man eine Kette von Unterräumen $\mathscr{C}_i$ stets so finden kann, daß

$$\mathscr{C}_1 = \{(c_1, c_2, c_3)^\mathsf{T} : c_2 = 0,\ c_3 = 0\}, \qquad \mathscr{C}_p = \{(c_1, c_2, c_3)^\mathsf{T} : c_3 = 0\} \qquad (4.40)$$

gilt. Zunächst kann man eine Basis von $\mathscr{C}_0$ zu einer Basis von $\mathscr{C}_1$ ergänzen, indem man Vektoren $(c_1, 0, 0)^\mathsf{T}$ wählt, welche der Bedingung

$$(A^\mathsf{T} - \alpha I)\,(c_1, 0, 0)^\mathsf{T} \in \text{Bild}\,(C^\mathsf{T}) = \mathscr{C}_0\,, \qquad \alpha \in R\,, \qquad \alpha < 0\,, \qquad (4.41)$$

genügen. Dies folgt aus dem Satz 3.5, angewendet auf das steuerbare System $\dot{x}_1 = A_{11}^\mathsf{T} x_1 + C_{11}^\mathsf{T} u$ (Regelungs-Normalform!).

Man kommt nun von $\mathscr{C}_1$ zu dem gewünschten $\mathscr{C}_p$, indem man sukzessive Elemente der Form $(0, x_2, 0)^\mathsf{T}$ hinzufügt. Die zugehörigen α_{ij} sind dabei Eigenwerte und die x_2 verallgemeinerte Eigenvektoren ("string of vectors", vgl. [S], Appendix B) der Matrix $(A_{22}^-)^\mathsf{T}$.

Zum Schluß wollen wir uns noch einmal mit den Relationen (4.30) befassen. Wie wir im Laufe des Beweises von Satz 4.4 gesehen haben, ist das Bestehen dieser Relationen gleichbedeutend mit der Lösbarkeit des linearen Gleichungssystemes (4.32), wenn man $\beta \ldots$ und l_{ij} als Unbekannte auffaßt. Dieses Gleichungssystem läßt sich in etwas übersichtlicherer Form schreiben, wie wir uns jetzt noch klarmachen wollen. Zu diesem Zwecke bezeichnen wir mit $\hat{C}_i$ die aus den Zeilen $c_{i1}^\mathsf{T}, \ldots, c_{ir_i}^\mathsf{T}$ gebildete Matrix vom Typ (r_i, n). Wir setzen

$$\hat{C} := \begin{pmatrix} \hat{C}_1 \\ \vdots \\ \hat{C}_p \end{pmatrix}$$

und verstehen unter $\hat{A}$, $\hat{L}$, $\hat{B}$ die durch (4.33), (4.34) definierten Matrizen. Die Relationen (4.32) lassen sich dann auf die folgende kurze Form bringen:

$$\hat{C}A = \hat{A}\hat{C} + \hat{L}C\,, \qquad \hat{B} = \hat{C}B\,.$$

Ein lineares Funktional $c^\mathsf{T}x$ ist mit Hilfe der Beobachtergleichung rekonstruierbar, falls es aus den $c_{ij}^\mathsf{T}x$ und y linear kombinierbar ist, d. h. falls es Zeilenvektoren p^T, q^T gibt derart, daß

$$p^\mathsf{T}\hat{C} + q^\mathsf{T}C = c^\mathsf{T}$$

ist. Bei dieser Aussage spielt übrigens die Dreiecksform der Matrix $\hat{A}$ keine Rolle, wichtig ist allein, daß alle Eigenwerte von $\hat{A}$ in der linken Halbebene liegen. Man kann also das Problem, einen Beobachter zum Zwecke der Rekonstruktion von $c^\mathsf{T}x$ zu entwerfen, so formulieren: Es sind die beiden Matrix-Gleichungen

$$\hat{C}A = \hat{A}\hat{C} + \hat{L}C\,, \qquad p^\mathsf{T}\hat{C} + q^\mathsf{T}C = c^\mathsf{T}$$

durch Wahl von $\hat{C}$, $\hat{A}$, $\hat{L}$, p, q zu erfüllen. Dabei ist als Nebenbedingung zu verlangen, daß die Eigenwerte von $\hat{A}$ alle negativen Realteil haben. Die Dimension von $\hat{A}$ ist nicht vorgegeben; es liegt daher nahe, nach Lösungen möglichst kleiner Dimension zu fragen. Unter diesem Gesichtspunkt ist das Problem des Entwurfes von reduzierten Beobachtern in der Literatur ausführlich diskutiert worden, vgl. Roman und Bullock (1975).

Ein Vorzug der in diesem Abschnitt eingeführten Definition von reduzierten Beobachtern besteht in der rekursiven Form der Beobachterstruktur. Wenn man daher einer gegebenen Kette von Unterräumen $\{\mathscr{C}_i\}$ ein weiteres Element $\mathscr{C}_{p+1}$ anhängt, braucht man das bereits existierende System von Beobachtergleichungen

nicht zu ändern, sondern lediglich zusätzliche Differentialgleichungen hinzuzufügen.

Beispiel 4.3. Wir betrachten wieder das Modell des Gleichstrommotors mit zusätzlichem äußeren Drehmoment. Die dynamischen Gleichungen sind durch (4.24) und der Ausgang durch $y = \theta$ gegeben. Bei der Systemdarstellung in der Form (4.29) ergeben sich für die Matrizen A, B, C gerade die Werte (4.26), (4.27).

Im Beispiel 4.2 wurde für dieses System ein dynamischer Beobachter bestimmt, jetzt geht es um die Aufstellung von reduzierten Beobachtern. Da das System rekonstruierbar ist, liegt es bereits in der Normalform (4.36) vor (d. h. die Dgln. für x_2 und x_3 sind nicht vorhanden), und es gibt eine Kette von Unterräumen, die bereits nach einem Schritt endet:

$$\mathscr{C}_0 = \text{Bild}\,(C^\mathsf{T}) = [(1, 0, 0)^\mathsf{T}] \subset \mathscr{C}_1 = R^3 \,.$$

Die linearen Gleichungen (4.30) nehmen die Form

$$\begin{pmatrix} -\alpha_v & 0 & 0 \\ 1 & -B/J - \alpha_v & 0 \\ 0 & 1/J & \alpha - \alpha_v \end{pmatrix} c^{(v)} \in \mathscr{C}_0 \tag{4.42}$$

an. Wenn α_v negativ-reell und $c^{(v)}$ eine Lösung dieser Gleichung ist, so läßt sich die lineare Funktion $(c^{(v)})^\mathsf{T} x$ mit Hilfe einer Differentialgleichung erster Ordnung rekonstruieren. Um den gesamten Zustand des Systems aus $y = (1, 0, 0)^\mathsf{T} x$ zu rekonstruieren, benötigt man zwei Lösungen $c^{(1)}$, $c^{(2)}$ von (4.42), welche den Vektor $(1, 0, 0)^\mathsf{T}$ zu einer Basis von R^3 ergänzen. Man sieht nun sofort, daß die Vektoren

$$c^{(v)} := (-(\alpha_v + B/J)\, J(\alpha - \alpha_v),\ -J(\alpha - \alpha_v),\ 1)^\mathsf{T}\,, \qquad v = 1, 2\,,$$

diese Eigenschaft haben, falls $\alpha_1 \neq \alpha_2$. Es ist dann

$$(A^\mathsf{T} - \alpha_v I)\, c^{(v)} = \alpha_v J(\alpha_v + B/J)\,(\alpha - \alpha_v)\,(1, 0, 0)^\mathsf{T}\,. \tag{4.43}$$

Die linearen Funktionen $(c^{(v)})^\mathsf{T} x$, $v = 1, 2$, stimmen dann unabhängig vom Anfangszustand asymptotisch mit ξ_v überein, wobei ξ_v Lösung einer linearen Dgl. der Form

$$\dot{\xi}_v = \alpha_v \xi_v + \beta_v u + \gamma_v y \tag{4.44}$$

ist. β_v, γ_v ergeben sich sofort durch Vergleich von (4.43) mit (4.32) und (4.33). Es ist γ_v gleich dem Faktor, der bei $C = (1, 0, 0)$ auf der rechten Seite von (4.43) steht, und es ist $\beta_v = (c^{(v)})^\mathsf{T} B$. Man hat also

$$\beta_v = -(k(\alpha - \alpha_v)\,, \qquad \gamma_v = \alpha_v J(\alpha_v + B/J)\,(\alpha - \alpha_v)\,.$$

Die beiden Differentialgleichungen (4.44) stellen einen reduzierten Beobachter der Ordnung 2 für das System (4.25) dar, der im Prinzip das Gleiche leistet wie der im Beispiel 4.2 konstruierte Beobachter der vollen Ordnung 3. Jede Zustandskomponente ist nämlich aus den Funktionalen y, $(c^{(1)})^\mathsf{T} x$, $(c^{(2)})^\mathsf{T} x$ linear kombinierbar, daher wird sie asymptotisch gleich der entsprechenden Linearkombination aus y, ξ_1, ξ_2.

5 Steuerungsinvarianz

5.1 Einleitung

Den Ausführungen dieses Kapitels liegt eine Systembeschreibung der Form

$$\dot{x} = Ax + Bu , \qquad z = Dx \qquad\qquad (5.1)$$

zugrunde. Den Ausgang bezeichnen wir jetzt mit z und nennen ihn die zu kontrollierende Variable. Die Komponenten von z repräsentieren diejenigen Systemgrößen, auf deren Beherrschung man besonderen Wert legt. Später wird gelegentlich neben z noch die beobachtete Variable y erscheinen, sie stellt die über den Gesamtzustand in jedem Zeitpunkt verfügbare Information dar. Die Größen y und z können ganz oder teilweise zusammenfallen, sie bilden gemeinsam den Ausgang des Systems (im Sinne von Abschn. 2.2). Wenn y in der Systembeschreibung nicht explizit vorkommt, soll immer $y = z$ sein. Es wird dann stillschweigend angenommen, daß die Systemgrößen, die man tatsächlich kontrollieren möchte, auch beobachtbar sind.

In diesem Kapitel werden die Grundlagen für die Behandlung von Problemen des Reglerentwurfes entwickelt. In der einfachsten Form sind uns solche Probleme bereits früher begegnet (Abschn. 3.1). Es geht dabei um die Frage, wie man mit Hilfe einer Zustandsrückführung $u = -Fx$ das „offene" System (5.1) in einen geschlossenen Kreis mit gewünschtem Verhalten überführen kann.

Zu den erwünschten Eigenschaften gehört auf jeden Fall die Stabilität des geschlossenen Kreises. F soll also so gewählt werden, daß die Matrix $A - BF$ nur Eigenwerte mit negativem Realteil besitzt. Daß sich dies bei einem steuerbaren System stets erreichen läßt, wissen wir bereits. Doch ist durch die Forderung der Stabilität F nicht eindeutig bestimmt und es stellt sich die naheliegende Frage, in wieweit man die verbleibende Freiheit benutzen kann, um weitere Systemeigenschaften zu erzwingen.

Zwei Möglichkeiten zur Fixierung von F gehören zum Repertoire der Regelungstheorie: Die Polvorgabe (Abschn. 3.3) und die Minimierung eines quadratischen Zielfunktionals (Kap. 9). Beide Möglichkeiten lassen sich zwar von der mathematischen Seite her bequem diskutieren, geben aber manchmal nicht das wieder, was der Anwender sich unter erwünschtem Systemverhalten vorstellt.

Wir werden in diesem Buch einen dritten Gesichtspunkt beim Reglerentwurf ausführlich erörtern: Die Erzeugung von invarianten Unterräumen (vgl. Definition 5.1). Genauer gesagt soll derjenige Unterraum des R^n, der durch Nullsetzen des Ausganges, d. h. also durch die Gleichung $Dx = 0$ definiert ist, invariant werden. Die Zustandsrückführung soll also nicht nur bewirken, daß x und damit auch z für $t \rightarrow \infty$ abklingt, sie soll darüber hinaus den Ausgang für alle Zeiten im Anfangszustand $z = 0$ festhalten.

Ein damit eng verwandtes Problem ist das der Störungsentkoppelung. Wir gehen von einem System aus, dessen Eingang aus zwei Teilen u, v besteht. Der v-Anteil stellt dabei die von außen auf das System wirkende Störung dar, die wir – im Gegensatz zu u – nicht in der Hand haben, von der wir nicht einmal voraussetzen können, daß sie uns bekannt ist. Unter Einbeziehung einer solchen Störung lauten die Systemgleichungen

$$\dot{x} = Ax + Bu + Gv\,, \qquad z = Dx\,.$$

Die Frage ist nun, ob sich mit Hilfe eines Steuergesetzes $u = -Fx$ der Einfluß der Störung v auf den Ausgang vollständig eliminieren läßt, und zwar in folgendem Sinne: (i) F hängt nicht von der Störung ab. (ii) Der Ausgang $z(t)$ des gestörten geschlossenen Kreises

$$\dot{x} = (A - BF)\,x + Gv\,, \qquad z = Dx\,,$$

hängt für $t \geq 0$ nur vom Anfangszustand $x(0)$, nicht aber von der Störung ab. D. h. bei gegebenem $x(0)$ stellt sich $z(t)$ stets als die gleiche Zeitfunktion ein, unabhängig davon, wie v zu einer Funktion $v(t)$ spezialisiert wird. Wir wollen diese Aussage noch etwas präzisieren und setzen $A' := A - BF$. Gemäß der Formel für die Variation der Konstanten stellt sich dann die allgemeine Lösung obiger Differentialgleichung in der Form dar

$$e^{A't}\,x(0) + \int\limits_0^t e^{A'(t-\tau)}\,Gv(\tau)\,d\tau\,.$$

Störungsentkoppelung bedeutet demnach: Für *jede* Wahl der Funktion $v(t)$ gilt identisch in t

$$\int\limits_0^t D\,e^{A'(t-\tau)}\,Gv(\tau)\,d\tau = 0\,.$$

Dies ist nun offenbar dann und nur dann der Fall wenn die Matrix

$$De^{A'(t-\tau)}G$$

für alle t, τ mit $\tau \leq t$ verschwindet, und dies wiederum bedeutet schließlich, daß DG, $D(A')^v\,G = 0$ ist für $v = 1, 2, \ldots$. Somit können wir also das Problem der Störungsentkoppelung so formulieren: Gesucht ist eine Matrix F derart daß

$$DG = 0\,, \qquad D(A - BF)^v\,G = 0\,, \qquad v = 1, 2, \ldots\,. \tag{5.2}$$

gilt.

Eine solche radikale Störungselimination ist nicht immer möglich. Später werden wir uns daher auch mit dem Problem der Störungsunterdrückung befassen, d. h. mit der Frage, wie sich mit Hilfe eines Steuergesetzes $u = -Fx$ der Einfluß der Störsignale auf den Ausgang möglichst klein halten läßt. In die Konstruktion von F wird dann auch Information über das Störsignal einfließen. Die Antwort auf die Frage, ob und wie man in einem konkreten Fall Steuergesetze findet, welche den Ausgang invariant halten bzw. den Einfluß eines Störsignals auf den Ausgang eliminieren, wird in Kap. 7 gegeben werden. Hierzu benötigt man eine Reihe von Begriffen und Hilfsmitteln, die wir in diesem und dem folgenden

Kapitel bereitstellen wollen. Sie gehen auf die grundlegenden Arbeiten von Basile und Marro (1969), Wonham (1979), Wonham und Morse (1970, 1972) zurück.

Im Abschn. 5.2 führen wir die Begriffe „steuerungsinvarianter Unterraum" und „steuerbarer Unterraum" ein. Der Abschn. 5.3 befaßt sich vor allem mit Verfahren zur expliziten Konstruktion solcher Unterräume. Ihre Begründung erfordert zum Teil diffizilere Überlegungen, die man bei einer ersten Lektüre des Abschnittes überschlagen kann (Satz 5.4, Hilfssatz 5.3–5.5, Beweis von Satz 5.5, Beweis von Satz 5.6). Die Ergebnisse des Abschn. 5.3 werden im Abschn. 5.4 noch einmal in einer etwas anderen Form zusammengefaßt. Genauer gesagt konstruieren wir zu jedem System der Form (5.1) ein äquivalentes System, bei der die Matrizen A, B, D in einer geeigneten Normalform vorliegen (Satz 5.7). An dieser Normalform können dann alle Systemeigenschaften, die mit Steuerungsinvarianz zu tun haben, unmittelbar abgelesen werden. Die Überführung in die Normalform läßt sich mit Routineprogrammen aus der linearen Algebra realisieren.

Den Betrachtungen dieses Kapitels liegt ein System der Form (5.1) zugrunde. Mit n, m, k bezeichnen wir stets die Dimension der Zustandsvariablen x, der Eingangsgröße u und der zu kontrollierenden Variablen z. Ohne Beschränkung der Allgemeinheit können wir annehmen, daß $\mathrm{Rg}\, B = m$ und $\mathrm{Rg}\, D = k$ gilt.

5.2 Steuerungsinvariante und steuerbare Unterräume

Mit $\mathscr{D}$, $\mathscr{V}$ usw. bezeichnen wir lineare Unterräume des Zustandsraumes. Ausdrücke wie $\mathscr{D} + \mathscr{V}$, $A\mathscr{D}$ verwenden wir in dem Sinne, wie dies früher erklärt wurde (vgl. Abschn. 3.4). Wenn es zweckmäßig ist, wird ein linearer Unterraum des Zustandsraumes als Lösungsgesamtheit eines homogenen linearen Gleichungssystemes $Dx = 0$ interpretiert. D ist dabei eine Matrix aus unabhängigen Zeilen.

Zunächst erklären wir den Begriff des invarianten Unterraumes für ein ungesteuertes dynamisches System, welches durch ein System von (nicht notwendige linearen) Differentialgleichungen beschrieben wird.

Definition 5.1. Der lineare Unterraum $\mathscr{D}$ des Zustandsraumes heißt *invariant bezüglich der Differentialgleichung*

$$\dot{x} = f(t, x) \tag{5.3}$$

falls folgende Aussage zutrifft: Ist $x(\cdot)$ Lösung von (5.3) und gilt $x(t_0) \in \mathscr{D}$ für ein t_0, so gilt $x(t) \in \mathscr{D}$ für alle t.

Anhand der definierenden Gleichung $Dx = 0$ eines linearen Unterraumes läßt sich eine einfache notwendige und hinreichende Bedingung für Invarianz in nachstehender Weise formulieren.

Hilfssatz 5.1. *Der Unterraum $\mathcal{D} = \{x : Dx = 0\}$ ist bezüglich der Differentialgleichung (5.3) dann und nur dann invariant wenn die nachstehende Aussage zutrifft:*

Es ist $Df(t, x) = 0$ auf der Menge $\{(t, x) : x \in \mathcal{D}\}$, d. h. $x \in \mathcal{D}$ impliziert $f(t, x) \in \mathcal{D}$ für alle t.

Beweis. Durch eine Koordinatentransformation läßt sich erreichen, daß die den Unterraum $\mathcal{D}$ definierenden Gleichungen die spezielle Form $x_i = 0, 1, \dots, k$, $k \leq n$, haben ($x = (x_1, \dots, x_n)^\mathsf{T}$). Es ist dann zweckmäßig, Zustandsvariable und Differentialgleichung in der folgenden Weise aufzuteilen:

$$x = (x', x'')^\mathsf{T} , \quad \text{wobei} \quad x' = (x_1, \dots, x_k)^\mathsf{T} ,$$
$$\dot{x}' = f_1(t, x', x'') , \qquad \dot{x}'' = f_2(t, x', x'') . \tag{5.4}$$

Die zu beweisende Aussage lautet jetzt so: $\mathcal{D}$ ist dann und nur dann invariant bezüglich der Differentialgleichung (5.4) wenn $f_1(t, 0, x'') = 0$ identisch in t, x'' gilt.

Nehmen wir zunächst an, daß f_1 dieser Bedingung genügt. Für jedes $x_0 = (0, x_0'') \in \mathcal{D}$ ist dann die Lösung $x(t)$ der Differentialgleichung (5.4) mit dem Anfangswert $x(t_0) = x_0$ gegeben durch $x(t) = (0, x''(t))$, wobei $x''(t)$ Lösung des Anfangswertproblems $\dot{x}'' = f_2(t, 0, x'')$, $x''(t_0) = x_0''$ ist, d. h. es gilt $x(t) \in \mathcal{D}$ für alle t. Damit ist die Invarianz von $\mathcal{D}$ gezeigt.

Ist umgekehrt von $\mathcal{D}$ bekannt, daß es sich um einen bezüglich der Differentialgleichung (5.4) invarianten Unterraum handelt, so muß $f_1(t, 0, x'')$ für alle t, x'' verschwinden. Wäre nämlich $f_1(t_0, 0, x_0'') \neq 0$ für ein spezielles Paar (t_0, x_0''), so würde für die Lösung $x(t) = (x'(t), x''(t))$ der Differentialgleichung (5.4) mit dem Anfangswert $x(t_0) = (0, x_0'') \in \mathcal{D}$ die folgende Ungleichung bestehen:

$$\dot{x}'(t_0) = f_1(t_0, 0, x_0'') \neq 0 .$$

Dies aber bedeutet, daß $x'(t) \neq 0$ für alle $t \neq t_0$, $|t - t_0|$ hinreichend klein, gilt. Für diese t ist also $x(t) \notin \mathcal{D}$, im Widerspruch zur Invarianzforderung. $\square$

Im Falle einer linearen autonomen Differentialgleichung nimmt obiges Kriterium folgende Form an:

Satz 5.1. *Gegeben eine Differentialgleichung $\dot{x} = Ax$ und ein linearer Unterraum $\mathcal{D}$ des x-Raumes, definiert durch die Gleichung $Dx = 0$. $\mathcal{D}$ ist bezüglich der Differentialgleichung dann und nur dann invariant wenn eine – und damit auch die andere – der nachstehenden Aussagen zutrifft:*
(i) $A\mathcal{D} \subseteq \mathcal{D}$, d. h. $\mathcal{D}$ ist unter der Abbildung $x \to Ax$ invariant,
(ii) $\mathrm{e}^{At}\mathcal{D} \subseteq \mathcal{D}$ für alle t,
(iii) es gibt eine Matrix P, so daß die Beziehung

$$DA = PD \tag{5.5}$$

besteht.

Beweis. Wendet man das im Hilfssatz 5.1 formulierte Kriterium auf den Fall $f(t, x) = Ax$ an, so besagt es dies: $\mathscr{D}$ ist dann und nur dann invariant bezüglich der linearen Differentialgleichung $\dot{x} = Ax$, wenn aus $Dx = 0$ stets $DAx = 0$ folgt. Es ist klar, daß diese Aussage sich auch in die Form $A\mathscr{D} \subseteq \mathscr{D}$ kleiden läßt. Andererseits bedeutet sie, daß Kern $D \subseteq$ Kern (DA). Da die Zeilen von D linear unabhängig sind, ist jede Zeile von DA notwendig aus den Zeilen von D linear kombinierbar, d. h. es besteht eine Beziehung der Form (5.5). Die Äquivalenz der Aussagen (i) und (ii) ist klar. $\qquad\square$

Eine einfache Anwendung dieses Kriteriums auf lineare Kontrollsysteme formulieren wir als

Korollar 5.1. *Wenn die Zeilen der Matrix DB linear unabhängig sind, so läßt sich F stets so finden, daß der Lösungsraum $\mathscr{D}$ des linearen Gleichungssystemes $Dx = 0$ ein invarianter Unterraum bezüglich der Differentialgleichung*

$$\dot{x} = (A - BF)\, x$$

ist.

Beweis. Mit $A - BF$ statt A nimmt die Matrizengleichung (6.5) – deren Lösbarkeit ja hinreichend und notwendig für die Invarianzeigenschaften von $\mathscr{D}$ ist – die Form

$$DBF = DA - PD \tag{5.6}$$

an. Aufgrund der Voraussetzung über die Matrix DB läßt sich diese Relation bei gegebenem P nach F auflösen. $\qquad\square$

Wir kehren zu Kontrollsystemen der Form (5.1) zurück und wollen als Nächstes den Begriff des steuerungsinvarianten Unterraumes einführen. Der Zusammenhang mit dem eben erklärten Begriff der Invarianz wird aus dem nachfolgenden Satz 5.2 erkennbar. Steuerungsinvarianz von $\mathscr{D}$ bedeutet Invarianz von $\mathscr{D}$ bezüglich einer Differentialgleichung der Form $\dot{x} = (A - BF)\, x$. Ist $Dx = 0$ die Gleichung von $\mathscr{D}$, so läßt sich Steuerungsinvarianz demnach auch so ausdrücken: Die Matrixgleichung (5.6) läßt sich durch geeignete Wahl von F, P befriedigen.

Für die Zwecke des Regler-Entwurfes ist die Charakterisierung von Steuerungsinvarianz mit Hilfe der Gleichung (5.6) weniger geeignet, weil sich die Erfüllung zusätzlicher Forderungen – etwa bezüglich der Eigenwerte von $A - BF$ – an Hand dieser Gleichung nicht diskutieren läßt. Die effektive Konstruktion von steuerungsinvarianten Unterräumen knüpft daher nicht an die Gleichung (5.6) sondern an die nachstehende Definition an.

Definition 5.2. Ein linearer Teilraum $\mathscr{V}$ des Zustandsraumes heißt *steuerungsinvariant* bezüglich des linearen Systemes $\dot{x} = Ax + Bu$, falls es zu jedem $x_0 \in \mathscr{V}$ eine Steuerfunktion $u(\cdot)$ mit folgenden Eigenschaften gibt.
(i) $u(\cdot)$ ist für alle t definiert und unendlich oft differenzierbar,
(ii) die Lösung $x(\cdot)$ des Anfangswertproblems

$$\dot{x} = Ax + Bu(t)\,, \qquad x(0) = x_0\,, \tag{5.7}$$

genügt der Bedingung $x(t) \in \mathscr{V}$ für alle t.

Der nächste Satz liefert alternative Charakterisierungen der Steuerungsinvarianz, die von nun an eine wichtige Rolle spielen werden.

Satz 5.2. *Die folgenden drei Aussagen sind äquivalent:*
  (i) *$\mathscr{V}$ ist ein steuerungsinvarianter Unterraum bezüglich $\dot{x} = Ax + Bu$,*
 (ii) *zu jedem $x \in \mathscr{V}$ gibt es ein u, so daß $Ax + Bu \in \mathscr{V}$,*
(iii) *es gibt ein F, so daß $(A - BF)\mathscr{V} \subseteq \mathscr{V}$.*

Beweis. Wir beweisen die Gesamtaussage in folgendem Zyklus:

$$(\text{iii}) \Rightarrow (\text{i}) \Rightarrow (\text{ii}) \Rightarrow (\text{iii}) \; .$$

1. Zu zeigen: Aus (iii) folgt (i). $(A - BF)\,\mathscr{V} \subseteq \mathscr{V}$ impliziert gemäß Satz 5.1, daß $\mathscr{V}$ invarianter Unterraum bezüglich der Differentialgleichung $\dot{x} = (A - BF)\,x$ ist. Zu jedem $x_0 \in \mathscr{V}$ lassen sich daher die Forderungen (i), (ii) der Definition 5.2 so erfüllen: Man nimmt als $x(t)$ die Lösung des Anfangswertproblems

$$\dot{x} = (A - BF)\,x \, , \qquad x(0) = x_0 \, ,$$

und setzt $u(t) = -Fx(t)$.

2. Beim Beweis des zweiten Schrittes $((\text{i}) \Rightarrow (\text{ii}))$ machen wir von der Tatsache Gebrauch, daß die Beziehung $x(t) \in \mathscr{V}$ bei Differentiation nach t erhalten bleibt. Diese Tatsache hat im übrigen nichts mit der Steuerungsinvarianz von $\mathscr{V}$ zu tun, sondern folgt – wie auch die analoge Aussage über das bestimmte Integral – einfach aus der Abgeschlossenheit des linearen Raumes $\mathscr{V}$. Da wir ähnliche Schlüsse öfter auszuführen haben, formulieren und begründen wir sie zunächst allgemein.

Es sei $\mathscr{C}$ irgendein linearer Unterraum des R^n. Dann gilt: $x(t) \in \mathscr{C}$ für alle t impliziert $\dot{x}(t) \in \mathscr{C}$ und

$$\int_{t_0}^{t_1} x(t)\, dt \in \mathscr{C} \; .$$

Die Begründung ist sehr einfach: $x(t) \in \mathscr{C}$ bedeutet, daß $x(t)$ identisch in t einem linearen Gleichungssystem mit konstanten Koeffizienten genügt. Differentiation nach t bzw. Integration nach t zwischen festen Grenzen ändert am Bestehen dieser Gleichungen nun offensichtlich nichts.

Sei ein $x_0 \in \mathscr{V}$ gegeben. Wir denken uns $u(t)$ so gewählt, daß die Lösung des Anfangswertproblems (5.7) der Bedingung $x(t) \in \mathscr{V}$ für alle t genügt. Es folgt dann $Ax_0 + Bu(0) = \dot{x}(0) \in \mathscr{V}$, d. h. (ii) gilt für $x = x_0$ mit $u = u(0)$.

3. Zu zeigen: Aus (ii) folgt (iii). Sei $x_1, \dots, x_s$ eine Basis von $\mathscr{V}$. Da wir von der Richtigkeit von (ii) ausgehen, gibt es zu jedem x_ν ein u_ν, so daß $Ax_\nu + Bu_\nu \in \mathscr{V}$, $\nu = 1, \dots, s$. Man denke sich nun eine lineare Abbildung des x-Raumes in den u-Raum, die jedem x_ν gerade das Element u_ν zuordnet, mit Hilfe einer Matrix F vom Typ (m, n) realisiert: $u_\nu = -Fx_\nu$, $\nu = 1, \dots, s$. Daß all dies möglich ist, ergibt sich aus bekannten Aussagen der linearen Algebra. Es wird dann also $Ax_\nu + Bu_\nu = (A - BF)\,x_\nu \in \mathscr{V}$ für $\nu = 1, \dots, s$ und somit $(A - BF)\,x \in \mathscr{V}$ für jedes $x \in \mathscr{V}$ (Basiseigenschaft der x_ν!). In anderen Worten: Es gilt $(A - BF)\,\mathscr{V} \subseteq \mathscr{V}$. $\qquad\qquad\qquad\qquad\square$

Wir schließen noch zwei Bemerkungen an. Es ergibt sich aus dem ersten Beweisschritt: Wenn $\mathscr{V}$ steuerungsinvariant ist, so lassen sich die beiden Forderungen (i), (ii) (vgl. Definition 5.2) stets mit Hilfe einer Steuerfunktion $u(t)$ erfüllen, die sich in der Form $-Fx(t)$ darstellen läßt, wobei $x(t)$ Lösung einer linearen Differentialgleichung mit konstanten Koeffizienten ist. Es würde daher keine Einschränkung der Allgemeinheit bedeuten, wenn man die Bedingung (i) in der Definition 5.2 durch die folgende ersetzt:

$$\text{Jede Komponente von } u(\cdot) \text{ kann als Linearkombination von Funktio-}$$
$$\text{nen der Form } t^{\nu} e^{\alpha t}, \ \nu = 0, 1, \dots \text{ geschrieben werden.} \qquad (5.8)$$

Es ist zweckmäßig, für die Lösungen der zugehörigen Differentialgleichung (5.1) eine abkürzende Bezeichnung einzuführen.

Definition 5.3. Eine für alle t definierte Funktion $x(t)$ heißt *zulässige Zustandsfunktion*, falls sie Lösung der Differentialgleichung (5.1) für $u = u(t)$ ist, wobei die Steuerfunktion $u(\cdot)$ der Bedingung (5.8) genügt.

· Die zweite Bemerkung zum Satz 5.2 formulieren wir nun als

Korollar 5.2. *Gegeben sei ein linearer Unterraum $\mathscr{D}$ des Zustandsraumes. Es bezeichne $\mathscr{V}^*$ die Menge aller $x_0 \in \mathscr{D}$ mit folgender Eigenschaft: Es gibt eine zulässige Zustandsfunktion, die den Bedingungen*

$$x(t) \in \mathscr{D} \quad \text{für alle } t \,, \qquad x(0) = x_0$$

genügt.

Behauptung. *$\mathscr{V}^*$ ist ein linearer Unterraum von $\mathscr{D}$, ist steuerungsinvariant bezüglich $\dot{x} = Ax + Bu$ und ist der größte in $\mathscr{D}$ enthaltene steuerungsinvariante Unterraum von $\mathscr{D}$. Zudem gilt für jede zulässige Zustandsfunktion*

$$x(t) \in \mathscr{D} \quad \text{für alle } t \text{ impliziert} \quad x(t) \in \mathscr{V}^* \quad \text{für alle } t \,. \qquad (5.9)$$

Beweis. Da die Lösung des Anfangswertproblems (5.7) linear von den Daten $u(\cdot)$, x_0 abhängt, ist zunächst klar, daß $\mathscr{V}^*$ ein linearer Unterraum von $\mathscr{D}$ ist. Steuerungsinvarianz ist offensichtlich eine Folge der Aussage (5.9). Die Richtigkeit dieser Aussage ergibt sich einfach aus der Feststellung, daß mit $x(t)$ stets auch $x(t + t')$ zulässige Zustandsfunktion ist, d. h. $x(t')$ läßt sich für jedes t' als Anfangswert einer zulässigen und für alle t im Unterraum $\mathscr{D}$ gelegenen Zustandsfunktion auffassen. Also gilt $x(t') \in \mathscr{V}^*$.

Daß jeder steuerungsinvariante Unterraum von $\mathscr{D}$ in $\mathscr{V}^*$ enthalten ist, ergibt sich unmittelbar aus der Definition 5.2. $\qquad\qquad \square$

Als Nächstes führen wir einen speziellen Typ von steuerungsinvarianten Unterräumen ein, die bei der expliziten Konstruktion der im Korollar beschriebenen maximalen Räume $\mathscr{V}^*$ eine wichtige Rolle spielen.

Definition 5.4. Unter dem *maximalen steuerbaren Unterraum* eines linearen Systems $\dot{x} = Ax + Bu$ versteht man den von den Spalten der Matrix $K := (B, AB, \dots, A^{n-1}B)$ aufgespannten Teilraum $\mathcal{R}_0$ des R^n.

Es ist $\mathcal{R}_0$ der kleinste Teilraum des R^n, der den von den Spalten der Matrix B aufgespannten Teilraum Bild B des R^n enthält und unter der Abbildung $x \to Ax$ invariant ist. Es gilt daher insbesondere $e^{At}\mathcal{R}_0 \subseteq \mathcal{R}_0$ (Satz 5.1), und aus der Formel für die Variation der Konstanten

$$x(t) = e^{At} x(0) + \int_0^t e^{A(t-\tau)} Bu(\tau)\, d\tau$$

ergibt sich dann für beliebiges $u(t)$, daß jede Lösung von $\dot{x} = Ax + Bu(t)$ der Bedingung $x(t) \in \mathcal{R}_0$ für alle t genügt sofern $x(0) \in \mathcal{R}_0$. Der steuerbare Unterraum eines linearen Systemes $\dot{x} = Ax + Bu$ ist also sicher bezüglich dieses Systemes steuerungsinvariant; er besitzt jedoch zusätzliche Eigenschaften, die ein beliebiger steuerungsinvarianter Unterraum nicht hat (man kann ja in vorgegebener Zeit das System von einem vorgegebenen Zustand $x_0 \in \mathcal{R}_0$ nach 0 steuern (vgl. Satz 3.3)).

Für den Rest dieses Abschnittes denken wir uns ein lineares System mit der Gleichung (5.1) fest gewählt. Gegebenenfalls hat man sich im folgenden hinter die Worte „steuerungsinvarianter (steuerbarer) Unterraum" den Zusatz „bezüglich des Systems (5.1)" angefügt zu denken.

Definition 5.5. Ein linearer Unterraum $\mathcal{R}$ des Zustandsraumes heißt *steuerbarer Unterraum* bezüglich (5.1), falls es Matrizen F bzw. G vom Typ (m, n) bzw. (m, m') gibt, derart daß $\mathcal{R}$ der maximale steuerbare Unterraum im Sinne der Definition 5.4 des linearen Systems mit der Gleichung

$$\dot{x} = (A - BF)\, x + BGu' \tag{5.10}$$

wird. u' ist hier die Steuervariable. Für die Dimension m' von u' können wir ohne Einschränkung $m' \leq m$ voraussetzen.

Bemerkung. Wie wir im Abschn. 3.2 gesehen haben, kann $\mathcal{R}$ auch charakterisiert werden als Menge aller Endpunkte von irgendwelchen Trajektorien, die in $x = 0$ beginnen, und deren zeitliche Entwicklung durch eine Differentialgleichung (5.10) mit $u' = u'(t)$ beschrieben wird (man wende Satz 3.3 auf (5.10) und auf das aus (5.10) durch die Substitution $t \to -t$ entstehende System an!). Aus dieser Feststellung folgt, daß $\mathcal{R}$ stets in $\mathcal{R}_0$ enthalten und steuerungsinvariant im Sinne der Definition 5.2 ist.

Wir wollen uns nun mit der folgenden grundlegenden Aufgabe befassen: Gegeben sei ein steuerungsinvarianter Unterraum $\mathscr{V}$. Man finde alle in $\mathscr{V}$ enthaltenen steuerbaren Unterräume.

Satz 5.3. *Wenn F und G so gewählt werden, daß*

$$(A - BF)\, \mathscr{V} \subseteq \mathscr{V} \quad und \quad \text{Bild}\, (BG) \subseteq \mathscr{V} \tag{5.11}$$

gilt, so ist der zum System (5.10) gehörige maximale steuerbare Unterraum $\mathscr{R}$ in $\mathscr{V}$ enthalten. Umgekehrt kann jeder in $\mathscr{V}$ enthaltene steuerbare Unterraum auch durch eine Gleichung (5.10) beschrieben werden, bei der die Matrizen F, G der Beziehung (5.11) genügen. Wählt man insbesondere F, G so, daß

$$(A - BF)\,\mathscr{V} \subseteq \mathscr{V}\,, \qquad \text{Bild}\,(BG) = \mathscr{V} \cap \text{Bild}\,B \tag{5.12}$$

gilt, so erhält man den eindeutig bestimmten maximalen steuerbaren Unterraum $\mathscr{R}^*$ von $\mathscr{V}$. Dieser Unterraum enthält alle steuerbaren Unterräume von $\mathscr{V}$ und hängt nicht davon ab, wie F, G nach Maßgabe der Bedingung (5.12) gewählt werden. $\square$

Bemerkung. Bei gegebenem $\mathscr{V}$ lassen sich die Bedingungen (5.12) durch Wahl von F, G stets erfüllen; die erste gemäß Satz 5.2, Teil (iii), die zweite aufgrund der Tatsache, daß jeder lineare Teilraum von Bild B in der Form Bild (BG) dargestellt werden kann.

Beweis von Satz 5.3. Wenn (5.11) gilt, so sind alle Spalten der Matrix

$$K' := (BG, (A - BF)\,BG, (A - BF)^2_.\,BG, \ldots)$$

in $\mathscr{V}$ enthalten. Daher gilt auch $\mathscr{R} = \text{Bild}\,K' \subseteq \mathscr{V}$.

Nehmen wir umgekehrt an, es seien G, F so gewählt, daß die Spalten der Matrix K' zu $\mathscr{V}$ gehören. Dann gilt zunächst Bild $(BG) \subseteq \mathscr{V}$. Es sei wieder $\mathscr{R} \subseteq \mathscr{V}$ der von den Spalten der Matrix K' aufgespannten Teilraum von $\mathscr{V}$. Wir wollen zeigen: $\mathscr{R}$ ist der maximale steuerbare Unterraum eines linearen Systems der Form (5.10), wobei F, G der Bedingung (5.11) genügen. Hinsichtlich G ist nichts mehr zu tun, F jedoch muß gegebenenfalls modifiziert werden. Zunächst wissen wir ja nur, daß $(A - BF)\,\mathscr{R} \subseteq \mathscr{R}$ und nicht notwendig $(A - BF)\,\mathscr{V} \subseteq \mathscr{V}$ gilt. Es ist also

$$Ax - BFx \in \mathscr{V} \quad \text{für alle } x \in \mathscr{R}\,. \tag{5.13}$$

Wir denken uns eine Basis $x_1, \ldots, x_r, x_{r+1}, \ldots, x_s$ von $\mathscr{V}$ so gewählt, daß x_v, $v \leq r$, eine Basis von $\mathscr{R}$ bilden. Zu jedem x_v gibt es nun ein u_v, derart daß

$$Ax_v + Bu_v \in \mathscr{V}\,, \qquad v = 1, \ldots, s\,, \tag{5.14}$$

gilt (Satz 5.2, Teil (ii)). Wegen (5.13) können wir speziell

$$u_v = -Fx_v\,, \qquad v = 1, \ldots, r$$

wählen. Wir denken uns nunmehr eine Matrix $\tilde{F}$ mit der Eigenschaft

$$u_v = -\tilde{F}x_v\,, \qquad v = 1, \ldots, r, r + 1, \ldots, s\,, \tag{5.15}$$

konstruiert (daß dies möglich ist, haben wir uns früher überlegt, siehe Beweis von Satz 5.2). Da die x_v für $v \leq r$ eine Basis von $\mathscr{R}$ bilden, ergibt sich aus den beiden letzten Beziehungen, daß

$$Fx = \tilde{F}x \quad \text{für alle} \quad x \in \mathscr{R}$$

gilt. Durch vollständige Induktion nach v bestätigt man dann mit Hilfe dieser Relation sofort, daß

$$(A - B\tilde{F})^v\,BG = (A - BF)^v\,BG\,, \qquad v = 0, 1, \ldots$$

ist (man beachte, daß nach Voraussetzung die Spalten der rechts stehenden Matrix zu $\mathscr{R}$ gehören!). Das bedeutet aber, im Hinblick auf die Definition 5.4, daß der steuerbare Unterraum $\mathscr{R}$ des linearen Systemes $\dot{x} = (A - BF)\,x + BGu'$ gleich dem steuerbaren Unterraum des Systemes $\dot{x} = (A - B\tilde{F})\,x + BGu'$ ist. Andererseits ergibt sich aber aus (5.14), (5.15), daß die zu beweisende Aussage (5.11) zutrifft (mit $\tilde{F}$ an Stelle von F).

Es ist noch der Nachweis zu führen, daß durch die Beziehungen (5.12) gerade der alle steuerbaren Unterräume von $\mathscr{V}$ umfassende steuerbare Unterraum definiert wird. Zunächst ist klar, daß Bild $(BG) \subseteq$ Bild B, d. h. (5.11) impliziert Bild $(BG) \subseteq \mathscr{V} \cap$ Bild B. Zu jedem steuerbaren Unterraum von $\mathscr{V}$ läßt sich daher ein umfassenderer finden, welcher den schärferen Bedingungen (5.12) genügt. Man braucht F bloß beizubehalten und G durch eine Matrix mit der Eigenschaft Bild $(BG) = \mathscr{V} \cap$ Bild B zu ersetzen.

Um den Beweis des Satzes zu Ende zu führen haben wir nun noch dies zu zeigen: Es ist

$$\mathscr{R} = \text{Bild}\,((BG, (A - BF)\,BG, \ldots)) = \tilde{\mathscr{R}} := \text{Bild}\,((B\tilde{G}, (A - B\tilde{F})\,B\tilde{G}, \ldots)) ,$$

falls die Matrizenpaare (F, G) und $(\tilde{F}, \tilde{G})$ beide den Relationen (5.12) genügen. Dazu bemerken wir, daß für jedes $x \in \mathscr{V}$ diese Beziehungen bestehen: $(A - BF)\,x \in \mathscr{V}$, $(A - B\tilde{F})\,x \in \mathscr{V}$, $(A - BF)\,x - (A - B\tilde{F})\,x = B(\tilde{F} - F)\,x \in$ Bild B. Also gilt auch

$$(A - BF)\,x - (A - B\tilde{F})\,x \in \mathscr{V} \cap \text{Bild}\,B , \qquad \text{falls } x \in \mathscr{V} . \tag{5.16}$$

Wegen Bild $(BG) = \text{Bild}\,(B\tilde{G}) = \mathscr{V} \cap$ Bild B folgt aus der letzten Beziehung

$$(A - BF)\,\tilde{\mathscr{R}} \subseteq (A - B\tilde{F})\,\tilde{\mathscr{R}} \subseteq \tilde{\mathscr{R}} \quad \text{und} \quad (A - B\tilde{F})\,\mathscr{R} \subseteq (A - BF)\,\mathscr{R} \subseteq \mathscr{R} .$$

Das bedeutet aber: $\tilde{\mathscr{R}}$ ist auch unter $A - BF$, $\mathscr{R}$ auch unter $A - B\tilde{F}$ invariant. Da Bild $(BG) = \text{Bild}\,(B\tilde{G}) = \mathscr{V} \cap$ Bild B sowohl in $\mathscr{R}$ wie in $\tilde{\mathscr{R}}$ enthalten ist, und da $\mathscr{R}$ wie $\tilde{\mathscr{R}}$ die kleinsten, unter den jeweiligen Abbildungen invarianten Erweiterungen von $\mathscr{V} \cap$ Bild B sind, gilt $\tilde{\mathscr{R}} \supseteq \mathscr{R}, \mathscr{R} \supseteq \tilde{\mathscr{R}}$ und somit $\mathscr{R} = \tilde{\mathscr{R}}$. $\square$

Aus dem Satz und seinem Beweis ergeben sich einige Folgerungen, die wir späterer Anwendungen halber festhalten wollen. $\mathscr{V}$ bedeutet dabei einen steuerungsinvarianten Unterraum und $\mathscr{R}^*$ den in $\mathscr{V}$ enthaltenen maximalen steuerbaren Unterraum.

Korollar 5.3. *Sei $r = \text{Dim}\,\mathscr{R}^*$. Behauptung: Man kann F so abändern, daß einerseits die Beziehung $(A - BF)\,\mathscr{V} \subseteq \mathscr{V}$ erhalten bleibt, andererseits das charakteristische Polynom der durch $A - BF$ bewirkten Abbildung von $\mathscr{R}^*$ in sich gleich einem vorgegebenen normierten reellen Polynom vom Grade r ist.*

Bemerkung. Das charakteristische Polynom einer Abbildung ist das charakteristische Polynom einer Matrix, durch welche die Abbildung bezüglich einer Basis dargestellt wird ([K], § 17).

Beweis. Um die Möglichkeiten der Polvorgabe zu demonstrieren, braucht man nur Abänderungen der Form $F \to F + GL$ zu betrachten, wobei G durch die

Forderung (5.12) festgelegt und L eine beliebige Matrix vom Typ (m', n) ist $(m' = $ Spaltenzahl von G). In der Tat hat man, für zunächst willkürliches L,

$$(A - B(F + GL))\, \mathcal{V} \subseteq (A - BF)\, \mathcal{V} + (BGL)\, \mathcal{V} \subseteq \mathcal{V} + \mathrm{Bild}\,(BG) \subseteq \mathcal{V}.$$

Die Bedingung (5.12) bleibt also beim Übergang $F \to F + {}^{\mathsf l}GL$ erhalten. Diesen Übergang kann man nun mit Hilfe der Systemgleichung (5.10) erklären, nämlich als Effekt der Rückkoppelungstransformation $u' \to -Lx + u'$. Wir wissen aber (siehe Korollar 3.4), in welchem Umfange man durch eine solche Transformation die Koeffizientenmatrix eines Systems verändern kann: Wenn man die zugehörige Abbildung auf den steuerbaren Unterraum beschränkt, so kann man das charakteristische Polynom beliebig vorschreiben. Es ist nun aber gerade $\mathcal{R}^*$ der zur Gleichung (5.10) gehörige steuerbare Unterraum. $\square$

Das zweite Korollar ist eine Konsequenz der Beziehung (5.16). Aus ihr ergibt sich nämlich – wegen $\mathcal{V} \cap \mathrm{Bild}\, B \subseteq \mathcal{R}^*$ – sofort die Richtigkeit der folgenden Aussage.

$$(A - BF)\, \mathcal{V} \subseteq \mathcal{V} \quad \text{und} \quad (A - B\tilde{F})\, \mathcal{V} \subseteq \mathcal{V} \quad \text{impliziert}$$

$$(A - BF)\, x - (A - B\tilde{F})\, x \in \mathcal{R}^* \tag{5.17}$$

für jedes $x \in \mathcal{V}$. Da es insbesondere ein $\tilde{F}$ gibt, für welches $(A - B\tilde{F})\, \mathcal{V} \subseteq \mathcal{V}$ und $(A - B\tilde{F})\, \mathcal{R}^* \subseteq \mathcal{R}^*$ gilt (es wurde – für beliebiges $\mathcal{R}$ – im ersten Teil des Beweises von Satz 5.3 konstruiert), ist auch diese Aussage richtig:

$$(A - BF)\, \mathcal{V} \subseteq \mathcal{V} \quad \text{impliziert} \quad (A - BF)\, \mathcal{R}^* \subseteq \mathcal{R}^*. \tag{5.18}$$

· Wenn x ein Element von $\mathcal{V}$ ist, so verstehen wir unter $\{x\}$ die Restklasse von x nach dem Unterraum $\mathcal{R}^*$, d. h. die Menge $x + \mathcal{R}^*$. Die beiden Feststellungen (5.17) und (5.18) erlauben es nun, auf dem Quotientenraum $\mathcal{V}/\mathcal{R}^*$ in natürlicher Weise eine Abbildung (Quotiententransformation) zu erklären (eine Erklärung der Begriffe Quotientenraum und Quotientenabbildung findet man z. B. bei Halmos 1974, § 21, 48).

Korollar 5.4. *Durch die Festsetzung*

$$\varphi\{x\} = \{(A - BF)\, x\}$$

wird eine lineare Abbildung des Quotientenraumes $\mathcal{V}/\mathcal{R}^*$ erklärt, die von der Wahl von F unabhängig ist (vorausgesetzt natürlich es ist $(A - BF)\, \mathcal{V} \subseteq \mathcal{V}$).

Man kann sich die Aussagen der beiden letzten Korollare auch noch in einer etwas anderen Weise klarmachen. Sei $r = \mathrm{Dim}\, \mathcal{R}^*$ und $s = \mathrm{Dim}\, \mathcal{V}$. Wir denken uns eine Basis von $\mathcal{R}^*$ gewählt und zu einer Basis von $\mathcal{V}$ ergänzt. In bezug auf diese Basis wird dann $A - BF$ durch eine Matrix der Form

$$M := \begin{pmatrix} M_{11} & M_{12} \\ 0 & M_{22} \end{pmatrix} \tag{5.19}$$

dargestellt. M_{11} ist vom Typ (r, r) und ist eine Darstellung der durch $A - BF$ in $\mathcal{R}^*$ induzierten Abbildung. M_{22} ist vom Typ $(s - r, s - r)$ und eine Darstellung der Abbildung φ. Der Null-Block in der linken unteren Ecke bringt gerade die Invarianz von $\mathscr{R}^*$ zum Ausdruck (vgl. (5.18)). Variiert man F nach Maßgabe der Bedingung $(A - BF)\,\mathscr{V} \subseteq \mathscr{V}$, so ändern sich die $s - r$ letzten Zeilen der Matrix nicht, dagegen lassen sich die Eigenwerte von M_{11} durch Wahl von F in jede vorgegebene Position bringen. In dieser Form kann (5.18) und die Aussagen der Korollare zusammengefaßt werden.

Wir wollen zum Schluß die Ergebnisse dieses Abschnittes noch einmal von der systemtheoretischen Seite her beleuchten. Gegeben sei ein System der Form (5.1), einschließlich des Ausgangs $z = Dx$. Wir nehmen nun als Unterraum $\mathscr{D}$ den Raum, der durch Nullsetzen von z definiert wird:

$$\mathscr{D} = \{x:\quad z = Dx = 0\}\,.$$

Der maximale in $\mathscr{D}$ enthaltene steuerungsinvariante Unterraum $\mathscr{V}^*$ läßt sich dann gemäß Korollar 5.2 so charakterisieren: Es gibt Steuergesetze $u = -Fx$, so daß bei jeder Wahl des Anfangswertes $x(t_0) = x_0 \in \mathscr{V}^*$ der Ausgang z des Systemes in Ruhe bleibt. Umgekehrt: Wenn $z(t) = 0$ für alle t gilt – und zwar bei Anwendung einer beliebigen Steuerung $u(\cdot)$ (nicht notwendig einer Rückkoppelungssteuerung!) – so muß der zugehörige Zustand $x(t)$ für alle t in $\mathscr{V}^*$ liegen. Dann und nur dann also, wenn sich der Anfangszustand $x(t_0)$ des Systemes im Unterraum $\mathscr{V}^*$ befindet, kann man durch Anwendung einer geeigneten Steuerung den Ausgang für alle $t \geq t_0$ in der Ruhelage halten.
Welche Freiheiten man in der Wahl der Steuerung noch hat, wenn man sich als vordringliche Aufgabe die Fixierung des Ausganges $z = 0$ für möglichst viele Anfangswerte von x stellt, zeigen die beiden Korollare 5.3 und 5.4.

Wir wollen uns für $\mathscr{V} = \mathfrak{h}^*$ die Aussagen dieser Korollare noch in einer etwas anderen Weise verdeutlichen, indem wir das System mittels einer Transformation $x \to Px$, $u \to Qu$ in eine für unsere Zwecke geeignete Form bringen. Insbesondere wird das neue Koordinatensystem im Zustandsraum so gewählt, daß sich die Zustandsvariable x in folgender Weise aufteilen läßt: $x = (x_1, x_2, x_3)^\mathsf{T}$, wobei

$$\mathscr{V}^* = \{x = (x_1, x_2, x_3)^\mathsf{T} : x_3 = 0\}\,,$$

$$\mathscr{R}^* = \{x = (x_1, x_2, x_3)^\mathsf{T} : x_2 = 0,\ x_3 = 0\} \tag{5.20}$$

Es sei daran erinnert, daß wir die Dimensionen der Vektorräume $\mathscr{V}^*$ bzw. $\mathscr{R}^*$ mit s bzw. r bezeichnen. Entsprechend der Aufspaltung der Systemgleichung werden wir von nun an x bzw. u in der Form $(x_1, x_2, x_3)^\mathsf{T}$ bzw. $(u_1, u_2)^\mathsf{T}$ schreiben, wobei x_1, x_2, x_3, u_1, u_2 jeweils die Dimensionen r, $s - r$, $n - s$, m', $m - m'$ haben.

Hilfssatz 5.2. *Nach einer geeigneten Transformation $x \to Px$, $u \to Qu$ nimmt das System (5.1) die folgende Form an und es treffen außer (5.20) noch die nachstehenden Aussagen* (i)–(v) *zu.*

$$\dot{x} = \begin{pmatrix} A_{11} & A_{12} & A_{13} \\ 0 & A_{22} & A_{23} \\ A_{31} & A_{32} & A_{33} \end{pmatrix} x + \begin{pmatrix} B_{11} & 0 \\ 0 & 0 \\ 0 & B_{32} \end{pmatrix} u\,, \qquad z = (0, 0, D_3)\,x\,. \tag{5.21}$$

  (i) *A_{11} bzw. A_{22} bzw. A_{33} ist eine Matrix vom Typ (r, r) bzw. (s − r, s − r) bzw. (n − s, n − s). B_{11} bzw. B_{32} ist eine Matrix vom Typ (r, m') bzw. (n − s, m − m'), m' ≦ m, und beide Matrizen haben linear unabhängige Spalten.*

 (ii) *Die Matrizen A_{31}, A_{32} sind durch die Matrix B_{32} linksseitig teilbar, d. h. es gibt Matrizen F_{21}, F_{22} so daß*

$$A_{31} = B_{32}F_{21}, \qquad A_{32} = B_{32}F_{22} \tag{5.22}$$

  gilt.

(iii) *Die Matrix A_{22} ist eine Darstellung der Abbildung φ (vgl. Korollar (5.4)).*

(iv) *Das System $\dot{x}_1 = A_{11}x_1 + B_{11}u_1$ ist steuerbar.*

 (v) *Der maximale in $\mathscr{D}_3 = \{x_3 : D_3x_3 = 0\}$ enthaltene und bezüglich des Systemes $\dot{x}_3 = A_{33}x_3 + B_{32}u_2$ steuerungsinvariante Unterraum des x_3-Raumes reduziert sich auf [0].*

Beweis. Wir wählen eine Basis $x^{(1)}, \dots, x^{(s)}$ für $\mathscr{V}^*$ nach folgender Maßgabe $(m' := \mathrm{Dim}\,(\mathscr{R}^* \cap \mathrm{Bild}\,B) \leqq r)$

$$x^{(1)}, \dots, x^{(m')} \text{ bilden eine Basis für } \mathscr{R}^* \cap \mathrm{Bild}\,B,$$

$$x^{(1)}, \dots, x^{(r)} \text{ bilden eine Basis für } \mathscr{R}^*.$$

Das geht immer, da man ja eine Basis eines Teilraumes stets zu einer Basis des Gesamtraumes ergänzen kann. Wir denken uns nun eine Basis $\tilde{x}^{(1)}, \dots, \tilde{x}^{(m)}$ von Bild B so gewählt, daß $\tilde{x}^{(i)} = x^{(i)}$ für $i = 1, \dots, m'$ gilt. Nun folgt aus dem Satz 5.3, daß die Durchschnitte $\mathscr{R}^* \cap \mathrm{Bild}\,B$ und $\mathscr{V}^* \cap \mathrm{Bild}\,B$ beide mit dem Bildraum der Matrix BG übereinstimmen und somit zusammenfallen. Daher kann eine Linearkombination der $\tilde{x}^{(i)}$ mit $i > m'$ nur dann zu $\mathscr{V}^*$ gehören, wenn alle Koeffizienten gleich Null sind. Diese $\tilde{x}^{(i)}$ lassen sich also benutzen, um eine Basis von $\mathscr{V}^*$ zu einer Basis des $\mathbb{R}^n$ zu ergänzen. Mit anderen Worten: Es gibt eine Basis $x^{(1)}, \dots, x^{(n)}$ des $\mathbb{R}^n$ mit folgenden Eigenschaften:

$$x^{(1)}, \dots, x^{(r)} \text{ bilden eine Basis für } \mathscr{R}^*, \quad x^{(1)}, \dots, x^{(s)} \text{ bilden eine Basis für } \mathscr{V}^*,$$

$$x^{(1)}, \dots, x^{(m')}, x^{(s+1)}, \dots, x^{(s+m-m')} \text{ bilden eine Basis für } \mathrm{Bild}\,B.$$

Man kann dann durch elementare Spaltenumformungen dafür sorgen, daß die Spalten von B gerade mit der eben angegebenen Basis von Bild (B) übereinstimmen, d. h. es wird

$$BQ = (x^{(1)}, \dots, x^{(m')}, x^{(s+1)}, \dots, x^{(s+m-m')}) \tag{5.23}$$

mit einer geeigneten nicht-singulären Matrix Q vom Typ (m, m). Wir führen nun noch die Matrix

$$P = (x^{(1)}, \dots, x^{(n)}) = (x^{(1)}, \dots, x^{(m')}, \dots, x^{(r)}, \dots, x^{(s)}, \dots, x^{(s+m-m')}, \dots)$$

ein und gewinnen dann aus (5.23) eine Beziehung der Form

$$BQ = P \begin{pmatrix} B_{11} & 0 \\ 0 & 0 \\ 0 & B_{32} \end{pmatrix},$$

wobei B_{11}, B_{32} hinsichtlich Zeilen- und Spaltenzahl sowie dem Rang gerade den in (i) angegebenen Bedingungen genügen. Tatsächlich sind diese Matrizen von der Form $(I, 0)^\mathsf{T}$, wo I die m'-dimensionale bzw. $(m - m')$-dimensionale Einheitsmatrix ist.

Mit Hilfe der Matrix P werden nun neue Koordinaten $\hat{x}$ im Zustandsraum eingeführt: $x = P\hat{x}$. Für den Rest des Beweises schreiben wir der Einfachheit halber wieder x statt $\hat{x}$ und arbeiten mit der Zerlegung $x = (x_1, x_2, x_3)^\mathsf{T}$.

Im neuen Koordinatensystem sieht dann die Systemdarstellung so aus

$$\dot{x} = \begin{pmatrix} A_{11} & A_{12} & A_{13} \\ A_{21} & A_{22} & A_{23} \\ A_{31} & A_{32} & A_{33} \end{pmatrix} x + \begin{pmatrix} B_{11} & 0 \\ 0 & 0 \\ 0 & B_{32} \end{pmatrix} u, \qquad y = (0, 0, D_3)\, x, \quad (5.24)$$

und es ist zunächst nur klar, daß die Aussage (i) zutrifft. Daß $\mathscr{D}$ jetzt durch eine Gleichung der Form $D_3 x_3 = 0$ beschrieben wird, folgt – wegen $\mathscr{V}^* \subseteq \mathscr{D}$ – aus (5.20). Andererseits wissen wir aber, daß für geeignetes F die Räume $\mathscr{V}^*$, $\mathscr{R}^*$ unter der Abbildung $x \to (A - BF)\, x$ invariant bleiben (vgl. (5.18)). Im Hinblick auf (5.20) bedeutet dies, daß $A - BF$ sich in der Form

$$\begin{pmatrix} * & * & * \\ 0 & * & * \\ 0 & 0 & * \end{pmatrix}$$

schreiben läßt. Wenn man nun die spezielle Form der Matrix B berücksichtigt (vgl. (5.24)), ergibt sich sofort, daß $A_{21} = 0$ ist und daß sich die Matrizen A_{31}, A_{32} gemäß (5.22) faktorisieren lassen.

Den weiteren Betrachtungen legen wir die Systemdarstellung (5.21) zugrunde. Wenn eine Abbildung der Form $x \to (A - BF)\, x$ den Raum $\mathscr{V}^*$ (und somit auch $\mathscr{R}^*$) invariant läßt, so wird sie in Bezug auf die zu Beginn des Beweises konstruierte Basis von $\mathscr{V}^*$ durch eine Matrix der Form (5.19) dargestellt, wobei

$$M_{11} = A_{11} - B_{11}F_1, \qquad M_{22} = A_{22}$$

mit einer passenden Matrix F_1 ist. Durch Wahl von F lassen sich nun die Eigenwerte von M_{11} nach Belieben verändern, wie wir oben festgestellt haben. Aus dem Satz von der Polvorgabe folgt daher sofort die Richtigkeit von (iv). Ebenso erkennt man unmittelbar aus dem, was im Zusammenhang mit (5.19) gesagt wurde, daß (iii) zutrifft.

Wir kommen jetzt zum letzten Punkt. Folgendes ist zu zeigen: Wenn

$$\dot{x}_3(t) = A_{33}x_3(t) + B_{32}u_2(t) \quad \text{und} \quad D_3 x_3(t) = 0$$

für alle t gilt, so ist $x_3(\cdot)$ identisch 0. Man kann nun $x_3(\cdot)$ zu einer zulässigen Zustandsfunktion $x(\cdot) = (x_1(\cdot), x_2(\cdot), x_3(\cdot))^\mathsf{T}$ des gesamten Systems vervollständigen, indem man $(x_1(\cdot), x_2(\cdot))^\mathsf{T}$ als Lösung der Dgl.

$$\begin{pmatrix} \dot{x}_1 \\ \dot{x}_2 \end{pmatrix} = \begin{pmatrix} A_{11} & A_{12} \\ 0 & A_{22} \end{pmatrix} \begin{pmatrix} x_1 \\ x_2 \end{pmatrix} + \begin{pmatrix} A_{13} \\ A_{23} \end{pmatrix} x_3(t)$$

wählt. $x(\cdot)$ ist dann in der Tat Lösung von (5.21) für die nachstehende Spezialisierung der Steuerfunktion:

$$u_1 = 0 \, , \qquad u_2 = u_2(t) - F_{21}x_1(t) - F_{22}x_2(t)$$

(zur Bedeutung von F_{2i} vgl. (5.22)). $D_3 x_3(t) = 0$ ist aber nun gleichbedeutend mit $Dx(t) = 0$. Also gilt $x(t) \in \mathscr{V}^*$ für alle t und somit $x_3(t) = 0$. $\square$

Aus dem Hilfssatz ergibt sich nach dem Muster der eben angestellten Überlegungen eine geometrische Charakterisierung von $\mathscr{R}^*$, die analog ist zu der in Korollar 5.2 angegebenen Charakterisierung von $\mathscr{V}^*$ und in der die explizite Form der Differentialgleichung nicht mehr vorkommt.

Korollar 5.5. *Wenn $x(\cdot)$ eine zulässige Zustandsfunktion mit den Eigenschaften $x(t) \in \mathscr{D}$ für alle t, $x(0) = 0$ ist, so gilt $x(t) \in \mathscr{R}^*$ für alle t. Umgekehrt läßt sich jedes $x \in \mathscr{R}^*$ von 0 aus entlang einer ganz in $\mathscr{D}$ verlaufenden zulässigen Zustandsfunktion erreichen.*

Anwendungen der Resultate dieses Abschnittes auf Fragen der Kontrolltheorie werden wir in Abschn. 5.4 diskutieren, nachdem wir geeignete Methoden zur Berechnung von $\mathscr{V}^*$ und $\mathscr{R}^*$ kennen gelernt haben.

Beispiel 5.1. Die in diesem Abschnitt eingeführten Begriffe wollen wir an einem einfachen numerischen Beispiel veranschaulichen. Wir wählen

$$A = \begin{pmatrix} 0 & 1 & 0 \\ 0 & -2 & 1 \\ 0 & 0 & -3 \end{pmatrix}, \qquad B = \begin{pmatrix} 0 & 0 \\ 1 & 0 \\ 0 & 1 \end{pmatrix}, \qquad D = (1, 1, 0) \, . \tag{5.25}$$

Bei diesem Beispiel lassen sich bereits mit den jetzt schon zur Verfügung stehenden Hilfsmitteln die Räume $\mathscr{V}^*$, $\mathscr{R}^*$, eine passende Rückführmatrix F sowie die Abbildung φ des Quotientenraumes $\mathscr{V}^*/\mathscr{R}^*$ ohne Mühe explizit bestimmen.

Als erstes bemerken wir, daß die Matrix $DB = (1, 0)$ ist und trivialerweise maximalen Zeilenrang hat. Daher ergibt sich aus Korollar 5.1 sofort, daß $\mathscr{D} = \{x : Dx = 0\}$ selbst steuerungsinvariant ist, d. h. es gilt $\mathscr{V}^* = \mathscr{D}$. Eine passende Rückführmatrix F findet man durch Lösen der Matrixgleichung (5.6) wobei man P beliebig wählen kann. Wir setzen $P = 0$, d. h. bestimmen F so, daß

$$(1, 0)\, F = (0, -1, 1)$$

gilt. Eine der möglichen Lösungen ist

$$F = \begin{pmatrix} 0 & -1 & 1 \\ 0 & 0 & 0 \end{pmatrix} \, .$$

$\mathscr{V}^* = \mathscr{D}$ ist dann invariant bezüglich der Differentialgleichung $\dot{x} = (A - BF)\, x$. Aus (5.25) ergibt sich

$$A - BF = \begin{pmatrix} 0 & 1 & 0 \\ 0 & -1 & 0 \\ 0 & 0 & -3 \end{pmatrix}, \qquad \mathscr{V}^* = \mathscr{D} = [x^{(1)}, x^{(2)}] \, ,$$

wobei

$$x^{(1)} := (0, 0, 1)^{\mathsf{T}} \, , \qquad x^{(2)} := (1, -1, 0)^{\mathsf{T}} \, . \tag{5.26}$$

Als Nächstes wollen wir den maximalen in $\mathscr{D} = \mathscr{V}^*$ enthaltenen steuerbaren Unterraum betrachten.

Aus (5.25), (5.26) gewinnt man sofort dieses Resultat:

$$\mathscr{V}^* \cap \text{Bild } B = [x^{(1)}] = \text{Bild } (BG) \quad \text{mit} \quad G = (0, 1)^{\mathsf{T}}.$$

$\mathscr{R}^*$ ist dann der kleinste, $x^{(1)}$ enthaltende Unterraum, der unter der Abbildung $x \to (A - BF)\, x$ invariant ist (vgl. Satz 5.3). Da in unserem Falle aber $x^{(1)}$ Eigenvektor der Matrix $A - BF$ ist, hat man einfach

$$\mathscr{R}^* = \mathscr{V}^* \cap \text{Bild } B = [x^{(1)}].$$

Der Faktorraum $\mathscr{V}^*/\mathscr{R}^*$ wird dann von der Restklasse von $x^{(2)}$ erzeugt. Nun ist aber $x^{(2)}$ ebenfalls Eigenvektor von $A - BF$, und zwar zum Eigenwert -1. Daher hat die Abbildung φ den Eigenwert -1 und keinen weiteren.

5.3 Berechnung von steuerungsinvarianten und steuerbaren Unterräumen

In diesem Abschnitt befassen wir uns mit der effektiven Konstruktion von steuerungsinvarianten und steuerbaren Unterräumen, d. h. wir behandeln die folgende Aufgabe:

> Gegeben sei ein lineares System der Form (5.1) und der lineare Unterraum $\mathscr{D} = \{x : Dx = 0\}$ des Zustandsraumes. Man bestimme den maximalen in $\mathscr{D}$ enthaltenen steuerungsinvarianten Unterraum $\mathscr{V}^*$ und den maximalen in $\mathscr{V}^*$ enthaltenen steuerbaren Unterraum $\mathscr{R}^*$.

Ausgehend von der im vorigen Abschnitt gegebenen Charakterisierung dieser Unterräume werden wir jetzt spezielle Basen für $\mathscr{V}^*$, $\mathscr{R}^*$ konstruieren. Diese Basen haben die Eigenschaft, daß man die Möglichkeiten der Eigenwertvorgabe für die Matrix $A - BF$ des geschlossenen Kreises gut überblicken kann. Für die Probleme des Reglerentwurfes sind diese Konstruktionsverfahren daher nützlich.

Es wird sich im folgenden zeigen, daß alle für die eingangs formulierte Aufgabe relevante Information aus der Matrix

$$\Sigma(s) := \begin{pmatrix} -sI + A & B \\ D & 0 \end{pmatrix} \tag{5.27}$$

mit Hilfe von Standardoperationen der linearen Algebra gewonnen werden kann. Hierbei ist s als eine unabhängige skalare Variable aufzufassen, d. h. $\Sigma(s)$ ist eine Matrix über dem Ring der Polynome in s und wird in der Literatur als *Rosenbrock-Matrix* des Systems (5.1) bezeichnet. Der Rang, den $\Sigma(s)$ im Sinne dieser Interpretation besitzt, heißt der *Normalrang von* $\Sigma(s)$ und wird im folgenden mit ϱ bezeichnet. Es gibt daher eine ϱ-reihige Unterdeterminante von $\Sigma(s)$, die nicht identisch in s verschwindet, während alle $(\varrho + 1)$-reihigen Unterdeterminanten dies tun. Spezialisiert man s zu einer komplexen Zahl α, so kann sich der Rang der Matrix nicht vergrößern, verkleinern kann er sich an höchstens endlich vielen Stellen. Daher läßt sich der Normalrang eines Systemes auch so charakterisieren:

$$\varrho = \underset{s \in \mathbb{C}}{\text{Max}} \; \text{Rg} \; \Sigma(s)$$

Von besonderem Interesse sind diejenigen komplexen Zahlen s, an denen ein Rangverlust der Rosenbrock-Matrix eintritt. Wir führen für sie eine spezielle Bezeichnung ein.

Definition 5.6. (i) Eine komplexe Zahl α heißt eine *Übertragungsnullstelle* des Systems (5.1) falls

$$\mathrm{Rg}\ \Sigma(\alpha) < \varrho \qquad (= \text{Normalrang von } \Sigma(s)) .$$

(ii) Es sei α eine beliebige komplexe Zahl. Dann verstehen wir unter $\mathscr{A}(\alpha)$ den linearen Raum

$$\mathscr{A}(\alpha) := \{x \in \mathscr{D}: -\alpha x + Ax \in \text{Bild } B\} .$$

Bemerkungen. 1) Die Aussage $x \in \mathscr{A}(\alpha)$ bedeutet: Es gibt ein u, so daß die Beziehungen

$$-\alpha x + Ax + Bu = 0 , \qquad Dx = 0 \tag{5.28}$$

bestehen. Diese Beziehungen können auch in der Form

$$\Sigma(\alpha) \begin{pmatrix} x \\ u \end{pmatrix} = 0 \tag{5.29}$$

geschrieben werden (vgl. (5.27)). Die Zuordnung $(x, u)^\mathsf{T} \to x$ stellt daher eine lineare Abbildung des Lösungsraumes der linearen Gleichung (5.29) auf den linearen Raum $\mathscr{A}(\alpha)$ dar. Diese Abbildung ist eineindeutig: Aus $\Sigma(\alpha)\,(0, u)^\mathsf{T} = 0$ folgt nämlich $Bu = 0$ und somit $u = 0$ (gemäß unserer Voraussetzung über den Rang von B). Die Dimension des Lösungsraumes eines linearen Gleichungssystemes ist nun aber in einfacher Weise durch den Rang der Koeffizientenmatrix ausdrückbar und damit läßt sich auch die Dimension von $\mathscr{A}(\alpha)$ explizit angeben:

$$\mathrm{Dim}\ \mathscr{A}(\alpha) = n + m - \mathrm{Rg}\ \Sigma(\alpha) . \tag{5.30}$$

2) Es ist $\mathscr{A}(\alpha) \subseteq \mathscr{V}^*$. Jedes $x \in \mathscr{A}(\alpha)$ erzeugt nämlich einen steuerungsinvarianten Teilraum $\mathscr{V}$ von $\mathscr{D}$. Das ergibt sich aus (5.28) und der Aussage (ii) von Satz 5.2. Da $\mathscr{V}^*$ aber alle steuerungsinvarianten Unterräume von $\mathscr{D}$ umfaßt, ist also $x \in \mathscr{V}^*$. Falls α komplex ist, hat man sich den Skalarenkörper von $\mathscr{V}^*$ auf die komplexen Zahlen erweitert zu denken.

Ziel der nächsten Überlegungen ist es, die Zusammenhänge zwischen den Räumen $\mathscr{R}^*$, $\mathscr{V}^*$ einerseits und den Räumen $\mathscr{A}(\alpha)$ andererseits genauer zu beschreiben. Es ist dabei zweckmäßig, als Zustandsraum nicht den R^n, sondern den $\mathbb{C}^n$ zu nehmen, d. h. in den Definitionen von $\mathscr{V}^*$, $\mathscr{R}^*$ usw. auch komplexwertige Steuerfunktionen $u(t)$, Anfangswerte x_0 und Rückführmatrizen F zuzulassen. Alle in Abschn. 5.2 bewiesenen Resultate bleiben unverändert gültig. Andererseits wird sich herausstellen, daß die Räume $\mathscr{V}^*$, $\mathscr{R}^*$ reelle Basen besitzen, sich also bei der Erweiterung des Koeffizientenbereichs nicht vergrößern. Auch wird sich zeigen, daß Invarianzaussagen, die unter Zuhilfenahme komplexer Rückführmatrizen gewonnen werden, in Wirklichkeit auch dann noch gelten, wenn man nur reelle F zuläßt.

Sämtliche Ergebnisse, die wir in diesem Abschnitt erzielen werden, hängen nicht von der Wahl des Koordinatensystems im x- und u-Raum ab. Wir werden daher den Diskussionen zumeist eine Systemdarstellung zugrunde legen, bei der die Matrizen A, B, D die spezielle im Hilfssatz 5.2 angegebene Form haben und die Aussagen (ii)–(v) zutreffen. D. h. wir werden annehmen, daß

$$A = \begin{pmatrix} A_{11} & A_{12} & A_{13} \\ 0 & A_{22} & A_{23} \\ A_{31} & A_{32} & A_{33} \end{pmatrix}, \qquad B = \begin{pmatrix} B_{11} & 0 \\ 0 & 0 \\ 0 & B_{32} \end{pmatrix}, \qquad D = (0, 0, D_3) \quad (5.31)$$

ist, und dann entsprechend die Zustands- bzw. Kontrollvariable in der Form $x = (x_1, x_2, x_3)^\mathsf{T}$ bzw. $u = (u_1, u_2)^\mathsf{T}$ ansetzen. Daß man ohne Einschränkung der Allgemeinheit mit diesen speziellen Darstellungen von A, B, D arbeiten kann, liegt einfach daran, daß sich die linearen Räume $\mathscr{V}^*, \mathscr{R}^*, \mathscr{A}(\alpha)$ gegenüber Koordinatentransformationen $x \to Px$, $u \to Qu$ invariant verhalten. Genau genommen gilt dies: Wenn man statt (5.1) die transformierte Systemdarstellung

$$\dot{x} = P^{-1} A P x + P^{-1} Q u, \qquad z = D P x, \qquad (5.32)$$

betrachtet, so erhält man die entsprechenden linearen Räume aus $\mathscr{V}^*, \mathscr{R}^*$. $\mathscr{A}(\alpha)$ durch Multiplikation mit der Matrix P. Das ergibt sich unmittelbar aus der geometrischen Charakterisierung von $\mathscr{V}^*, \mathscr{R}^*$ (vgl. Korollar 5.2, 5.5) und der Charakterisierung von $\mathscr{A}(\alpha)$ durch das lineare Gleichungssystem (5.28). Es sei aber ausdrücklich betont, daß die Formulierung der Sätze 5.4–5.6 nicht auf einem speziellen Koordinatensystem basiert.

Als Erstes wollen wir für ein System, welches in der Form (5.31) vorliegt, die Menge $\mathscr{A}(\alpha)$ näher beschreiben. Da wir bereits wissen, daß $\mathscr{A}(\alpha)$ in $\mathscr{V}^*$ liegt (vgl. die zweite Bemerkung im Anschluß an die Definition 5.6), gilt auch $\mathscr{A}(\alpha) \subseteq \{x = (x_1, x_2, x_3): x_3 = 0\}$ (vgl. (5.20)). Somit erhalten wir die nachstehende Charakterisierung von $\mathscr{A}(\alpha)$ (N.B. (5.22)!):

$$x = (x_1, x_2, x_3)^\mathsf{T} \in \mathscr{A}(\alpha) \quad \text{dann und nur dann wenn } x_3 = 0 \text{ und}$$
$$(A_{22} - \alpha I)\, x_2 = 0\,, \qquad (A_{11} - \alpha I)\, x_1 + A_{12} x_2 \in \text{Bild } B_{11}\,. \qquad (5.33)$$

Für die weitere Diskussion von (5.33) benötigen wir einige Informationen über die Lösung eines linearen Gleichungssystems der Form

$$(A - \alpha I)\, x + B u = c\,. \qquad (5.34)$$

A, B sind dabei gegebene reelle Matrizen, α eine komplexe Zahl und c ein Spaltenvektor. Die Komponenten von x und u sind die Unbekannten des Gleichungssystemes.

Hilfssatz 5.3. Voraussetzung: *Das System $\dot{x} = Ax + Bu$ ist steuerbar.* **Behauptung:** *(5.35) ist für jedes c lösbar. Die Dimension des Lösungsraumes der zugehörigen homogenen Gleichung ($c = 0$) ist gleich der Dimension m von Bild B.*

Beweis. Nach bekannten Sätzen der linearen Algebra ist die Lösbarkeit von (5.34) für beliebiges c gleichbedeutend mit der linearen Unabhängigkeit der Zeilen des Gleichungssystemes. Unabhängigkeit der Zeilen bedeutet aber: Ist p^T ein n-dimensionaler Zeilenvektor und gilt

$$p^\mathsf{T}(A - \alpha I) = 0 \,, \qquad p^\mathsf{T} B = 0 \,,$$

so ist notwendig $p = 0$. Dies trifft aber nun aufgrund der Voraussetzung des Hilfssatzes zu, wie sich aus einem der früher bewiesenen Steuerbarkeitskriterien ergibt (Korollar 3.2). Die Beziehung (5.34) stellt ein System von n linear unabhängigen Gleichungen in $n + m$ Unbekannten (nämlich den Komponenten der Vektoren x und u) dar. Der Lösungsraum des zugehörigen homogenen Gleichungssystemes hat daher die Dimension m. $\square$

Wir sind nun in der Lage, einige grundlegende Tatsachen über die Räume $\mathscr{A}(\alpha)$ zu beweisen, die für die explizite Konstruktion von $\mathscr{R}^*$, $\mathscr{V}^*$ von Bedeutung sind. Im folgenden bedeutet ϱ immer den Normalrang von $\Sigma(s)$.

Satz 5.4. *Es gelten die folgenden Aussagen*
  (i) Dim $(\mathscr{A}(\alpha) \cap \mathscr{R}^*)$ = Dim $(\mathscr{V}^* \cap$ Bild $B)$ = $n + m - \varrho$ *für jedes* α.
 (ii) $\mathscr{A}(\alpha) \subseteq \mathscr{R}^*$ *ist notwendig und hinreichend dafür, daß* α *keine Übertragungsnullstelle des Systems (5.1) ist.*
(iii) *Die Übertragungsnullstellen des Systems (5.1) sind die Eigenwerte der Abbildung* φ *(vgl. Korollar 5.4).*

Beweis. Alle Aussagen hängen offenbar nicht vom gewählten Koordinatensystem ab, d. h. sie gelten für das System $\dot{x} = Ax + Bu$, $z = Dx$, wenn sie für das System (5.21) gelten und umgekehrt. Wir können daher ohne Beschränkung der Allgemeinheit annehmen, daß A, B, D in der Form (5.31) vorliegen, und daß sämtliche in Hilfssatz 5.2 aufgeführten Bedingungen erfüllt sind, insbesondere also, daß das System

$$\dot{x}_1 = A_{11} x_1 + B_{11} u_1 \tag{5.35}$$

steuerbar ist. Ferner können wir $\mathscr{R}^*$ mit der Menge $\{x = (x_1, x_2, x_3)^\mathsf{T} : x_2 = 0,\ x_3 = 0\}$ identifizieren. Es wird dann

$$\mathscr{A}(\alpha) \cap \mathscr{R}^* = \{x = (x_1, x_2, x_3)^\mathsf{T} : x_2 = 0,\ x_3 = 0,\ (A_{11} - \alpha I)\, x_1 \in \text{Bild } B_{11}\} \,. \tag{5.36}$$

Es läßt sich nun der vorangehende Hilfssatz auf das System (5.35) anwenden. Aus (5.36) ergibt sich dann als Erstes dies: Für jede komplexe Zahl α gilt

$$\text{Dim } (\mathscr{A}(\alpha) \cap \mathscr{R}^*) = \text{Dim } (\text{Bild } B_{11}) = \text{Dim } (\mathscr{V}^* \cap \text{Bild } B) \,. \tag{5.37}$$

Zweitens erkennt man anhand von (5.33): Ist α ein Eigenwert der Matrix A_{22} und x_2 ein zugehöriger Eigenvektor, so gibt es ein Element der Form $(*, x_2, 0)^\mathsf{T}$ in $\mathscr{A}(\alpha)$. Es ist daher $\mathscr{A}(\alpha)$ nicht in $\mathscr{R}^*$ enthalten und dies besagt, im Hinblick auf (5.37):

$$\text{Dim } \mathscr{A}(\alpha) > \text{Dim } (\mathscr{V}^* \cap \text{Bild } B) \,, \quad \text{falls } \alpha \text{ Eigenwert von } A_{22} \text{ ist .} \tag{5.38}$$

Andererseits gilt $x_2 = 0$ für jede Lösung des Gleichungssystemes (5.33) falls α kein Eigenwert von A_{22} ist, d. h. wir haben jetzt $\mathscr{A}(\alpha) \subseteq \mathscr{R}^*$ und daher trifft auch folgendes zu:

$$\text{Dim } \mathscr{A}(\alpha) = \text{Dim } (\mathscr{V}^* \cap \text{Bild } B) , \quad \text{falls } \alpha \text{ kein Eigenwert von } A_{22} \text{ ist} .$$
$$(5.39)$$

Kombiniert man (5.38) und (5.39) mit der Formel (5.30), so gelangt man zu der Feststellung Rg $\Sigma(\alpha) \leq n + m - \text{Dim } (\mathscr{V}^* \cap \text{Bild } B)$, wobei das Gleichheitszeichen dann und nur dann steht, wenn α kein Eigenwert der Matrix A_{22} ist. Im Hinblick auf die Definition von Normalrang und Übertragungsnullstelle kann die letzte Feststellung nun offenbar durch die folgenden beiden Aussagen ersetzt werden:

(i) Es ist $\varrho = n + m - \text{Dim } (\mathscr{V}^* \cap \text{Bild } B)$, $\qquad\qquad$ (5.40)
(ii) die Übertragungsnullstellen des Systems sind die Eigenwerte der Matrix A_{22}.

Nimmt man noch hinzu, was sich als Nebenresultat im Laufe unserer Überlegungen ergeben hat, nämlich

$\mathscr{A}(\alpha) \subseteq \mathscr{R}^*$ dann und nur dann wenn α kein Eigenwert der Matrix A_{22} ist ,

so erhält man zusammengenommen gerade die volle Aussage des Satzes. (Daß die Eigenwerte von A_{22} und die Eigenwerte der Abbildung φ übereinstimmen, ist im Hinblick auf den Hilfssatz 5.2, Teil (iii), unmittelbar einzusehen). $\qquad\square$

Aus dem Satz ergibt sich insbesondere, daß die Summe endlich vieler $\mathscr{A}(\alpha_j)$ in $\mathscr{R}^*$ liegt, sofern die α_j keine Übertragungsnullstellen sind. Die folgende Frage liegt daher nahe: Gegeben seien endlich viele komplexe Zahlen $\alpha_1, \ldots, \alpha_q$, unter denen sich keine Übertragungsnullstellen befinden. Unter welchen Bedingungen ist $\mathscr{R}^* = \sum_j \mathscr{A}(\alpha_j)$?

Eine befriedigende und auch für die konkrete Berechnung von $\mathscr{R}^*$ verwertbare Antwort wird in dem nachstehenden Satz 5.5 gegeben werden. Bei seinem Beweis werden wir von zwei Hilfssätzen Gebrauch machen, mit denen wir uns zunächst befassen wollen. Der erste zeigt, daß es prinzipiell möglich ist, $\mathscr{R}^*$ als Summe von endlich vielen Räumen $\mathscr{A}(\alpha)$ darzustellen. Beim Beweis gehen wir wieder von der speziellen Form (5.31) der Matrizen aus.

Hilfssatz 5.4. *Wenn $\alpha_1, \ldots, \alpha_r$ ($r = \text{Dim } \mathscr{R}^*$) reelle Zahlen sind, die voneinander und von den Übertragungsnullstellen des Systems (5.1) verschieden sind, so ist*

$$\mathscr{R}^* = \sum_{v=1}^{r} \mathscr{A}(\alpha_v) .$$

Beweis. Da das System (5.35) steuerbar ist, gibt es nach dem Satz von der Polvorgabe eine Matrix F_1, derart daß $\alpha_1, \ldots, \alpha_r$ gerade die Eigenwerte von $A_{11} - B_{11}F_1$ werden. Es seien $x_1^{(v)}$, $v = 1, \ldots, r$ zugehörige Eigenvektoren; sie spannen dann den gesamten x_1-Raum auf. Es gilt daher

$$\mathscr{R}^* = [x^{(1)}, \ldots, x^{(r)}] , \quad \text{wobei} \quad x^{(v)} = (x_1^{(v)}, 0, 0)^\mathsf{T} .$$

Für $\alpha = \alpha_v$ erfüllt $x^{(v)}$ die Beziehungen (5.33), somit gilt $x^{(v)} \in \mathscr{A}(\alpha_v)$ für $v = 1, \ldots, r$ und $\mathscr{R}^* \subseteq \sum_v \mathscr{A}(\alpha_v)$. Andererseits gehört aber $\mathscr{A}(\alpha_v)$ zu $\mathscr{R}^*$ (Satz 5.4, (ii)). Damit ist die Aussage des Hilfssatzes bewiesen. $\square$

Hilfssatz 5.5. *Es seien* $\alpha, \alpha_1, \ldots, \alpha_p$ *komplexe Zahlen mit der Eigenschaft* $\alpha \neq \alpha_j$, $j = 1, \ldots, p$. Dann gilt

$$\mathrm{Dim}\left(\mathscr{A}(\alpha) \cap \sum_{j=1}^{p} \mathscr{A}(\alpha_j)\right) = \mathrm{Dim}\left((\mathrm{Bild}\ B) \cap \sum_{j=1}^{p} \mathscr{A}(\alpha_j)\right).$$

Beweis. Wir denken uns eine Basis $x^{(1)}, \ldots, x^{(l)}$ für den Raum $\sum_j \mathscr{A}(\alpha_j)$ gewählt, wobei jedes $x^{(i)}$ aus einem der Räume $\mathscr{A}(\alpha_j)$ stammt. Es besteht also für jedes $i = 1, \ldots, l$ eine Beziehung der Form

$$A x^{(i)} - \alpha_{ji} x^{(i)} \in \mathrm{Bild}\ B\ ,$$

wobei α_{ji} eine komplexe Zahl aus der vorgegebenen Menge ist. Es gilt daher auch

$$\sum_{i=1}^{l} \lambda_i x^{(i)} - (A - \alpha I)\left(\sum_{i=1}^{l} \frac{1}{\alpha_{ji} - \alpha} \lambda_i x^{(i)}\right) \in \mathrm{Bild}\ B$$

identisch in $\lambda_1, \ldots, \lambda_l$. Aus dieser Feststellung gewinnt man sofort die folgende Aussage (vgl. Definition 5.6):

$$x := \sum_i \lambda_i x^{(i)} \in \mathrm{Bild}\ B \Leftrightarrow x' := \sum_i (\alpha_{ji} - \alpha)^{-1} \lambda_i x^{(i)} \in \mathscr{A}(\alpha)\ . \qquad (5.41)$$

Man beachte, daß die $x^{(i)}$ und somit auch x' in $\mathscr{D}$ liegen und daher die Beziehung $(A - \alpha I)\ x' \in \mathrm{Bild}\ B$ tatsächlich mit der Aussage $x' \in \mathscr{A}(\alpha)$ gleichbedeutend ist (vgl. Definition 5.6).

Die Feststellung (5.41) kann nun offenbar auch so interpretiert werden. Die Abbildung

$$x = \sum_i \lambda_i x^{(i)} \leftrightarrow x' = \sum_i (\alpha_{ji} - \alpha)^{-1} \lambda_i x^{(i)}$$

ist ein Automorphismus des linearen Raumes

$$\mathscr{A}' := \sum_{j=1}^{p} \mathscr{A}(\alpha_j)\ ,$$

welcher die beiden Unterräume $\mathscr{A}' \cap \mathscr{A}(\alpha)$ und $\mathscr{A}' \cap \mathrm{Bild}\ B$ aufeinander abbildet. Diese beiden Unterräume haben daher die gleiche Dimension. $\square$

Satz 5.5. *Es seien* $\alpha_1, \ldots, \alpha_p$ *komplexe Zahlen und keine Übertragungsnullstellen des Systemes (5.1)*
(i) *Wenn*

$$\mathrm{Dim}\left((\mathrm{Bild}\ B) \cap \sum_{j=1}^{p} \mathscr{A}(\alpha_j)\right) = n + m - \varrho \qquad (5.42)$$

ist, so gilt

$$\sum_{j=1}^{p} \mathscr{A}(\alpha_j) = \mathscr{R}^*.$$

(ii) *Wenn*

$$\mathrm{Dim}\left((\mathrm{Bild}\ B) \cap \sum_{j=1}^{p} \mathscr{A}(\alpha_j)\right) < n + m - \varrho \qquad (5.43)$$

ist, und wenn α eine von den Übertragungsnullstellen und von den α_j verschiedene komplexe Zahl ist, so gibt es in $\mathscr{A}(\alpha)$ Elemente, die nicht zu $\sum_{j=1}^{p} \mathscr{A}(\alpha_j)$ gehören.

Bemerkung. Es ist immer (vgl. Satz 5.4, (i), (ii) und Hilfssatz 5.5)

$$\mathrm{Dim}\left((\mathrm{Bild}\ B) \cap \sum_{j=1}^{p} \mathscr{A}(\alpha_j)\right) \leq \mathrm{Dim}\left((\mathrm{Bild}\ B) \cap \mathscr{V}^*\right) = n + m - \varrho.$$

Beweis von Satz 5.5. Zu (i). Aus (5.42) ergibt sich in Verbindung mit Hilfssatz 5.5 und (5.30): Man hat

$$\mathrm{Dim}\left(\mathscr{A}(\alpha) \cap \sum_{j=1}^{p} \mathscr{A}(\alpha_j)\right) = \mathrm{Dim}\left(\mathscr{A}(\alpha)\right),$$

und somit

$$\mathscr{A}(\alpha) \subseteq \sum_{j=1}^{p} \mathscr{A}(\alpha_j) \qquad (5.44)$$

sofern nur $\alpha \neq \alpha_j$, $j = 1, \dots, p$ und α keine Übertragungsnullstelle ist. Aus dem Hilfssatz 5.4 erhält man dann sofort die gewünschte Aussage: $\mathscr{R}^* \subseteq \sum_{j} \mathscr{A}(\alpha_j)$.

Man denke sich nämlich r verschiedene reelle Zahlen α_ν' gewählt, die von den α_j und den Übertragungsnullstellen verschieden sind. Es gilt dann (5.44) für $\alpha = \alpha_\nu'$, $\nu = 1, \dots, r$.

Zu (ii). Wir benutzen noch einmal Hilfssatz 5.5 und die Aussagen (i), (ii) von Satz 5.4. Als Konsequenz von (5.43) findet man dann diese Dimensionsaussage: Es ist

$$\mathrm{Dim}\left(\mathscr{A}(\alpha) \cap \sum_{j=1}^{r} \mathscr{A}(\alpha_j)\right) < \mathrm{Dim}\left(\mathscr{A}(\alpha)\right).$$

Also muß es Elemente in $\mathscr{A}(\alpha)$ geben, die nicht zu $\sum_{j} \mathscr{A}(\alpha_j)$ gehören. $\square$

Der Satz führt unmittelbar auf ein einfaches Verfahren zur Konstruktion einer Basis von $\mathscr{R}^*$. Man denke sich eine Folge von komplexen Zahlen $\alpha_1, \alpha_2, \dots$, gewählt, die nur der Bedingung zu genügen brauchen, daß sie voneinander und von den Übertragungsnullstellen des gegebenen Systems verschieden sind. Man setze dann

$$\mathscr{A}_1' = \mathscr{A}(\alpha_1),\ \mathscr{A}_2' = \mathscr{A}(\alpha_1) + \mathscr{A}(\alpha_2),\ \mathscr{A}_3' = \mathscr{A}(\alpha_1) + \mathscr{A}(\alpha_2) + \mathscr{A}(\alpha_3), \dots$$

Die $\mathscr{A}'_i$ bilden eine aufsteigende Folge von Teilräumen von $\mathscr{R}^*$. Was man dann noch zu berechnen braucht, sind die natürlichen Zahlen

$$d_i := \mathrm{Dim}\,((\mathrm{Bild}\ B) \cap \mathscr{A}'_i)\,.$$

Solange $d_i < n + m - \varrho$ ist, gilt $d_{i+1} > d_i$ und es ist $\mathscr{R}^* \neq \mathscr{A}'_i$. Sobald $d_i = n + m - \varrho$ ist, fällt $\mathscr{A}'_i$ mit $\mathscr{R}^*$ zusammen. Es läßt sich also bei der sukzessiven Aufstellung der $\mathscr{A}'_i$ nach jedem Schritt zweifelsfrei entscheiden, ob man $\mathscr{R}^*$ schon erreicht hat oder nicht. Man benötigt hierzu nur die Kenntnis des Normalranges ϱ der Rosenbrock-Matrix und keine a-priori-Informationen, etwa über die Dimension von $\mathscr{R}^*$. Insofern geht die Aussage des Satzes 5.5 wesentlich über die des Hilfssatzes 5.4 hinaus.

Wir wenden uns nun der folgenden Aufgabe zu: Man ergänze eine Basis von $\mathscr{V}^*$ zu einer Basis des maximalen steuerungsinvarianten Unterraumes $\mathscr{V}^* \subseteq \mathscr{D}$. Ziel der folgenden Betrachtungen ist eine konstruktive Lösung dieser Aufgabe, wobei wir von der Annahme ausgehen, daß eine Basis von $\mathscr{R}^*$ explizit bekannt ist. Wir gehen dabei so vor, daß wir eine feste Übertragungsnullstelle α herausgreifen und rekursiv eine Folge von Unterräumen $\mathscr{N}_0(\alpha), \mathscr{N}_1(\alpha), \mathscr{N}_2(\alpha), \dots,$ von $\mathscr{V}^*$ definieren. Es wird sich dann zeigen, daß die Basen der $\mathscr{N}_\nu(\alpha)$ zusammen mit einer Basis von $\mathscr{R}^*$ gerade eine Basis des gesamten Raumes $\mathscr{V}^*$ bilden.

Zunächst bemerken wir, daß $\mathscr{A}(\alpha)$ die Dimension $n + m - \mathrm{Rg}\,\Sigma(\alpha)$ und $\mathscr{A}(\alpha) \cap \mathscr{R}^*$ die Dimension $n + m - \varrho$ hat (denn die Dimension von $\mathscr{A}(s) \cap \mathscr{R}^*$ ist unabhängig von s und für eine Nicht-Übertragungsnullstelle s gleich $n + m - \varrho$, vgl. Satz 5.4 (i)). Wir denken uns als Erstes $\varrho - \mathrm{Rg}\,\Sigma(\alpha)$ Elemente $x_1^{(0)}, \dots, x_{n_0}^{(0)}$ aus $\mathscr{A}(\alpha)$ so gewählt, daß

$$\mathscr{A}(\alpha) = [x_1^{(0)}, \dots, x_{n_0}^{(0)}] + (\mathscr{A}(\alpha) \cap \mathscr{R}^*)\,, \qquad n_0 = \varrho - \mathrm{Rg}\,(\Sigma(\alpha))\,, \quad (5.45)$$

gilt und setzen $\mathscr{N}_0(\alpha) = [x_1^{(0)}, \dots, x_{n_0}^{(0)}]$. $\mathscr{N}_0(\alpha)$ ist das Anfangsglied der jetzt zu definierenden rekursiven Folge. Nehmen wir an, daß $\mathscr{N}_i(\alpha)$ schon konstruiert ist und der Bedingung

$$\mathscr{N}_{i-1}(\alpha) \subseteq \mathscr{N}_i(\alpha) \tag{5.46}$$

genügt. Wir betrachten dann zunächst den Unterraum

$$\tilde{\mathscr{N}}_i(\alpha) = \{x \in \mathscr{N}_i(\alpha): \mathrm{Rg}\,\Sigma(\alpha) = \mathrm{Rg}\,(\Sigma(\alpha), \binom{x}{0}))\}\,. \tag{5.47}$$

$\tilde{\mathscr{N}}_i(\alpha)$ kann auch charakterisiert werden als die Menge aller $x \in \mathscr{N}_i(\alpha)$, für die das Gleichungssystem (in z, u)

$$-\alpha z + A z + B u = x\,, \qquad D z = 0 \tag{5.48}$$

lösbar ist. Aus (5.46), (5.47) ergeben sich sofort diese Beziehungen

$$\tilde{\mathscr{N}}_{i-1}(\alpha) = \tilde{\mathscr{N}}_i(\alpha) \cap \mathscr{N}_{i-1}(\alpha)\,, \qquad \tilde{\mathscr{N}}_i(\alpha) \subseteq \mathscr{N}_i(\alpha)\,. \tag{5.49}$$

Sie gelten auch noch für $i = 0$, falls man $\mathscr{N}_{-1}(\alpha) = \tilde{\mathscr{N}}_{-1}(\alpha) = [0]$ setzt. Wir denken uns nun eine Basis von $\mathscr{N}_{i-1}(\alpha)$ durch $n_{+1} := \mathrm{Dim}\,(\mathscr{N}_i(\alpha)/\mathscr{N}_{i-1}(\alpha))$

unabhängige Vektoren $\tilde{x}_1^{(i+1)}, \ldots, \tilde{x}_{n_{i+1}}^{(i+1)}$ zu einer Basis von $\tilde{\mathcal{N}}_i(\alpha)$ ergänzt, d. h. wir wählen diese Vektoren nach folgender Maßgabe:

$$\tilde{\Gamma}_i(\alpha) = \tilde{\mathcal{N}}_{i-1}(\alpha) + [\tilde{x}_1^{(i+1)}, \ldots, \tilde{x}_{n_{i+1}}^{(i+1)}],$$

$$\tilde{x}_1^{(i+1)}, \ldots, \tilde{x}_{n_{i+1}}^{(i+1)} \text{ sind modulo } \tilde{\mathcal{N}}_{i-1}(\alpha) \text{ linear unabhängig.} \tag{5.50}$$

Für $x = \tilde{x}_\nu^{(i+1)}$ wird das Gleichungssystem (5.48) lösbar. Eine Lösung denken wir uns ausgewählt und mit $x_\nu^{(i+1)}$, $u_\nu^{(i+1)}$ bezeichnet. Es besteht dann eine Beziehung der Form

$$(-\alpha I + A)\, x_\nu^{(i+1)} + B u_\nu^{(i+1)} = \tilde{x}_\nu^{(i+1)}, \tag{5.51}$$

$\nu = 1, \ldots, n_{i+1}$. Wir definieren jetzt den Vektorraum $\mathcal{N}_{i+1}(\alpha)$ in folgender Weise:

$$\mathcal{N}_{i+1}(\alpha) = \mathcal{N}_i(\alpha) + [x_1^{(i+1)}, \ldots, x_{n_{i+1}}^{(i+1)}]. \tag{5.52}$$

Die $\mathcal{N}_i(\alpha)$ bilden eine aufsteigende Folge von Teilräumen von $\mathcal{D}$. Die Folge wird von dem Moment an konstant, wo zum ersten Mal $\tilde{\mathcal{N}}_i(\alpha) = \tilde{\mathcal{N}}_{i-1}(\alpha)$ gilt. Dieses $\mathcal{N}_i(\alpha)$ bezeichnen wir im folgenden mit $\mathcal{N}(\alpha)$.

Wir müssen noch den Nachweis führen, daß $\mathcal{N}(\alpha)$ ein Teilraum von $\mathcal{V}^*$ ist. Zu diesem Zwecke bemerken wir zunächst, daß die Definition der Räume $\mathcal{N}_i(\alpha)$ im gleichen Sinne von der Wahl des Koordinatensystems im x- und u-Raum unabhängig ist, wie dies für $\mathcal{R}^*$ und $\mathcal{V}^*$ gilt. Genauer gesagt: Hat man, unter Zugrundelegung des transformierten Systems (5.32), für eine feste Übertragungsnullstelle α eine Kollektion von Elementen $x_\nu^{(i)}$, $\tilde{x}_\nu^{(i)}$ mit allen obigen Eigenschaften gefunden, so braucht man diese Elemente bloß mit der Matrix P zu multiplizieren und erhält eine entsprechende Kollektion für das gegebene System (5.1). Insbesondere gehen also auch die Räume $\mathcal{N}_i(\alpha)$, $\tilde{\mathcal{N}}_i(\alpha)$ der beiden Systeme (5.1) und (5.32) durch Multiplikation mit P auseinander hervor. Aus dieser Bemerkung ergibt sich, daß man für den Nachweis der Beziehung $\mathcal{N}(\alpha) \subseteq \mathcal{V}^*$ ohne Beschränkung der Allgemeinheit voraussetzen kann, daß A, B, D in der speziellen Form (5.31) vorliegen und daß sämtliche Aussagen von Hilfssatz 5.2 zutreffen. Unter dieser Annahme werden wir nun zeigen: Wenn $x = (x_1, x_2, x_3)^\mathsf{T} \in \mathcal{V}^*$ ist, d. h. wenn $x_3 = 0$ ist, so genügt auch jede Lösung $z = (z_1, z_2, z_3)^\mathsf{T}$ des Gleichungssystemes (5.48) der Beziehung $z_3 = 0$, d. h. es ist $z \in \mathcal{V}^*$. Wegen $\mathcal{N}_0(\alpha) \subseteq \mathcal{A}(\alpha) \subseteq \mathcal{V}^*$ ergibt sich daraus sofort $\mathcal{N}_i(\alpha) \subseteq \mathcal{V}^*$ für jedes i.

Denkt man sich (5.48) ausgeschrieben, so erhält man u. a. die Beziehung (vgl. (5.31)).

$$-\alpha z_3 + A_{31}z_1 + A_{32}z_2 + A_{33}z_3 + B_{32}u_2 = 0, \qquad D_3 z_3 = 0.$$

Wegen (5.22) impliziert diese Relation nun, daß

$$-\alpha z_3 + A_{33}z_3 \in \text{Bild } B_{32}, \qquad D_3 z_3 = 0$$

gilt. Der von z_3 erzeugte lineare Teilraum $[z_3]$ des x_3-Raumes ist daher in $\{x_3 : D_3 x_3 = 0\}$ enthalten und steuerungsinvariant in Bezug auf das System $\dot{x}_3 = A_{33}x_3 + B_{32}u_2$ (Satz 5.2, Teil (ii)). Aus Hilfssatz 5.2, Teil (v), folgt daher $z_3 = 0$ (vgl. auch Bemerkung 2) hinter Definition 5.6).

Späterer Anwendungen halber vermerken wir an dieser Stelle, daß für $x = (x_1, x_2, 0)^\mathsf{T} \in \mathscr{V}^*$ die Gleichungen (5.48) in dieser Form geschrieben werden können:

$$z_3 = 0 , \qquad (A_{22} - \alpha I)\, z_2 = x_2 , \qquad (A_{11} - \alpha I)\, z_1 + A_{12} z_2 + B_{11} u_1 = x_1 .$$
$$(5.53)$$

Satz 5.6. (i) *Es sei α eine Übertragungsnullstelle. Eine Basis von $\mathscr{N}(\alpha)$ erhält man man auf folgende Weise.*

Man bestimme $\mathscr{N}_0(\alpha)$ und $\tilde{\mathscr{N}}_0(\alpha)$ gemäß (5.45)–(5.48). Falls $\tilde{\mathscr{N}}_0(\alpha) = [0]$ ist, so wird $\mathscr{N}(\alpha) = \mathscr{N}_0(\alpha)$. Falls dagegen $\tilde{\mathscr{N}}_0(\alpha) \neq [0]$ ist, so bestimme man zunächst eine Basis $\tilde{x}_1^{(1)}, \ldots , \tilde{x}_{n_1}^{(1)}$ dieses Raumes, ermittle dann zugehörige $x_\nu^{(1)}$ gemäß (5.51) und füge sie zu den $x_\nu^{(0)}$ hinzu. Man erhält dann eine Basis für $\mathscr{N}_1(\alpha)$.

Im nächsten Schritt bestimme man $\tilde{\mathscr{N}}_1(\alpha)$ gemäß (5.47), (5.48). Ist $\tilde{\mathscr{N}}_1(\alpha) = \tilde{\mathscr{N}}_0(\alpha)$. so wird $\mathscr{N}(\alpha) = \mathscr{N}_1(\alpha)$. Andernfalls findet man nach den Vorschriften (5.50), (5.51) Elemente $x_1^{(2)}, \ldots , x_{n_2}^{(2)}$, die eine Basis von $\mathscr{N}_1(\alpha)$ zu einer Basis von $\mathscr{N}_2(\alpha)$ ergänzen.

Das Verfahren wird nach diesem Schema solange forgesetzt, bis der Fall $\tilde{\mathscr{N}}_{i-1}(\alpha) = \tilde{\mathscr{N}}_i(\alpha)$ eintritt. Es ist dann $\mathscr{N}(\alpha) = \mathscr{N}_i(\alpha)$.

(ii) *Es ist $\mathscr{V}^* = \mathscr{R}^* \oplus \mathscr{N}(\alpha_1) \oplus \mathscr{N}(\alpha_2) \oplus \ldots \oplus \mathscr{N}(\alpha_q)$, wobei $\alpha_1, \ldots , \alpha_q$ die verschiedenen Übertragungsnullstellen des Systems sind.*

Beweis. Für den Beweis können wir ohne Beschränkung der Allgemeinheit wieder voraussetzen, daß die Matrizen A, B, D in der speziellen Form (5.31) vorliegen und daß das Gleichungssystem (5.48) durch (5.53) ersetzt werden kann. Die Begründung ist wörtlich die gleiche, wie sie oben im Zusammenhang mit dem Nachweis der Beziehung $\mathscr{N}(\alpha) \subseteq \mathscr{V}^*$ gegeben wurde.

Wir schicken unseren Überlegungen die folgende Bemerkung voraus, deren Richtigkeit sich sofort aus den Definitionen von $\mathscr{A}(\alpha)$, $\mathscr{N}_i(\alpha)$, $\tilde{\mathscr{N}}_i(\alpha)$ ergibt:

Wenn, für ein $x \in \mathscr{N}_{i-1}(\alpha)$, das Gleichungssystem (5.53) nach z, u auflösbar ist, so gilt für jede Lösung $z \in \mathscr{N}_i(\alpha) + \mathscr{A}(\alpha)$. $\qquad$ (5.54)

Wir führen den Beweis von Satz 5.6 in mehreren Schritten.

1. Schritt. Es sei α eine Übertragungsnullstelle. Dann gilt

$$\tilde{x}_\nu^{(i+1)} \in \mathscr{N}_i(\alpha) \quad \text{für} \quad \nu = 1, \ldots , n_{i+1} , \qquad (5.55)$$

$$\sum_\nu \lambda_\nu \tilde{x}_\nu^{(i+1)} \in \mathscr{N}_{i-1}(\alpha) \quad \text{impliziert} \quad \lambda_\nu = 0 , \qquad \nu = 1, \ldots , n_{i+1} .$$

Die erste Aussage ergibt sich unmittelbar aus (5.50). Um die zweite zu beweisen, braucht man sich nur dies klarzumachen: Wenn eine Linearkombination der $\tilde{x}_\nu^{(i+1)}$ in $\mathscr{N}_{i-1}(\alpha)$ liegt, so liegt sie auch in $\tilde{\mathscr{N}}_{i-1}(\alpha)$ (vgl. (5.49)). Aus der Forderung (5.50) folgt daher, daß alle λ_ν verschwinden.

Durch vollständige Induktion nach i erhält man aus (5.55) dann diese weitergehende Aussage:

Die $\tilde{x}_\nu^{(j+1)}, j = 0, \ldots , i, \nu = 1, \ldots , n_{j+1}$ bilden ein System von linear unabhängigen Vektoren des Raumes $\mathscr{N}_i(\alpha)$. $\qquad$ (5.56)

2. Schritt. Für den Rest des Beweises werden wir – um mißverständliche Bezeichnungen zu vermeiden – die x_1- bzw. x_2-Komponenten eines Vektors $x = (x_1, x_2, x_3)^{\mathsf{T}}$ gelegentlich mit ξ bzw. η bezeichnen. Insbesondere schreiben wir die oben eingeführten Vektoren $x_v^{(i)}$, $\tilde{x}_v^{(i)}$ jetzt iu der Form

$$x_v^{(i)} = (\xi_v^{(i)}, \eta_v^{(i)}, 0)^{\mathsf{T}}, \qquad \tilde{x}_v^{(i)} = (\tilde{\xi}_v^{(i)}, \quad \tilde{\eta}_v^{(i)}, 0)^{\mathsf{T}},$$

$$i = 0, 1, \dots, \qquad v = 1, \dots, n_i. \tag{5.57}$$

Die Projektion der Unterräume $\mathscr{A}(\alpha)$, $\mathscr{N}_i(\alpha)$, $\mathscr{N}(\alpha)$, $\tilde{\mathscr{N}}_i(\alpha)$ auf den x_2-Raum bezeichnen wir mit $\mathscr{A}'(\alpha)$, $\mathscr{N}_i'(\alpha)$, $\mathscr{N}'(\alpha)$, $\tilde{\mathscr{N}}_i'(\alpha)$. Diese Unterräume werden dann von den Vektoren $\eta_v^{(i)}$ bzw. $\tilde{\eta}_v^{(i)}$ aufgespannt und es bestehen im Einzelnen die folgenden Beziehungen (vgl. (5.45)–(5.52); man beachte die spezielle Gestalt von A und B und die Tatsache, daß das Gleichungssystem (5.48) jetzt in der Form (5.53) geschrieben werden kann):

$$\text{(i)} \qquad \mathscr{A}'(\alpha) = \mathscr{N}_0'(\alpha) = [\eta_1^{(0)}, \dots, \eta_{n_0}^{(0)}],$$

$$\text{(ii)} \qquad \mathscr{N}_{i+1}'(\alpha) = \mathscr{N}_i'(\alpha) + [\eta_1^{(i+1)}, \dots, \eta_{n_{i+1}}^{(i+1)}], \qquad i \geq 0,$$

$$\text{(iii)} \qquad \tilde{\eta}_v^{(i+1)} \in \tilde{\mathscr{N}}_i'(\alpha), \qquad v = 1, \dots, n_{i+1}, \qquad i = 0, 1, \dots,$$

$$\text{(iv)} \qquad (-\alpha I + A_{22})\, \eta_v^{(i+1)} = \tilde{\eta}_v^{(i+1)}. \tag{5.58}$$

Für die Dauer des zweiten Beweisschrittes denken wir uns eine Übertragungsnullstelle α fest gewählt; α ist dann Eigenwert der Matrix A_{22} (vgl. (5.40)). Wir wollen nun zeigen

(i) $\mathscr{N}_0'(\alpha)$ ist der zu α gehörige Eigenraum,

(ii) die Vektoren $\eta_v^{(j)}, j \leq i$, $v = 1, \dots, n_j$, bilden eine Basis für $\mathscr{N}_i'(\alpha)$,

(iii) es ist $(-\alpha I + A_{22})\, \eta \in \mathscr{N}_{i-1}'(\alpha)$ dann und nur dann wenn $\eta \in \mathscr{N}_i'(\alpha), i = 0, 1, \dots$ $\tag{5.59}$

Daß die $\eta_v^{(0)}$, $v = 1, \dots, n_0$, eine Basis des Eigenraums von α bilden, liest man unmittelbar aus (5.45) ab, wenn man noch beachtet, daß $\mathscr{A}(\alpha)$ ja durch das Gleichungssystem (5.33) definiert wird, daß die zweite dieser Gleichungen bei gegebenem x_2 stets nach x_1 auflösbar ist (Hilfssatz 5.3), und daß $\mathscr{A}(\alpha) \cap \mathscr{R}^*$ gerade aus den Lösungen mit $x_2 = 0$ besteht.

Teil (ii) beweist man durch Induktion nach i. Der Fall $i = 0$ ist durch den Hinweis auf (5.45) eben schon erledigt worden. Wenn die Aussage für ein gewisses $i \geq 0$ schon bewiesen ist, so bedeutet dies u. a., daß die Projektion auf die x_2-Komponente einen Isomorphismus zwischen den Räumen $\mathscr{N}_i(\alpha)$ und $\mathscr{N}_i'(\alpha)$ darstellt. Dies ergibt sich durch Vergleich von (5.52) und (5.58), (ii), unter Beachtung von (5.57). Wegen (5.56) sind daher auch die $\tilde{\eta}_v^{(j)}$ für $j \leq i + 1$ und $v = 1, \dots, n_j$ linear unabhängig.

Lineare Abhängigkeit der $\eta_v^{(j)}$ mit $j \leq i + 1$ bedeutet aufgrund der Induktionsvoraussetzung, daß eine lineare Beziehung

$$\sum_{j \leq i+1} \sum_v \lambda_{j,v} \eta_v^{(j)} = 0$$

besteht, wobei mindestens ein Koeffizient $\lambda_{i+1,v}$ von Null verschieden ist. Daraus folgt die lineare Abhängigkeit der $\eta_v^{(j)}$, $j \leq i + 1$, was ein Widerspruch zur Induktionsvoraussetzung ist, wie wir eben festgestellt haben. Um dies einzusehen, braucht man obige Beziehung bloß von links mit der Matrix $(-\alpha I + A_{22})$ zu multiplizieren und (5.58), (iv) zu beachten.

Wir kommen nun zu Punkt (iii). Klar ist – im Hinblick auf (5.58) – daß $(-\alpha I + A_{22}) \, \mathcal{N}_i'(\alpha) \subseteq \mathcal{N}_{i-1}'(\alpha)$ gilt. Es bleibt also zu zeigen: Aus

$$(-\alpha I + A_{22}) \, \zeta = \eta \in \mathcal{N}_{i-1}'(\alpha) \tag{5.60}$$

folgt $\zeta \in \mathcal{N}_i'(\alpha)$. Nun bedeutet (5.60) gerade, daß das Gleichungssystem (5.53) für ein x der Form $(*, \eta, 0) \in \mathcal{N}_{i-1}(\alpha)$ lösbar ist (die Lösbarkeit der zweiten Hälfte von (5.53) ist ja wegen Hilfssatz 5.3 und Hilfssatz 5.2, (iv), kein Problem!) Wir ziehen nun die Feststellung (5.54) heran. Es muß also ein Element der Form $(*, \zeta, 0)^\mathsf{T}$ in $\mathcal{N}_i(\alpha) + \mathcal{A}(\alpha)$ geben, d. h. es ist $\zeta \in \mathcal{N}_i'(\alpha) + \mathcal{A}'(\alpha) = \mathcal{N}_i'(\alpha) + \mathcal{N}_0'(\alpha) = \mathcal{N}_i'(\alpha)$ (vgl. (5.58), (i)). Damit ist die Aussage (5.59) und auch Teil (i) des Satzes bewiesen: Aus (5.59), Teil (ii), folgt nämlich, daß bei der Projektion auf die x_2-Komponente die $x_v^{(i)}$ gerade auf eine Basis von $\mathcal{N}'(\alpha)$ abgebildet werden und müssen somit selbst eine Basis von $\mathcal{N}(\alpha)$ bilden.

3. Schritt. Wir beweisen die Aussage (ii) des Satzes, indem wir zeigen: Es ist $\mathcal{N}'(\alpha_1) \oplus \mathcal{N}'(\alpha_2) \oplus ... \oplus \mathcal{N}'(\alpha_q)$ gleich dem gesamten x_2-Raum. Dies ergibt sich nun aus bekannten Sätzen der linearen Algebra, wenn man folgendes beachtet

(i) $\alpha_1, \alpha_2, ... , \alpha_q$ sind die verschiedenen Eigenwerte der Matrix A_{22},
(ii) es ist $\mathcal{N}_0'(\alpha) \subseteq \mathcal{N}_1'(\alpha) \subseteq ... \subseteq \mathcal{N}_i'(\alpha) \subseteq ...$ und es gilt (5.59),
(iii) $\mathcal{N}'(\alpha) = \mathcal{N}_i'(\alpha)$ sobald die Folge konstant wird.

In der Tat bilden die eben konstruierten Basen der $\mathcal{N}'(\alpha)$, $\alpha = \alpha_1, ... , \alpha_q$, gerade ein System von Eigen- und Hauptvektoren zu den Eigenwerten von A_{22}, d. h. für die mit diesen Vektoren als Spalten gebildete Matrix T präsentiert sich die transformierte Matrix $T^{-1} A_{22} T$ in Jordanscher Normalform (vgl. Stoer-Bulirsch 1973, Abschn. 6.2). $\qquad \square$

Wir geben noch zwei Hinweise zur Konstruktion der Matrix F, welche die Invarianz von $\mathcal{R}^*$ und $\mathcal{V}^*$ bewirkt.

1. Man kann immer dafür sorgen, daß F reell wird. Dazu bemerken wir zunächst, daß $\overline{\mathcal{A}(\alpha)} = \mathcal{A}(\bar\alpha)$ für jede komplexe Zahl α gilt (vgl. Definition 5.6). Falls α reell ist, kann man sich immer ein maximales System linear-unabhängiger Lösungen von (5.28) verschaffen, für die (x, u) reell ist. Falls α komplex ist, erhält man durch Übergang zum Konjugiert-Komplexen daher aus dem rekursiven Schema zur Konstruktion einer Basis für $\mathcal{N}(\alpha)$ das entsprechende Schema für $\mathcal{N}(\bar\alpha)$. $\mathcal{R}^*$ läßt sich zudem immer aus Räumen $\mathcal{A}(\alpha)$, $\alpha \in \mathbb{R}$, aufbauen (gemäß Satz 5.5). Man kann also o. E. annehmen, daß unter den Basiselementen mit

jedem $x_\nu^{(i)}$ stets auch $\bar{x}_\nu^{(i)}$ vertreten ist, und daß auch die zugehörigen $u_\nu^{(i)}$ zueinander konjugiert sind (vgl. (5.51)). Daher kann man das komplexe lineare Gleichungssystem (5.15) zur Bestimmung von $\tilde{F}$ durch das folgende reelle ersetzen:

$$\mathrm{Re}\,(u_\nu^{(i)}) = -\tilde{F}\,\mathrm{Re}\,(x_\nu^{(i)})\,, \qquad \mathrm{Im}\,(u_\nu^{(i)}) = -\tilde{F}\,\mathrm{Im}\,(x_\nu^{(i)})\,.$$

2. Wenn F so gewählt werden soll, daß die Eigenwerte von $A - BF$ negativen Realteil haben, hat man das Konstruktionsverfahren für $\mathcal{N}(\alpha)$ auf diejenigen α, für die $\mathrm{Re}\,(\alpha) < 0$ ist, zu beschränken. Der maximale invariante Teilraum ist dann

$$\mathcal{V}^- := \mathcal{R}^* + \sum_\alpha{}^- \mathcal{N}(\alpha)\,, \tag{5.61}$$

wobei die Summe über alle Übertragungsnullstellen α mit $\mathrm{Re}\,(\alpha) < 0$ zu erstrecken ist. Es läßt sich $\mathcal{V}^-$ übrigens ohne Bezugnahme auf die Übertragungsnullstellen geometrisch so charakterisieren. Es ist

$x_0 \in \mathcal{V}^-$ dann und nur dann wenn es eine zulässige Zustandsfunktion

$x(t)$ mit den folgenden Eigenschaften gibt:

$$x(0) = x_0\,, \qquad x(t) \in \mathcal{D} \quad \text{für alle } t\,, \qquad \lim_{t \to \infty} x(t) = 0\,. \tag{5.62}$$

Dies erkennt man am einfachsten, wenn man sich das System wieder in die Form (5.21) gebracht und vermittels einer Transformation von x_2 in der Matrix A_{22} eine Block-Diagonalform hergestellt denkt, wobei die Eigenwerte des ersten Blockes alle nicht-negativen, die des zweiten negativen Realteil besitzen. Gemäß (5.61) besteht dann $\mathcal{V}^-$ genau aus denjenigen $(x_1, x_2, 0)^\mathsf{T} \in \mathcal{V}^*$, bei denen die erste der beiden Komponenten von x_2 verschwindet.

Wir erinnern zum Schluß an einige Nebenresultate unserer bisherigen Betrachtungen, die im Sinne von a-priori-Information nützlich sein können.

Korollar 5.6. (i) *Wenn* $\mathrm{Rg}\,(DB) = k$ *(= Zeilenzahl von D) ist, so ist* $\mathcal{V}^* = \mathcal{D}$.

(ii) $\mathrm{Dim}\,(\mathcal{V}^*) - \mathrm{Dim}\,(\mathcal{R}^*) \geq \sum_\alpha(\varrho - \mathrm{Rg}\,(\Sigma(\alpha)))$, *wobei die Summe über alle Übertragungsnullstellen zu erstrecken ist.*

(iii) $\mathcal{R}^* = [0]$ *dann und nur dann wenn* $\varrho = n + m$.

(iv) $\mathcal{V}^* = \mathcal{R}^*$ *dann und nur dann, wenn es keine Übertragungsnullstellen gibt.*

(v) $\mathcal{V}^* = [0]$ *dann und nur dann wenn* $\mathcal{A}(\alpha) = [0]$ *für jedes* α.

Beweis. (i): Siehe Korollar 5.1. Punkt (ii) folgt aus (5.45) und Satz 5.6, (iii) aus Satz 5.4 und Satz 5.5, (iv) aus Satz 5.6. Behauptung (v) schließlich beweist man durch Kombination von (iii), (iv), der Definition 5.6 und (5.30). $\qquad\square$

Die letzte Aussage (v) führt auf einen Zusammenhang zwischen Rekonstruierbarkeit und Steuerungsinvarianz, den wir späterer Anwendungen halber ausführlich formulieren wollen.

Korollar 5.7. *Es ist* $\mathscr{V}^* = [0]$ *dann und nur dann wenn für jede Matrix F das System*

$$\dot{x} = (A - BF)\, x \,, \qquad y = Dx \qquad\qquad (5.63)$$

rekonstruierbar ist.

Beweis. Wenn das System (5.63) nicht rekonstruierbar ist, so gibt es einen Eigenvektor p der Matrix $A - BF$ mit $Dp = 0$ (Korollar 4.2). Wenn α der zu p gehörige Eigenwert ist, so hat das Gleichungssystem (5.28) eine nicht-triviale Lösung, nämlich $x = p$, $u = -Fx$. Also ist $\mathscr{A}(\alpha) \neq [0]$.

Es sei umgekehrt für eine gewisse komplexe Zahl α eine nicht-triviale Lösung von (5.28) gegeben, d. h. es bestehen die Beziehungen der Form

$$Ax + Bu = \alpha x \,, \qquad Dx = 0 \,, \qquad x \neq 0 \,. \qquad\qquad (5.64)$$

Wenn nun Re (x) und Im (x) unabhängige Vektoren sind, so kann man eine reelle Matrix F so bestimmen, daß

$$\text{Re}\,(u) = -F\,\text{Re}\,(x)\,, \qquad \text{Im}\,(u) = -F\,\text{Im}\,(x)$$

und somit auch $u = -Fx$ gilt. Das mit diesem F gebildete System (5.63) ist dann – aufgrund des eben schon herangezogenen Kriteriums – nicht rekonstruierbar.
Falls die beiden Vektoren Re (x), Im (x) linear abhängig sind und etwa $\tilde{x} := \text{Re}\,(x) \neq 0$ ist, so erhält man aus (5.64) durch Übergang zum Realteil eine Beziehung der Form

$$A\tilde{x} + B\tilde{u} = \alpha'\tilde{x}\,, \qquad D\tilde{x} = 0\,, \qquad \tilde{u} = \text{Re}\,(u)\,,$$

wobei α' jetzt reell ist. Man braucht dann F nur so bestimmen, daß $\tilde{u} = -F\tilde{x}$ ist und hat auf diese Weise wiederum ein System der Form (5.63) gefunden, welches die Eigenschaft der Rekonstruierbarkeit nicht mehr besitzt.   □

Falls Normalrang und Übertragungsnullstellen eines gegebenen Systems leicht zugänglich sind, dürfte die hier vorgestellte Konstruktion von $\mathscr{R}^*$ und $\mathscr{V}^*$ auch für die numerische Berechnung von Basen dieser Unterräume gut geeignet sein. Der Vorteil unseres Verfahrens liegt vor allem in der Tatsache, daß man an Hand der Basen genau überblickt, wie sich die beiden Entwurfsziele „Invarianz eines möglichst großen Teils von $\mathscr{D}$", und „Verlagerung möglichst vieler Eigenwerte von $A - BF$ in die linke Halbebene" durch Wahl von F miteinander kombinieren lassen.

Es gibt andere konstruktive Zugänge zur Darstellung des maximalen steuerungsinvarianten bzw. steuerbaren Unterraumes, bei denen eine a-priori Kenntnis der Übertragungsnullstellen nicht vorausgesetzt wird. Wir verweisen auf Wonham (1979) und van Dooren (1981). Beiden Zugängen ist gemeinsam, daß – im Gegensatz zu unserem Vorgehen – erst $\mathscr{V}^*$ und dann $\mathscr{R}^*$ konstruiert wird. Bei van Dooren entnimmt man alle Information einer Normalform, auf die das System transformiert wird. Wir werden übrigens den umgekehrten Weg gehen und im nächsten Abschnitt mit Hilfe unserer Basen solche Normalformen angeben.

Bei der von Wonham benutzten Konstruktion ist die Herstellung einer

Normalform nicht erforderlich, doch erhält man $\mathscr{V}^*$ und $\mathscr{R}^*$ erst nach Konstruktion einer Reihe von Unterräumen, die rekursiv bestimmt werden müssen. Insgesamt ist diese Methode rechnerisch sehr aufwendig.

Beispiel 5.2. Wir greifen noch einmal das Beispiel 5.1 auf und werden zeigen, wie sich die uns bereits bekannten Aussagen auf dem in diesem Abschnitt beschriebenen systematischen Weg (erst Bestimmung von $\mathscr{R}^*$, gemäß Satz 5.5, dann Übergang zu $\mathscr{V}^*$) gewinnen lassen. Die zum System (5.25) gehörige Rosenbrock-Matrix sieht so aus

$$\Sigma(s) = \begin{pmatrix} -s & 1 & 0 & 0 & 0 \\ 0 & -s-2 & 1 & 1 & 0 \\ 0 & 0 & s-3 & 0 & 1 \\ 1 & 1 & 0 & 0 & 0 \end{pmatrix}$$

Die vierreihigen Unterdeterminanten, die man durch Streichen der ersten, zweiten, ..., fünften Spalte erhält, berechnen sich zu $0, 0, -(s+1), -(s+1), -(s+1)(s+3)$. Mithin ist der Normalrang ϱ von $\Sigma(s)$ gleich 4 und es gibt genau eine Übertragungsnullstelle, nämlich $s = -1$. Es ist daher $n + m - \varrho = 1$, d. h. es ist $\dim \mathscr{A}(\alpha) = 1$ für jedes $\alpha \neq -1$. Wir wählen $\alpha = 0$ und finden sofort $\mathscr{A}(0) = [(0, 0, 1)^{\mathsf{T}}]$. Aus (5.25) ergibt sich dann weiter, daß $\mathscr{A}(0) \subseteq \text{Bild } B$ und somit $\dim (\mathscr{A}(0) \cap \text{Bild } B) = 1 = n + m - \varrho$ ist. Gemäß Satz 5.5 ist daher $\mathscr{A}(0) = \mathscr{R}^*$.
Ferner ist klar, daß $\dim (\mathscr{V}^*) > \dim (\mathscr{R}^*) = 1$ ist, da es ja eine Übertragungsnullstelle gibt. Andererseits hat aber der gesamte Raum $\mathscr{D}$ die Dimension 2, also ist $\mathscr{V}^* = \mathscr{D}$.

Beispiel 5.3. Am folgenden Beispiel soll die in Satz 5.6 beschriebene Technik eingeübt werden. Wir wählen

$$A = \begin{pmatrix} 0 & 1 & 1 & 1 & 1 \\ 1 & -1 & 0 & 0 & 0 \\ 0 & 1 & -1 & 0 & 0 \\ 1 & 0 & 0 & -1 & 0 \\ 0 & 0 & 0 & 0 & 0 \end{pmatrix}, \quad B = \begin{pmatrix} 0 \\ 0 \\ 0 \\ 0 \\ 1 \end{pmatrix}, \quad D = (1 \ \ 0 \ \ 0 \ \ 0 \ \ 0).$$

Die zugehörige Rosenbrock-Matrix $\Sigma(s)$ und ihr Wert für $s = -1$ sehen so aus

$$\Sigma(s) = \begin{pmatrix} -s & 1 & 1 & 1 & 1 & 0 \\ 1 & -s-1 & 0 & 0 & 0 & 0 \\ 0 & 1 & -s-1 & 0 & 0 & 0 \\ 1 & 0 & 0 & -s-1 & 0 & 0 \\ 0 & 0 & 0 & 0 & -s & 1 \\ 1 & 0 & 0 & 0 & 0 & 0 \end{pmatrix}, \quad \Sigma(-1) = \begin{pmatrix} 1 & 1 & 1 & 1 & 1 & 0 \\ 1 & 0 & 0 & 0 & 0 & 0 \\ 0 & 1 & 0 & 0 & 0 & 0 \\ 1 & 0 & 0 & 0 & 0 & 0 \\ 0 & 0 & 0 & 0 & 1 & 1 \\ 1 & 0 & 0 & 0 & 0 & 0 \end{pmatrix}. \tag{5.65}$$

$\Sigma(s)$ ist quadratisch mit der Determinante $-(s + 1)^3$. Das System hat darum die Übertragungsnullstelle -1. Der Normalrang ϱ von Σ ist 6 und stimmt mit $n + m$ überein. Aus dem Korollar 5.6 folgt daher $\mathscr{R}^* = [0]$ und somit $\mathscr{V}^* = \mathscr{N}(-1)$.

Es ist nun zweckmäßig, zunächst einmal den linearen Raum
$$\tilde{\mathscr{N}} = \{x : \text{Das Gleichungssystem } (\Sigma(-1)) \, (z, u)^{\mathsf{T}} = (x, 0)^{\mathsf{T}} \text{ ist lösbar}\}$$
zu bestimmen. Man liest aus (5.65) unmittelbar folgendes Resultat ab:

$$x = (x_1, x_2, x_3, x_4, x_5)^{\mathsf{T}} \in \tilde{\mathscr{N}} \Leftrightarrow x_2 = x_4 = 0 \,. \tag{5.66}$$

Wegen $\mathscr{R}^* = [0]$ hat man ferner $\mathscr{N}_0(-1) = \mathscr{A}(-1)$ (vgl. (5.45)). $\mathscr{A}(-1)$ ist gemäß Definition 5.6 die Menge aller x, die sich zu einer Lösung $(x, u)^{\mathsf{T}}$ des linearen Gleichungssystemes $(\Sigma(-1)) \, (x, u)^{\mathsf{T}} = 0$ ergänzen lassen. Aus (5.65) und (5.66) erhält man mühelos die beiden folgenden Aussagen:

$$x = (x_1, x_2, x_3, x_4, x_5)^{\mathsf{T}} \in \mathscr{N}_0(-1) \Leftrightarrow x_1 = x_2 = 0 \,, \qquad x_3 + x_4 + x_5 = 0 \tag{5.67}$$

und $\tilde{\mathcal{N}}_0(-1) = \tilde{\mathcal{N}} \cap \mathcal{N}_0(-1) = [\tilde{x}^{(1)}]$, $\tilde{x}^{(1)} = (0, 0, 1, 0, -1)^\mathsf{T}$. Das Gleichungssystem $(\Sigma(-1))\,(x, u)^\mathsf{T}$ $= (\tilde{x}^{(1)}, 0)^\mathsf{T}$ wird nun lösbar. Eine der Lösungen hat die x-Komponente

$$x^{(1)} = (0, 1, 0, 0, -1)^\mathsf{T}\,. \tag{5.68}$$

Es ist daher $\mathcal{N}_1(-1) = \mathcal{N}_0(-1) + [x^{(1)}]$ (vgl. (5.52)). Der nächste Schritt im Rekursionsverfahren ist die Bestimmung von $\tilde{\mathcal{N}}_1(-1) = \mathcal{N}_1(-1) \cap \tilde{\mathcal{N}}$. Kombiniert man die drei Feststellungen (5.66) bis (5.68), so sieht man, daß $\tilde{\mathcal{N}}_1(-1) = \tilde{\mathcal{N}}_0(-1)$ ist. Somit wird $\mathcal{V}^* = \mathcal{N}(-1) = \mathcal{N}_1(-1)$. Mit Hilfe von (5.67), (5.68) läßt sich schließlich eine Basis von $\mathcal{V}^*$ explizit angeben: $(0, 0, 1, 0, -1)^\mathsf{T}$, $(0, 0, 1, -1, 0)^\mathsf{T}$, $(0, 1, 0, 0, -1)^\mathsf{T}$.

5.4 Ergänzungen und Kommentare. Polvorgabe

In diesem Abschnitt sollen einige systemtheoretische Aspekte der bisherigen Resultate diskutiert werden. Der wichtigste kommt in der Formulierung des Satzes 5.7 zum Ausdruck. Wir geben dort eine kanonische Form für ein System an und zeigen, wie sie sich mit Hilfe von Basen für $\mathcal{R}^*$ und $\mathcal{V}^*$ sowie einer den Beziehungen (5.12) genügenden Matrix F realisieren läßt. Mit der Herstellung dieser Normalform erreicht man gleichzeitig eine gewisse Entkoppelung der Systemdynamik und eine Vereinfachung des Eingangs-Ausgangsverhaltens. Insofern unterscheidet sie sich von der früher (Abschn. 3.4) eingeführten Regelungsnormalform, bei der es ausschließlich um die Entkoppelung der Systemdynamik ohne Rücksicht auf die Wahl eines bestimmten Ausgangs geht.

Den folgenden Betrachtungen liegt wieder eine Systembeschreibung in der Form (5.1) zugrunde:

$$\dot{x} = Ax + Bu\,, \qquad z = Dx\,. \tag{5.69}$$

$\mathcal{D}$, $\mathcal{V}^*$, $\mathcal{R}^*$ haben die gleiche Bedeutung wie in den vorigen Abschnitten. Wir setzen $r = \text{Dim}\,(\mathcal{R}^*)$, $s = \text{Dim}\,(\mathcal{V}^*)$. Mit $\mathcal{R}_0$ bezeichnen wir, wie bisher, den maximalen steuerbaren Unterraum des Systems $\dot{x} = Ax + Bu$ (vgl. Definition 5.4). Wir führen einen weiteren Unterraum $\mathcal{V}_0^-$ des Zustandsraumes ein. Es ist dies die Gesamtheit der für $t \to \infty$ nach 0 steuerbaren Zustände. $\mathcal{V}_0^-$ ist mit dem früher eingeführten $\mathcal{V}^-$ identisch, falls man als Raum $\mathcal{D}$ den gesamten R^n nimmt (vgl. (5.62)). Wir erinnern daran, daß die Steuerbarkeit bzw. Stabilisierbarkeit eines Systems mit der Aussage

$$\mathcal{R}_0 = R^n \quad \text{bzw.} \quad \mathcal{V}_0^- = R^n$$

gleichbedeutend ist. Die im folgenden gelegentlich auftauchende Voraussetzung

$$\mathcal{R}_0 + \mathcal{V}^* = R^n \quad \text{bzw.} \quad \mathcal{V}_0^- + \mathcal{V}^* = R^n$$

ist also eine Abschwächung der Forderung nach Steuerbarkeit bzw. Stabilisierbarkeit des Systemes.

Wir werden in diesem Abschnitt den Begriff der Äquivalenz zweier Systeme im gleichen Sinne wie im Abschn. 3.4 gebrauchen. Äquivalent sind zwei Systeme, wenn sie sich dadurch ineinander überführen lassen, daß man erst eine Rückkoppelungstransformation

$$u \to -Rx + Qu \tag{5.70}$$

und anschließend eine Koordinatentransformation

$$x \to Px \qquad (5.71)$$

im Zustandsraum ausführt. Bei der Rückkoppelungstransformation ändern sich die Übertragungsnullstellen des Systems sowie die Räume $\mathscr{A}(\alpha)$, $\mathscr{N}(\alpha)$, $\mathscr{V}^*$, $\mathscr{R}^*$, $\mathscr{V}^-$ nicht. Dies kann man unmittelbar aus den Definitionen oder der geometrischen Charakterisierung ersehen (vgl. Korollar 5.2, Korollar 5.5 und (5.62)). Wie sich die Räume bei der Koordinatentransformation ändern, ist klar.

$\mathscr{V}^*$ bezeichnet wie bisher den maximalen, in $\mathscr{D} = \{x: Dx = 0\}$ enthaltenen steuerbaren Unterraum des gegebenen Systemes (5.69); $\mathscr{V}^*$ spielt dann die gleiche Rolle auch bezüglich jedes zu (5.69) äquivalenten Systemes.

Satz 5.7. *Das System (5.69) ist äquivalent zu einem System der Form*

$$\dot{x} = \begin{pmatrix} A_{11} & A_{12} & A_{13} \\ 0 & A_{22} & A_{23} \\ 0 & 0 & A_{33} \end{pmatrix} x + \begin{pmatrix} B_{11} & 0 \\ 0 & 0 \\ 0 & B_{32} \end{pmatrix} u , \qquad y = (0, 0, D_3)\, x , \quad (5.72)$$

und es treffen alle unter Punkt (i) *in Hilfssatz 5.2 gegebenen Erläuterungen bezüglich der Teilmatrizen A_{ij} und B_{ij} zu. Ferner gilt*

  (i) *Das System $\dot{x}_1 = A_{11}x_1 + B_{11}u_1$ ist steuerbar.*

  (ii) *Der maximale in $\mathscr{D}_3 = \{x_3: D_3x_3 = 0\}$ enthaltene und bezüglich des Systemes $\dot{x}_3 = A_{33}x_3 + B_{32}u_2$ steuerungsinvariante Unterraum des x_3-Raumes reduziert sich auf [0].*

  (iii) *Wenn $\mathscr{R}_0 + \mathscr{V}^* = R^n$ gilt, so ist das System $\dot{x}_3 = A_{33}x_3 + B_{32}u_2$ steuerbar. Falls $\mathscr{V}_0^- + \mathscr{V}^* = R^n$, so ist es stabilisierbar.*

Beweis. Wir bemerken zunächst, daß man das Ergebnis der beiden Transformationen (5.70) und (5.71) auch dadurch erhalten kann, daß man erst die Substitution

$$x \to Px , \qquad u \to Qu \qquad (5.73)$$

und anschließend eine reine Rückkoppelungstransformation $u \to -R'x + u$, $R' = Q^{-1} RP$ vornimmt. Daß man auf diese Weise das System in die Form (5.72) bringen kann und daß dann auch die Aussagen (i) und (ii) gelten, folgt fast unmittelbar aus Hilfssatz 5.2. Man wählt für den ersten Schritt (5.73) P und Q wie beim Beweis des Hilfssatzes. Anschließend sorgt man mit Hilfe der Rückkoppelungstransformation $u_2 \to u_2 - F_{21}x_1 - F_{22}x_2$ noch dafür, daß in der Systemmatrix die Untermatrizen A_{31} und A_{32} verschwinden. F_{2i}, $i = 1, 2$, sind dabei die rechtsseitigen Teiler der entsprechenden Untermatrizen in (5.21) (vgl. (5.22)).

Wir kommen nun zur Aussage (iii) und betrachten zunächst den Fall

$$\mathscr{V}^* + \mathscr{R}_0 = R^n . \qquad (5.74)$$

Wenn das System $\dot{x}_3 = A_{33}x_3 + B_{32}u_2$ nicht steuerbar ist, so existiert ein Eigenvektor p_3 der Matrix $-A_{33}^\mathsf{T}$, für den $p_3^\mathsf{T}B_{32} = 0$ gilt (vgl. Korollar 3.2). Es ist dann $p := (0, 0, p_3)^\mathsf{T}$ ein Eigenvektor der Matrix $-A^\mathsf{T}$ (man beachte, daß wir

ja jetzt voaussetzen, daß A in der Form (5.72) vorliegt, und es gilt $p^\mathsf{T} B = 0$.
Für einen Vektor p mit diesen beiden Eigenschaften wird aber

$$\mathrm{e}^{\alpha t}\, p^\mathsf{T} x(t) = \mathrm{e}^{\alpha t}\, p_3^\mathsf{T} x_3(t) = \text{const.} \tag{5.75}$$

für jede Lösung der Differentialgleichung $\dot{x} = Ax + Bu(t)$, bei jeder Wahl
der Steuerfunktion $u(\cdot)$ (vgl. (3.14)). Es ist α dabei ein zu p gehöriger Eigenwert.
Diese Beziehung ist nun aber mit der Annahme (5.74) nicht vereinbar. Aus der
Annahme und aus (5.20) folgt nämlich, daß es in $\mathscr{R}_0$ einen Vektor mit der dritten
Komponente $x_3 = p_3$ gibt. Diesen Vektor kann man von 0 aus ansteuern,
da $\mathscr{R}_0$ ja steuerbarer Unterraum ist, d. h. es existiert eine zulässige Zustandsfunktion $x(t) = (x_1(t), x_2(t), x_3(t))$ mit den Eigenschaften $x_3(0) = 0$, $x_3(t_1) = p_3$
für ein gewisses $t_1 > 0$. Dies steht aber offensichtlich im Widerspruch zu (5.75).

In ähnlicher Weise behandelt man den Fall

$$\mathscr{V}^* + \mathscr{V}_0^- = R^n . \tag{5.76}$$

Wenn das System $\dot{x}_3 = A_{33}x_3 + B_{32}u_2$ nicht stabilisierbar ist, so besteht eine
Beziehung der Form (5.75) mit $p_3 \neq 0$ und $\mathrm{Re}\,(\alpha) \leqq 0$ (siehe Abschn. 3.5).
Wegen (5.76) gibt es nun in $\mathscr{V}_0^-$ einen Vektor x_0 mit der dritten Komponente p_3.
Zu x_0 existiert eine zulässige Zustandsfunktion $x(t)$ mit der Eigenschaft

$$x(0) = x_0 , \qquad \lim_{t \to \infty} x(t) = 0$$

(siehe (5.62), $\mathscr{D} = R^n$). Indem man dieses $x(t)$ in (5.75) einträgt und $t = 0$,
∞ setzt, kommt man zum Widerspruch. $\qquad\qquad\qquad\qquad\qquad\qquad\qquad\square$

Wir beschreiben noch einmal, wie man vorzugehen hat, wenn man ein
System, das in der Form (5.69) gegeben ist, in die Normalform (5.72) überführen möchte.
1. Man wählt eine Basis $x^{(1)}, \dots, x^{(m')}$ für $\mathscr{V}^* \cap \text{Bild } B = \mathscr{R}^* \cap \text{Bild } B$.
2. Man ergänzt zu einer Basis $x^{(1)}, \dots, x^{(r)}$ für $\mathscr{R}^*$.
3. Man ergänzt zu einer Basis für $\mathscr{V}^*$.
4. Man ergänzt die Elemente $x^{(1)}, \dots, x^{(m')}$ zu einer Basis von Bild B und fügt
   die dazu benötigten Vektoren als $x^{(s+1)}, \dots, x^{(s+m-m')}$ zu der bereits konstruierten Basis von $\mathscr{V}^*$ hinzu.
5. Man ergänzt die $x^{(1)}, \dots, x^{(s+m-m')}$ zu einer Basis des R^n.
6. Man setzt $P = (x^{(1)}, \dots, x^{(n)})$ und bestimmt die nicht-singuläre Matrix Q
   vom Typ (m, m) so, daß $BQ = (x^{(1)}, \dots, x^{(m')}, x^{(s+1)}, \dots, x^{(s+m-m')})$ wird.
7. Man führt neue Zustands- und Steuervariablen mittels der Substitutionen
   $x = P\hat{x}$, $u = Q\hat{u}$ ein. Das System (5.69) nimmt dann nach Ausführung der
   entsprechenden Transformationen die Form an:

$$\dot{\hat{x}} = \begin{pmatrix} A_{11} & A_{12} & A_{13} \\ 0 & A_{22} & A_{23} \\ A_{31} & A_{32} & A_{33} \end{pmatrix} \hat{x} + \begin{pmatrix} B_{11} & 0 \\ 0 & 0 \\ 0 & B_{32} \end{pmatrix} \hat{u} , \qquad z = (0, 0, D_3)\,\hat{x} .$$

Man spaltet $\hat{x}$ bzw. $\hat{u}$ entsprechend auf: $\hat{x} = (\hat{x}_1, \hat{x}_2, \hat{x}_3)$, $\hat{u} = (\hat{u}_1, \hat{u}_2)$.
8. Man bringt die beiden Blöcke A_{31} und A_{32} mit Hilfe einer Rückkoppelungs-
   transformation der Form $\hat{u}_2 = -F_{21}\hat{x}_1 - F_{22}\hat{x}_2 + \hat{u}_2$ zum Verschwinden.

Wir schließen noch zwei weitere Bemerkungen an, die sich auf die systemtheoretische Auswertung der Normalform (5.72) beziehen. Zunächst wollen wir diejenigen „Bewegungen" des Systems, die vollständig im Unterraum $\mathcal{D}$ verlaufen und mithin am Ausgang nicht in Erscheinung treten, charakterisieren.

Gemäß Korollar 5.2 entsprechen sie den zulässigen Zustandsfunktionen $x(t) = (x_1(t),\ x_2(t),\ x_3(t))^\mathsf{T}$, die der Bedingung $x(t) \in \mathcal{V}^*$ für alle t genügen. Wegen (5.20) bedeutet dies einfach: Es gilt $x_3(t) = 0$ für alle t. Da die Spalten der Matrix B_{32} linear unabhängig sind, ist dies dann und nur dann der Fall wenn die Steuerfunktion $u(t) = (u_1(t),\ u_2(t))^\mathsf{T}$ und der Anfangswert $x(0) = (x_1(0),\ x_2(0),\ x_3(0))^\mathsf{T}$ der Bedingung

$$u_2(t) = 0 \text{ für alle } t\,, \qquad x(0) \in \mathcal{V}^*,\ \text{d. h. } x_3(0) = 0 \tag{5.77}$$

genügen. Die Bewegung selbst wird durch die beiden Differentialgleichungen

$$\dot{x}_1 = A_{11}x_1 + A_{12}x_2 + B_{11}u_1\,, \qquad \dot{x}_2 = A_{22}x_2$$

beschrieben. Die Komponente x_2 dieser Bewegung kann daher durch die Steuerung nicht beeinflußt werden und ist asymptotisch durch die Übertragungsnullstellen des Systems vollständig festgelegt. Man kann nun durch eine Transformation von x_2 die Matrix A_{22} auf die Form

$$A_{22} = \operatorname{diag}(A_{22}^-,\ A_{22}^+)\,,$$

bringen, wobei die Eigenwerte von A_{22}^- bzw. von A_{22}^+ die Übertragungsnullstellen mit negativem bzw. nicht-negativem Realteil sind. Denkt man sich x_2 entsprechend in $(x_2^-,\ x_2^+)$ aufgeteilt, so läßt sich jetzt der Unterraum $\mathcal{V}^-$ von $\mathcal{V}^*$ genau charakterisieren: Es sind diejenigen Paare (x_1, x_2) für die $x_2^+ = 0$ ist.

Als Nächstes wollen wir alle Matrizen F mit der Eigenschaft

$$(A - BF)\,\mathcal{V}^* \subseteq \mathcal{V}^* \tag{5.78}$$

bestimmen. Da $\mathcal{V}^*$ unter der Abbildung $x \to Ax$ invariant ist kann man (5.78) durch die Forderung $(BF)\,\mathcal{V}^* \subseteq \mathcal{V}^*$ ersetzen. Es ist sofort zu sehen, daß die letzte Beziehung dann und nur dann erfüllt ist wenn F die Form

$$\begin{pmatrix} F_{11} & F_{12} & F_{13} \\ 0 & 0 & F_{23} \end{pmatrix} \tag{5.79}$$

hat. F_{1i} sind Matrizen mit m', F_{23} eine Matrix mit $m - m'$ Zeilen. Die Spaltenzahl der Matrix F_{ij} ist gleich der Dimension der Variablen x_j, $j = 1, 2, 3$. Das Kästchen in der linken oberen Ecke von $A - BF$ ist dann $A_{11} - B_{11}F_{11}$, und dies ist offenbar die Matrix der durch $A - BF$ auf $\mathcal{R}^*$ induzierten Abbildung.

Man übersieht also anhand der Darstellung (5.72) gut die Möglichkeiten für den Entwurf von Reglergesetzen $u = -Fx$, die einen möglichst großen Teil des Zustandes vom Ausgang „fernhalten". Gemäß (5.79) sind sie gegeben durch

$$u_1 = -F_{11}x_1 - F_{12}x_2 - F_{13}x_3\,, \qquad u_2 = -F_{23}x_3\,.$$

In welcher Weise man durch Wahl der Matrizen F_{ij} die Eigenwerte der A_{ii} beeinflussen kann, ist nach dem vorhin gesagten auch klar. Die Eigenwerte von A_{11} lassen sich beliebig, die von A_{22} überhaupt nicht verändern.

Zum Schluß gehen wir noch einmal kurz auf den Zusammenhang zwischen Steuerungsinvarianz und Störungsentkoppelung ein. Gegeben ein System

$$\dot{x} = Ax + Bu + Gv, \qquad z = Dx,$$

in der v ein beliebiges Störsignal darstellt. Ausgang z und Störung v sind entkoppelbar, wenn G der Bedingung Bild $G \subseteq \mathscr{V}^*$ genügt. Dies sieht man sofort, wenn man für die Systemdarstellung die Normalform (5.72) benutzt. Bild $G \subseteq \mathscr{V}^*$ bedeutet ja, daß die Störung auf der rechten Seite der Differentialgleichung für x_3 nicht erscheint.

Die Bedingung Bild $G \subseteq \mathscr{V}^*$ ist aber auch notwendig für Störungsentkoppelung in dem Sinne, wie dies zu Beginn von Abschn. 5.1 definiert wurde. Wie wir nämlich dort gesehen hatten, bedeutet die Möglichkeit der Störungsentkoppelung, daß es einen steuerungsinvarianten Unterraum $\mathscr{S}$ des Systemes $\dot{x} = Ax + Bu$ mit den Eigenschaften

$$\text{Bild } G \subseteq \mathscr{S} \subseteq \mathscr{D} = \{x : Dx = 0\} \tag{5.80}$$

gibt. Es ist dann aber notwendig $\mathscr{S} \subseteq \mathscr{V}^*$.

Beispiel 5.4. Wir wollen das im Beispiel 5.1 betrachtete System (5.25) auf die Normalform (5.72) bringen. Wir setzen

$$x^{(1)} = (0, 0, 1)^\mathsf{T}, \qquad x^{(2)} = (1, -1, 0)^\mathsf{T}, \qquad x^{(3)} = (0, 1, 0)^\mathsf{T}.$$

Aus dem was im Anschluß an (5.25) gesagt wurde, ergibt sich dann sofort die Richtigkeit der folgenden Aussagen:

$$[x^{(1)}] = \mathscr{V}^* \cap \text{Bild } (B = \mathscr{R}^*, \qquad [x^{(1)}, x^{(2)}] = \mathscr{V}^* = \mathscr{D},$$

$$x^{(3)} \in \text{Bild } B, \qquad [x^{(1)}, x^{(2)}, x^{(3)}] = R^3.$$

Es ist also in diesem Falle $m' = r = 1$, $s = 2$, $s + m - m' = n = 3$, d. h. bei dem im Anschluß an den Beweis von Satz 5.7 angegebenen Verfahren zur Aufstellung einer Basis des R^n entfallen hier die Schritte 2) und 5). Es wird daher

$$P = (x^{(1)}, x^{(2)}, x^{(3)}) = \begin{pmatrix} 0 & 1 & 0 \\ 0 & -1 & 1 \\ 1 & 0 & 0 \end{pmatrix}$$

und es bestimmt sich Q aus der Gleichung

$$BQ = \begin{pmatrix} 0 & 0 \\ 1 & 0 \\ 0 & 1 \end{pmatrix} Q = (x^{(1)}, x^{(3)}) = \begin{pmatrix} 0 & 0 \\ 0 & 1 \\ 1 & 0 \end{pmatrix}.$$

Man findet

$$Q = \begin{pmatrix} 0 & 1 \\ 1 & 0 \end{pmatrix}$$

Wir führen nunmehr neue Zustands- und Steuervariablen $\hat{x}$, $\hat{u}$ vermöge $x = P\hat{x}$, $u = Q\hat{u}$ ein. Die Systemdarstellung (5.25) geht durch diese Transformation über in

$$\dot{\hat{x}} = \begin{pmatrix} -3 & 0 & 0 \\ 0 & -1 & 1 \\ 1 & 1 & -1 \end{pmatrix} \hat{x} + \begin{pmatrix} 1 & 0 \\ 0 & 0 \\ 0 & 1 \end{pmatrix} \hat{u}, \qquad z = (0 \quad 0 \mid 1)\,\hat{x}\,.$$

Dies ist eine Systemgleichung in der Form (5.21). Man kann nun noch das Kästchen in der linken unteren Ecke der Systemmatrix zu Null machen (und damit zu einer Darstellung der Form (5.72) übergehen, indem man die Rückkoppelungstransformation $\hat{u}_2 = -\hat{x}_1 - \hat{x}_2 + \hat{u}_2'$ ausführt. Das Resultat sieht dann so aus

$$\dot{\hat{x}} = \begin{pmatrix} -3 & 0 & 0 \\ 1 & -1 & 1 \\ 0 & 0 & -1 \end{pmatrix} \hat{x} + \begin{pmatrix} 1 & 0 \\ 0 & 0 \\ 0 & 1 \end{pmatrix} \hat{u}', \qquad z = (0 \ 0 | 1)\,\hat{x} \tag{5.81}$$

mit $\hat{u}' = (\hat{u}_1', \hat{u}_2')$. Das Eingangs-Ausgangsverhalten dieses Systems wird durch die Beziehung

$$\dot{\hat{x}}_3 = -\hat{x}_3 + \hat{u}_2', \qquad z = \hat{x}_3$$

vollständig erfaßt. Die inneren, d. h. am Ausgang nicht erkennbaren Bewegungen des Systemes werden durch die Differentialgleichungen

$$\dot{\hat{x}}_1 = -3\hat{x}_1 + \hat{u}_1', \qquad \dot{\hat{x}}_2 = -\hat{x}_2 + \hat{x}_3 \tag{5.82}$$

beschrieben. Gegenüber der ursprünglichen Systembeschreibung (5.25) sind in der äquivalenten Darstellung (5.81) die dynamischen Vorgänge infolge weitgehender Entkoppelung besser überschaubar geworden. Man erkennt auch genau, welche Möglichkeiten für solche Zustandsrückführungen bestehen, bei denen gleichzeitig die Entkoppelung der Gleichungen erhalten und die Dynamik im Sinne eines schnelleren Abklingens der Lösungen verbessert wird. Sie sind gegeben durch Steuergesetze der Form

$$\hat{u}_1' = -f_{11}\hat{x}_1, \qquad \hat{u}_2' = -f_{23}\hat{x}_3\,.$$

Schließlich ist klar, daß Systemstörungen, die auf den rechten Seiten von (5.82) auftreten, keinen Einfluß auf den Ausgang z haben.

Beispiel 5.5. Als letztes Beispiel betrachten wir ein mathematisches Modell für die Steuerung eines chemischen Reaktors (siehe Abb. 5.1, die Systemgleichungen sind der Arbeit von Johnson et al. 1981, entnommen). Als Zustand $x = (x_1, x_2, \ldots, x_5)^\mathsf{T}$ werden die Temperaturen in den fünf Teilen des gesamten Reaktors genommen. Gesteuert wird der Reaktor über drei Ventile, die jeweiligen Einstellungen sind die Steuergrößen u_1, u_2, u_3.

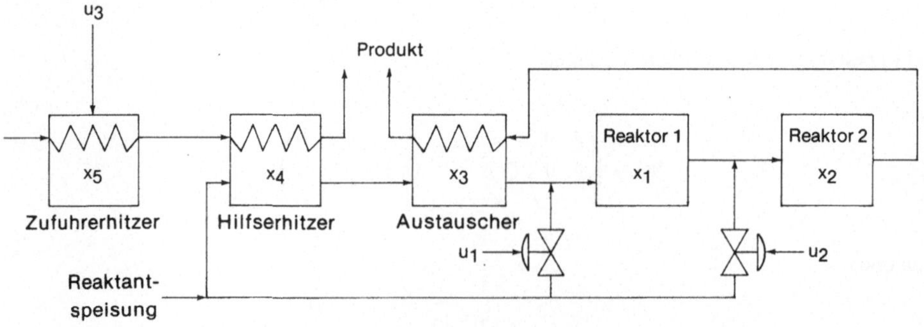

Abb. 5.1   Autothermischer Reaktor

Tabelle 5.1. Numerische Werte für das Reaktormodell (Beispiel 5.5)

$a_{11} = -0,83$		$a_{13} = 1,3$	$a_{14} = 0,11$
$a_{21} = 0,84$	$a_{22} = -1,3$	$a_{23} = 0,17$	$a_{24} = 0,015$
$a_{31} = 0,58$	$a_{32} = 3,6$	$a_{33} = -7,0$	$a_{34} = 2,2$
			$a_{44} = -24$ $a_{45} = 16$
			$a_{55} = -5$

$b_{11} = -2,0$	$b_{12} = 0,31$		$g_1 = 1,2$
$b_{21} = -3,1$	$b_{22} = -2,1$		$g_2 = 0,68$
$b_{31} = 2,6$	$b_{32} = 2,8$	$b_{53} = 1$	

Durch Abweichungen (vom Sollwert), die in der Konzentration des von außen zugeführten Brennstoffes auftreten können, unterliegt der Reaktor dem Einfluß einer unbekannten Störgröße; in der linearisierten dynamischen Gleichung des Reaktors erscheint sie als additive Zusatzterm auf der rechten Seite.

Die Systemgleichung stellt sich in der folgenden Form dar

$$
\dot{x} =
\begin{pmatrix}
a_{11} & 0 & a_{13} & a_{14} & 0 \\
a_{21} & a_{22} & a_{23} & a_{24} & 0 \\
a_{31} & a_{32} & a_{33} & a_{34} & 0 \\
0 & 0 & 0 & a_{44} & a_{45} \\
0 & 0 & 0 & 0 & a_{55}
\end{pmatrix}
x +
\begin{pmatrix}
b_{11} & b_{12} & 0 \\
b_{21} & b_{22} & 0 \\
b_{31} & b_{32} & 0 \\
0 & 0 & 0 \\
0 & 0 & b_{53}
\end{pmatrix}
u +
\begin{pmatrix}
g_1 \\
g_2 \\
0 \\
0 \\
0
\end{pmatrix}
r \tag{5.83}
$$

Die numerischen Werte der einzelnen Matrixelemente a_{ij}, b_{ij}, g_i entnimmt man der Tabelle 5.1. Die zu kontrollierende Variable ist x_2 (Temperatur des zweiten Reaktionsgefäßes), d. h. wir haben

$$z = Dx, \qquad D := (0, 1, 0, 0, 0). \tag{5.84}$$

Im Vergleich zu den bisher betrachteten mehr oder weniger akademischen Beispielen ist das System (5.83) sowohl von der Dimension der Zustands- und Steuervariablen wie auch von den numerischen Werten der Matrizen A, B her nicht mehr einfach zu handhaben. Die folgenden Angaben (z. B. über die Unterdetermination der Rosenbrock-Matrix) sind daher z. T. unter Benutzung geeigneter Rechenprogramme anhand der Tabelle 5.1 auf numerischen Wege gewonnen worden.

Wir wollen das System (5.83) in die Normalform des Satzes 5.7 bringen und dann anhand der Normalform die Frage diskutieren, in welcher Weise sich die Auswirkung der Störung auf die zu kontrollierende Variable auf dem Wege über eine Rückkoppelung beeinflussen läßt.

Zunächst bemerken wir, daß $DB = (b_{21}, b_{22}, 0)$ den Rang 1 hat; gemäß Korollar 5.1 ist damit klar, daß

$$\mathscr{V}^* = \mathscr{D} = \{x : Dx = x_2 = 0\} \tag{5.85}$$

ist (vgl. 5.84)).

Die Rosenbrockmatrix $\Sigma(s)$ hat im vorliegenden Falle 6 Zeilen und 8 Spalten und der Normalrang ist 6. Letzteres ergibt sich einfach aus der Tatsache, daß sich für den speziellen Wert $s = 0$ der Rang 6 einstellt. Die Übertragungsnullstellen des Systemes sind dann die gemeinsamen Nullstellen der sechsreihigen Unterdeterminanten von $\Sigma(s)$, gemäß Definition 5.6. Nun findet man für die aus den Spalten mit den Nummern 1, 2, 5, 6, 7, 8 gebildete Unterdeterminante das Polynom $16(3,22s + 11,0470)$ und für die aus den Spalten mit den Nummern 2, 3, 5, 6, 7, 8 gebildete Unterdeterminante das Polynom $-5,161s - 39,2440$. Beide Polynome haben ersichtlich keine Nullstelle gemeinsam. Es ist also $\mathscr{R}^* = \mathscr{V}^*$, d. h. bei der Aufstellung der transformierenden Matrix P gemäß dem im Anschluß an den Beweis von Satz 5.7 angegebenen Schema können wir den Schritt 3 überspringen.

Wir bestimmen zunächst $\mathscr{V}^* \cap \text{Bild } B = \mathscr{D} \cap \text{Bild } B$. Sind b_1, b_2, b_3 die Spalten von B, so ergibt sich aus (5.84) sofort, daß $\mathscr{V}^* \cap \text{Bild } B$ von den Vektoren $b_{22}b_1 - b_{21}b_2$ und b_3 aufgespannt wird. Wir nennen diese Vektoren $x^{(1)}$, $x^{(2)}$. Sie sind numerisch gegeben durch

$$x^{(1)} = (5,161, 0, 3,22, 0, 0)^\mathsf{T}, \qquad x^{(2)} = (0, 0. 0, 0, 1)^\mathsf{T}.$$

Wir ergänzen $x^{(1)}$, $x^{(2)}$ nun zu einer Basis von $\mathscr{V}^*$ durch Hinzunahme der Vektoren

$$x^{(3)} = (0, 0, 0, 1, 0)\,, \qquad x^{(4)} = (0, 0, 1, 0, 0)\,.$$

Als letzten Schritt nehmen wir noch einen Vektor $x^{(5)} \in$ Bild B zu den bereits gefundenen $x^{(i)}$ hinzu. Es muß $x^{(5)}$ von $x^{(1)}$, $x^{(2)}$ linear unabhängig sein. Wir wählen $x^{(5)}$ als Vielfaches von b_2 und sorgen dafür, daß die zweite Komponente von $x^{(5)}$ zu 1 wird (diese Normierung vereinfacht die Form der später zu berechnenden Matrix F).

Die Transformationsmatrix P nimmt dann die Form an

$$P = \begin{pmatrix} 5{,}161 & 0 & 0 & 0 & -0{,}147619 \\ 0 & 0 & 0 & 0 & 1 \\ 3{,}22 & 0 & 0 & 1 & -1{,}33333 \\ 0 & 0 & 1 & 0 & 0 \\ 0 & 1 & 0 & 0 & 0 \end{pmatrix}. \tag{5.86}$$

Aus der Bedingung $BQ = (x^{(1)}, x^{(2)}, x^{(5)})$ ergibt sich schließlich

$$Q = \begin{pmatrix} -2{,}1 & 0 & 0 \\ 3{,}1 & 0 & -0{,}476190 \\ 0 & 1 & 0 \end{pmatrix}. \tag{5.87}$$

Wir setzen nun $x = P\hat{x}$, $u = Q\hat{u}$ und erhalten das transformierte System in folgender expliziter Form

$$\dot{\hat{x}} = \left(\begin{array}{cccc:c} 0{,}12074 & 0 & 0{,}0217427 & 0{,}256752 & -0{,}359326 \\ 0 & -5 & 0 & 0 & 0 \\ 0 & 16 & -24 & 0 & 0 \\ -13{,}4252 & 0 & 2{,}14999 & -7{,}60007 & 11{,}8039 \\ \hdashline 4{,}88264 & 0 & 0{,}015 & 0{,}17 & -1{,}65067 \end{array}\right) \hat{x} + \left(\begin{array}{cc:c} 1 & 0 & 0 \\ 0 & 1 & 0 \\ 0 & 0 & 0 \\ 0 & 0 & 0 \\ \hdashline 0 & 0 & 1 \end{array}\right) \hat{u} + \left(\begin{array}{c} 0{,}251963 \\ 0 \\ 0 \\ 0{,}0953459 \\ \hdashline 0{,}68 \end{array}\right) v,$$

$$z = (0, 0, 0, 0, 1)\,\hat{x}\,. \tag{5.88}$$

Es ist dann klar, wie man den Ausgang von dem Gesamtzustand des Systems abkoppeln kann. Man wählt als Steuergesetz

$$\hat{u}_3 = -4{,}88264\hat{x}_1 - 0{,}015\hat{x}_3 - 0{,}17\hat{x}_4 - \hat{f}_{35}\hat{x}_5\,.$$

Es reduziert sich dabei die letzte der Differentialgleichungen auf eine skalare Differentialgleichung für $z = \hat{x}_5$, nämlich

$$\dot{z} = (-1{,}65067 - \hat{f}_{35})\,z + 0{,}68v\,. \tag{5.89}$$

Die „innere" Bewegung im steuerungsinvarianten Unterraum $\mathscr{D}$ wird durch die verbleibenden dynamischen Gleichungen

$$\dot{\hat{x}}' = A'\hat{x}' + B' \begin{pmatrix} \hat{u}_1 \\ \hat{u}_2 \end{pmatrix}, \qquad \hat{x}' = (\hat{x}_1, \hat{x}_2, \hat{x}_3, \hat{x}_4)^{\mathsf{T}} \tag{5.90}$$

beschrieben, wobei A' die Untermatrix vom Typ (4,4) in der linken oberen Ecke der Matrix der transformierten Systemgleichung ist. B' ist die Matrix

$$\begin{pmatrix} 1 & 0 & 0 & 0 \\ 0 & 1 & 0 & 0 \end{pmatrix}^{\mathsf{T}}.$$

Aus der Gestalt von A', B' liest man nun unmittelbar ab, daß das System (5.90) steuerbar ist, d. h. für die Bewegungen in $\mathscr{V}^*$ gilt der Satz von der Polvorgabe. Es ergibt sich übrigens, daß die Eigenwerte von A' gleich -5, -24, $-7{,}1243$ und $-0{,}355024$ sind, d. h., das ungesteuerte System (5.90) ist bereits stabil.

Wir haben damit folgendes Resultat: Das transformierte System wird vermittels der Zustandsrückführung $\hat{u} = -F\hat{x}$ stabilisiert und gleichzeitig die Dynamik der zu kontrollierenden Variablen auf die einfache Form (5.89) gebracht, falls man für $\hat{F}$ die nachstehende Matrix wählt:

$$\begin{pmatrix} 0 & 0 & 0 & 0 & 0 \\ 0 & 0 & 0 & 0 & 0 \\ 4{,}88264 & 0 & 0{,}015 & 0{,}17 & \hat{f}_{35} \end{pmatrix}, \quad \hat{f}_{35} > 0 . \tag{5.91}$$

Beide Eigenschaften: „Stabilität des geschlossenen Kreises" und „Bestehen der Differentialgleichung (5.89)" sind aber vom gewählten Koordinatensystem unabhängig. Damit können wir als abschließendes Resultat eine Aussage für das ursprüngliche System (5.83) formulieren, nämlich die folgende: Durch die Zustandsrückführung $u = -Fx$, wobei

$$F = Q\hat{F}P^{-1}$$

und Q, $\hat{F}$, P durch (5.87), (5.91), (5.86) gegeben sind, wird das System (5.83) stabilisiert und gleichzeitig die Dynamik der zu kontrollierenden Variablen von der Dynamik des Gesamtsystems (nicht aber von den Störungen!) vollständig abgekoppelt: z genügt der skalaren Differentialgleichung (5.89). Man ersieht übrigens noch aus der Gestalt der Matrizen Q, $\hat{F}$, P, daß F die Form hat:

$$F = \begin{pmatrix} 0 & 0 & 0 & 0 & 0 \\ f_{21} & f_{22} & f_{23} & f_{24} & f_{25} \\ 0 & 0 & 0 & 0 & 0 \end{pmatrix},$$

d. h. es braucht nur die Kontrollvariable u_2 zurückgeführt werden. Schließlich kann man die verbleibende Freiheit (in der Wahl von $\hat{f}_{35}$) noch dazu nutzen, um gewisse der f_{2i} zu Null zu machen (was die Zahl der nötigen Messungen bei der Realisierung der Steuerung dann reduziert!). So erhält man für $\hat{f}_{35} = 18{,}3493$ die Werte

$$f_{21} = -0{,}4 , \quad f_{22} = -8{,}90474 , \quad f_{23} = -0{,}0809523 , \quad f_{24} = f_{25} = 0 .$$

6 Dualisierung von Invarianzeigenschaften

6.1 Einleitung. Der Begriff der relativen Invarianz

Daß „Steuern" und „Rekonstruieren" duale Konzepte in der Kontrolltheorie sind, ist in den Kap. 3 und 4 deutlich geworden. Genauer gesagt haben wir gesehen, daß sich jeder Definition und Aussage, die sich auf das Thema Steuerbarkeit bezieht, eine analoge Definition bzw. Aussage zum Thema Rekonstruierbarkeit gegenüberstellen läßt. Wir wollen in diesem Kapitel das Dualitätsprinzip auch auf das Thema Invarianz ausdehnen. Da die wesentlichen Resultate, die wir bisher gewonnen haben, im Satz 5.7 zusammengefaßt sind, begnügen wir uns damit, dessen Aussage zu dualisieren und deren Anwendung, vor allem auf das Problem des Beobachterentwurfes, zu diskutieren.

Wir gehen aus von einem System, das in folgender Form gegeben sei

$$\dot{x} = Ax + Gv, \qquad y = Cx. \tag{6.1}$$

Abweichend von der bisherigen Praxis bezeichnen wir also die Eingangsgröße mit v, weil sich die im folgenden einzuführende Terminologie am besten motivieren läßt, wenn man v als „Störung" auffaßt. Für die formal-mathematische Seite des Begriffes „relative Invarianz" spielt diese Interpretation natürlich keine Rolle. Dieser Begriff ist von Basile und Marro (1969) in die Literatur eingeführt worden.

Wir setzen im folgenden generell voraus, daß die Zeilen der Matrix C linear unabhängig sind.

Definition 6.1. Ein linearer Unterraum $\mathscr{S}$ des Zustandsraumes heißt *relativinvariant* (bezüglich (6.1), falls es eine Matrix K vom Typ (n, k) gibt (k = Dimension von y), so daß $\mathscr{S}$ invarianter Unterraum (im Sinne der Definition 5.1) für jede Differentialgleichung der Form

$$\dot{x} = (A - KC)\, x + Gv(t) \tag{6.2}$$

(d. h. für beliebige Wahl von $v(\cdot)$) ist.

$\mathscr{S}$ muß offenbar den Unterraum Bild G enthalten – denn alle Elemente dieses Raumes sind ja von 0 aus mit Hilfe eines geeigneten $v(\cdot)$ ansteuerbar – und es muß $\mathscr{S}$ unter der Abbildung $x \to (A - KC)\, x$ invariant sein. Diese beiden Eigenschaften reichen aber für die relative Invarianz bereits hin, wie man sich sofort klarmacht (vgl. Hilfssatz 5.1). D. h. es gilt: $\mathscr{S}$ ist dann und nur dann relativ-invariant wenn folgende beiden Aussagen zutreffen

(i) Bild $G \subseteq \mathscr{S}$,

(ii) es gibt ein K, so daß $(A - KC)\, \mathscr{S} \subseteq \mathscr{S}$. $\tag{6.3}$

Mit dieser Charakterisierung relativ-invarianter Unterräume werden wir im folgenden arbeiten; aus ihr erhält man eine weitere Charakterisierung, indem man das orthogonale Komplement $\mathscr{S}^{\perp}$ von $\mathscr{S}$ betrachtet (zum Begriff und Eigenschaften des orthogonalen Komplements siehe [K], § 20, insbesondere Definition 20b). Die Aussagen (6.3) sind nämlich mit den folgenden beiden Aussagen über $\mathscr{S}^{\perp}$ äquivalent:

(i) $\mathscr{S}^{\perp} \subseteq \mathscr{G} = \{x:\ G^{\mathsf{T}}x = 0\}$,

(ii) es gibt ein K, so daß $(A^{\mathsf{T}} - C^{\mathsf{T}}K^{\mathsf{T}})\,\mathscr{S}^{\perp} \subseteq \mathscr{S}^{\perp}$.

$$\text{(6.4)}$$

Die zweite Bedingung bedeutet nun aber nichts anderes als die Steuerungs-invarianz des Raumes $\mathscr{S}^{\perp}$ bezüglich des Systemes $\dot{x} = A^{\mathsf{T}}x + C^{\mathsf{T}}u$. Es ist daher klar, daß man sich auf folgende Weise prinzipiell einen Überblick über alle bezüglich (6.1) relativ-invarianten Unterräume verschaffen kann: Man bestimme alle in $\mathscr{G}$ enthaltenen steuerungsinvarianten Unterräume des Systemes $\dot{x} = A^{\mathsf{T}}x + C^{\mathsf{T}}u$ und gehe dann zu den orthogonalen Komplementen über. Die steuerungsinvarianten Unterräume kann man an der im Satz 5.7 beschriebenen Normalform des Systemes

$$\dot{x} = A^{\mathsf{T}}x + C^{\mathsf{T}}u\,, \qquad y = G^{\mathsf{T}}x \tag{6.5}$$

ablesen. In analoger Weise lassen sich die relativ-invarianten Unterräume be-stimmen. Die zugehörige Normalform erhält man aus der im Satz 5.7 bzw. Hilfs-satz 5.2 angegebenen Normalform einfach mit Hilfe des nachstehenden Lexikons und die zugehörigen Aussagen über Teilräume und Untersysteme durch Duali-sierung der entsprechenden Aussagen des Kap. 5.

Kap. 5	x	u	A	B	D	$\mathscr{D}$
Kap. 6	x	y	A^{T}	C^{T}	G^{T}	$\mathscr{G}$ (vgl. (6.4))

$$\text{(6.6)}$$

Satz 6.1. *Nach einer geeigneten Transformation* $x \to Px$, $y \to Qy$ *nimmt das System (6.1) die folgende Form an und es treffen die nachstehenden Aussagen (i)–(vii) zu.*

$$\dot{x} = \begin{pmatrix} A_{11} & 0 & A_{13} \\ A_{21} & A_{22} & A_{23} \\ A_{31} & A_{32} & A_{33} \end{pmatrix} x + \begin{pmatrix} 0 \\ 0 \\ G_3 \end{pmatrix} v\,, \qquad y = \begin{pmatrix} C_{11} & 0 & 0 \\ 0 & 0 & C_{23} \end{pmatrix} x\,. \tag{6.7}$$

(i) *Entsprechend der Aufspaltung der Zustandsvariablen und des Ausgangs in der Form* $x = (x_1, x_2, x_3)^{\mathsf{T}}$, $y = (y_1, y_2)^{\mathsf{T}}$ *kann die Systemgleichung in der obigen Gestalt geschrieben werden, wobei die Zeilen der Matrizen* C_{11}, C_{23} *linear unabhängig sind.*

(ii) A_{13}, A_{23} *sind durch die Matrix* C_{23} *rechtsseitig teilbar, d. h. es gibt Matrizen* K_{12}, K_{22}, *so daß*

$$A_{13} = K_{12}C_{23}\,, \qquad A_{23} = K_{22}C_{23} \tag{6.8}$$

gilt.

(iii) $\mathscr{S}^* = \{x_1, x_2, x_3\colon x_1 = 0, x_2 = 0\}$ *ist der kleinste relativ-invariante Teilraum von (6.7).*
Wenn für eine Matrix K die Beziehung $(A - KC)\,\mathscr{S}^* \subseteq \mathscr{S}^*$ gilt, so ist auch $(A = KC)\,\mathscr{N}^* \subseteq \mathscr{N}^* := \{x = (x_1, x_2, x_3)\colon x_1 = 0\}$.
Zudem lassen sich durch Wahl von K die Eigenwerte der durch die Matrix $A - KC$ auf dem Faktorraum $\mathbb{R}^n/\mathscr{N}^*$ induzierten Abbildung nach Belieben verändern.

(iv) *Die Übertragungsnullstellen des Systemes (6.1) sind die Eigenwerte der Matrix A_{22}.*

(v) *Das System $\dot{x}_1 = A_{11}x_1$, $y_1 = C_{11}x_1$ ist rekonstruierbar.*

(vi) *Für jede Wahl der Matrix K_{32} ist das System*

$$\dot{x}_3 = (A_{33} - K_{32}C_{23})\,x_3 + G_3 v$$

steuerbar.

(vii) *Wenn das System $\dot{x} = Ax$, $y = Cx$ rekonstruierbar (entdeckbar) ist, so ist auch das System $\dot{x}_3 = A_{33}x_3$, $y_2 = C_{23}x_3$ rekonstruierbar (entdeckbar).*

Bemerkung. Die Aussage (vii) läßt sich analog zu Teil (iii) von Satz 5.7 verschärfen, doch wollen wir dies hier nicht ausführen.

Beweis. Die Aussagen (ii) sowie (v)–(vii) sind einfach Dualisierungen der entsprechenden Aussagen des Satzes 5.7. Bezüglich Teil (vi) verweisen wir auf Satz 5.7, Teil (ii) und Korollar 5.7. Die Grundlage für die Dualisierung bilden die Sätze 4.1 und 4.2.

Die Aussage (iv) ergibt sich aus der Tatsache, daß die Rosenbrock-Matrizen der beiden Systeme (6.1) und (6.5) zueinander transponierte Matrizen sind. Daß $\mathscr{S}^*$ ein relativ-invarianter Teilraum ist, ersieht man aus der Systemdarstellung (6.7) und den Beziehungen (6.8). Um die Bedingung (6.3) zu erfüllen, braucht man als K bloß die Matrix

$$\begin{pmatrix} 0 & K_{12} \\ 0 & K_{22} \\ 0 & 0 \end{pmatrix}$$

zu nehmen. Daß ferner auch kein echter Teilraum von $\mathscr{S}^*$ relativ-invariant sein kann, ist eine unmittelbare Folge der Aussage (vi). Andererseits ist aber klar, daß es stets zu dem System (6.1) einen minimalen relativ-invarianten Teilraum gibt: Man nehme das orthogonale Komplement des maximalen in $\mathscr{G}$ enthaltenen und steuerungsinvarianten Unterraumes des Systems (6.5). Dieser Raum ist dann notwendig in $\mathscr{S}^*$ enthalten. Da es aber, wie wir bereits gesehen haben, keinen echten Teilraum von $\mathscr{S}^*$ gibt, der relativ-invariant ist, ist $\mathscr{S}^*$ selbst dieser minimale Unterraum.

Man kann schließlich leicht alle Matrizen der Form

$$K = \begin{pmatrix} K_{11} & K_{12} \\ K_{21} & K_{22} \\ K_{31} & K_{32} \end{pmatrix} \tag{6.9}$$

bestimmen, für welche $(A - KC)\,\mathscr{S}^* \subseteq \mathscr{S}^*$ gilt. Notwendig und hinreichend für das Bestehen dieser Beziehung ist die Gültigkeit von (6.8). Wenn diese Relationen erfüllt sind, so ist auch

$$(A - KC)\,\mathscr{N}^* \subseteq \mathscr{N}^* \,.$$

Daß man schließlich die Eigenwerte der auf $\mathbb{R}^n/\mathscr{N}^*$ induzierten Abbildung durch Wahl von K beliebig plazieren kann, ist eine Folge der Aussage (v). Man erkennt aus der Systemdarstellung (6.7) und aus den Beziehungen (6.8) schließlich noch, daß es keinen echten Teilraum von $\mathscr{N}^*$ geben kann, der relativ-invariant ist und bei dem man die Eigenwerte für die induzierte Abbildung des Faktorraumes beliebig vorschreiben kann. $\square$

Neben den beiden Unterräumen $\mathscr{S}^*$, $\mathscr{N}^*$ wird im nächsten Kapitel noch ein weiterer relativ-invarianter Unterraum eine Rolle spielen. Wir bezeichnen ihn mit $\mathscr{S}^-$, er ist das orthogonale Komplement desjenigen bezüglich des Systemes (6.5) invarianten Unterraumes, für den in Kap. 5 das Symbol $\mathscr{V}^-$ verwendet wurde (vgl. (5.61))

$$\text{Bild } G \subseteq \mathscr{S}^* \subseteq \mathscr{S}^- \subseteq \mathscr{N}^* \,, \tag{6.10}$$

und es ergibt sich unschwer aus den früheren Betrachtungen die nachstehende Charakterisierung von $\mathscr{S}^-$.

Korollar 6.1. $\mathscr{S}^-$ *ist der kleinste Unterraum $\mathscr{S}$ mit den folgenden Eigenschaften.*
(i) *Bild $G \subseteq \mathscr{S}$.*
(ii) $\mathscr{S}$ *ist invariant unter einer Abbildung der Form $x \to (A - KC)\,x$ und die Eigenwerte der auf dem Faktorraum $\mathbb{R}^n/\mathscr{S}$ induzierten Abbildung liegen sämtlich in der linken Halbebene.*

Wir wollen zum Schluß die Ergebnisse dieses Abschnittes auf eine Fragestellung anwenden, die bei den Betrachtungen des nächsten Kapitels eine wichtige Rolle spielen wird. Gegeben sei ein System der Form

$$\dot{x} = Ax + Bu \,, \qquad y = Cx \,.$$

Wir setzen für das folgende voraus, daß die Matrix B bzw. die Matrix C linear-unabhängige Spalten bzw. Zeilen besitzt. Es geht jetzt um die Frage, inwieweit sich die Eigenschaften der relativen Invarianz und der Steuerungsinvarianz miteinander verbinden lassen. Wir betrachten also einen Unterraum $\mathscr{T}$, der sowohl in bezug auf eine Abbildung der Form $x \to (A - BF)x$ wie auch in bezug auf eine Abbildung der Form $x \to (A - KC)\,x$ invariant ist. Die Aussage des nachstehenden Hilfssatzes besagt dann, daß man beide Eigenschaften mittels einer einzigen Matrix der Form $A - BLC$ realisieren kann.

Hilfssatz 6.1. *Es sei $\mathscr{T}$ ein linearer Unterraum des $\mathbb{R}^n$. Wenn es Matrizen F, K mit der Eigenschaft*

$$(A - BF)\,\mathscr{T} \subseteq \mathscr{T} \,, \qquad (A - KC)\,\mathscr{T} \subseteq \mathscr{T} \tag{6.11}$$

gibt, so existiert auch eine Matrix L, derart daß

$$(A - BLC)\,\mathscr{T} \subseteq \mathscr{T}$$

gilt.

Beweis: Vermittels einer Koordinatentransformation (im Zustands- und Kontrollbereich) kann man erreichen, daß sich die Systemgleichung und der Unterraum $\mathscr{T}$ in der folgenden Weise darstellen lassen

$$\dot{x} = \begin{pmatrix} A_{11} & A_{12} & A_{13} \\ 0 & A_{22} & A_{23} \\ A_{31} & A_{32} & A_{33} \end{pmatrix} x + \begin{pmatrix} B_{11} & 0 \\ 0 & 0 \\ B_{31} & I \end{pmatrix} u\,, \qquad x = (x_1, x_2, x_3)^\mathsf{T}\,, \quad (6.12)$$

$$\mathscr{T} = \{x = (x_1, x_2, x_3)^\mathsf{T} : x_2 = 0, x_3 = 0\}\,. \tag{6.13}$$

Dabei müssen in der Zerlegung von x nicht alle Komponenten wirklich vorkommen. Fehlt etwa x_2, so entfallen sinngemäß die mittleren Blöcke in den Matrizen (6.12).

Um zu einer Darstellung in obiger Form zu gelangen, denke man sich das System zunächst auf die Normalform (5.21) gebracht, wobei wir als Unterraum $\mathscr{D}$ gerade $\mathscr{T}$ wählen, d. h. es gilt jetzt $\mathscr{V}^* = \mathscr{T} = \mathscr{D}$. Überdies verändern wir die Reihenfolge der Spalten $x^{(s+1)}, \ldots, x^{(n)}$ in der Transformationsmatrix P und setzen die Basiselemente von Bild B an den Schluß. Es wird dann $B_{32} = (0, I)^\mathsf{T}$, und es läßt sich in der Tat die Darstellung von System und Unterraum so umschreiben, daß sie die Form (6.12) annimmt (mit $B_{31} = 0$). Man muß nur die Zustandsvariable x anders aufspalten als dies im Hilfssatz 5.2 geschieht, nämlich so, daß x_1 die Dimenrion s, x_2 die Dimension $n - s + m' - m$ und x_3 die Dimension $m - m'$ bekommt.

Das Auftreten des Nullkästchens in den ersten Spalten der Matrix A ist eine Folge der ersten der beiden Beziehungen (6.11). Die zweite ist mit der folgenden Aussage gleichbedeutend: Es gibt ein $K = (K_1^\mathsf{T}, K_2^\mathsf{T}, K_3^\mathsf{T})^\mathsf{T}$ derart, daß

$$A - KC = \begin{pmatrix} * & * & * \\ 0 & * & * \\ 0 & * & * \end{pmatrix}$$

ist. Es ist daher insbesondere $K_3 C = (A_{31}, *, *)$ und somit auch

$$A - \begin{pmatrix} 0 \\ 0 \\ K_3 \end{pmatrix} C = \begin{pmatrix} * & * & * \\ 0 & * & * \\ 0 & * & * \end{pmatrix}. \tag{6.14}$$

Andererseits ist aber

$$\begin{pmatrix} 0 \\ 0 \\ K_3 \end{pmatrix} = \begin{pmatrix} B_{11} & 0 \\ 0 & 0 \\ B_{31} & I \end{pmatrix} \begin{pmatrix} 0 \\ K_3 \end{pmatrix} = BL\,,$$

wobei L aus m' Nullzeilen und den $m - m'$ Zeilen von K_3 besteht. Die Matrix auf der linken Seite von (6.14) kann also in der Form $A - BLC$ geschrieben werden. Das Auftreten der beiden Nullen in dieser Matrix bedeutet aber nun gerade, daß $(A - BLC)\,\mathscr{T} \subseteq \mathscr{T}$ gilt (vgl. (6.13)). $\qquad\square$

Beispiel 6.1. Wir setzen die Diskussion des Beispiels 5.5 fort und betrachten das Modell eines chemischen Reaktors, dessen dynamische Gleichungen durch (5.83) gegeben sind. Als Ausgang nehmen wie die zu kontrollierende Variable $z = x_2$ und zusätzlich x_4, x_5, d. h. wir setzen $y = Cx$ mit

$$C = \begin{pmatrix} 0 & 1 & 0 & 0 & 0 \\ 0 & 0 & 0 & 1 & 0 \\ 0 & 0 & 0 & 0 & 1 \end{pmatrix}. \tag{6.15}$$

Unser erstes Ziel ist die explizite Aufstellung der Normalform (6.7) für das System

$$\dot{x} = Ax + Gv, \qquad y = Cx, \tag{6.16}$$

wobei A die Systemmatrix in (5.83), G der Spaltenvektor $(g_1, g_2, 0, 0, 0)^\mathsf{T}$ und C die Matrix (6.15) ist. Wir befassen uns zu diesem Zweck zunächst mit dem dualen System

$$\dot{x} = A^\mathsf{T}x + C^\mathsf{T}u, \qquad y = G^\mathsf{T}x, \tag{6.17}$$

und bestimmen die Räume $\mathscr{V}^*$, $\mathscr{R}^*$. Die Basen dieser Räume liefern uns dann die Matrizen P, Q, mit denen sich (6.17) in die Normalform des Hilfssatzes 5.2 überführen läßt. Die Normalform für das uns eigentlich interessierende System (6.16) erhält man mittels der dualen Transformation

$$x' = P^\mathsf{T}x, \qquad y' = Q^\mathsf{T}y.$$

Zur Berechnung von $\mathscr{V}^*$, $\mathscr{R}^*$ halten wir uns an das im Abschn. 5.3 angegebene Schema und beginnen mit der Untersuchung der Rosenbrock-Matrix $\Sigma(s)$, d. h. bestimmen Normalrang und Übertragungsnullstellen. Es ist

$$\Sigma(s) = \begin{pmatrix} -s + a_{11} & a_{21} & a_{31} & 0 & 0 & 0 & 0 & 0 \\ 0 & -s + a_{22} & a_{32} & 0 & 0 & 1 & 0 & 0 \\ a_{13} & a_{23} & -s + a_{33} & 0 & 0 & 0 & 0 & 0 \\ a_{14} & a_{24} & a_{34} & -s + a_{44} & 0 & 0 & 1 & 0 \\ 0 & 0 & 0 & a_{45} & -s + a_{55} & 0 & 0 & 1 \\ g_1 & g_2 & 0 & 0 & 0 & 0 & 0 & 0 \end{pmatrix}.$$

Um den Rang von $\Sigma(s)$ zu bestimmen, kann man zunächst die Matrix durch Abziehen geeigneter Vielfacher der drei letzten von den übrigen Spalten vereinfachen. Auf diese Weise lassen sich offensichtlich die vierte und fünfte Spalte ganz und in den ersten bis dritten Spalten die Zeilen mit den Nummern 2, 4, 5 annullieren. Es ist daher

$$\mathrm{Rg}\,(\Sigma(s)) = 3 + \mathrm{Rg}\,(\tilde{\Sigma}(s)),$$

wobei

$$\tilde{\Sigma}(s) := \begin{pmatrix} -s + a_{11} & a_{21} & a_{31} \\ a_{13} & a_{23} & -s + a_{33} \\ g_1 & g_2 & 0 \end{pmatrix}.$$

Daher ist der Normalrang von $\Sigma(s)$ gleich 6 und die Übertragungsnullstellen sind die Nullstellen von $\mathrm{Det}\,(\tilde{\Sigma}(s))$. Unter Benutzung der früher bereits angegebenen Werte findet man nun genau zwei Übertragungsnullstellen, nämlich bei $s = -2,19173$ und $s = -7,12063$. Für jede dieser Nullstellen wird der Rang von $\tilde{\Sigma}$ gleich 2 und somit der Rang der Rosenbrock-Matrix gleich 5. Nimmt man nun noch die Tatsache hinzu, daß

$$\mathrm{Rg}\,(G^\mathsf{T}C^\mathsf{T}) = \mathrm{Rg}\,((g_2, 0, 0)) = 1$$

ist, so kann man aus dem Korrollar 5.6 sofort die folgende a-priori-Information bekommen: Es ist

$$\mathscr{V}^* = \mathscr{V}^- = \{\xi : G^\mathsf{T}\xi = 0\} = \{\xi : g_1\xi_1 + g_2\xi_2 = 0\}\,, \tag{6.18}$$
$$\text{Dim } \mathscr{V}^* - \text{Dim } \mathscr{R}^* \geq 2\,, \qquad \text{Dim } \mathscr{V}^* = 4$$

(vgl. auch (5.61)).

Damit ist $\mathscr{V}^*$ bekannt und wir gehen jetzt an die Bestimmung von $\mathscr{R}^*$. Nun ist, wie man aus (6.15) und (6.18) sofort sieht, $\mathscr{V}^* \cap \text{Bild } C^\mathsf{T} = [\xi^{(1)}, \xi^{(2)}]$, wobei

$$\xi^{(1)} = (0, 0, 0, 1, 0)^\mathsf{T}\,, \qquad \xi^{(2)} = (0, 0, 0, 0, 1)^\mathsf{T}\,.$$

Es ist $\mathscr{V}^* \cap \text{Bild } C^\mathsf{T}$ also ein zweidimensionaler Unterraum von $\mathscr{V}^*$. Aus der Dimensionsbeziehung (6.18) folgt daher im Hinblick auf Satz 5.3

$$\mathscr{R}^* = \mathscr{V}^* \cap \text{Bild } C^\mathsf{T} = [\xi^{(1)}, \xi^{(2)}]\,. \tag{6.19}$$

(Man beachte, daß beim dualen System die Matrix C^T die Rolle von B spielt!).

Wir gehen nun daran, eine Basis des ξ-Raumes gemäß dem im Anschluß an den Beweis von Satz 5.7 angegebenen Schema aufzustellen. Wegen (6.19) kann man den ersten und zweiten Schritt zusammenfassen, indem man $\xi^{(1)}, \xi^{(2)}$ als Basis für $\mathscr{R}^*$ wählt. Wir ergänzen dann mit Hilfe der Vektoren $\xi^{(3)} := (0, 0, 1, 0, 0)^\mathsf{T}$ und $\xi^{(4)} := (-g_2, g_1, 0, 0, 0)$ zu einer Basis von $\mathscr{V}^*$ und diese schließlich durch den Vektor

$$\xi^{(5)} := (0, 1, 0, 0, 0)^\mathsf{T} \in \text{Bild } C^\mathsf{T}$$

zu einer Basis des R^5. Für die Transformationsmatrix P, Q ergeben sich dann die nachstehenden Werte

$$P = \begin{pmatrix} 0 & 0 & 0 & -g_2 & 0 \\ 0 & 0 & 0 & g_1 & 1 \\ 0 & 0 & 1 & 0 & 0 \\ 1 & 0 & 0 & 0 & 0 \\ 0 & 1 & 0 & 0 & 0 \end{pmatrix}, \quad Q = \begin{pmatrix} 0 & 0 & 1 \\ 1 & 0 & 0 \\ 0 & 1 & 0 \end{pmatrix}. \tag{6.20}$$

Die Transformation, durch die sich das gegebene System (6.16) in seine Normalform bringen läßt, ist dann gerade durch

$$x' = P^\mathsf{T}x\,, \qquad y' = Q^\mathsf{T}y$$

gegeben. Wir schreiben das transformierte System in der Form

$$\dot{x}' = A'x' + B'u + G'v\,, \qquad y' = C'x'\,, \tag{6.21}$$

und berechnen die Koeffizientenmatrizen anhand der expliziten Daten für das gegebene System (vgl. Tabelle 5.1)

$$A' := \begin{pmatrix} -24 & 16 & 0 & 0 & 0 \\ 0 & -5 & 0 & 0 & 0 \\ 2{,}2 & 0 & -7 & -0{,}852941 & 4{,}62353 \\ -0{,}0568 & 0 & -0{,}68 & -2{,}31235 & 1{,}21482 \\ 0{,}015 & 0 & 0{,}17 & -1{,}23529 & 0{,}182353 \end{pmatrix}, \quad B' := \begin{pmatrix} 0 & 0 & 0 \\ 0 & 0 & 1 \\ 2{,}6 & 2{,}8 & 0 \\ -2{,}36 & -2{,}7308 & 0 \\ -3{,}1 & -2{,}1 & 0 \end{pmatrix},$$

$$G' = (0 \quad 0 \quad 0 \quad 0 \quad 0{,}68)^\mathsf{T}\,, \tag{6.22}$$

$$C' = \begin{pmatrix} 1 & 0 & 0 & 0 & 0 \\ 0 & 1 & 0 & 0 & 0 \\ 0 & 0 & 0 & 0 & 1 \end{pmatrix}$$

Die eingegrenzten Kästchen in A', C' entsprechen den Untermatrizen A_{ij}, C_{ij} der Normalform (6.7).

6.2 Anwendungen auf Probleme des Beobachterentwurfes

Wir wollen hier die Aussagen des vorigen Abschnittes unter dem Gesichtspunkt der Zustandsrekonstruktion bei Vorliegen von Systemstörungen diskutieren. Ausgangspunkt ist eine Systemdarstellung in Form einer Gleichung vom Typ (6.1) mit unbekannter Störung v. Zu dem System denken wir uns einen dynamischen Beobachter gewählt, bei dem die – der Messung unzugängliche – Störung naturgemäß unberücksichtigt bleibt:

$$\dot{\hat{x}} = A\hat{x} - K(C\hat{x} - y) \, . \tag{6.23}$$

Der Schätzfehler $e := x - \hat{x}$ genügt dann der Differentialgleichung

$$\dot{e} = (A - KC)\, e + Gv \, . \tag{6.24}$$

Wir erinnern nun an die Definition des maximalen steuerbaren Unterraumes (Definition 5.4): Der kleinste Bild G enthaltende und unter der Abbildung $e \rightarrow (A - KC)\, e$ invariante Unterraum $\mathscr{S}$ des e-Raumes ist die Gesamtheit derjenigen Zustände, in die sich das System (6.24) von $e = 0$ aus durch geeignete Spezialisierung von v steuern läßt. Das bedeutet aber: Auch wenn der Anfangszustand $x(0)$ des Systemes genau bekannt und man somit $\hat{x}(0) = x(0)$ und $e(0) = 0$ annehmen kann, so stimmen die Zustände $x(t)$ und $\hat{x}(t)$ von System und Beobachter zur Zeit $t > 0$ bis auf ein – a priori unbekanntes – Element aus $\mathscr{S}$ überein, d. h. der Systemzustand wird durch den Beobachter (6.23) nur modulo dem Unterraum $\mathscr{S}$ rekonstruiert. Je kleiner $\mathscr{S}$ ist, umso mehr an Information ist also im Zustand $\hat{x}$ des Beobachters enthalten. Nun ist $\mathscr{S}$ relativ invariant bezüglich (6.1) im Sinne der Definition 6.1 (vgl. (6.3)). Daher gilt $\mathscr{S} \supseteq \mathscr{S}^*$ und es ist klar, daß sich der Zustand des Systemes (6.1) mit Hilfe von Beobachtern der Form (6.23) niemals genauer als modulo $\mathscr{S}^*$ rekonstruieren läßt. Man erreicht diese Genauigkeit, indem man in der Gleichung (6.23) die Verstärkungsmatrix K so wählt, daß $\mathscr{S}^*$ gerade der maximale steuerbare Unterraum von (6.24) wird. Wie dies zu geschehen hat, sieht man am einfachsten an der Normalform (6.7). Wenn K den Bedingungen (6.9), (6.8) genügt, so wird $\mathscr{S}^*$ in der Tat gleich dem maximalen steuerbaren Unterraum des Systems (6.7), wobei v als Eingangsgröße aufzufassen ist. Dies ergibt sich sofort aus Teil (vi) von Satz 6.1. $\mathscr{S}^*$ kann demnach auch als Lösung einer Minimax-Aufgabe charakterisiert werden. Wir formulieren dies als

Satz 6.2. *Man betrachte alle Systeme der Form (6.24) (mit v als Eingangsgröße). Die Aufgabe, den maximalen steuerbaren Unterraum durch Wahl von K zu minimieren, besitzt immer Lösungen. Falls A, C, G in der Normalform von Satz 6.1 vorliegen, sind es genau diejenigen K, die den Bedingungen (6.8), (6.9) genügen. Der zugehörige Unterraum ist gerade $\mathscr{S}^*$.*

Wir wollen nun das Problem der Zustandsschätzung bei Anwesenheit von Störungen nun noch in einer etwas anderen Weise behandeln, indem wir nicht Restklassen des Zustandes modulo einem Unterraum, sondern lineare Funktionale $k^T x$ zu rekonstruieren versuchen. Bereits früher (vgl. Kap. 4) hatten wir ja gesehen, daß die Rekonstruktion spezieller Funktionale durchaus und in einfacher Weise möglich sein kann, auch dann wenn man einen asymptotisch stabilen Beobachter für das gesamte System nicht konstruieren kann oder möchte. Im nachstehenden abschließenden Satz 6.3 dieses Kapitels werden wir nun diejenigen linearen Funktionale charakterisieren, die man auch bei Anwesenheit eines Störsignals v mit Hilfe eines Beobachters der Form (6.23) exakt (falls $x(0)$ bekannt ist) oder asymptotisch rekonstruieren kann. Auf die Möglichkeit der Verwendung reduzierter Beobachter gehen wir hier nicht ein.

Wir bezeichnen im folgenden den maximalen steuerbaren Unterraum des Systems (6.24) als den zum Beobachter (6.23) gehörigen relativ-invarianten Unterraum (des Systems (6.1)). Der Formulierung von Satz 6.3 schicken wir zunächst einen Hilfssatz voraus.

Hilfssatz 6.2. *Gegeben sei ein Beobachter der Form (6.23) und es sei $\mathscr{S}$ der zugehörige relativ-invariante Teilraum. Dann existiert stets ein weiterer Beobachter*

$$\dot{x}' = Ax' - K'(Cx' - y) \tag{6.25}$$

mit folgender Eigenschaft. (i) Der zu (6.25) gehörige relativ-invariante Teilraum ist gleich $\mathscr{S}^*$ (= minimaler relativ-invarianter Unterraum des Systems (6.1)). (ii) Es sei $\hat{x}(\cdot)$ bzw. $x'(\cdot)$ Lösung von (6.23) bzw. (6.25) für die gleiche Eingangsfunktion $y = y(\cdot)$ und es sei $\hat{x}(0) - x'(0) \in \mathscr{S}$. Dann gilt $\hat{x}(t) - x'(t) \in \mathscr{S}$ für alle t.

Beweis. Es ist $\mathscr{S} \supseteq \mathscr{S}^*$, gemäß Satz 6.1, (iii). Die orthogonalen Komplemente sind dann steuerungsinvariante Unterräume des Systemes (6.5) und stehen in der umgekehrten Beziehung zueinander. Wie wir uns im Abschn. 5.2 (vgl. den Beweis von Satz 5.3) klar gemacht haben, kann man die durch $(A - KC)^{\mathsf{T}}$ vermittelte lineare Abbildung von $\mathscr{S}^{\perp}$ immer zu einer Abbildung des R^n so fortsetzen, daß dabei auch $(\mathscr{S}^*)^{\perp}$ invariant bleibt. D. h. es gibt ein K' mit der Eigenschaft

$$(A - K'C)^{\mathsf{T}} x = (A - KC)^{\mathsf{T}} x \quad \text{für jedes} \quad x \in (\mathscr{S})^{\perp} \,,$$

$$(A - K'C)^{\mathsf{T}} (\mathscr{S}^*)^{\perp} \subseteq (\mathscr{S}^*)^{\perp} \,.$$

Für die ursprünglichen Räume ergeben sich daraus die folgenden Beziehungen:

$$((A - K'C) - (A - KC)) x = (K - K') Cx \in \mathscr{S} \quad \text{für jedes} \quad x \in R^n \,,$$

$$(A - K'C) \mathscr{S}^* \subseteq \mathscr{S}^* \,. \tag{6.26}$$

Aus der zweiten liest man die Behauptung (i) unmittelbar ab. Um die Behauptung (ii) zu zeigen, bemerken wir zunächst, daß auch $\mathscr{S}$ unter der Abbildung $x \to (A - K'C) x$ invariant bleibt. Dies folgt unmittelbar aus der ersten der Beziehungen (6.26) und der Voraussetzung des Hilfssatzes, die ja u. a. besagt, daß $\mathscr{S}$ unter der Abbildung $x \to (A - KC) x$ invariant ist. Wir betrachten nun die Dgl.

$$\dot{\Delta} = (A - K'C) \Delta + (K' - K) C\tilde{x}(t) \,, \tag{6.27}$$

wo $\tilde{x}(\cdot)$ eine zunächst noch beliebige stetige Funktion von t ist. Aus dem, was wir eben und unter (6.26) festgestellt haben, ergibt sich, daß die rechte Seite von (6.27) ein Element des Unterraumes $\mathscr{S}$ darstellt, sobald Δ zu $\mathscr{S}$ gehört. Dies bedeutet aber, daß $\mathscr{S}$ im Sinne der Definition 5.1 ein invarianter Unterraum für die Dgl. (6.27) ist. Mit anderen Worten:

$$\Delta(0) \in \mathscr{S} \quad \text{impliziert} \quad \Delta(t) \in \mathscr{S} \text{ für alle } t. \tag{6.28}$$

Dies gilt, wohlgemerkt, unabhängig davon, wie $\tilde{x}(\cdot)$ gewählt wird.

Um den Beweis des Hilfssatzes abzuschließen, denken wir uns je eine Lösung $x'(\cdot)$ bzw. $\hat{x}(\cdot)$ von (6.25) bzw. (6.23) gegeben, die beide zum selben Ausgang $y(\cdot) = Cx(\cdot)$ des Systems (6.1) gehören. Wählt man jetzt $\tilde{x}(t) := x(t) - \hat{x}(t)$, so wird die Dgl. (6.27) gerade von der Differenz $\Delta(t) := x'(t) - \hat{x}(t)$ erfüllt, und die zu beweisende Aussage ergibt sich somit aus (6.28). $\square$

Für den Beweis des nun folgenden Satzes ist es zweckmäßig, sich das zugrunde liegende System (6.1) in der Normalform und die Matrix A_{22} in Block-Gestalt

$$A_{22} = \text{diag}\,(A_{22}^-, A_{22}^+)$$

vorzustellen, wobei die Eigenwerte von A_{22}^- alle negativen und diejenigen von A_{22}^+ nicht-negativen Realteil besitzen. Entsprechend denken wir uns x_2 in der Form $(x_{22}^-, x_{22}^+)^\mathsf{T}$ aufgespalten. Aus dem Satz 6.1, (iii), und dem Korollar 6.1 ergeben sich dann die folgenden Darstellungen für die Räume $\mathscr{S}^*$, $\mathscr{S}^-$, $\mathscr{N}^*$:

$$\mathscr{S}^* = \{x = (x_1, x_2, x_3)^\mathsf{T} : x_1 = 0, x_2 = 0\}, \qquad \mathscr{N}^* = \{x = (x_1, x_2, x_3)^\mathsf{T} : x_1 = 0\},$$

$$\mathscr{S}^- = \{x = (x_1, x_2^-, x_2^+, x_3)^\mathsf{T} : x_1 = 0, x_2^- = 0\}.$$

Die orthogonalen Komplemente dieser Räume sind dann diejenigen ausgezeichneten steuerungsinvarianten Unterräume für das duale System (6.5), die im Kap. 5 mit $\mathscr{V}^*$, $\mathscr{V}^-$, $\mathscr{R}^*$ bezeichnet wurden, d. h. es ist

$$\mathscr{V}^* = \{x = (x_1, x_2, x_3)^\mathsf{T} : x_3 = 0\}, \qquad \mathscr{R}^* = \{x = (x_1, x_2, x_3)^\mathsf{T} : x_2 = 0, x_3 = 0\},$$

$$\mathscr{V}^- = \{x = (x_1, x_2^-, x_2^+, x_3)^\mathsf{T} : x_3 = 0, x_2^+ = 0\}. \tag{6.29}$$

Man beachte, daß diese Räume sich unabhängig vom Koordinatensystem durch Invarianzeigenschaften des dualen Systems (6.5) charakterisieren lassen. Die nachstehenden Aussagen sind daher auch dann sinnvoll und richtig, wenn das System (6.1) nicht in Normalform vorliegt.

Satz 6.3. *Es seien $\mathscr{R}^* \subseteq \mathscr{V}^- \subseteq \mathscr{V}^*$ die dem dualen System (6.5) zugeordneten ausgezeichneten steuerungsinvarianten Unterräume. Dann gilt: Es gibt einen Beobachter der Form (6.23) mit den Eigenschaften:*
a) $x(0) = \hat{x}(0)$ impliziert $k^\mathsf{T}x(t) = k^\mathsf{T}\hat{x}(t)$ für alle $t \geq 0$,
b) $\lim\limits_{t \to \infty} k^\mathsf{T}(x(t) - \hat{x}(t)) = 0$ für jede Lösung $x(\cdot)$ von (6.1) und jede Lösung
   $\hat{x}(\cdot)$ von (6.23),
   dann und nur dann wenn $k \in \mathscr{V}^*$ im Falle a), $k \in \mathscr{V}^-$ im Falle b).
c) $k \in \mathscr{R}^*$ ist hinreichend und notwendig dafür, daß man durch Wahl der Verstärkungsmatrix K in der Beobachtergleichung dafür sorgen kann, daß $k^\mathsf{T}(x(t) - \hat{x}(t))$ von vorgegebener Ordnung exponentiell abklingt.

Beweis. Wir arbeiten statt mit dem Beobachter mit der Differentialgleichung (6.24) für den Schätzfehler. Die Aussagen a), b), c) lauten dann so

a′) $e(0) = 0$ impliziert $k^\mathsf{T}e(t) = 0$ für alle $t \geqq 0$,

b′) $\lim\limits_{t \to \infty} k^\mathsf{T}e(t) = 0$ für jede Lösung von (6.24),

c′) es gilt b′) und man kann die Ordnung des exponentiellen Abklingens beliebig vorschreiben.

Daß man für ein $k \in \mathscr{V}^*$ bzw. $k \in \mathscr{V}^-$ bzw. $k \in \mathscr{R}^*$ Beobachter mit den Eigenschaften a′), bzw. b′), bzw. c′) finden kann, sieht man sofort an der Normalform (6.7). Für die jeweiligen Räume hat man eine Darstellung gemäß (6.29), und die Verstärkungsmatrix K des Beobachters kann in der Form

$$K = \begin{pmatrix} K_{11} & K_{12} \\ 0 & K_{22} \\ 0 & 0 \end{pmatrix}$$

angenommen werden, wobei K_{12}, K_{22} der Bedingung (6.8) zu genügen haben.

Etwas schwieriger ist der Beweis der Umkehrung, d. h. der Nachweis, daß a′), b′), c′) nur gelten können, wenn k in den betreffenden Räumen liegt, unabhängig davon, welcher Beobachter (6.23) bei der Rekonstruktion von x zugrunde gelegt wird.

Zu a′). Diese Aussage bedeutet, daß k auf dem Raum $\mathscr{S}$ ($=$ maximaler steuerbarer Unterraum des Systems (6.24)) orthogonal ist. Aus $\mathscr{S} \supseteq \mathscr{S}^*$ folgt aber nun $\mathscr{S}^\perp \subseteq (\mathscr{S}^*)^\perp$ und somit

$$k \in \mathscr{S}^\perp \subseteq (\mathscr{S}^*)^\perp = \mathscr{V}^* . \tag{6.30}$$

Zu b′) und c′). Zunächst überlegen wir uns, daß die Eigenschaft b′) impliziert, daß k wieder zu $\mathscr{S}^\perp$ gehört. In der Tat kann man ja – nach dem Satz von der Polvorgabe (vgl. Korollar 3.4) – eine Basis $e_1, \ldots, e_s$ des Raumes $\mathscr{S}$ und verschiedene positiv-reelle Zahlen α_v finden, derart daß $e_v e^{\alpha_v t}$ Lösung der Differentialgleichung (6.24) für passendes $v = v_v(t)$ ist. Die Aussage b′) muß insbesondere für $e(t) = e_v e^{\alpha_v t}$ gelten und damit ist klar daß $k^\mathsf{T}e_v = 0$ ist, d. h. es gilt (6.30). Wir denken uns nun zu dem gegebenen Beobachter einen zweiten mit den im Hilfssatz 6.2 angegebenen Eigenschaften gewählt. Dies bedeutet u. a. daß

$$e'(t) - e(t) \in \mathscr{S} \quad \text{für alle } t$$

gilt, sofern $e'(0) - e(0) \in \mathscr{S}$. Es sind e bzw. e' dabei die zu den Beobachtern (6.23) bzw. (6.25) gehörigen Schätzfehler. Aus (6.30) folgt daher: Zu jedem $e'(\cdot)$ gibt es ein $e(\cdot)$ mit der Eigenschaft $k^\mathsf{T}e'(t) = k^\mathsf{T}e(t)$ für alle t (man braucht bloß dafür zu sorgen, daß etwa $e(0) = e'(0)$ gilt). Die Aussagen b′) und c′) bleiben also richtig, wenn man $e(\cdot)$ durch $e'(\cdot)$ ersetzt. In anderen Worten: Für den zweiten Teil des Beweises kann man o. E. voraussetzen, daß der maximale steuerbare Unterraum von (6.24) gleich $\mathscr{S}^*$ ist. Wir nehmen wieder an, daß A, C, G in der Normalform des Satzes 6.1 vorliegen. Es genügt K dann den Bedingungen (6.8), (6.9) (vgl. Satz 6.2)). Die ersten beiden Komponenten e_1, e_2 von e sind also Lösung einer Dgl. der Form

$$\begin{pmatrix} \dot{e}_1 \\ \dot{e}_2 \end{pmatrix} = \begin{pmatrix} A_{11} - K_{11}C_{11} & 0 \\ * & A_{22} \end{pmatrix} \begin{pmatrix} e_1 \\ e_2 \end{pmatrix}. \tag{6.31}$$

Da k – wegen (6.29), (6.30) – von der Form $(k_1, k_2, 0)^\mathsf{T}$ ist, wird

$$k^\mathsf{T} e(t) = k_1^\mathsf{T} e_1(t) + k_2^\mathsf{T} e_2(t).$$

Aus der Form der Dgl. (6.31) erkennt man nun unmittelbar dies: 1) Wenn b') zutrifft, so muß auch

$$\lim_{t \to \infty} k_2^\mathsf{T} e_2(t) = 0$$

für *jede* Lösung $e_2(\cdot)$ der Dgl. $\dot{e}_2 = A_{22}e_2$ gelten. 2) Man kann das exponentielle Abklingen von $k_1^\mathsf{T} e_1 + k_2^\mathsf{T} e_2$ nur dann durch Wahl von K_{11} beliebig stark machen wenn $k_2 = 0$ ist. Daß dies nun gerade $k \in \mathscr{V}^-$ bzw. $k \in \mathscr{R}^*$ bedeutet, entnimmt man sofort der expliziten Beschreibung (6.29) dieser Räume. $\square$

Beispiel 6.2. Wir setzen die Diskussion des Beispiels 6.1 fort und gehen jetzt an das Problem der Zustandsrekonstruktion für das in Kap. 5 eingeführte Modell eines chemischen Reaktors. Da wir die Räume $\mathscr{V}^*$, $\mathscr{V}^-$, $\mathscr{R}^*$ für das duale System bereits bestimmt haben (vgl. (6.18), (6.19)), kann man sich mit Hilfe von Satz 6.3 sofort einen Überblick über alle linearen Funktionale verschaffen, die sich auch bei Anwesenheit einer unbekannten Störung exakt (sofern der Anfangszustand bekannt ist) oder wenigstens asymptotisch rekonstruieren lassen. Wir erhalten damit folgendes erste Resultat: Es existiert ein Beobachter, der alle linearen Funktionale der Form

$$k^\mathsf{T} x = k_1 x_1 + k_2 x_2 + \dots + k_5 x_5 \quad \text{mit} \quad g_1 k_1 + g_2 k_2 = 0$$

exakt rekonstruiert, falls der Anfangszustand $x(0)$ bekannt ist, und der sie unabhängig vom Anfangswert stets asymptotisch mit beliebiger Genauigkeit rekonstruiert. Es sind damit die folgenden Größen

$$x_3, x_4, x_5 \quad \text{und} \quad -g_2 x_1 + g_1 x_2 \tag{6.32}$$

über einen Beobachter rekonstruierbar. Andererseits ist x_2 ja nach Voraussetzung direkt meßbar. also kann man durch Kombination von Beobachterzustand und Systemausgang tatsächlich den gesamten Systemzustand rekonstruieren. Dies alles läßt sich ohne Zuhilfenahme der Normalform einsehen. Um die Verstärkungsmatrix K des Beobachters explizit zu konstruieren, ist jedoch die Darstellung des Systemes in der Normalform empfehlenswert. Die Beobachtergleichung sieht dann so aus (vgl. (6.22))

$$\dot{\hat{x}}' = A'\hat{x}' + B'u + K'(C'\hat{x}' - y'). \tag{6.33}$$

wobei wir uns die Verstärkungsmatrix wieder in der Form (6.9) geschrieben denken. Die Untermatrizen K_{ij} haben dann 2 Spalten für $j = 1$, eine Spalte für $j = 2$, 2 Zeilen für $i = 1, 2$, und eine Zeile für $i = 3$. Durch die Forderung der Störungsentkoppelung sind K_{12}, K_{22} gemäß (6.8) festgelegt:

$$K_{12} = 0, \qquad K_{22} = A_{23} = (4{,}62353,\ 1{,}21482)^\mathsf{T}$$

(vgl. (6.22)). Wenn man an den Beobachter zunächst keine weitere Bedingung stellt, d. h. also K' in der Form

$$K' = \begin{pmatrix} K_{11} & 0 \\ K_{21} & A_{23} \\ K_{31} & \varkappa \end{pmatrix}$$

ansetzt, wobei $\varkappa = K_{32}$ eine beliebige reelle Zahl und K_{i1} beliebige Matrizen der entsprechenden Dimension sind, so erhält man die folgende Differentialgleichung für den Schätzfehler $e' := x' - \hat{x}'$

$$\dot{e}' = (A' - KC')\,e' + G'v\,,\tag{6.34}$$

und die Koeffizientenmatrix sieht dabei so aus

$$\begin{pmatrix} A_{11} - K_{11} & 0 & 0 \\ A_{21} - K_{21} & A_{22} & 0 \\ A_{31} - K_{31} & A_{32} & A_{33} - \varkappa \end{pmatrix}.$$

Die explizite Form von G' findet man unter (6.22). Die Eigenwerte von A_{22} sind die Übertragungsnullstellen des Systems und sind bereits früher bestimmt worden. Insbesondere wissen wir, daß sie negativ-reell sind. Denkt man sich $e'(t)$ entsprechend der Zerlegung der Koeffizientenmatrix in der Form $(e_1'(t), e_2'(t), e_3'(t))$ aufgespalten, so sieht man unmittelbar die Richtigkeit der nachfolgenden Feststellungen ein.

(i) $e'(0) = 0 \Rightarrow e_1'(t) = 0$ und $e_2'(t) = 0$ für alle t, unabhängig vom Störsignal v. Diese Aussage gilt für jede Wahl der Matrizen K_{ij} und der Zahl $\varkappa$.

(ii) Wenn die Eigenwerte von $A_{11} - K_{11}$ in der linken Halbebene liegen, so gilt $\lim\limits_{t \to \infty} (e_1'(t),\, e_2'(t)) = (0, 0)$ unabhängig vom Anfangswert $e(0)$ und von der Störung v.

(iii) Die skalare Größe $e_3' = x_5' - \hat{x}_5'$ genügt der Differentialgleichung

$$\dot{e}_3' = (A_{33} - \varkappa)\,e_3' + A_{32}e_2' + (A_{31} - K_{31})\,e_1' + 0{,}68v\,,$$

mithin kann x_5' über den Beobachter nicht exakt rekonstruiert werden. Andererseits braucht aber auch x_5' nicht rekonstruiert werden, da diese Zustandskomponente Bestandteil des Ausgangs ist (vgl. (6.22)).

Für die Wahl der bisher noch nicht festgelegten Matrizen K_{i1} gibt es nun zwei grundsätzlich verschiedene Gesichtspunkte.

a) Man erstrebt möglichst weitgehende Entkoppelung in der Differentialgleichung (6.34). Dann wählt man auf jeden Fall $K_{i1} = A_{i1}$, $i = 2, 3$.

b) Man erstrebt eine möglichst „dünn" besetzte Verstärkungsmatrix K'. In diesem Falle wählt man $K_{i1} = 0$ für $i = 1, 2, 3$. Dies steht im Einklang mit der unter (ii) erhobenen Forderung, denn die Eigenwerte von A_{11} sind -5 und -24 und liegen mithin alle in der linken Halbebene.

Eine dünn besetzte Verstärkungsmatrix bedeutet u. U., daß gewisse Komponenten des Ausganges für die Zustandsrekonstruktion entbehrlich sind. Falls $K_{i1} = 0$, $i = 1, 2, 3$, so wird tatsächlich

$$K'y' = \begin{pmatrix} 0 & 0 \\ 0 & A_{23} \\ 0 & \varkappa \end{pmatrix} y' = \begin{pmatrix} 0 \\ A_{23}y_3' \\ \varkappa y_3' \end{pmatrix},$$

d. h. der Eingang des Beobachters hängt nicht vom gesamten Ausgang y' sondern *nur* von der Komponente y_3' ab. Da vom Standpunkt der Anwendungen „Einsparungen" bei der Zustandsbeobachtung interessanter sind als Vereinfachungen in der Beobachtergleichung, werden wir das Beispiel unter dem Gesichtspunkt b) zu Ende diskutieren. Wir wählen daher

$$K' = \begin{pmatrix} 0 & 0 & 0 \\ 0 & 0 & 0 \\ 0 & 0 & 4{,}62353 \\ 0 & 0 & 1{,}21482 \\ 0 & 0 & \varkappa \end{pmatrix}$$

und transformieren die Differentialgleichung (6.33) des Beobachters vermöge

$$\hat{x}' = P^\mathsf{T}\hat{x}\,, \qquad y' = Q^\mathsf{T}y$$

in das ursprüngliche Koordinatensystem zurück. Man erhält dann einen dynamischen Beobachter der Form

$$\dot{\hat{x}} = A\hat{x} + Bu + K(C\hat{x} - y)\,. \tag{6.35}$$

A, B, C haben hier wieder ihre ursprüngliche Bedeutung und es ist

$$K = (P^{\mathsf{T}})^{-1} K'Q^{r} = \begin{pmatrix} k_1 & 0 & 0 \\ k_2 & 0 & 0 \\ k_3 & 0 & 0 \\ 0 & 0 & 0 \\ 0 & 0 & 0 \end{pmatrix}$$

mit

$$k_3 = 4{,}62353\,, \qquad k_2 = \varkappa\,, \qquad -g_2 k_1 + g_1 k_2 = 1{,}21482\,. \tag{6.36}$$

Man sieht sofort, daß Ky nur von $y_1 = x_2$ abhängt. Die Größe x_2 war aber im Beispiel 5.5 die zu kontrollierende Variable z. Die gleiche Größe, die man kontrollieren möchte, braucht man also auch nur zu beobachten, um den Gesamtzustand des Systems rekonstruieren zu können. Bei der Rekonstruktion selbst muß man die direkt gemessene Größe $z = x_2$ mitbenutzen. Wenn $\hat{x} = (\hat{x}_1, \ldots, \hat{x}_5)$ der Zustand des Beobachters (6.35) ist, sieht demnach die Vorschrift zur Schätzung des tatsächlichen Zustandes so aus (vgl. (6.32)):

tatsächlicher Zustand	x_1	x_2	x_3	x_4	x_5
Schätzwert	$\dfrac{1}{g_2}(g_2\hat{x}_1 - g_1\hat{x}_2 + g_1 z)$	z	$\hat{x}_3$	$\hat{x}_4$	$\hat{x}_5$

Wir haben damit folgendes abschließende Resultat gefunden. Der Gesamtzustand $x = (x_1, x_2, x_3, x_4, x_5)^{\mathsf{T}}$ des im Beispiel 5.5 betrachteten Reaktormodells läßt sich allein unter Benutzung der zu kontrollierenden Variablen z unabhängig von der Störung v und dem Anfangszustand asymptotisch mit beliebiger Genauigkeit gemäß obiger Tabelle schätzen, wenn man unter $\hat{x} = (\hat{x}, \ldots, \hat{x}_5)^{\mathsf{T}}$ den Zustand des Beobachters

$$\dot{\hat{x}} = A\hat{x} + Bu + (k_1, k_2, k_3, 0, 0)^{\mathsf{T}}(\hat{x}_2 - z)$$

versteht und die k_i gemäß (6.36) wählt. Wenn $x(0)$ bekannt ist und man $\hat{x}(0) = x(0)$ setzt, ist diese Schätzung sogar für alle Zeiten exakt.

7 Regelung durch Ausgangsrückführung

7.1 Einleitung

In den Kap. 3 und 5 haben wir Möglichkeiten beschrieben, um mit dem Mittel
der Zustandsrückführung das dynamische Verhalten eines linearen zeitinvarianten Systems zu verbessern. Für die unmittelbare Anwendung auf konkrete Probleme sind diese Resultate jedoch wenig geeignet, da die praktische Realisierung
einer Rückführung des Zustandes ja voraussetzt, daß eben dieser Zustand in
jedem Zeitpunkt genau bekannt ist. Eine Messung des gesamten Systemzustandes
ist aber zumeist entweder nicht möglich oder wegen des erforderlichen Aufwandes in konkreten Situationen zumeist nicht erwünscht.

Wir werden uns jetzt mit der naheliegenden Frage befassen, inwieweit sich
entsprechende Verbesserungen der Systemdynamik auch mit Hilfe von *Ausgangsrückführung* erreichen lassen. Unter Ausgangsrückführung im weiteren
Sinne versteht man ein Steuergesetz, dessen Anwendung in einem gegebenen
Zeitpunkt t nur die Kenntnis der beobachteten Variablen bis zu diesem Zeitpunkt,
d. h. die Kenntnis von $y(s)$ für $s \leq t$ voraussetzt. Wir wollen in diesem Abschnitt
den Begriff Ausgangsrückführung jedoch von vornherein enger fassen und
darunter ein Steuergesetz der speziellen Form

$$u = -Fx' - Ly \tag{7.1}$$

verstehen, wobei x' der Zustand eines linearen Systemes ist, dessen Eingang sich
aus dem Eingang u der Strecke und der beobachteten Variablen y zusammensetzt.
Zumeist handelt es sich bei diesem System um einen dynamischen Beobachter
(vgl. Kap. 4); wir bezeichnen dann x' als „Schätzung" des Zustandes x und
sprechen von Zustandsrekonstruktion. In welchem Ausmaße man über einen
dynamischen Beobachter den gesamten Zustand x tatsächlich rekonstruieren
kann – etwa bei Anwesenheit von Störungen – ist im Abschn. 6.2 ausführlich
dargelegt worden. Im folgenden werden wir uns auf die spezielle Interpretation
von x' als Zustand eines dynamischen Beobachters jedoch nicht festlegen, sondern
auch allgemeinere Möglichkeiten der Erzeugung von Steuergesetzen der Form
(7.1) ins Auge fassen; der Kürze halber nennen wir aber ein beliebiges lineares
System (mit Eingang u, y), welches einen geeigneten Schätzwert liefert, einen
Beobachter.

Im Abschn. 7.2 befassen wir uns zunächst mit dem einfachen Problem der Stabilisierung eines Systems vermöge Rückführung des Ausganges. Es geht hier
darum, die Auswirkung, die eine momentane, rasch abklingende Störung auf
den Zustand des Systemes haben kann, durch Ausgangsregelung wieder zum Verschwinden zu bringen. Die Natur der Störung spielt dabei keine Rolle, da man ja

nur ihre Symptome (nämlich die durch sie verursachten Zustandsveränderungen) zu behandeln braucht.

Ganz anders ist die Situation, die den Betrachtungen der Abschn. 7.3 und 7.4 zugrunde liegt. Hier erscheint die Störung v explizit in der Systembeschreibung. Sie stellt den Teil des gesamten Einganges dar, den man nicht in der Hand hat und zumeist nur unvollständig kennt, dessen Auswirkungen auf den Ausgang man aber über die Eingangsgröße u beeinflussen möchte. Die Systemkonfiguration ist in der Abb. 7.1 skizziert. Die beiden Teile des Systems sind die vorgegebene Strecke (mit Eingang (u, v) und Ausgang (y, z)) und der zu konstruierende Regler. Die formale Aufteilung des Ausgangs der Strecke in die beobachtete Variable y und die zu kontrollierende Variable z erfolgt ganz im Sinne der Aufgabenstellung dieses Kapitels: Durch Wahl der Reglerstruktur und unter alleiniger Benutzung von y dem Gesamtsystem (Strecke plus Regler) im Vergleich mit der ungeregelten Strecke zu einem besseren dynamischen Verhalten zu verhelfen.

Bei der Beurteilung des dynamischen Verhaltens gibt es nun naturgemäß verschiedene Kriterien. Mit zweien werden wir uns im folgenden näher befassen. Bei beiden Kriterien wird die Konfiguration der Abb. 7.1 als System mit Eingang v und Ausgang z interpretiert. In Abschn. 7.3 geht es dann um die folgende Frage: Kann man den Regler so entwerfen, daß gleichzeitig der Ausgang z von der Störung v entkoppelt und das Gesamtsystem stabilisiert wird? Es wird sich herausstellen, daß diese sehr weitgehenden Forderungen nur unter einschränkenden Bedingungen bezüglich der gegebenen Strecke realisierbar sind.

Wesentlich realistischer ist das im Abschn. 7.4 vorgestellte Konzept zur Verbesserung der Dynamik einer Strecke. Die Ausgangssituation unterscheidet sich von der des Abschn. 7.3 in zweifacher Hinsicht.

1) Es wird von vornherein nicht Störungsentkoppelung, sondern nur Störungsunterdrückung, d. h. asymptotische Elimination des Einflusses von v auf z, angestrebt.

2) Eine gewisse a-priori-Information über das Störsignal wird zugrunde gelegt. Genauer gesagt wird angenommen, daß das Störsignal einem endlich-dimensionalen Funktionenraum mit bekannter Dynamik entstammt.

Die zweite Annahme bedeutet, daß man durch formale Zustandserweiterung in der Systembeschreibung die Störung zu einem Bestandteil des Zustands machen kann. Man hat es dann also mit einer Konfiguration zu tun, in der ein Störsignal v explizit nicht vorkommt; die Unkenntnis der Störung bedeutet

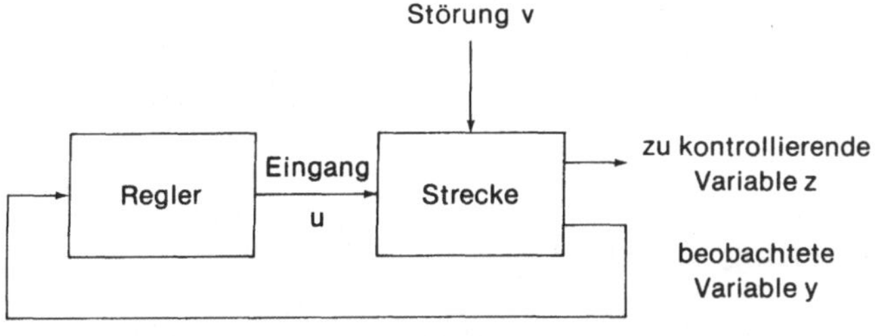

Abb. 7.1   Rückgekoppelter Regelkreis

dann nichts anderes als Unkenntnis des Anfangszustandes des Systems. Auf der anderen Seite bedeutet die Einbeziehung der Störung in den Zustand aber, daß gewisse Komponenten von x durch die Steuerung grundsätzlich nicht beeinflußbar sind und auch mit wachsendem t nicht abklingen. Es ist daher klar, daß man durch eine Zustandsrückführung und erst recht durch eine Ausgangsrückführung das gesamte System nicht stabilisieren kann. Sinnvoll ist aber auf jeden Fall die Frage, ob sich mit Hilfe eines Reglers der Ausgang des Systemes stabilisieren läßt, d. h. ob es möglich ist, einen Regler zu entwerfen, der dafür sorgt, daß $z(t)$ für $t \to \infty$ exponentiell abklingt, unabhängig vom Anfangszustand des Systems. Eine solche Strategie ist dann „wirksam" gegen sämtliche theoretisch möglichen Störungen aus der gegebenen Funktionenklasse.

Falls $y = z$ ist, d. h. falls die zu kontrollierende Variable auch beobachtet werden kann, läßt sich diese Frage für eine große und einfach zu charakterisierende Klasse von Störsignalen generell positiv beantworten (Satz 7.3). Aus dem Satz ergibt sich überdies, daß die Festlegung auf Steuergesetze der Form (7.1) keine Einschränkung darstellt. Wenn der Ausgang sich überhaupt in irgendeiner Weise stabilisieren läßt, so geht es auch immer in dieser speziellen Form. Der Satz gibt jedoch keine Hinweise auf ein Rezept zum Entwurf einer geeigneten Reglerstruktur. Wir werden daher in Abschn. 7.4 auch noch eine konkrete Konstruktion einer dynamischen Ausgangsregelung vorführen, die an eine einschränkende, aber in der Praxis zumeist gegebene Voraussetzung hinsichtlich der Rosenbrock-Matrix des Systemes gebunden ist. Vergleicht man die explizite Form der Reglergleichung dann mit der analogen Aussage aus Abschn. 7.2, so erkennt man, mit welchen zusätzlichen Informationen man den Regler auszustatten hat, damit nicht nur der Zustand des ungestörten Systemes stabilisiert, sondern auch der Einfluß ständig wirkender Störungen vom Ausgang ferngehalten wird: Der Beobachter enthält ein dynamisches Modell der Störungen, gegen die der Regler wirksam sein soll. Man spricht in diesem Zusammenhang auch vom „Prinzip der inneren Modellierung" (internal model principle, Wonham 1979).

Die Lektüre der Abschn. 7.2 und 7.4 setzt gründliche Vertrautheit mit den Ergebnissen der Kap. 3 und 4 voraus. Darüberhinaus werden einige einfache Tatsachen über steuerungsinvariante Unterräume, die zu Beginn des Abschn. 5.2 hergeleitet wurden, sowie die Normalform (Satz 5.7) gebraucht. Im Abschn. 7.3 wird mit dem gesamten Instrumentarium, welches wir in den Kap. 5 und 6 bereitgestellt haben, gearbeitet. Die Anforderungen hinsichtlich der mathematischen Vorbildung des Lesers sind hier wesentlich höher als in den bisherigen Kapiteln des Buches. Es wird jedoch auf die Ergebnisse dieses Abschnittes an keiner späteren Stelle zurückgegriffen werden. Wer also nicht an dem speziellen Resultat (Satz 7.2) interessiert ist, kann den Abschn. 7.3 ohne weiteres überschlagen.

7.2 Stabilisierung durch Ausgangsrückführung

Störungen, die auf ein System nur kurzzeitig wirken, bekämpft man, indem man die durch sie hervorgerufenen (kleinen) Änderungen des Zustandes wieder rückgängig macht. Stabilisierung soll ein System in die Lage versetzen, diese Aufgabe aus sich heraus zu lösen. Die klassische Form der Stabilisierung ist die Zustandsrückführung, d. h. die Verwendung eines Steuergesetzes der Form $u = -Fx$ (vgl. Abschn. 3.3). Sie setzt genaue Kenntnis von x in jedem Zeitpunkt voraus. Wir wollen hier nun die folgende naheliegende Modifikation der Zustandsrückführung betrachten, die nur Beobachtung des Ausganges erforderlich macht. Man setzt

$$u = -Fx' , \qquad (7.1')$$

wobei x' der Zustand eines dynamischen Beobachters der Form

$$\dot{x}' = Ax' + Bu + K(y - Cx') \qquad (7.2)$$

ist. K bedeutet dabei eine geeignet gewählte Verstärkungsmatrix. Es geht zunächst um die Frage, ob sich durch Wahl von F und K prinzipiell eine Zustandsstabilisierung erreichen läßt.

Die Antwort ergibt sich sehr einfach aufgrund der Tatsache, daß die Systemgleichung $\dot{x} = Ax + Bu$, $y = Cx$, die Beobachtergleichung (7.2) und das Steuergesetz (7.1') zusammengenommen mit der dynamischen Gleichung eines geschlossenen Kreises äquivalent sind. Diese Gleichung stellt sich zunächst als ein Paar gekoppelter Differentialgleichungen dar:

$$\dot{x} = Ax - BFx' , \qquad \dot{x}' = Ax' - BFx' + K(Cx - Cx') . \qquad (7.3)$$

Es kann (7.3) als eine homogene Differentialgleichung der Form

$$\begin{pmatrix} \dot{x} \\ \dot{x}' \end{pmatrix} = \hat{A} \begin{pmatrix} x \\ x' \end{pmatrix} , \qquad \hat{A} := \begin{pmatrix} A & -BF \\ KC & A - BF - KC \end{pmatrix} ,$$

geschrieben werden. Wenn die Eigenwerte von $\hat{A}$ alle negativen Realteil haben, so ist der geschlossene Kreis – bestehend aus Strecke und Beobachter – asymptotisch stabil, gleicht also einmalige Abweichungen von der Ruhelage $x = 0$, $x' = 0$ mit wachsender Zeit von alleine aus. Nun ist $\hat{A}$ ähnlich zur Matrix

$$\begin{pmatrix} A - BF & BF \\ 0 & A - KC \end{pmatrix} .$$

Dies sieht man am einfachsten an Hand der Gleichung (7.3), indem man das System mit Hilfe der Größen x und $e := x - x'$ statt x und x' beschreibt. In den neuen Koordinaten lauten die Systemgleichungen nämlich so:

$$\dot{x} = (A - BF) x + BFe , \qquad \dot{e} = (A - KC) e .$$

Es besteht daher die nachstehende Faktorisierung des charakteristischen Polynoms von $\hat{A}$:

$$\chi_{\hat{A}}(s) = \chi_{A-BF}(s) \, \chi_{A-KC}(s) . \qquad (7.4)$$

Wir haben somit

Satz 7.1. *Das zeitinvariante System* $\dot{x} = Ax + Bu$ *läßt sich durch Rückführung des Beobachterzustandes* x' *(vgl. (7.1'), (7.2)) dann und nur dann in einen* *asymptotisch stabilen geschlossenen Kreis einbauen, wenn es stabilisierbar und entdeckbar ist.*

Im allgemeinen wird man durch Wahl von F, K mehr als nur die Stabilisierung des geschlossenen Kreises erreichen können. Wie aus der Beziehung (7.4) und den Sätzen über die Polvorgabe (vgl. Kap. 3) unmittelbar zu erkennen ist, kann man — unter entsprechenden Voraussetzungen über das zugrundeliegende System — die Eigenwerte von $\hat{A}$ ganz oder teilweise nach Belieben in die komplexe Ebene legen und somit das dynamische Verhalten des geschlossenen Kreises verbessern. Eine andere Möglichkeit, die Freiheit in der Wahl von K, F auszunutzen, haben wir in den Kap. 5 und 6 kennengelernt. Man kann einerseits eine Entkoppelung der Bewegung der zu kontrollierenden Variablen z von der Bewegung des Gesamtsystems und andererseits eine Entkoppelung der rekonstruierten Variablen x' von einer äußeren Systemstörung v versuchen. Im folgenden Abschn. 7.3 geben wir einen Überblick über alle Möglichkeiten der Ausgangsrückführung, bei der sich Stabilisierung des geschlossenen Kreises und Störungsentkoppelung miteinander verbinden läßt.

7.3 Störungsentkoppelung durch Ausgangsrückführung

Den Betrachtungen dieses Abschnittes liegt eine Systemdarstellung der Form

$$\dot{x} = Ax + Bu + Gv\,, \qquad y = Cx\,, \qquad z = Dx \tag{7.5}$$

zugrunde. Hier bedeutet u die Steuerung des Systemes, v die von außen wirkende und unbekannte Störung. Hinsichtlich des Ausganges wird zwischen der beobachteten Variablen y und der zu kontrollierenden Variablen z unterschieden. Es geht um die Frage, ob und wie sich das Eingangs-Ausgangsverhalten $v \to z$ sowie die Stabilität des Systemes mit Hilfe eines Steuergesetzes der Form (7.1) beeinflussen läßt, wobei x' der Zustand eines linearen Systemes mit Eingang (u, y) ist. Betrachtet werden also alle möglichen Erweiterungen von (7.5), die durch Hinzufügen von Relationen der Form

$$\dot{x}' = A'x' + B'u + M\dot{y}\,, \qquad u = -Fx' - Ly\,, \tag{7.6}$$

entstehen, wobei x' eine zusätzliche Zustandsvariable ist. Der Einfachheit halber werden solche Relationen im folgenden als *Beobachter-Rückkoppelungs-Struktur* bezeichnet. Über die Dimension von x' wie auch über die Gestalt der Matrizen A', B', M, F, L wird dabei a-priori nichts vorausgesetzt. Da u als Funktion von x', y angesehen wird, könnte man in dem Ansatz (7.6) ohne Einschränkung $B' = 0$ setzen. Wir werden dies jedoch nicht tun, da wir beim Beweis des nachfolgenden Satzes gleichzeitig die Möglichkeit einer expliziten Konstruktion der Beobachter-Rückkoppelungsstruktur aufzeigen wollen, und diese führt eben gerade auf ein System der Form (7.6) mit von u abhängigen Termen auf der rechten Seite der Differentialgleichung.

Die Gleichungen (7.5) und (7.6) lassen sich als ein einziges lineares System mit Eingang v, Ausgang z und Zustand $(x, x')^\mathsf{T}$ auffassen. Die Koeffizientenmatrix dieses Systemes ist gegeben durch

$$\begin{pmatrix} A - BLC & -BF \\ -B'LC + MC & A' - B'F \end{pmatrix}.$$
(7.7)

Wir wollen nun die Aufgabenstellung, mit der wir uns jetzt befassen, präzisieren. Genau genommen formulieren wir drei Aufgaben, von denen jede eine Verschärfung der vorangehenden darstellt. Bei allen drei Aufgaben geht es darum, ein System der Form (7.6) zu finden, derart daß das Gesamtsystem (7.5) plus (7.6)) bestimmte Eigenschaften hat, nämlich

  (i) der Ausgang z ist vom Störsignal v entkoppelt,
 (ii) der Ausgang z ist vom Störsignal v entkoppelt und es liegen sämtliche Eigenwerte der Matrix (7.7) in der linken Halbebene,
(iii) der Ausgang z ist vom Störsignal v entkoppelt und es ist das charakteristische Polynom der Matrix (7.7) gleich einem beliebig vorgegebenen reellen Polynom.

Für die Lösbarkeit jedes der drei Probleme gibt es eine einfache hinreichende und notwendige Bedingung, die sich mit Hilfe der nachstehend definierten sechs Unterräume $\mathscr{V}^*$, $\mathscr{V}^-$, $\mathscr{R}^*$, $\mathscr{S}^*$, $\mathscr{S}^-$, $\mathscr{N}^*$ des Zustandsraumes ausdrücken lassen. Die drei ersten Unterräume genügen der Beziehung

$$\mathscr{R}^* \subseteq \mathscr{V}^- \subseteq \mathscr{V}^* \subseteq \mathscr{D} = \{x : Dx = 0\}$$

und sind gemäß den Ausführungen in Abschn. 5.1–5.3 zu dem aus (7.5) durch Streichen von v und y entstehenden System

$$\dot{x} = Ax + Bu, \qquad z = Dx$$
(7.8)

zu bilden.
Die restlichen Unterräume genügen der Beziehung

$$\text{Bild } G \subseteq \mathscr{S}^* \subseteq \mathscr{S}^- \subseteq \mathscr{N}^*$$

und sind gemäß den Ausführungen in Abschn. 6.1 zu dem aus (7.5) durch Streichen von u und z entstehenden System

$$\dot{x} = Ax + Gv, \qquad y = Cx$$
(7.9)

zu bilden.

Satz 7.2. *(Willems und Commault, 1981) (a) Aufgabe* (i) *ist dann und nur dann lösbar, wenn $\mathscr{S}^* \subseteq \mathscr{V}^*$ gilt. (b) Aufgabe* (ii) *ist dann und nur dann lösbar, wenn das System $\dot{x} = Ax + Bu$, $y = Cx$, stabilisierbar und entdeckbar ist und wenn $\mathscr{S}^- \subseteq \mathscr{V}^-$ gilt. (c) Aufgabe* (iii) *ist dann und nur dann lösbar, wenn das System $\dot{x} = Ax + Bu$, $y = Cx$, steuerbar und rekonstruierbar ist und wenn $\mathscr{N}^* \subseteq \mathscr{R}^*$ gilt. Man kann dann allerdings das charakteristische Polynom der Matrix (7.7) nur mit der Einschränkung vorschreiben, daß es sich als Produkt reeller Polynome darstellen läßt, wobei die Anzahl der Faktoren und deren Grade festliegen.*

Wir skizzieren zunächst die Grundidee des Beweises. Die Gesamtheit der möglichen Beobachter-Rückkoppelungsstrukturen (7.6), bei denen die Zustandsvariable x' eine feste Dimension, etwa n', besitzt, kann man sich formal in folgender Weise erzeugt denken:

Es seien x', y', u' drei Variable der Dimension n', die voneinander und von x, y, u, z unabhängig sein sollen. Wir setzen

$$\hat{x} := (x, x')^{\mathsf{T}}, \qquad \hat{u} := (u, u')^{\mathsf{T}}, \qquad \hat{y} := (y, y')^{\mathsf{T}}. \tag{7.10}$$

Diese drei Größen werden nun als Zustandsvariable bzw. Kontrollvariable bzw. beobachteter Ausgang des nachstehenden Systems angesehen·

$$\begin{aligned} \dot{x} &= Ax + Bu + Gv, & y &= Cx, & z &= Dx \\ \dot{x}' &= u', & y' &= x'. \end{aligned} \tag{7.11}$$

Es ist dies eine formale Erweiterung des gegebenen Systems und kann wiederum in der gleichen Weise wie (7.5) geschrieben werden:

$$\dot{\hat{x}} = \hat{A}\hat{x} + \hat{B}\hat{u} + \hat{G}v, \qquad \hat{y} = \hat{C}\hat{x}, \qquad z = \hat{D}\hat{x}. \tag{7.11'}$$

Man erkennt sofort, daß die Wahl einer Beobachter-Rückkoppelungs-Struktur (7.6) nichts anderes bedeutet als eine direkte Ausgangsrückführung

$$\hat{u} = -\hat{F}\hat{y} \tag{7.12}$$

für das erweiterte System (7.11). Die in der Aussage des Satzes 7.2 aufgeführten Aufgaben lassen sich demnach auch so formulieren: Man konstruiere für das erweiterte System (7.11) bzw. (7.11') eine direkte Ausgangsrückführung der Form (7.12), derart daß z von v entkoppelt ist (Aufgabe (i)) bzw. zusätzlich der ungestörte geschlossene Kreis stabil ist (Aufgabe (ii)) bzw. zusätzlich der ungestörte geschlossene Kreis Pole in vorgegebener Lage besitzt (Aufgabe (iii)).

Die Durchführung des Beweises von Satz 7.2 besteht demnach im wesentlichen aus zwei Teilen. Zum einen geht es um die notwendigen und hinreichenden Bedingungen, denen das System (7.11) zu genügen hat, damit sich jede der eben formulierten Aufgaben lösen läßt. Zum anderen geht es um die Frage, inwieweit sich diese Bedingungen in entsprechende Forderungen an das ursprüngliche System (7.5) übersetzen lassen. Für das letztere Problem ist der folgende Hilfssatz von Nutzen.

Hilfssatz 7.1. *Es seien $\hat{\mathscr{V}}^*$, $\hat{\mathscr{V}}^-$, $\hat{\mathscr{R}}^*$, $\hat{\mathscr{S}}^*$, $\hat{\mathscr{S}}^-$, $\hat{\mathscr{N}}^*$ diejenigen Unterräume des $\hat{x}$-Raumes, die dem System (7.11) bzw. (7.11') nach dem gleichen Schema zugeordnet werden, wie die Unterräume $\mathscr{V}^*, \ldots, \mathscr{N}^*$ dem System (7.5). Im folgenden bedeutet $\mathscr{V}$ einen der Unterräume $\mathscr{V}^*$, $\mathscr{V}^-$, $\mathscr{R}^*$, und $\hat{\mathscr{V}}$ den entsprechenden Unterraum $\hat{\mathscr{V}}^*$, $\hat{\mathscr{V}}^-$, $\hat{\mathscr{R}}^*$. Ferner ist $\mathscr{S}$ einer der Unterräume $\mathscr{S}^*$, $\mathscr{S}^-$, $\mathscr{N}^*$ und $\hat{\mathscr{S}}$ der entsprechende Unterraum $\hat{\mathscr{S}}^*$, $\hat{\mathscr{S}}^-$, $\hat{\mathscr{N}}^*$. Dann gilt:*
(i) $\hat{\mathscr{V}} = \{\hat{x} = (x, x'): x \in \mathscr{V}, x'\ beliebig\}$,
(ii) $\hat{\mathscr{S}} = \{\hat{x} = (x, 0): x \in \mathscr{S}\}$,
(iii) die zum System (7.8) bzw. (7.9) gehörige Rosenbrock-Matrix hat die gleichen Übertragungsnullstellen wie die Rosenbrock-Matrix des Systems
$$\dot{\hat{x}} = \hat{A}\hat{x} + \hat{B}\hat{u}, \qquad z = \hat{D}\hat{x} \quad bzw. \quad \dot{\hat{x}} = \hat{A}\hat{x} + \hat{G}v, \qquad \hat{y} = \hat{C}\hat{x}.$$

Beweis. Es genügt, eine der beiden Behauptungen (i), (ii) zu beweisen, die andere folgt dann vermittels Dualisierung. Die Aussage (i) erhält man unmittelbar mit Hilfe einer der im Kap. 5 angegebenen Charakterisierungen jedes der Räume $\mathscr{V}^*, \mathscr{V}^-, \mathscr{R}^*$, nämlich

$$\text{im Falle } \mathscr{V} = \mathscr{V}^*, \hat{\mathscr{V}} = \hat{\mathscr{V}}^*: \text{Korollar 5.2,}$$
$$\text{im Falle } \mathscr{V} = \mathscr{V}^-, \hat{\mathscr{V}} = \hat{\mathscr{V}}^-: \text{Aussage (5.62)},$$
$$\text{im Falle } \mathscr{V} = \mathscr{R}^*, \hat{\mathscr{V}} = \hat{\mathscr{R}}^*: \text{Korollar 5.5.}$$

In allen Fällen hat man natürlich die spezielle Gestalt des Systemes in Betracht zu ziehen. Aus ihr ergibt sich insbesondere, daß die Beziehung $\hat{D}\hat{x} = 0$ mit der Beziehung $Dx = 0$ gleichbedeutend ist, und daß die zulässigen Zustandsfunktionen (im Sinne der Definition 5.3) bezüglich des Systemes $\dot{\hat{x}} = \hat{A}\hat{x} + \hat{B}\hat{u}$ gerade diejenigen Paare $\hat{x}(t) = (x(t), x'(t))$ sind, bei denen $x(t)$ zulässige Zustandsfunktion bezüglich des Systemes $\dot{x} = Ax + Bu$ und $x'(t)$ beliebig ist.

Zu (iii). Die Rosenbrock-Matrix des Systemes $\dot{\hat{x}} = \hat{A}\hat{x} + \hat{B}\hat{u}$, $z = \hat{D}\hat{x}$ sieht ausgeschrieben so aus

$$\hat{\Sigma}(s) := \begin{pmatrix} -sI + A & 0 & B & 0 \\ 0 & -sI' & 0 & I' \\ D & 0 & 0 & 0 \end{pmatrix}.$$

Durch Zeilen- und Spaltenvertauschungen kann man sie auf die folgende Form bringen

$$\begin{pmatrix} \Sigma(s) & 0 & 0 \\ 0 & -sI' & I' \end{pmatrix},$$

wobei $\Sigma(s)$ die Rosenbrock-Matrix des Systemes (7.8) ist. Für jedes s ist daher der Rang von $\hat{\Sigma}(s)$ gleich n' plus $\mathrm{Rg}\,(\Sigma(s))$, und daraus ergibt sich sofort die Richtigkeit der einen Hälfte der Aussage (iii). Die andere beweist man dann analog. $\qquad\square$

Korollar 7.1. *Das System*

$$\dot{\hat{x}} = \hat{A}\hat{x} + \hat{B}\hat{u}\,, \qquad \hat{y} = \hat{C}\hat{x} \tag{7.13}$$

ist stabilisierbar bzw. steuerbar bzw. entdeckbar bzw. rekonstruierbar dann und nur dann wenn das System

$$\dot{x} = Ax + Bu\,, \qquad y = Cx \tag{7.14}$$

die entsprechenden Eigenschaften besitzt.

Beweis. Wenn man $G = 0$ und $D = 0$ setzt, so wird $\mathscr{R}^*$ bzw. $\mathscr{V}^-$ die Gesamtheit der Punkte des Zustandsraumes, die man in endlicher bzw. unendlicher Zeit entlang zulässiger Trajektorien des Systems (7.14) nach 0 steuern kann. Die analoge Bedeutung hat $\hat{\mathscr{R}}^*$ bzw. $\hat{\mathscr{V}}^-$ bezüglich des Systemes (7.13). Die Aussage des Korollars folgt daher sofort aus dem Hilfssatz und der Tatsache, daß Steuerbarkeit bzw. Stabilisierbarkeit des Systemes (7.14) mit der Beziehung $\mathscr{R}^* = R^n$ bzw. $\mathscr{V}^- = R^n$ gleichbedeutend ist. $\qquad\square$

Wir formulieren und beweisen nun noch zwei weitere Hilfssätze. Die Aussagen beziehen sich auf invariante Unterräume eines Systemes der allgemeinen Form (7.8) und auf die zugehörige Rosenbrock-Matrix $\Sigma(s)$. Sie ergänzen die Ausführungen des Kap. 5 in zwei für das folgende wichtigen Punkten.

Hilfssatz 7.2. *Es sei $\mathscr{V}$ ein steuerungsinvarianter Unterraum von $\mathscr{D} = \{x: Dx = 0\}$ und $\Sigma(s)$ die Rosenbrock-Matrix (5.27). Es sei ferner F eine Matrix mit der Eigenschaft*

$$(A - BF)\, \mathscr{V} \subseteq \mathscr{V}. \tag{7.15}$$

Behauptung. (i) *Wenn die durch $A - BF$ auf $\mathscr{V}$ induzierte Abbildung nur Eigenwerte in der linken Halbebene besitzt, so gilt $\mathscr{V} \subseteq \mathscr{V}^-$.* (ii) *Wenn die durch $A - BF$ auf $\mathscr{V}$ induzierte Abbildung keine Übertragungsnullstelle von $\Sigma(s)$ als Eigenwert besitzt, so ist $\mathscr{V} \subseteq \mathscr{R}^*$.*

Beweis. Die Richtigkeit der ersten Aussage ergibt sich sofort aus einer früher angegebenen Charakterisierung von $\mathscr{V}^-$ (vgl. (5.62)). Zu jedem $x_0 \in \mathscr{V}$ gibt es nämlich eine zulässige Zustandsfunktion $x(\cdot)$ mit $x(t) \in \mathscr{V}$ für alle t und $\lim\limits_{t \to \infty} x(t) = 0$.

Die zweite Aussage beweist man so. Zunächst denken wir uns F, falls nötig, so abgeändert, daß außer (7.15) auch noch

$$(A - BF)\, \mathscr{V}^* \subseteq \mathscr{V}^* \quad \text{und somit} \quad (A - BF)\, \mathscr{R}^* \subseteq \mathscr{R}^*$$

gilt. Daß eine solche Abänderung möglich ist, kann man z. B. dem Beweis von Satz 5.3 entnehmen (N. B.: $\mathscr{V} \subseteq \mathscr{V}^*$!). Es bleiben dann auch die linearen Räume $\mathscr{V} + \mathscr{R}^*$ und $\mathscr{V} \cap \mathscr{R}^*$ unter der Abbildung $x \to (A - BF)\, x$ invariant. Die im Korollar 5.4 eingeführte Abbildung φ des Quotientenraumes $\mathscr{V}^*/\mathscr{R}^*$ läßt dann den Unterraum $(\mathscr{V} + \mathscr{R}^*)/\mathscr{R}^*$ invariant; wir bezeichnen mit φ^* die Einschränkung von φ auf diesen Unterraum. Die Eigenwerte von φ^* sind auch Eigenwerte von φ und mithin Übertragungsnullstellen (Satz 5.4). Nun besteht zwischen den beiden linearen Räumen $(\mathscr{V} + \mathscr{R}^*)/\mathscr{R}^*$ und $\mathscr{V}/(\mathscr{V} \cap \mathscr{R}^*)$ eine kanonische Isomorphie (vgl. z. B. Halmos 1974, § 22). Man kann insbesondere Basissysteme in beiden Räumen so wählen, daß die durch Multiplikation mit der Matrix $A - BF$ auf den beiden Faktorräumen induzierten Abbildungen gleich werden (d. h. durch die gleiche Matrix beschrieben werden). Wenn sich nun der Faktorraum $\mathscr{V}/(\mathscr{V} \cap \mathscr{R}^*)$ nicht auf den Nullraum reduziert, so wird daher durch Multiplikation mit $A - BF$ eine Abbildung dieses Raumes erzeugt, deren Eigenwerte sämtlich auch Eigenwerte von φ^* und somit Übertragungsnullstellen von $\Sigma(s)$ sind. Ein Eigenwert dieser Abbildung ist aber andererseits auch Eigenwert der Abbildung $x \to (A - BF)\, x$ des Raumes $\mathscr{V}$ in sich und kann daher nach Voraussetzung keine Übertragungsnullstelle sein. Aus allem folgt, daß $\mathscr{V} = \mathscr{V} \cap \mathscr{R}^*$ und somit $\mathscr{V} \subseteq \mathscr{R}^*$ gilt. $\square$

Beim nächsten Resultat geht es um die Frage, inwieweit man die Forderung (7.15) mit Forderungen hinsichtlich der Eigenwerte der Matrix $A - BF$ verbinden kann.

Hilfssatz 7.3. *Gegeben ein System $\dot{x} = Ax + Bu$ und ein linearer Teilraum $\mathcal{V}$ des $\mathbb{R}^n$.*

(i) *Wenn das System stabilisierbar ist und wenn $\mathcal{V}$ die nachstehende Eigenschaft besitzt: Zu jedem $x_0 \in \mathcal{V}$ gibt es eine zulässige Zustandsfunktion $x(\cdot)$ mit $x(0) = x_0$, $x(t) \in \mathcal{V}$ für alle t, $\lim\limits_{t \to \infty} x(t) = 0$, so lassen sich durch Wahl von F die Bedingung (7.15) erfüllen und alle Eigenwerte von $A - BF$ in die linke Halbebene legen.*

(ii) *Wenn das System steuerbar ist und wenn $\mathcal{V}$ ein steuerbarer Unterraum ist, so trifft folgende Aussage zu: Zu jedem Paar von normierten reellen Polynomen $p(s)$, $q(s)$, wobei p vom Grade Dim $\mathcal{V}$ und q vom Grade n-Dim $\mathcal{V}$ ist, gibt es ein F mit der Eigenschaft (7.15), welches zusätzlich der Bedingung*

$$\chi_{A-BF}(s) = p(s)\, q(s) \tag{7.16}$$

genügt.

Beweis. In jedem Falle ist klar, daß $\mathcal{V}$ ein steuerungsinvarianter Unterraum ist. Wir denken uns das System auf die Normalform (5.21) gebracht, wobei wir $\mathcal{D}$ mit $\mathcal{V}$ identifizieren. Es wird dann

$$\mathcal{V} = \mathcal{V}^* = \{x = (x_1, x_2, x_3)^\mathsf{T} : x_3 = 0\}\,.$$

Zu (i). Aus der Voraussetzung ergibt sich sofort, daß alle Eigenwerte von A_{22} negativen Realteil besitzen. Stabilisierbarkeit des Gesamtsystems zieht Stabilisierbarkeit des Untersystems $\dot{x}_3 = A_{33}x_3 + B_{32}u_2$ nach sich (Satz 5.7, Teil (iii)). Die Aussage des Korollars liest man nun unmittelbar aus der Normalform ab.

Zu (ii). Hier ergibt sich aus der Voraussetzung und dem Satz 5.3, daß $\mathcal{V}^* = \mathcal{R}^*$ ist, d. h. in der Darstellung (5.21) fehlt der Teil, der sich auf die Komponente x_2 der Zustandsvariablen bezieht. Die zu beweisende Aussage folgt nun wiederum unmittelbar aus Satz 5.7, Teil (i) und Teil (iii). $\square$

Beweis von Satz 7.2. 1. Richtung. Wir wollen zeigen, daß die in Satz 7.2 bezüglich des gegebenen Systems und seiner zugehörigen invarianten bzw. relativ-invarianten Unterräume formulierten Bedingungen notwendig für die Lösbarkeit der jeweiligen Aufgabe (i), (ii), (iii) ist. Wenn man nun den Hilfssatz 7.1 und das darauffolgende Korollar beachtet, so erkennt man, daß diese Richtung des Beweises durch die folgende Feststellungen erledigt ist:

(i) Wenn sich durch eine direkte Ausgangsrückführung der Form (7.12) im System (7.11) die Störung v vom Ausgang z entkoppeln läßt, so ist $\hat{\mathcal{P}}^* \subseteq \hat{\mathcal{V}}^*$.

(ii) Wenn zusätzlich der entstehende geschlossene Kreis stabil ist, so ist das System (7.13) stabilisierbar und entdeckbar und es ist $\hat{\mathcal{P}}^- \subseteq \hat{\mathcal{V}}^-$.

(iii) Wenn zusätzlich die Pole des geschlossenen Kreises beliebig vorgegeben werden können, so ist das System (7.13) steuerbar und rekonstruierbar und es ist $\hat{\mathcal{N}}^* \subseteq \hat{\mathcal{R}}^*$.

Zu (i). Die Ausgangsrückführung (7.12) ist gleichbedeutend mit der Zustandsrückführung

$$\hat{u} = -\hat{F}\hat{C}\hat{x}\,.$$

Entkoppelung des Ausgangs z von der Störung v ist dann und nur dann gewährleistet, wenn der von den Spalten der Matrizen

$$\hat{G}, \quad (\hat{A} - \hat{B}\hat{F}\hat{C})^{\nu}\,\hat{G}, \quad \nu = 1, 2, \ldots \tag{7.17}$$

erzeugte Teilraum $\hat{\mathscr{T}}$ des $\hat{x}$-Raumes in $\hat{\mathscr{D}} := \{\hat{x}: \hat{D}\hat{x} = 0\}$ enthalten ist (vgl. Abschn. 5.1). Wie man dem Erzeugendensystem (7.17) unmittelbar ansieht, genügt $\hat{\mathscr{T}}$ dann diesen Bedingungen

$$\text{Bild } \hat{G} \subseteq \hat{\mathscr{T}} \subseteq \hat{\mathscr{D}}, \quad (\hat{A} - \hat{B}\hat{F}_1)\,\hat{\mathscr{T}} = (\hat{A} - \hat{K}_1\hat{C})\,\hat{\mathscr{T}} \subseteq \hat{\mathscr{T}}, \tag{7.18}$$

wobei $\hat{F}_1 = \hat{F}\hat{C}, \hat{K}_1 = \hat{B}\hat{F}$ ist. $\hat{\mathscr{T}}$ ist somit gleichzeitig steuerungsinvariant in Bezug auf das System

$$\dot{\hat{x}} = \hat{A}\hat{x} + \hat{B}u, \quad z = \hat{D}\hat{x}$$

und relativ-invariant in Bezug auf das System

$$\dot{\hat{x}} = \hat{A}\hat{x} + \hat{G}v, \quad y = \hat{C}\hat{x}.$$

Die Beziehung

$$\hat{\mathscr{P}}^{*} \subseteq \hat{\mathscr{T}} \subseteq \hat{\mathscr{V}}^{*}$$

ergibt sich unmittelbar aus der Definition von $\hat{\mathscr{P}}^{*}$ bzw. $\hat{\mathscr{V}}^{*}$ und beweist die Richtigkeit der Feststellung (i).

Zu (ii). Es wird jetzt zusätzlich angenommen, daß alle Eigenwerte der Matrix

$$\hat{A} - \hat{B}\hat{F}\hat{C} = \hat{A} - \hat{B}\hat{F}_1 = \hat{A} - \hat{K}_1\hat{C} \tag{7.19}$$

in der linken Halbebene liegen. Das System (7.13) und somit auch (7.14) ist daher stabilisierbar und entdeckbar. Ferner ergibt sich aus (7.18) in Verbindung mit dem Hilfssatz 7.2 diese Beziehung

$$\hat{\mathscr{P}}^{-} \subseteq \hat{\mathscr{T}} \subseteq \hat{\mathscr{V}}^{-}, \tag{7.20}$$

womit auch (ii) gezeigt ist. Genau genommen erfordert die Begründung der Aussage (7.20) die zweimalige Anwendung von Hilfssatz 7.2. Einmal wird er in seiner ursprünglichen Form herangezogen, wobei $\hat{\mathscr{T}}$ die Rolle von $\mathscr{V}$ und $\hat{A} - \hat{B}\hat{F}$ diejenige von $A - BF$ spielt. Um die zweite Hälfte von (7.20) zu erhalten, hat man gemäß dem in Abschn. 6.1 beschriebenen Schema zunächst die duale Version von Hilfssatz 7.2 zu formulieren und diese dann (mit $\hat{\mathscr{T}}$ anstelle von $\mathscr{S}$ und $\hat{A} - \hat{K}_1\hat{C}$ anstelle von $A - KC$) anzuwenden.

Zu (iii). Es wird jetzt zusätzlich angenommen, daß sich unter den Eigenwerten der Matrix (7.19) keine Übertragungsnullstellen der Rosenbrock-Matrizen

$$(A - sI, B), \quad (A^{\mathsf{T}} - sI, C^{\mathsf{T}}) \tag{7.21}$$

und auch keine Übertragungsnullstellen der Rosenbrock-Matrizen

$$\begin{pmatrix} A - sI & B \\ D & 0 \end{pmatrix}, \quad \begin{pmatrix} A - sI & G \\ C & 0 \end{pmatrix} \tag{7.22}$$

befinden. Aus dem Hilfssatz 7.1 folgt dann, daß auch die entsprechenden Rosenbrock-Matrizen des Systemes (7.11′) keine Übertragungsnullstellen besitzen, die gleichzeitig Eigenwerte der Matrix (7.19) sind. Da nun Übertragungsnullstellen einer Rosenbrock-Matrix $(A - sI, B)$ stets Eigenwerte von $A - BF$ für beliebiges F sind, können die Rosenbrock-Matrizen $(\hat{A} - sI, \hat{B})$ und $(\hat{A}^\mathsf{T} - sI, \hat{C}^\mathsf{T})^\mathsf{T}$ keine Übertragungsnullstellen besitzen. Dies impliziert aber – wie man sich am einfachsten mit Hilfe der Eigenwertkriterien (Korollar 3.2, Korollar 4.2) klarmacht – daß das System (7.13) steuerbar und rekonstruierbar ist.

Da schließlich die Eigenwerte der Matrix (7.19) auch keine Übertragungsnullstellen der Rosenbrock-Matrizen

$$\begin{pmatrix} \hat{A} - s\hat{I} & \hat{B} \\ \hat{D} & 0 \end{pmatrix} \quad \text{und} \quad \begin{pmatrix} \hat{A} - s\hat{I} & \hat{G} \\ \hat{C} & 0 \end{pmatrix}$$

sind, ergibt sich wie vorhin aus (7.18) und Hilfssatz 7.2 (bzw. seiner dualen Fassung), daß

$$\hat{\mathcal{N}}^* \subseteq \hat{\mathcal{T}} \subseteq \hat{\mathcal{R}}^*$$

gilt, und damit ist schließlich auch der Beweis der Aussage (iii) erbracht.   □

Wir wollen nun die andere Aussagerichtung des Satzes 7.2 beweisen. Genau genommen werden wir zeigen, wie man bei Vorliegen der entsprechenden Voraussetzungen eine Beobachter-Rückkoppelungs-Struktur explizit konstruiert, die die gewünschten Eigenschaften hinsichtlich Störungsunterdrückung und Eigenwertverteilung der Systemmatrix des geschlossenen Kreises besitzt. Diese Konstruktion besteht aus zwei voneinander unabhängigen Teilen, deren wesentlicher Inhalt durch die beiden folgenden Hilfssätze wiedergegeben wird.

Hilfssatz 7.4. *Gegeben sei ein lineares System der Form (7.5). Es sei $\mathcal{T}$ ein linearer Unterraum des x-Raumes und F, K Matrizen, derart daß die Beziehungen*

$$(A - BF)\,\mathcal{T} \subseteq \mathcal{T}\,, \qquad (A - KC)\,\mathcal{T} \subseteq \mathcal{T}\,, \qquad (7.23)$$

erfüllt sind. Schließlich sei $\chi_1(s)$ bzw. $\chi_2(s)$ das charakteristische Polynom der Matrix $A - BF$ bzw. $A - KC$.

Behauptung. *Werden die Matrizen L, $\tilde{F}$ geeignet gewählt, so hat das lineare System, welches durch die Relationen*

$$\dot{x} = Ax + B(-Ly - \tilde{F}\tilde{x}) + Gv\,, \qquad \dot{\tilde{x}} = A\tilde{x} + B(-Ly - \tilde{F}\tilde{x}) - K(C\tilde{x} - y)\,,$$
$$(7.24)$$
$$y = Cx\,, \qquad z = Dx$$

definiert wird, folgende Eigenschaften.
(i) Falls

$$\text{Bild } G \subseteq \mathcal{T} \subseteq \mathcal{D} = \{x\colon Dx = 0\} \qquad (7.25)$$

gilt, so ist der Ausgang z von der Störung v entkoppelt,

(ii) *das charakteristische Polynom der Systemmatrix des Gesamtsystems (7.24)*
d. h. das charakteristische Polynom der Matrix

$$\begin{pmatrix} A - BLC & -B\tilde{F} \\ -BLC + KC & A - B\tilde{F} - KC \end{pmatrix}$$

ist gleich dem Produkt $\chi_1(s)\,\chi_2(s)$.

Beweis. Wir werten zunächst die Voraussetzung (7.23) aus und denken uns eine Matrix L so konstruiert, daß

$$(A - BLC)\,\mathcal{T} \subseteq \mathcal{T} \tag{7.26}$$

gilt. Wie man dies zu tun hat, haben wir uns früher klargemacht (Hilfssatz 6.1). Wir setzen weiter

$$\tilde{F} := F - LC\,.$$

Aus (7.26) und der ersten Beziehung (7.23) folgt dann – wegen $B\tilde{F} = (A - BLC) - (A - BF)$

$$(B\tilde{F})\,\mathcal{T} \subseteq \mathcal{T}\,. \tag{7.27}$$

Damit sind L, $\tilde{F}$ festgelegt und wir haben jetzt zu zeigen, daß das System (7.24) die gewünschten Eigenschaften besitzt. Um (ii) nachzuweisen, denken wir uns $v = 0$ gesetzt und die Differentialgleichungen so umgeschrieben, daß anstelle von $(x, \tilde{x})$ das Paar

$$x,\quad e := x - \tilde{x} \tag{7.29}$$

als Zustandsgröße erscheint. Man erhält dann die folgenden Gleichungen

$$\begin{aligned} \dot{x} &= (A - BLC)\,x - B\tilde{F}\tilde{x} = (A - BLC - B\tilde{F})\,x + B\tilde{F}e \\ &= (A - BF)\,x + B\tilde{F}e \end{aligned}$$

und

$$\dot{e} = (A - KC)\,e\,,$$

aus denen man unmittelbar ersieht, daß das charakteristische Polynom der Systemmatrix gleich $\chi_1\chi_2$ ist.

Wir kommen nun zu Punkt (i). Man zeigt die Störungsentkoppelung am einfachsten, indem man mittels der Transformation (7.29) zu dem äquivalenten System

$$\dot{x} = (A - BF)\,x + B\tilde{F}e + Gv\,, \qquad \dot{e} = (A - KC)\,e + Gv\,, \qquad z = Dx \tag{7.30}$$

übergeht und für dieses dann den Nachweis der Unabhängigkeit des Ausgangs z vom Signal v gemäß unseren Überlegungen im Abschn. 5.1 führt: Man denke sich v auf irgendeine Weise zu einer Funktion $v(t)$ spezialisiert. Die Lösung $(x(t), e(t))$ von (7.30) mit dem Anfangswert $x(0) = 0$, $e(0) = 0$ hat dann der Bedingung $z(t) := Dx(t) = 0$ für alle t zu genügen. Daß dies tatsächlich richtig ist, sieht man der Differentialgleichung (7.30) fast unmittelbar an. Es ist $e(t)$ bzw. $x(t)$ Lösung des Anfangswertproblemes

$$\dot{e} = (A - KC)\, e + Gv(t) \,, \qquad e(0) = 0 \,,$$

bzw.

$$\dot{x} = (A - BF)\, x + B\tilde{F}e(t) + Gv(t) \,, \qquad x(0) = 0 \,.$$

Aus der zweiten der Beziehungen (7.23) und aus (7.25) folgt zunächst, daß $e(t) \in \mathcal{T}$ für alle t gilt. Wegen (7.27) haben wir dann auch

$$B\tilde{F}e(t) + Gv(t) \in \mathcal{T} \quad \text{für alle } t \,.$$

Die gleiche Schlußweise – diesmal basierend auf der ersten der beiden Beziehungen (7.23) – ergibt dann das gewünschte Resultat: Es ist $x(t) \in \mathcal{T}$ und somit $Dx(t) = 0$ für alle t (vgl. (7.25)). $\qquad\qquad\qquad\qquad\qquad\Box$

Hilfssatz 7.5. *Es seien A_{11}, A'_{11} Matrizen vom Typ (n, n) und es seien $\mathcal{S}$, $\mathcal{V}$ Unterräume des $\mathbb{R}^n$ mit diesen Eigenschaften*

$$\mathcal{V} \supset \mathcal{S} \,, \qquad \mathrm{Dim}\,\mathcal{V} - \mathrm{Dim}\,\mathcal{S} := n' > 0 \,,$$

$$A_{11}\mathcal{V} \subseteq \mathcal{V} \,, \qquad A'_{11}\mathcal{S} \subseteq \mathcal{S} \,.$$

Ferner seien A_{22}, A'_{22} beliebige Matrizen vom Typ (n', n').

Behauptung. *Es gibt einen Unterraum $\hat{\mathcal{T}}$ des $\mathbb{R}^{n+n'}$ sowie Matrizen A_{21} bzw. A'_{12} vom Typ (n', n) bzw. (n, n'), derart daß die folgenden beiden Aussagen zutreffen.*
(i) $\{(x, 0)^{\mathsf{T}} : x \in \mathcal{S}\} \subseteq \hat{\mathcal{T}} \subseteq \{(x, x')^{\mathsf{T}} : x \in \mathcal{V}\}$,
(ii) $\hat{A}\hat{\mathcal{T}} \subseteq \hat{\mathcal{T}}$, $\hat{A}'\hat{\mathcal{T}} \subseteq \hat{\mathcal{T}}$, wobei

$$\hat{A} := \begin{pmatrix} A_{11} & 0 \\ A_{21} & A_{22} \end{pmatrix}, \qquad \hat{A}' = \begin{pmatrix} A'_{11} & A'_{12} \\ 0 & A'_{22} \end{pmatrix}.$$

Beweis. Wir wählen eine Basis $x_1, \ldots, x_k$ von $\mathcal{V}$, wobei $x_1, \ldots, x_h$ gerade eine Basis des Unterraumes $\mathcal{S}$ sein soll. Es ist dann $k - h = n'$. Wir wählen ferner n' linear-unabhängige Elemente des $\mathbb{R}^{n'}$ und bezeichnen sie mit $x_{h+1}, \ldots, x_k$. Schließlich setzen wir

$$x'_i = 0 \quad \text{für} \quad i \leq h \,,$$

$$\hat{x}_i = (x_i, x'_i)^{\mathsf{T}} \,, \qquad i = 1, \ldots, k \,, \qquad \hat{\mathcal{T}} = [\hat{x}_1, \ldots, \hat{x}_k] \,. \tag{7.31}$$

$\hat{\mathcal{T}}$ genügt dann sicher der Bedingung (i).

Wir zeigen als Nächstes, wie man durch Wahl von A_{21} die erste der beiden Bedingungen (ii), nämlich

$$\hat{A}\hat{x}_i \in \hat{\mathcal{T}} \,, \qquad i = 1, \ldots, k \,, \tag{7.32}$$

erfüllen kann. Nach Voraussetzung gibt es reelle Zahlen $\alpha_{i,j}$, so daß für $i = 1, \ldots, k$ diese Beziehungen bestehen

$$A_{11}x_i = \sum_{j=1}^{k} \alpha_{i,j}x_j \,.$$

Man sieht dann sofort aus der speziellen Gestalt der Matrix $\hat{A}$, daß (7.32) gleichbedeutend ist mit dem Bestehen dieser Beziehungen:

$$A_{21}x_i = -A_{22}x_i' + \sum_{j=1}^{k} \alpha_{i,j}x_j' \,, \qquad i = 1, \ldots, k \,. \tag{7.33}$$

Da die x_i linear unabhängig sind, lassen sich diese Relationen immer durch Wahl von A_{21} erfüllen.

Wir wenden uns nun der zweiten der Bedingungen (ii) zu. Es geht jetzt darum, durch Wahl von A_{12}' auch die Bedingungen

$$\hat{A}'\hat{x}_i \in \hat{\mathscr{T}} \,, \qquad i = 1, \ldots, k \,,$$

zu erfüllen. Nun erkennt man sofort aufgrund der speziellen Gestalt der $\tilde{x}_i$ (vgl. (7.31)) und wegen $A_{11}'x_i \in \mathscr{S} = [x_1, \ldots, x_h]$, daß auch

$$\hat{A}'\hat{x}_i \in [\hat{x}_1, \ldots, \hat{x}_h] \,, \qquad i \leq h \,,$$

gilt, und zwar unabhängig von der Wahl von A_{12}'. Zur Festlegung dieser Matrix dient jetzt die Forderung

$$\hat{A}'\hat{x}_i \in [\hat{x}_{h+1}, \ldots, \hat{x}_k] \,, \qquad i = h + 1, \ldots, k \,. \tag{7.34}$$

Die Überlegungen sind nun ganz analog zu denen, die wir im ersten Teil des Beweises angestellt haben. Da die x_i', $i > h$, eine Basis des $R^{n'}$ bilden, gibt es reelle Zahlen $\beta_{i,j}$, so daß für $i = h + 1, \ldots, k$ diese Beziehungen bestehen

$$A_{22}'x_i' = \sum_{j=h+1}^{k} \beta_{i,j}x_j' \,.$$

Die Forderung (7.34) ist dann gleichbedeutend mit dem Bestehen der Beziehungen

$$A_{12}'x_i' = -A_{11}'x_i + \sum_{j=h+1}^{k} \beta_{i,j}x_j \,, \qquad i = h + 1, \ldots, k \,. \tag{7.34'}$$

Wiederum genügt die Feststellung, daß die x_i' linear-unabhängig sind, um sicherzustellen, daß sich auch diese Beziehungen erfüllen lassen, und zwar durch geeignete Wahl von A_{12}'. $\qquad\qquad\qquad\qquad\qquad\qquad\qquad\qquad\qquad\square$

Beweis von Satz 7.2. 2. Richtung. Es ist zu zeigen: (a) Wenn $\mathscr{S}^* \subseteq \mathscr{V}^*$, so ist Aufgabe (i) lösbar. (b) Wenn das System $\dot{x} = Ax + Bu$, $y = Cx$ stabilisierbar und entdeckbar ist und wenn $\mathscr{S}^- \subseteq \mathscr{V}^-$ gilt, so ist Aufgabe (ii) lösbar. (c) Wenn das System $\dot{x} = Ax + Bu$, $y = Cx$ steuerbar und rekonstruierbar ist und wenn $\mathscr{N}^* \subseteq \mathscr{R}^*$ gilt, so ist Aufgabe (iii) lösbar.

Wir begnügen uns hier damit, die Konstruktion einer stabilen Beobachter-Rückkoppelungs-Struktur unter den Voraussetzungen (b) in allen Einzelheiten vorzuführen; wie man dann in den Fällen (a) bzw. (c) vorzugehen hat, dürfte dann prinzipiell klar sein.

Wir setzen also – um es noch einmal festzuhalten – für den Rest des Abschnittes dies voraus:

(i) Bild $G \subseteq \mathscr{S}^- \subseteq \mathscr{V}^-$,

(ii) $\dot{x} = Ax + Bu$ ist stabilisierbar, $\dot{x} = Ax$, $y = Cx$ ist entdeckbar.

1. Schritt. Wir wählen eine Matrix F mit folgenden Eigenschaften

$(A - BF)\,\mathscr{V}^- \subseteq \mathscr{V}^-$, alle Eigenwerte von $A - BF$ haben negativen Realteil.

Daß dies möglich ist, folgt aus dem Hilfssatz 7.3, wobei die Rolle von $\mathscr{V}$ jetzt der Unterraum $\mathscr{V}^-$ spielt (vgl. auch (5.62)). Um etwa F explizit zu bekommen, kann man sich zweckmäßigerweise der Normalform des Satzes 5.7 bedienen, wobei man jetzt $\mathscr{V}^-$ anstelle von $\mathscr{V}^*$ nimmt. D. h. man benutzt das im Anschluß an den Beweis von Satz 5.7 angegebene Rezept zur Bestimmung der Transformationsmatrizen P, Q, wobei man überall $\mathscr{V}^*$ durch $\mathscr{V}^-$ zu ersetzen hat. Ferner wählen wir ein K so, daß alle Eigenwerte der Matrix $A - KC$ ebenfalls negativen Realteil bekommen und $(A - KC)\,\mathscr{S}^- \subseteq \mathscr{S}^-$ gilt.

2. Schritt. Dieser Schritt entfällt, falls $\mathscr{V}^- = \mathscr{S}^-$ ist. Wir brauchen nur den Fall zu betrachten, daß Dim $\mathscr{V}^-$ – Dim $\mathscr{S}^- := n' > 0$ ist. Es seien A_{22}, A'_{22} zwei irgendwie gewählte Matrizen vom Typ (n', n'), deren Eigenwerte alle in der linken Halbebene liegen. Wir konstruieren dann gemäß Hilfssatz 7.5 einen Unterraum $\hat{\mathscr{T}}$ des $\mathbb{R}^{n+n'}$ mit diesen Eigenschaften

$$\{(x, 0): x \in \mathscr{S}^-\} \subseteq \hat{\mathscr{T}} \subseteq \{(x, x'): x \in \mathscr{V}^-\}\,, \tag{7.35}$$

$$\hat{A}_1\hat{\mathscr{T}} \subseteq \hat{\mathscr{T}}\,, \qquad \hat{A}_2\hat{\mathscr{T}} \subseteq \hat{\mathscr{T}}\,, \tag{7.36}$$

wobei

$$\hat{A}_1 = \begin{pmatrix} A - BF & 0 \\ A_{21} & A_{22} \end{pmatrix} = \begin{pmatrix} A & 0 \\ 0 & 0 \end{pmatrix} - \begin{pmatrix} B & 0 \\ 0 & I' \end{pmatrix} \begin{pmatrix} F & 0 \\ -A_{21} & -A_{22} \end{pmatrix}, \tag{7.37}$$

$$\hat{A}_2 = \begin{pmatrix} A - KC & A'_{12} \\ 0 & A'_{22} \end{pmatrix} = \begin{pmatrix} A & 0 \\ 0 & 0 \end{pmatrix} - \begin{pmatrix} K & -A'_{12} \\ 0 & -A'_{22} \end{pmatrix} \begin{pmatrix} C & 0 \\ 0 & I' \end{pmatrix}. \tag{7.38}$$

Aus (7.36)–(7.38) erkennt man, daß $\hat{\mathscr{T}}$ gleichzeitig steuerungsinvariant und relativ-invariant in Bezug auf das erweiterte System (7.11) bzw. (7.11′) ist. Wegen Bild $G \subseteq \mathscr{S}^-$ und $\mathscr{V}^- \subseteq \mathscr{D}$ gilt auch

$$\text{Bild } \hat{G} = \{(x, 0)^\mathsf{T}: x \in \text{Bild } G\} \subseteq \hat{\mathscr{T}} \subseteq \{(x, x')^\mathsf{T}: Dx = 0\}\,. \tag{7.39}$$

Schließlich ergibt sich aus (7.37) und (7.38) noch, daß die Nullstellen der beiden charakteristischen Polynome $\chi_{\hat{A}_1}(s)$ und $\chi_{\hat{A}_2}(s)$ alle in der linken Halbebene liegen.

Mit diesem Schritt haben wir genau die Situation des Hilfssatzes 7.4 herbeigeführt, wobei das erweiterte System (7.11′) jetzt die Rolle von (7.5), $\hat{\mathscr{T}}$ die Rolle von $\mathscr{T}$ und

$$\hat{F} := \begin{pmatrix} F & 0 \\ -A_{21} & -A_{22} \end{pmatrix} \quad \text{bezw.} \quad \hat{K} := \begin{pmatrix} K & -A'_{12} \\ 0 & -A'_{22} \end{pmatrix} \tag{7.40}$$

die Rolle von F bzw. K spielen (vgl. (7.36)–(7.38)). Falls $\mathscr{V}^- = \mathscr{S}^-$, besteht diese Situation bereits beim ursprünglichen System (7.5) (mit $\mathscr{T} = \mathscr{V}^- = \mathscr{S}^-$). Man beachte, daß die Forderung (7.25) im vorliegenden Falle gerade durch (7.39) abgedeckt wird.

3. Schritt. Wir konstruieren gemäß Hilfssatz 7.4 Matrizen $\hat{L}, \hat{\tilde{F}}$, derart daß das lineare System

$$\dot{\hat{x}} = \hat{A}\hat{x} + \hat{B}\hat{u} + \hat{G}v\,, \qquad \dot{\hat{\tilde{x}}} = \hat{A}\tilde{x} + \hat{B}\hat{u} - \hat{K}(\hat{C}\tilde{x} - \hat{y})$$

$$\hat{u} = -\hat{L}\hat{y} - \hat{\tilde{F}}\tilde{x}\,, \qquad \hat{y} = \hat{C}\hat{x}\,, \qquad z = \hat{D}\hat{x}\,, \tag{7.41}$$

den folgenden Bedingungen genügt: Der Ausgang z ist von der Störung v entkoppelt, das charakteristische Polynom der Systemmatrix ist gleich $\chi_{\hat{A}_1}(s)\,\chi_{\hat{A}_2}(s)$ und besitzt daher ausschließlich Nullstellen in der linken Halbebene. Es ist nun nicht schwer sich klarzumachen, daß man (7.41) auch als Gleichungspaar der Form (7.5), (7.6) schreiben kann. Man braucht dazu nur die bisherigen Variablen geeignet aufzuteilen, neu zusammenzufassen und zu bezeichnen. Damit ist also eine Beobachter-Rückkoppelungs-Struktur gefunden, die zusammen mit dem vorgegebenen System einen stabilen geschlossenen Kreis bildet und gleichzeitig dafür sorgt, daß Störung und Ausgang voneinander entkoppelt sind. $\qquad\square$

Wir rekapitulieren nun noch einmal die einzelnen Beweisschritte, wobei wir jetzt eine speziell gewählte Basis des Zustandsraumes zugrunde legen (vgl. (7.43)). Auf diese Weise läßt sich die Prozedur zur Gewinnung der Daten für (7.41) aus denjenigen der gegebenen Strecke (7.5) formalisieren und als Abfolge fest umrissener Matrizen-Operationen darstellen. Es sei noch einmal besonders darauf hingewiesen, daß wir im folgenden die Symbole I, I', I_v zur Bezeichnung von Einheitsmatrizen verwenden.

Als Erstes wollen wir die in Hilfssatz 7.4 vorkommende Matrix L näher beschreiben. Zu diesem Zweck verschärfen wir zunächst die Aussage von Hilfssatz 6.1.

Hilfssatz 7.6. Voraussetzung: *Es gelten außer (7.23) noch die folgenden Beziehungen mit einer nicht-singulären Matrix P:*

$$P\mathscr{T} = \{x = (x_1, x_2, x_3)^{\mathsf{T}} : x_2 = 0,\ x_3 = 0\}\,, \qquad PB = \begin{pmatrix} B_{11} & 0 \\ 0 & 0 \\ B_{31} & I_3 \end{pmatrix}, \tag{7.42}$$

und es stimmt die Anzahl der Zeilen von B_{i1} mit der Dimension von x_i überein, $i = 1, 3$. I_3 ist die $(m - m')$ reihige Einheitsmatrix.

Behauptung. *Es gilt die Beziehung (7.26), wobei L aus m' Nullzeilen, gefolgt von den $m - m'$ letzten Zeilen der Matrix PK, besteht. Es ist $m - m'$ die Dimension von x_3.*

Beweis. Falls $P = I$ ist, bedeutet (7.42) gerade, daß die dem Beweis von Hilfssatz 6.1 zugrundeliegenden zusätzlichen Annahmen (6.12), (6.13) erfüllt sind. Die zu beweisende Aussage ergibt sich unmittelbar aus diesem Hilfssatz. Der allgemeine Fall – P beliebig – läßt sich sofort auf den Spezialfall zurückführen. Es ist nämlich $P\mathcal{T}$ unter den Abbildungen

$$x \to P(A - BF)\, P^{-1}x\,, \qquad x \to P(A - KC)\, P^{-1}x$$

invariant. Also gilt, wie wir eben festgestellt haben,

$$P(A - BLC)\, P^{-1}(P\mathcal{T}) \subseteq^{\cdot} P\mathcal{T}\,,$$

sofern L in der im Hilfssatz angegebenen Weise gewählt wird. Für diese Wahl von L besteht dann auch die Beziehung

$$(A - BLC)\, \mathcal{T} \subseteq \mathcal{T}\,. \qquad\qquad \square$$

Die Konstruktion der Beobachter-Rückkoppelungs-Struktur vereinfacht sich, wenn die auftretenden Unterräume in spezieller Weise durch die kanonischen Basisvektoren e_i des $\mathbb{R}^n$ dargestellt werden können. Wir machen jetzt die folgende Annahme: Es gilt

$$\mathcal{S}^- = [e_1, \dots, e_h]\,, \qquad \mathcal{V}^- = [e_1, \dots, e_k]\,, \qquad k \geqq h\,,$$

$$\text{Bild } B = (\mathcal{V}^- \cap (\text{Bild } B)) \oplus [e_{n-m+m'+1}, \dots, e_n]\,. \tag{7.43}$$

Die letzte Beziehung entfällt, falls Bild $B \subseteq \mathcal{V}^-$, in diesem Fall wird $m' = m$ gesetzt. Wir halten noch die Bedeutung der von nun an auftretenden natürlichen Zahlen fest:

$$h = \text{Dim } \mathcal{S}^-\,, \qquad k = \text{Dim } \mathcal{V}^-\,, \qquad n' := k - h\,,$$

$$m' = \text{Dim } (\mathcal{V}^- \cap (\text{Bild } B))\,. \tag{7.44}$$

Daß man durch eine Transformation der Zustands- und Kontrollvariablen das gegebene Kontrollsystem (7.5) stets in eine Form bringen kann, für die die Beziehungen (7.43) zutreffen, werden wir uns später überlegen. Bis auf weiteres gehen wir von der Richtigkeit der Aussagen (7.43) aus.

Unser nächstes Ziel ist die genaue Beschreibung des Raumes $\hat{\mathcal{T}}$ und der Matrizen $\hat{A}_i$, $i = 1, 2$ (vgl. (7.35)–(7.38)). Es seien e_i', $i = 1, \dots, n'$, die kanonischen Basisvektoren des $\mathbb{R}^{n'}$. Wir wählen in Übereinstimmung mit (7.31) die Paare

$$(e_1, 0)^\mathsf{T}, \dots, (e_h, 0)^\mathsf{T}, (e_{h+1}, e_1')^\mathsf{T}, \dots, (e_k, e_{n'}')^\mathsf{T} \tag{7.45}$$

als Basis von $\hat{\mathcal{T}}$. Es ist dann nicht schwer, sich anhand von (7.43) und (7.45) klarzumachen, daß die Voraussetzung (7.42) des Hilfssatzes 7.6 erfüllt ist, wenn man $\mathcal{T}$ mit $\hat{\mathcal{T}}$, B mit

$$\hat{B} = \begin{pmatrix} B & 0 \\ 0 & I' \end{pmatrix}$$

und P mit der Matrix

$$\hat{P} := \begin{pmatrix} I_1 & 0 & 0 & 0 \\ 0 & I' & 0 & 0 \\ 0 & 0 & I_2 & 0 \\ 0 & -I' & 0 & I' \end{pmatrix} \tag{7.46}$$

identifiziert. Dabei bedeuten I_1, I_2, I' die Einheitsmatrizen der Dimensionen $h, n-k, n'$. Wie die $(n+n')$-dimensionale Zustandsvariable in der Form $(x_1, x_2, x_3)^{\mathsf{T}}$ aufzuteilen ist, ergibt sich aus der Beziehung

$$\hat{P}\hat{\mathcal{T}} = [(e_1, 0)^{\mathsf{T}}, \dots , (e_k, 0)^{\mathsf{T}}] , \qquad \text{(vgl. (7.45))} ,$$

sowie aus der Gestalt von B (vgl. (7.43)) und $\hat{P}\hat{B}$:

$$B = \begin{pmatrix} * & 0 \\ \hline & 0 \\ 0 & \overline{} \\ & I \end{pmatrix} \begin{matrix} \} k \\ \\ \} m-m' \end{matrix} , \qquad \hat{P}\hat{B} = \begin{pmatrix} B & 0 \\ \hline * & 0 & I' \end{pmatrix} \begin{matrix} \} n' \end{matrix} .$$

x_1 hat die Dimension k, x_3 die Dimension $n' + m - m'$. Auf eine kurze Formel gebracht lautet das Bildungsgesetz für die Matrix $\hat{L}$ gemäß Hilfssatz 7.6 also so: Man schreibe unter m' Nullzeilen noch die $n' + m - m'$ letzten Zeilen der Matrix $\hat{P}\hat{K}$.

Aufgrund der speziellen Form (7.45) der Basis für $\hat{\mathcal{T}}$ lassen sich nun auch die nach dem Verfahren von Hilfssatz 7.5 konstruierten Untermatrizen A_{21}, A'_{12} von $\hat{F}$, $\hat{K}$ (vgl. (7.40)) explizit angeben. Man unterziehe die Matrizen $A_{11} := A - BF$ und $A'_{11} := A - KC$ der nachstehenden Partitionierung:

$$A - BF = \begin{pmatrix} & & \\ \hline A' & A'' \\ \hline 0 & 0 \end{pmatrix} \begin{matrix} \} h \\ \} n' \end{matrix} , \qquad A - KC = \begin{pmatrix} & \tilde{A} & \end{pmatrix} . \tag{7.47}$$

Dann wird

$$A_{21} = \left(A' \mid A'' - A_{22} \mid * \right) , \qquad A'_{12} = -\tilde{A} + \begin{pmatrix} 0 \\ \hline A'_{22} \\ \hline 0 \end{pmatrix} \begin{matrix} \} h \\ \} n' \end{matrix} , \tag{7.48}$$

vgl. (7.33), (7.34'). Das mit * markierte Feld kann nach Belieben besetzt werden. Die Matrix $\hat{K}$ (vgl. (7.40)) läßt sich jetzt folgendermaßen aufspalten

$$\hat{K} = \begin{pmatrix} K & \tilde{A} \\ \hline 0 & 0 \end{pmatrix} \begin{matrix} \} n' \end{matrix} + (0 \mid -H^{\mathsf{T}} A'_{22}) \tag{7.49}$$

mit $H = (0 \mid I \mid 0 \mid I)$, wobei die Spaltenzahlen der einzelnen Blöcke h, n', $n - k$, n' sind. Aus der speziellen Gestalt der Matrix $\hat{P}$ (vgl. (7.46)) ergibt sich daher

$$\hat{P}\hat{K} = \hat{P} \left(\begin{array}{c|c} K & \tilde{A} \\ \hline 0 & 0 \end{array} \right) + \left(\begin{array}{c} * \\ \hline 0 \end{array} \right) \Big\} \, n' + n - k \; .$$

Wir wenden nun die oben beschriebene Prozedur zur Gewinnung der Matrix $\hat{L}$ aus der Matrix $\hat{K}$ an. Die zweite der obigen Matrizen liefert keinen Beitrag zur Matrix $\hat{L}$, da $n' + n - k \geqq n' + m - m'$ ist (die Beziehung $n - k \geqq m - m'$ ergibt sich aus (7.43)). Somit gelangt man schließlich auf folgendem Wege zur Darstellung von $\hat{L}$. Man partitioniert K und $\tilde{A}$ so:

$$K = \begin{pmatrix} * \\ \hline K_2 \\ \hline * \\ \hline K_4 \end{pmatrix}, \qquad \tilde{A} = \begin{pmatrix} * \\ \hline \tilde{A}_2 \\ \hline * \\ \hline \tilde{A}_4 \end{pmatrix}, \qquad \text{Anzahl der Zeilen:} \quad \begin{array}{c} k \\ \hline n' \\ \hline * \\ \hline m - m' \end{array} \quad . \quad (7.50)$$

In der dritten Spalte sind die Zeilenzahlen der entsprechenden Blöcke K_i und $\tilde{A}_i$ aufgeführt. Dann ist

$$\hat{L} = \left(\begin{array}{c|c} 0 & 0 \\ \hline K_4 & \tilde{A}_4 \\ \hline -K_2 & -\tilde{A}_2 \end{array} \right) \begin{array}{l} \} \, m' \\ \} \, m - m' \\ \} \, n' \end{array} \quad . \tag{7.51}$$

Damit sind alle Beziehungen notiert, auf denen die einzelnen Schritte zur expliziten Lösung des Entwurfsproblemes (ii) (vgl. Satz 7.2) beruhen. Zu der jetzt folgenden detaillierten Anweisung sei noch dies bemerkt. (i) Man kann die Reihenfolge der Schritte 1) und 2) vertauschen, muß aber dann F und K mittransformieren, d. h. F bzw. K durch $Q^{-1}FP$ bzw. $P^{-1}K$ ersetzen. (ii) Ab dem dritten Schritt wird die Gültigkeit der Annahme (7.43) vorausgesetzt.

1) Man stelle mittels einer Transformation $x \to Px$, $u \to Qu$ die Voraussetzungen (7.43) her. Dabei sind die Matrizen

$$P = (P_1, P_2, P_3, P_4) \quad \text{und } Q \tag{7.52}$$

nach folgender Maßgabe zu wählen: Die Spalten von P_1 bilden eine Basis von $\mathscr{S}^-$, die Spalten von P_2 ergänzen eine Basis von $\mathscr{S}^-$ zu einer Basis von $\mathscr{V}^-$, die Spalten von P_4 ergänzen eine Basis von $\mathscr{V}^- \cap (\text{Bild } B)$ zu einer Basis von Bild B. BQ läßt sich in der Form

$$BQ = (P_1, P_2, P_4) \begin{pmatrix} * & 0 \\ 0 & I \end{pmatrix} \tag{7.53}$$

faktorisieren, wobei I die $(m - m')$-reihige Einheitsmatrix ist.

2) Man bestimme F, K so, daß

$$(A - BF)\,\mathscr{V}^- \subseteq \mathscr{V}^-\,, \qquad (A - KC)\,\mathscr{S}^- \subseteq \mathscr{S}^- \tag{7.54}$$

gilt und die Eigenwerte von $A - BF$ und $A - KC$ alle in der linken Halbebene liegen. Diese Eigenwerte bilden dann zusammen mit den Eigenwerten der Matrizen A_{22}, A'_{22} (s. u.) die Eigenwerte der Systemmatrix des geschlossenen Kreises (7.41). Das Stabilitätsverhalten des Gesamtsystems (Strecke und Regler) wird also wesentlich durch die Wahl der Eigenwerte von A - BF und $A - KC$ beeinflußt.

3) Man entnehme die Werte von

$$A', A'', \tilde{A}, \tilde{A}_2, \tilde{A}_4, K_2, K_4 \tag{7.55}$$

den Formeln (7.47), (7.50).

4) Man wähle zwei Matrizen A_{22}, A'_{22} vom Typ (n', n') mit Eigenwerten in der linken Halbebene. Aus diesen Matrizen und aus den Matrizen (7.55) lassen sich zunächst die Matrizen

$$A_{21}, A'_{12} \quad \text{gemäß (7.48)}\,,$$

und dann die Matrizen

$$\hat{F}, \hat{K}, \hat{L} \quad \text{gemäß (7.40), (7.51)}$$

zusammensetzen.

5) M an setze schließlich

$$\hat{A} := \begin{pmatrix} A & 0 \\ 0 & 0 \end{pmatrix}, \qquad \hat{B} := \begin{pmatrix} B & 0 \\ 0 & I' \end{pmatrix}, \qquad \hat{C} := \begin{pmatrix} C & 0 \\ 0 & I' \end{pmatrix} \tag{7.56}$$

und

$$\tilde{F} := \hat{F} - \hat{L}\hat{C} = \hat{F} + \begin{pmatrix} 0 & 0 \\ \hline -K_4 C & -\tilde{A}_4 \\ \hline K_2 C & \tilde{A}_2 \end{pmatrix}. \tag{7.57}$$

Dann schreibe man die Relationen (7.41) auf, wobei $\hat{x}$, $\hat{y}$, $\hat{u}$ gemäß (7.10), (7.11) durch x, x', u, y auszudrücken sind. Die entstehenden Beziehungen lassen nun zum einen sofort das Steuergesetz erkennen. Man erhält nämlich als Teilsystem die Ausgangsgleichungen (7.5), wobei u jetzt eine Funktion von $\tilde{x}$, x' und y ist. Zum anderen erhält man die dynamischen Gleichungen für die Reglerstruktur, nämlich in Form einer Differentialgleichung für $(\tilde{x}, x')^{\mathsf{T}}$, wobei y als Eingangsgröße fungiert.

Man bemerkt, daß vorstehendes Schema insofern von dem Muster des Beweises abweicht, als die Transformation auf Normalform und die Polvorgabe (Schritt 1) und 2)) am ursprünglichen System (7.5) und nicht – wie im Beweis – am erweiterten System (7.11') vorgenommen wird. Dies hat den Vorteil, daß die rechenintensiven Matrix-Manipulationen – wie Multiplikationen, Übergang zur inversen Matrix und Eigenwertbestimmung – ausschließlich in der niedrigeren Dimension n (und nicht in der Dimension $n + n'$) durchgeführt zu werden brauchen. Tatsächlich beinhalten die Schritte 3)–5) nur noch kombinatorische

Matrixoperationen (Partitionieren, Herausnehmen von Teilmatrizen, Zusammensetzen einer Matrix aus Teilmatrizen).

Beispiel 7.1. Für das in den Kap. 5 und 6 betrachtete Beispiel eines chemischen Reaktors soll eine Ausgangsregelung konstruiert werden, die gleichzeitig die Störung von der zu kontrollierenden Variablen z entkoppelt und das Gesamtsystem stabilisiert. Nimmt man an, daß die Störung vom gleichen Typ wie in Beispiel 5.5 ist, so sind allerdings die Voraussetzungen des Satzes 7.2 — die ja eine notwendige Bedingung für die Lösbarkeit der Aufgabe darstellen — nicht erfüllt. Es ist nämlich dann, wie wir gesehen haben – Bild $G \nsubseteq \mathcal{V}^*$. Für das jetzige Beispiel nehmen wir daher an, daß von der Störung nur die letzten zwei Zustandskomponenten beeinflußt werden. Genauer gesagt ändern wir die Systembeschreibung ab, indem wir

$$G = \begin{pmatrix} 0 & 0 & 0 & 1 & 0 \\ 0 & 0 & 0 & 0 & 1 \end{pmatrix}^{\mathsf{T}} \tag{7.58}$$

setzen. Im übrigen nehmen wir für die Matrizen A, B, C, D die gleichen Werte wie früher (vgl. (5.83), (5.84), (6.15)). Für die Bestimmung der Räume $\mathcal{R}^*$, $\mathcal{V}^-$, $\mathcal{V}^*$ hat sich gegenüber der Situation des Beispieles 5.5 nichts geändert und wir können das damalige Resultat einfach übernehmen:

$$\mathcal{R}^* = \mathcal{V}^- = \mathcal{V}^* = \{x = (x_1, \ldots, x_5)^{\mathsf{T}} : x_2 = 0\} . \tag{7.59}$$

Dagegen müssen die entsprechenden relativ-invarianten Räume des Systemes $\dot{x} = Ax + Gv$, $y = Cx$, neu bestimmt werden. Die dazu erforderlichen Überlegungen sind weitgehend die gleichen wie bei der Behandlung des Beispiels 6.1. Die Ersetzung des dort zugrundegelegten G durch (7.58) bedeutet zunächst einmal, daß für den Rang der Rosenbrock-Matrix jetzt dies gilt

$$\mathrm{Rg}(\Sigma(s)) = 5 + \mathrm{Rg}(\Sigma'(s)) , \qquad \Sigma'(s) := \begin{pmatrix} -s + a_{11} & a_{21} & a_{31} \\ \hline a_{13} & a_{23} & -s + a_{33} \end{pmatrix} .$$

Wie man anhand der in Tabelle 5.1 aufgeführten numerischen Werte für die a_{ij} nun sofort sieht, ist der Rang von $\Sigma'(s)$ konstant. Daher existieren keine Übertragungsnullstellen für das duale System, sofern man unter G^{T} jetzt die Matrix (7.58) versteht. Ferner gilt

$$G^{\mathsf{T}} C^{\mathsf{T}} = \begin{pmatrix} 0 & 1 & 0 \\ 0 & 0 & 1 \end{pmatrix}^{\mathsf{T}} .$$

Aus dem Korollar 5.6 folgt daher, daß für das duale System alle drei Räume $\mathcal{R}^*$, $\mathcal{V}^-$, $\mathcal{S}^*$ mit dem Raum $\{x : G^{\mathsf{T}}x = 0\} = \{x : x_4 = x_3 = 0\}$ zusammenfallen. Durch Übergang zum orthogonalen Komplement ergibt sich dann für die uns interessierenden relativ-invarianten Räume des Systems (7.9) die nachstehende Aussage

$$\mathcal{N}^* = \mathcal{S}^- = \mathcal{S}^* = \{x : x_1 = x_2 = x_3 = 0\} . \tag{7.60}$$

Man sieht daraus, daß die Voraussetzungen des Satzes 7.2 erfüllt sind, und zwar in der Form, welche die Lösbarkeit des weitestgehenden Entwurfsproblemes (iii) gewährleistet. Es läßt sich also Störungsentkoppelung mit beliebiger Plazierung der Eigenwerte des geschlossenen Kreises verbinden. Für die Dimensionszahlen (7.44) ergeben sich die folgenden Werte (man beachte, daß $\mathcal{V}^- \cap (\text{Bild } B) = \mathcal{V}^* \cap$ (Bild B) ist und die Dimension dieses Raumes im Beispiel 5.5 bestimmt wurde):

$$h = 2 , \qquad k = 4 , \qquad n' = 2 , \qquad m' = 2 , \qquad m - m' = 1 . \tag{7.61}$$

Um den numerischen Aufwand so gering wie möglich zu halten, ist es zweckmäßig, von vornherein die im Beispiel 5.5 angegebene Normalform für das zu untersuchende System zu benutzen. Wir denken uns also zunächst die Transformation $x \to Px$, $u \to Qu$ ausgeführt, wobei P, Q gemäß (5.86), (5.87) gewählt werden. Diese Transformation entspricht nicht genau unserer Vorschrift (Schritt 1)). Wie sich zeigen wird, steht im neuen Koordinatensystem die Numerierung der Basisvektoren e_i nicht im Einklang mit der Forderung (7.43). Daher wird später eine zusätzliche Koordinatentransformation $x \to P_0 x$ erforderlich sein, wobei P_0 eine Permutationsmatrix ist.

Die Koeffizienten A, B, D der transformierten Systemgleichung lassen sich direkt aus (5.88) ablesen, das zugehörige C ergibt sich durch Multiplikation von (6.15) mit P:

$$C = \begin{pmatrix} 0 & 0 & 0 & 0 & 1 \\ 0 & 0 & 1 & 0 & 0 \\ 0 & 1 & 0 & 0 & 0 \end{pmatrix}. \tag{7.62}$$

Als Nächstes müssen wir uns überlegen, wie die Darstellungen der Räume $\mathscr{V}^-$, $\mathscr{S}^-$ im neuen Koordinatensystem aussehen. Im Falle von $\mathscr{V}^-$ ist dies aufgrund der Zielsetzung, die wir im Beispiel 5.5 mit der Transformation verfolgten, klar:

$$\mathscr{R}^* = \mathscr{V}^- = \mathscr{V}^* = \{x: \quad x_5 = 0\}. \tag{7.63}$$

Ferner ergibt sich unmittelbar aus (7.60), daß $\mathscr{N}^* = \mathscr{S}^- = \mathscr{S}^*$ im neuen Koordinatensystem mit dem Lösungsraum des linearen Gleichungssystemes

$$5{,}161 x_1 - 0{,}147619 x_5 = 0, \quad x_5 = 0, \quad 3{,}22 x_1 + x_4 - 1{,}33333 x_5 = 0$$

gleichgesetzt werden kann. Daher ist

$$\mathscr{N}^* = \mathscr{S}^- = \mathscr{S}^* = \{x: \quad x_1 = x_4 = x_5 = 0\}. \tag{7.64}$$

Wir gehen jetzt daran, die Lösung des Entwurfsproblems gemäß dem obigen Schema für unser Beispiel durchzuführen. Als Quelle für die numerischen Daten der Matrizen A, B, C, D sowie der Unterräume $\mathscr{S}^-$, $\mathscr{V}^-$ dienen dabei – um es noch einmal zu sagen – die Systemgleichungen (5.88) sowie die Aussagen (7.62)–(7.64).

Man stellt nun sofort fest: Um alle Forderungen (7.43) zu erfüllen, braucht man lediglich die beiden Basisvektoren e_1 und e_3 miteinander zu vertauschen. Daher reduziert sich der erste Schritt des Verfahrens auf die Transformation $x \to P_0 x$, $u \to u$, wobei P_0 diejenige Permutationsmatrix ist, welche x_1 mit x_3 vertauscht und alle übrigen Komponenten von x festläßt. Entsprechend einer früheren Bemerkung werden wir den zweiten Schritt des Verfahrens vorziehen und den ersten dadurch nachträglich berücksichtigen, daß wir bei den Matrizen A, B, G, K die erste mit der dritten Zeile und bei den Matrizen A, D, C, F die erste mit der dritten Spalte vertauschen.

Wir wenden uns also jetzt dem folgenden Problem zu: Es sind – unter Zugrundelegung von A, B, C in der Form, wie sie durch (5.88) und (7.62) gegeben sind – Matrizen F und K so zu bestimmen, daß die Invarianzforderungen (7.54) erfüllt sind und die Eigenwerte von $A - BF$ und $A - KC$ sämtlich in der linken Halbebene liegen. Ein möglicher Kandidat für F ist im Beispiel 5.5 bereits angegeben worden:

$$F = \begin{pmatrix} 0 & 0 & 0 & 0 & 0 \\ 0 & 0 & 0 & 0 & 0 \\ 4{,}88264 & 0 & 0{,}015 & 0{,}17 & 0 \end{pmatrix}. \tag{7.65}$$

Die zugehörigen Eigenwerte sind -5, -24, $-7{,}1243$, $-0{,}355024$ und $-1{,}65067$.

Wir bezeichnen die Spalten der zu konstruierenden Matrix K mit k_i, $i = 1, 2, 3$, d. h. wir setzen $K = (k_1, k_2, k_3)$. Gemäß (7.62) wird dann

$$KC = (0, k_3, k_2, 0, k_1). \tag{7.66}$$

Ferner folgt aus der Darstellung (7.64) des Raumes $\mathscr{S}^-$, daß die zweite der Bedingungen (7.54) dann und nur dann erfüllt ist, wenn in der 1., 4. und 5. Zeile der Matrix $A - KC$ der 2. und 3. Platz mit 0 besetzt ist. Wegen (7.66) sind damit die Elemente auf den Plätzen 1, 4, 5 der Spalten k_3, k_2 festgelegt. Die übrigen Elemente von k_2, k_3 und die Elemente von k_1 sind frei und können zur Plazierung der Eigenwerte von $A - KC$ verwendet werden. Setzt man alle diese freien Elemente gleich 0, so erhält man für die Spalten von K die folgenden Werte: $k_1 = 0$, $k_2 = (0{,}0217427, 0, 0, 2{,}14999, 0{,}015)^{\mathsf{T}}$, $k_3 = 0$. Die Eigenwerte von $A - KC$ sind dann -24, $-7{,}11764$, -5, $-1{,}85036$ und $-0{,}162001$. Dies bedeutet, daß $A - KC$ asymptotisch stabil ist, wie es sein soll. Nimmt man nun noch die bereits angekündigten Zeilen- und Spaltenvertauschungen vor, so läßt sich das Ergebnis der beiden ersten Schritte unseres Verfahrens wie folgt niederschreiben:

$$A = \begin{pmatrix} -24 & 16 & 0 & 0 & 0 \\ 0 & -5 & 0 & 0 & 0 \\ 0,0217427 & 0 & 0,12074 & 0,256752 & -0,359326 \\ 2,14999 & 0 & -13,4252 & -7,60007 & 11,8039 \\ 0,015 & 0 & 4,88264 & 0,17 & -1,65067 \end{pmatrix}, \quad B = \begin{pmatrix} 0 & 0 & 0 \\ 0 & 1 & 0 \\ 1 & 0 & 0 \\ 0 & 0 & 0 \\ 0 & 0 & 1 \end{pmatrix},$$

$$C = \begin{pmatrix} 0 & 0 & 0 & 0 & 1 \\ 1 & 0 & 0 & 0 & 0 \\ 0 & 1 & 0 & 0 & 0 \end{pmatrix}, \quad G = \begin{pmatrix} 1 & 0 \\ 0 & 1 \\ 0 & 0 \\ 0 & 0 \\ 0 & 0 \end{pmatrix}, \quad K = \begin{pmatrix} 0 & 0 & 0 \\ 0 & 0 & 0 \\ 0 & 0,0217427 & 0 \\ 0 & 2,14999 & 0 \\ 0 & 0,015 & 0 \end{pmatrix}.$$

$$D = (0 \quad 0 \quad 0 \quad 0 \quad 1).$$

$\underline{F}$ bleibt wie in (7.65). Ausgehend von diesem Material hat man jetzt die im wesentlichen aus kombinatorischen Operationen bestehenden Schritte 3)–5) auszuführen. Wir beschränken uns darauf, die Werte für die Matrizen $\hat{F}$, $\hat{K}$ und $\hat{L}$ anzugeben; dabei sind die bisher noch nicht fixierten Matrizen A_{22}, A'_{22} beide als $-I'$ gewählt worden:

$$\hat{F} = \begin{pmatrix} 0 & 0 & 0 & 0 & 0 & 0 & 0 \\ 0 & 0 & 0 & 0 & 0 & 0 & 0 \\ 0,015 & 0 & 4,88264 & 0,17 & 0 & 0 & 0 \\ -0,0217427 & 0 & -1,12074 & -0,256752 & 0 & 1 & 0 \\ -2,14999 & 0 & 13,4252 & 6,60007 & 0 & 0 & 1 \end{pmatrix}.$$

$$\hat{K} = \begin{pmatrix} 0 & 0 & 0 & 0 & 0 \\ 0 & 0 & 0 & 0 & 0 \\ 0 & 0,0217427 & 0 & 1,12074 & 0,256752 \\ 0 & 2,14999 & 0 & -13,4252 & -6,60007 \\ 0 & 0,015 & 0 & 4,88264 & 0,17 \\ 0 & 0 & 0 & 1 & 0 \\ 0 & 0 & 0 & 0 & 1 \end{pmatrix}.$$

$$\hat{L} = \begin{pmatrix} 0 & 0 & 0 & 0 & 0 \\ 0 & 0 & 0 & 0 & 0 \\ 0 & 0,015 & 0 & 4,88264 & 0,17 \\ 0 & -0,0217427 & 0 & -0,12074 & -0,256752 \\ 0 & -2,14999 & 0 & 13,4252 & 7,60007 \end{pmatrix}.$$

Wie man die Lösung des Entwurfsproblems aus (7.41) ablesen kann, ist bereits früher dargelegt worden. Man schreibt $\hat{x} = (x, x')^\mathsf{T}$, $\hat{u} = (u, x')^\mathsf{T}$, $\hat{y} = (y, x')^\mathsf{T}$ und trennt die Gleichung der Strecke von den restlichen Differentialgleichungen ab. Letztere beschreiben dann zusammen die Dynamik des Reglers, im vorliegenden Beispiel ist dies ein 9-dimensionales System. Ferner erhält man aus der Beziehung

$$(u, x')^\mathsf{T} = \hat{u} = -\hat{L}\hat{y} - \tilde{\hat{F}}\tilde{\hat{x}}$$

das Steuergesetz in der Form $u = \tilde{u}(y, x', \tilde{\hat{x}})$. Dies bezieht sich allerdings auf das transformierte System (5.88); für das ursprüngliche System lautet es $u = Q\tilde{u}(y, x', \tilde{\hat{x}})$, wobei Q die Matrix (5.87) ist.

7.4 Störungsunterdrückung durch Ausgangsrückführung

In diesem Abschnitt gehen wir von einer Systemdarstellung folgender Form aus

$$\dot{x} = Ax + Bu , \qquad y = z = Dx . \tag{7.67}$$

Sie ist also in zweifacher Hinsicht spezieller als im vorigen Abschnitt: (1) Es wird vorausgesetzt, daß die zu kontrollierende Variable auch beobachtet wird. (2) Ein Störsignal v kommt auf der rechten Seite der Differentialgleichung nicht vor, die – eventuelle – Systemstörung ist formal als Bestandteil der Zustandsvariablen anzusehen. Dies wird im Verlaufe dieses Kapitels noch präzisiert werden. Als erstes formulieren und beweisen wir eine prinzipielle Aussage über die Möglichkeit, den Ausgang eines linearen Systemes mit Hilfe von Informationen, die nur diesem Ausgang entnommen werden, zu stabilisieren (Satz 7.3). Unseren Betrachtungen schicken wir einen elementaren Hilfssatz, von dem wiederholt Gebrauch gemacht werden wird, voraus.

Hilfssatz 7.7. Voraussetzung. *Für jede Lösung $x(\cdot)$ der homogenen Differentialgleichung $\dot{x} = Ax$ gilt* $\lim\limits_{t\to\infty} Dx(t) = 0$.

Behauptung. *Ist $e(\cdot)$ eine für $t \to \infty$ exponentiell abklingende vektorwertige Funktion, so genügt auch jede Lösung $x(\cdot)$ der inhomogenen Differentialgleichung $\dot{x} = Ax + e(t)$ der Bedingung* $\lim\limits_{t\to\infty} Dx(t) = 0$.

Beweis. Wir können ohne Einschränkung annehmen, daß die Matrizen A und D in folgender Form vorliegen:

$$\operatorname{diag}(A^-, A^+) , \qquad D = (D^-, D^+) ,$$

wobei die Eigenwerte von A^- bzw. A^+ negativen bzw. nicht-negativen Realteil haben. Gegebenenfalls läßt sich dies immer durch eine Transformation der Zustandsvariablen erreichen. Die Aussage

$$\lim\limits_{t\to\infty} Dx(t) = 0$$

für jede Lösung $x(\cdot)$ der Differentialgleichung $\dot{x} = Ax$ ist nun gleichbedeutend mit $D^+ = 0$. Es wird dann $Dx(t) = D^- x'(t)$, wobei $x'(\cdot)$ Lösung der Differentialgleichung

$$\dot{x}' = A^- x' \tag{7.68}$$

ist. Es klingt aber jede Lösung dieser Differentialgleichung für $t \to \infty$ exponentiell ab, und diese Aussage ändert sich nicht, wenn man auf der rechten Seite von (7.68) einen beliebigen exponentiell abklingenden inhomogenen Term hinzufügt.

Satz 7.3. *Gegeben sei ein System der Form (7.67). Wenn sich zu jedem x_0 eine zulässige Zustandsfunktion $x(\cdot)$ so finden läßt, daß*

$$x(0) = x_0, \quad \lim\limits_{t\to\infty} Dx(t) = 0$$

gilt, so ist der Ausgang des Systemes mit Hilfe eines Steuergesetzes der Form (7.1) stabilisierbar. Dabei bedeutet x' den Zustand eines linearen Systems mit Eingang $(u, y)^\mathsf{T}$.

Bemerkung. Die Voraussetzung des Satzes besagt: Es gibt zu jedem Anfangszustand x_0 eine individuelle Steuerfunktion, mit deren Hilfe sich der Ausgang z des Systemes (7.67) asymptotisch nach 0 steuern läßt. Unter dieser Annahme läßt sich – dies ist die Aussage des Satzes – exponentielles Abklingen des Ausganges auch mit Hilfe einer Reglerstruktur erreichen, wobei nur kontinuierliche Messung von z, nicht aber die Kenntnis von x_0 vorausgesetzt wird.

Beweis. Wir bemerken zunächst, daß es genügt, den Satz unter der zusätzlichen Annahme zu beweisen, daß das System (7.67) rekonstruierbar ist. Gemäß Korollar 4.3 läßt sich nämlich durch eine Transformation von x und y die Systemgleichung (7.67) in die Form

$$\dot{x} = \begin{pmatrix} A_{11} & 0 \\ A_{21} & A_{22} \end{pmatrix} x + \begin{pmatrix} B_1 \\ B_2 \end{pmatrix} u \,, \qquad y = (D_{11}, 0)\, x \tag{7.69}$$

bringen, wobei das Untersystem

$$\dot{x}_1 = A_{11}x_1 + B_1 u \,, \qquad y = D_{11}x_1 \tag{7.70}$$

rekonstruierbar ist. Es überträgt sich nun die Voraussetzung des Satzes vom Gesamtsystem (7.69) auf das Teilsystem (7.70). Andererseits ist aber auch klar, daß die Aussage des Satzes für das System (7.69) richtig ist, sobald ihre Gültigkeit für (7.70) feststeht.

Wenn das Ausgangssystem (7.67) rekonstruierbar ist – was wir von jetzt an also voraussetzen – so existiert ein asymptotisch stabiler Beobachter, dessen Zustand wir für den Moment mit $\hat{x}$ bezeichnen. Man kann die Stabilisierung des Ausgangs im System (7.67) dann analog zu den Überlegungen in Abschn. 7.2 durchführen: Erst Stabilisierung mittels Zustandsrückführung $u = -Fx$, dann Ersetzen von x durch $\hat{x}$. Letzteres hat zur Folge, daß eine zusätzliche exponentiell abklingende Zeitfunktion (nämlich $BF(\hat{x} - x)$) auf der rechten Seite der Zustandsgleichung auftritt; gemäß Hilfssatz 7.7 ist dies aber ohne Belang für die Frage, ob der Ausgang unabhängig vom Anfangszustand exponentiell abklingt oder nicht. Um den Beweis zu Ende zu bringen, brauchen wir demnach nur noch den Nachweis zu führen, daß sich – unter den Voraussetzungen des Satzes – der Ausgang stets mittels Zustandsrückführung stabilisieren läßt. Zu diesem Zweck machen wir jetzt von der Möglichkeit Gebrauch, das gegebene System vermittels einer Äquivalenztransformation in die Normalform des Satzes 5.7 zu bringen. Es ändert sich dabei weder die Voraussetzung noch die zu beweisende Aussage; es verlagert sich das Problem aber, wie man sofort sieht, vom Gesamtsystem auf das Untersystem $\dot{x}_3 = A_{33}x_3 + B_{32}u_2$, $y = D_3 x_3$. Dieses Untersystem ist nun durch eine Invarianzeigenschaft ausgezeichnet (Satz 5.7, (ii)). Somit brauchen wir uns schließlich nur noch für Systeme der Form (7.64) zu interessieren, die folgende zusätzliche Eigenschaft besitzen:

Der maximale in $\mathscr{D} = \{x: Dx = 0\}$ enthaltene steuerungsinvariante
Unterraum reduziert sich auf [0]. $\hspace{4cm}$ (7.71)

Wir werden nun zeigen, daß ein System mit dieser Eigenschaft stabilisierbar
ist, sofern es der Voraussetzung von Satz 7.3 genügt. Damit ist der Beweis dann
abgeschlossen.

Stabilisierbarkeit eines Systemes ist – wie wir wissen – gleichbedeutend mit
der Existenz zulässiger Zustandsfunktionen $x(\cdot)$ zu beliebig vorgegebenen Anfangswerten x_0, die für $t \to \infty$ exponentiell abklingen. Dies ist natürlich eine
stärkere Forderung als sie in der Voraussetzung des Satzes erhoben wird (dort
wird ja nur verlangt, daß $\lim_{t \to \infty} Dx(t) = 0$, gilt). Unter der Voraussetzung (7.71)
sind aber, wie wir jetzt zeigen werden, beide Forderungen äquivalent. Es gilt
nämlich

$$\lim_{t \to \infty} Dx(t) = 0 \quad \text{impliziert} \quad \lim_{t \to \infty} x(t) = 0 \, .$$

Um dies einzusehen, denken wir uns die Zustandsfunktion in der Form

$$x(t) = \sum_{v} e^{\alpha_v t} \, x_v(t)$$

zerlegt, wobei die α_v verschiedene komplexe Zahlen und die Komponenten von
$x_v(t)$ Polynome in t sind. Eine solche Zerlegung ist immer möglich, wie man
aus der Definition 5.3 ersieht; jeder Term $e^{\alpha_v t} x_v(t)$ repräsentiert wieder eine zulässige Zustandsfunktion. Da die α_v verschiedene komplexe Zahlen sind, folgt aus

$$0 = \lim_{t \to \infty} Dx(t) = \lim_{t \to \infty} \sum_{v} e^{\alpha_v t} \, Dx_v(t) \, ,$$

daß $Dx_v(t)$ und somit auch $D(e^{\alpha_v t} x_v(t))$ identisch in t verschwindet, falls $\mathrm{Re}\,(\alpha_v) \geq 0$
(vgl. [KK], Kap. 1, Abschn. 1.4). Es ist $e^{\alpha_v t} x_v(t)$ daher eine zulässige Zustandsfunktion, die für alle t in $\mathscr{D}$ liegt. Gemäß (5.9) muß sie aber dann bereits im maximalen steuerungsinvarianten Unterraum von $\mathscr{D}$ liegen, also identisch in t verschwinden (vgl. (7.71)). $\hspace{6cm}$ $\square$

Wir kommen nun zum eigentlichen Thema dieses Abschnittes. Es geht um
die explizite Konstruktion von Beobachter-Rückkoppelungsstrukturen, mit
denen sich der Ausgang auch solcher Systeme stabilisieren läßt, bei deren Beschreibung im Zustandsraum ein Störungsmodell mit einbezogen wird. Die
Zustandsvariable enthält daher Komponenten, die sich durch die Steuerung
nicht beeinflussen lassen und auch von alleine nicht abklingen.
Diese Situation tritt ein, wenn man zu einer gegebenen Klasse von Störsignalen,
die auf eine gegebene Strecke einwirken, einen Regler entwerfen möchte, der alle
zugelassenen Typen von Störungen unterdrückt. Damit wir diese Aufgabe mit den
Methoden der linearen Kontrolltheorie behandeln können, wird die Störung mit
dem Ausgang eines linearen Systemes (des Störungsmodelles) gleichgesetzt. Das
Gesamtsystem „Strecke plus Störung" kann dann formal durch eine einzige
Systemgleichung der Form (7.67) beschrieben werden. Zustandsrückführung

bedeutet daher jetzt Wahl eines Steuergesetzes, in welchem außer dem Zustand der Strecke im allgemeinen auch noch der Zustand des Störungsmodelles eingeht.

Unsere Ausgangsposition ist in der Abb. 7.2 verdeutlicht. Im Vergleich mit Abschn. 7.3 arbeiten wir also hier mit einer verfeinerten Modellbildung; die wesentliche Punkte sind dabei die folgenden.

1) Der Einfluß der Störung auf den Ausgang wird in einen direkten und einen indirekten (über die Strecke wirkenden) Anteil aufgegliedert.
2) Die Störung wird durch ein dynamisches Modell repräsentiert, d. h. wir setzen v proportional dem Zustand x_2 eines Systems der Form

$$\dot{x}_2 = A_{22}x_2 \, , \tag{7.72}$$

wobei die Eigenwerte von A_{22} alle nicht-negativen Realteil besitzen.
3) Das mathematische Modell für Strecke und Ausgang ist in der Form

$$\dot{x}_1 = A_{11}x_1 + B_{11}u + A_{12}x_2 \, , \quad z = y = D_1x_1 + D_2x_2 \tag{7.73}$$

gegeben. Der Ausgang ist hier wieder die zu kontrollierende Variable. Die beobachtete Variable wird – im Einklang mit der generellen Zielsetzung dieses Abschnittes – gleich der zu kontrollierenden Variablen, d. h. gleich z gesetzt. Die dynamische Beschreibung von Strecke und Störung kann in einer einzigen Gleichung der Form (7.67) zusammengefaßt werden. Den Zusammenhang zwischen den beiden Darstellungen halten wir ausdrücklich fest:

$$x = (x_1, x_2)^\top \, , \qquad A = \begin{pmatrix} A_{11} & A_{12} \\ 0 & A_{22} \end{pmatrix}, \qquad B = \begin{pmatrix} B_{11} \\ 0 \end{pmatrix}, \qquad D = (D_1, D_2) \, . \tag{7.74}$$

Mit n_i bezeichnen wir die Dimension von x_i, $i = 1, 2$.

Für den Rest dieses Abschnittes machen wir die nachstehende Generalvoraussetzung: Der Ausgang des ungestörten Systems

$$x_1 = A_{11}x_1 + B_{11}u \, , \qquad z = D_1x_1 \tag{7.75}$$

ist durch Zustandsrückführung stabilisierbar.

Dies bedeutet also, daß folgende Aussage richtig ist, sofern man die Matrix F_1 geeignet wählt: Es ist

$$\lim_{t \to \infty} D_1x_1(t) = 0 \, , \text{ falls } x_1(\cdot) \text{ Lösung der Dgl. } \dot{x}_1 = (A_{11} - B_{11}F_1)\, x_1 \, . \tag{7.76}$$

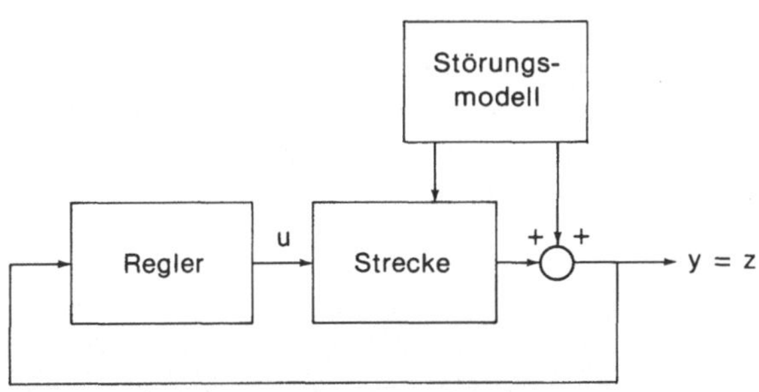

Abb. 7.2   Regelkreis mit Störungsmodell

Wir wollen unter diese Annahme und in exemplarischer Form nun einige Möglichkeiten diskutieren, Rückkoppelungs-Beobachter-Strukturen zu entwerfen, die auch bei Berücksichtigung von Störungen den Ausgang stabilisieren, die also für exponentielles Abklingen von $z(t)$ unabhängig vom Anfangszustand $x_1(0)$ der Strecke und unabhängig vom Zustand $x_2(\cdot)$ des Störsignales sorgen. Im Prinzip ist diese Aufgabe beim Beweis des Satzes 7.3 gelöst worden (und die Voraussetzungen des Satzes sind die notwendigen und hinreichenden Bedingungen für die Lösbarkeit dieser Aufgabe; man hat für das zugrundeliegende System (7.67) die Matrizen A, B, D jetzt gemäß (7.74) zu wählen). Wir werden uns jedoch im folgenden nicht an das Beweisschema des Satzes halten, sondern einen Weg einschlagen, der sich mehr an das Konstruktionsprinzip aus Abschn. 7.2 anlehnt. Genauer gesagt befassen wir uns jetzt mit den nachstehenden beiden Aufgaben:

1) Man konstruiere eine Matrix F, derart daß der Ausgang z des Gesamtsystems vermöge der Zustandsrückführung $u = -Fx$ stabilisiert wird.

2) Man konstruiere einen asymptotisch stabilen dynamischen Beobachter für das Gesamtsystem, welcher also sowohl den Zustand der Strecke wie auch den des Störungsmodells asymptotisch beliebig genau rekonstruiert.

Wenn jede dieser Ausgaben für sich gelöst ist, erhält man gemäß Hilfssatz 7.7 eine den Ausgang stabilisierende Ausgangsrückführung, indem man im Steuergesetz den Zustand des Systems durch den vom Beobachter gelieferten Schätzwert ersetzt.

Die erste Aufgabe wollen wir hier nun in der nachstehenden engeren Fassung diskutieren.

Gegeben eine Matrix F_1, für welche die Aussage (7.76) zutrifft. Gesucht ist eine Matrix F_2 derart, daß der Ausgang des Gesamtsystems vermöge der Zustandsrückführung $u = -F_1 x_1 - F_2 x_2$ stabilisiert wird. $\qquad$ (7.77)

Satz 7.4. *Wenn die Matrizen A_{22} und $A_{11} - B_{11}F_1$ keine gemeinsamen Eigenwerte haben, so ist die Lösbarkeit der Aufgabe (7.77) gleichbedeutend mit der simultanen Lösbarkeit der beiden linearen Matrix-Gleichungen*

$$(A_{11} - B_{11}F_1)\, X - X A_{22} + A_{12} - B_{11}F_2 = 0\,, \qquad D_1 X + D_2 = 0\,.$$

$$(7.78)$$

X ist hier die Unbekannte und repräsentiert eine Matrix vom Typ (n_1, n_2).

Beweis. Bei gegebenem F_2 stellt die erste der beiden Gleichungen ein System von $n_1 n_2$ linearen Gleichungen für die $n_1 n_2$ Elemente von X dar. Das zugehörige homogene Gleichungssystem sieht – in Matrixform geschrieben – so aus

$$(A_{11} - B_{11}F_1)\, X = X A_{22}$$

und besitzt nur die triviale Lösung, da die Koeffizienten keine Eigenwerte gemeinsam haben (vgl. Anhang). Daher ist X bei gegebenem F_2 durch die erste der beiden Gleichungen (7.78) schon eindeutig festgelegt. Wir zeigen nun: Die zweite ist genau dann erfüllt, wenn F_2 entsprechend der Forderung (7.77) gewählt wird. Setzt man $u = -F_1 x_1 - F_2 x_2$, so ergeben sich aus (7.72) und (7.73) die folgenden Relationen zwischen x und z

$$\dot{x}_1 = (A_{11} - B_{11}F_1)\,x_1 + (A_{12} - B_{11}F_2)\,x_2\,, \qquad \dot{x}_2 = A_{22}x_2\,, \qquad (7.79)$$
$$z = D_1 x_1 + D_2 x_2\,.$$

Die erste der beiden Beziehungen (7.78) – deren Gültigkeit wir ja voraussetzen – erlaubt nun die Elimination von x_2 aus der Differentialgleichung für x_1, und zwar vermittels der Substitution $x_1 = \tilde{x}_1 + Xx_2$. Führt man $(\tilde{x}_1, x_2)$ als neue Zustandsvariable ein, so nehmen obige Relationen diese Form an

$$\dot{\tilde{x}}_1 = (A_{11} - B_{11}F_1)\,\tilde{x}_1\,, \qquad \dot{x}_2 = A_{22}x_2\,, \qquad z = D_1\tilde{x}_1 + (D_2 + D_1)\,x_2\,.$$
$$(7.80)$$

Aus der Voraussetzung (7.76) ergibt sich nun, daß der Term $D_1\tilde{x}_1(t)$ stets für $t \to \infty$ exponentiell abklingt. Der Ausgang des Gesamtsystems wird daher dann und nur dann stabilisiert, wenn $\lim\limits_{t\to\infty} (D_2 + D_1X)\,x_2(t) = 0$ gilt für jede Lösung der Dgl. $\dot{x}_2 = A_{22}x_2$. Da A_{22} aber keine Eigenwerte mit negativem Realteil besitzt, kann diese Aussage dann und nur dann zutreffen wenn $(D_2 + D_1X)\,x_2(t)$ identisch in t für jede Lösung verschwindet, wiederum aufgrund eines elementaren Satzes über das asymptotische Verschwinden von Linearkombinationen aus Funktionen der Form $t^\nu e^{\alpha t}$ ([KK], Kap. 1, Abschn. 1.4). Daher ist $D_2 + D_1X = 0$ die notwendige und hinreichende Bedingung dafür, daß der Ausgang vermittels der Zustandsrückführung $u = -F_1 x_1 - F_2 x_2$ stabilisiert wird. $\square$

Bei gegebenem F_1 stellt (7.78) ein System von $n_1 n_2 + k n_2$ linearen Gleichungen für die $n_1 n_2 + m n_2$ Elemente der Matrizen X, F_2 dar; damit ist klar, daß sich die Lösung der Aufgabe (7.77) im Prinzip auf ein Standardproblem der linearen Algebra zurückführen läßt. Da man den Gleichungen allerdings nicht unmittelbar ansehen kann, ob sie lösbar sind oder nicht, ist die Kenntnis einfacher hinreichender Bedingungen für die Lösbarkeit der Aufgabe (7.77) nützlich. Ein häufig benutztes Kriterium formulieren wir als

Korollar 7.2. *Wenn alle Eigenwerte der Matrix $A_{11} - B_1F_1$ negativen Realteil haben und wenn für jeden Eigenwert α der Matrix A_{22} die Zeilen der Matrix*

$$\begin{pmatrix} -\alpha I + A_{11} & B_{11} \\ D_1 & 0 \end{pmatrix}$$

linear-unabhängig sind, so ist die Aufgabe (7.77) lösbar.

Beweis. Mittels einer Rückkoppelungs-Transformation $u \to -F_1 x_1 + u$ können wir immer erreichen, daß die erste der beiden Voraussetzungen des Satzes in der nachstehenden speziellen Form erfüllt ist:

Alle Eigenwerte der Matrix A_{11} haben negativen Realteil, $F_1 = 0$. $\qquad (7.81)$

Es genügt also, den Beweis unter dieser Annahme zu führen.

Mit $\Sigma(s)$ bezeichnen wir die Rosenbrock-Matrix

$$\begin{pmatrix} -sI_1 + A_{11} & A_{12} & B_{11} \\ 0 & -sI_2 + A_{22} & 0 \\ D_1 & D_2 & 0 \end{pmatrix}$$

des Gesamtsystems und mit $q_{i,j}$ eine Basis für den R^{n_2}, die aus Eigen- und Hauptvektoren der Matrix A_{22} besteht. Genauer gesagt soll dieses gelten: $q_{i,0}$ ist Eigenvektor zu einem Eigenwert α_i und es genügt $q_{i,j}$ für $j > 0$ der Beziehung $A_{22}q_{i,j} = \alpha_i q_{i,j} + q_{i,j-1}$. Aus der Voraussetzung des Satzes folgt nun, daß sich zu jedem $q_{i,j}$ Elemente $p_{i,j}$ bzw. $u_{i,j}$ aus dem x_1-Raum bzw. u-Raum so finden lassen, daß das rekursive lineare Gleichungssystem

$$\Sigma(\alpha_i) \begin{pmatrix} x \\ u \end{pmatrix} = \begin{pmatrix} x_{i,\,j-1} \\ 0 \end{pmatrix}, \qquad j = 0, 1 \dots \quad \text{mit} \quad x_{i,\,-1} = 0, \tag{7.82}$$

gerade durch $x = (p_{i,j}, q_{i,j}) =: x_{i,j}$, $u = u_{i,j}$ gelöst wird. Wir bemerken noch, daß die Anzahl der $x_{i,j}$ gleich der Dimension n_2 des x_2-Raumes, ist und daß sie – wie die $q_{i,j}$ – linear unabhängig sind. Wir bezeichnen den von den $x_{i,j}$ aufgespannten Teilraum des x-Raumes mit $\mathscr{V}$ und setzen $\mathscr{K} := \{x = (x_1, x_2): x_2 = 0\}$. $\mathscr{K}$ ist ein linearer Raum der Dimension n_1 und es ist $R^{n_1 + n_2} = \mathscr{V} + \mathscr{K}$. Aus Dimensionsgründen gilt dann sogar

$$R^{n_1 + n_2} = \mathscr{V} \oplus \mathscr{K}. \tag{7.83}$$

$\mathscr{V}$ ist ein in $\mathscr{D} = \{x: Dx = 0\}$ enthaltener und bezüglich des Gesamtsystems (7.67), (7.74) steuerungsinvarianter linearer Raum. Das ergibt sich sofort aus dem Kriterium (ii) des Satzes 5.2. Aus den definierenden Relationen (7.82) für die $x_{i,j}$ liest man nämlich unmittelbar die folgenden Beziehungen ab

$$Ax_{i,j} + Bu_{i,j} \in \mathscr{V}, \qquad Dx_{i,j} = 0 \tag{7.84}$$

für alle i, j. Da die Vektoren $q_{i,j}$ linear unabhängig sind, lassen sich die $u_{i,j}$ mit Hilfe einer geeigneten Matrix F_2 in der Form $u_{i,j} = -F_2 q_{i,j}$ schreiben. Es besteht dann die Relation

$$u_{i,j} = -Fx_{i,j} \quad \text{mit} \quad F = (0, F_2) \tag{7.85}$$

für alle i, j. Beachtet man nun neben (7.84) und (7.85) noch die spezielle Gestalt der Matrizen A und B (vgl. (7.74), so erhält man die folgenden Beziehungen

$$(A - BF)\,\mathscr{V} \subseteq \mathscr{V} \subseteq \mathscr{D} \quad \text{und} \quad (A - BF)\,(x_1, 0)^{\mathsf{T}} = (A_{11}x_1, 0)^{\mathsf{T}} \tag{7.86}$$

für jedes $x_1 \in R^{n_1}$. Die lineare Abbildung $x \to (A - BF)\,x$ läßt also die beiden linearen Räume $\mathscr{V}$ und $\mathscr{K}$ invariant. Da der Zustandsraum die direkte Summe von $\mathscr{V}$ und $\mathscr{K}$ ist (vgl. (7.83)), kann man durch eine lineare Transformation der Zustandsvariablen immer erreichen, daß die Räume $\mathscr{V}$ und $\mathscr{K}$ bzw. die Matrix $(A - BF)$ in besonders einfacher Weise dargestellt werden können: Wenn man sich $x = (x', x'')$ passend aufgespalten denkt, wobei x' bzw. x'' von der Dimension n_1 bzw. n_2 ist, so wird

$$\mathscr{K} = \{x:\ x'' = 0\}, \qquad \mathscr{V} = \{x:x' = 0\}, \qquad A - BF = \operatorname{diag}(A_{11}, *) \tag{7.87}$$

(vgl. (7.86)). Die Beziehung $\mathscr{V} \subseteq \mathscr{D}$ bedeutet ferner, daß im neuen Koordinatensystem Dx nicht von x'' abhängt, d. h. es ist $Dx = D(x', x'')^\mathsf{T} = D'x'$ mit einer geeigneten Matrix D'. Für jede Lösung $x(\cdot) = (x'(\cdot), x''(\cdot))^\mathsf{T}$ der Dgl. $\dot{x} = (A - BF)x$ wird daher $Dx(t) = D'x'(t)$, wobei $x'(\cdot)$ Lösung der Dgl. $\dot{x}' = A_{11}x'$ ist. Aus der Voraussetzung (7.81) folgt daher, daß Dx entlang jeder Lösung der Dgl. $\dot{x} = (A - BF)\,x$ exponentiell abklingt. Diese Aussage ist natürlich unabhängig von der speziellen Wahl des Koordinatensystems im Zustandsraum. Damit ist gezeigt, daß vermittels der Zustandsrückführung $u = -Fx = -F_2x_2$, wobei F bzw. F_2 gemäß (7.85) zu wählen ist, der Ausgang des Systems tatsächlich stabilisiert wird. $\qquad\square$

Wir wollen nun den Teil der Reglerstruktur betrachten, welcher der Rekonstruktion des Gesamtzustandes aus den Beobachtungen des Ausganges dient. Auf die Frage nach der Existenz eines asymptotisch stabilen Beobachters für das Gesamtsystem gehen wir am Schluß dieses Abschnittes ein. Zunächst befassen wir uns mit den Möglichkeiten, einen bereits konstruierten Beobachter mit Hilfe von Koordinatentransformationen zu vereinfachen und übersichtlicher zu gestalten. Dabei wird sich für das in der Einleitung angesprochene Prinzip der inneren „Modellierung" (von Störungen) dann auch eine anschauliche Interpretation ergeben.

Wir gehen aus von einer allgemeinen Systemgleichung der Form (7.72), (7.73) und nehmen an, daß für das Gesamtsystem ein asymptotisch stabiler Beobachter (mit Zustandsvektor $\hat{x} = (\hat{x}_1, \hat{x}_2)^\mathsf{T}$), sowie eine den Ausgang stabilisierende Zustandsrückführung gemäß Satz 7.4 existiert. Die Reglerstruktur wird dann durch die folgenden Relationen beschrieben

$$u = -F_1\hat{x}_1 - F_2\hat{x}_2\,,$$

$$\dot{\hat{x}}_1 = A_{11}\hat{x}_1 + A_{12}\hat{x}_2 + B_{11}u + K_1(z - D\hat{x})\,, \tag{7.88}$$

$$\dot{\hat{x}}_2 = A_{22}\hat{x}_2 + K_2(z - D\hat{x})\,.$$

F_1 ist dabei durch die Forderung (7.76) und F_2 durch die Forderung der simultanen Lösbarkeit der beiden Matrixgleichungen (7.78) festgelegt (die Lösung selbst bezeichnen wir wieder mit X). Die Verstärkungsmatrizen K_1, K_2 schließlich sind so zu wählen, daß die Dgl. (7.88) für $u = 0$, $z = 0$ asymptotisch stabil wird. Wir gehen nun analog vor wie beim Beweis von Satz 7.4. Nachdem wir u durch $-F\hat{x}$ ersetzt haben, eliminieren wir $\hat{x}_2$ aus der ersten der beiden Dgln. (7.88) vermittels der Substitution $\hat{x}_1 = \tilde{x}_1 + X\hat{x}_2$, $\hat{x}_2 = \tilde{x}_2$. Mit Hilfe von (7.78) findet man leicht, daß die Gleichungen des dynamischen Reglers sich wie folgt darstellen (N. B.: $D\hat{x} = D_1\tilde{x}_1$!):

$$\dot{\tilde{x}}_1 = (A_{11} - B_{11}F_1 - \tilde{K}_1D_1)\,\tilde{x}_1 \qquad\qquad + \tilde{K}_1z\,,$$

$$\dot{\tilde{x}}_2 = \qquad\qquad - K_2D_1\tilde{x}_1 + A_{22}\tilde{x}_2 + K_2z\,, \tag{7.89}$$

$$u = -F_1\tilde{x}_1 - \tilde{F}_2\tilde{x}_2\,,$$

wobei wir zur Abkürzung

$$\tilde{F}_2 := F_2 + F_1X\,, \qquad \tilde{K}_1 := K_1 - XK_2 \tag{7.90}$$

gesetzt haben. Man erkennt, daß die Koeffizientenmatrix dieses Systems eine Block-Dreiecksform besitzt, wobei ein Diagonalblock gerade von der Matrix A_{22} gebildet wird. Auf diese Weise schlägt sich also die Dynamik der Störung in der Struktur des Reglers nieder.

Falls das Störsignal zeitlich konstant, d. h. falls $A_{22} = 0$ ist, hängt die rechte Seite der zweiten Differentialgleichung (7.89) nicht mehr von $\tilde{x}_2$ ab. Man erhält dann den Wert von $\tilde{x}_2$ zum Zeitpunkt t, indem man die Größe $K_2(z - D_1\tilde{x}_1)$ aufintegriert. Allgemein gesprochen ist Integration des Ausgangs ein wesentlicher Bestandteil aller Verfahren, die das „Ausregeln" konstanter Störungen zum Ziel haben. In der Regelungstechnik spricht man in diesem Zusammenhang daher auch von *Integralregelung*.

Wir bemerken noch, daß man den Matrix-Gleichungen (7.78) eine etwas vorteilhaftere Form geben kann, wenn man $\tilde{F}_2$ anstelle von F_2 als Unbekannte einführt. Man erhält dann das folgende Gleichungssystem für X und $\tilde{F}_2$:

$$A_{11}X - XA_{22} + A_{12} - B_{11}\tilde{F}_2 = 0 , \qquad D_1X + D_2 = 0 . \qquad (7.91)$$

In diesen Gleichungen kommt F_1 explizit nicht mehr vor. Die Lösbarkeit von (7.91) ist aber offensichtlich mit der Lösbarkeit von (7.78) gleichbedeutend, und es lassen sich gemäß (7.90) die Lösungen des einen Gleichungssystemes durch die des anderen ausdrücken. Faßt man $X, \tilde{F}_2$ als Unbekannte auf, so wird (7.91) ein formal sehr durchsichtig aufgebautes System linearer Matrix-Gleichungen. Dieses Gleichungssystem aufzulösen, ist also letztlich alles, was man bei der Bewältigung der Konstruktionsaufgabe (7.77) zu leisten hat.

Der Zusammenhang zwischen Fragen des Reglerentwurfes und der Lösung von linearen Matrix-Gleichungen vom Typ (7.91) ist in den letzten Jahren eingehend untersucht worden; eine zusammenfassende Darstellung der Ergebnisse findet man bei Francis (1977). Bei dem dort betrachteten Entwurfsproblem spielt neben der Unterdrückung aller Störsignale aus der gegebenen Klasse noch die Stabilität des aus dem Regler und der Strecke (ohne Störungsmodell) gebildeten geschlossenen Kreises eine Rolle. Genau genommen geht es um die folgende Aufgabe: Zu gegebener Strecke (7.73) und gegebenem Störungsmodell (7.72) ist eine Reglerstruktur in Gestalt von Steuergesetz und dynamischer Gleichung

$$u = -Fx' - Lz , \qquad \dot{x}' = \tilde{A}x' + \tilde{B}z \qquad (7.92)$$

zu konstruieren, welche diesen Bedingungen genügt:

(i) Für das Gesamtsystem, welches durch die Gleichungen (7.72), (7.73) und (7.92) definiert wird, strebt der Ausgang z unabhängig vom Anfangswert $x_1(0)$, $x_2(0)$, $x'(0)$ gegen 0 für $t \to \infty$.

(ii) Der geschlossene Kreis, welcher durch die Relationen

$$\dot{x}_1 = A_{11}x_1 + B_{11}u , \qquad \dot{x}' = \tilde{A}x' + \tilde{B}z , \qquad z = D_1x_1 , \qquad u = -\tilde{F}x' - Lz \qquad (7.93)$$

definiert wird, ist asymptotisch stabil.

Der Regler hat also zwei Funktionen zu erfüllen; nämlich einmal den Ausgang des Systemes mit wachsender Zeit in die Ruhelage zu überführen und zum anderen dafür zu sorgen, daß beschränkte Störsignale $x_2(\cdot)$ auch nur zu beschränkten Auslenkungen des Zustandes von Strecke und Regler führen (vgl. Satz 2.3). Man spricht im Englischen in diesem Zusammenhang auch von einem (dynamical) compensator und gebraucht im Deutschen das Wort *Störgrößenkompensation* für das entsprechende Entwurfsproblem. Es ist klar, daß Stabilisierbarkeit und Entdeckbarkeit des ungestörten Systems eine notwendige Voraussetzung für die Lösbarkeit dieses Problems ist. Wir werden von nun an annehmen, daß das ungestörte System diese beiden Eigenschaften besitzt und wollen dann unsere bisherigen Resultate noch einmal auf ihre Bedeutung für das Problem der Störgrößenkompensation hin überprüfen.

Zunächst bemerken wir, daß beim Hinzufügen eines Störungsmodelles die Eigenschaft der Entdeckbarkeit sich nicht unbedingt von der Strecke auf das Gesamtsystem überträgt (vgl. Beispiel 7.3). Man kann jedoch nach dem Muster des Beweises von Satz 7.3 durch eine Zustandstransformation $x \to Px$ und anschließende Elimination von überflüssigen Zustandskomponenten immer zu einer Beschreibung des Gesamtsystems übergehen, bei der Entdeckbarkeit und somit die Existenz eines asymptotisch stabilen Beobachters gewährleistet ist. Die Matrix P hat dabei nur der Bedingung zu genügen, daß ihre letzten Spalten linear unabhängige Elemente des nicht-rekonstruierbaren Unterraumes und gleichzeitig Anfangswerte von nicht abklingenden Lösungen der Dgl. $\dot{x} = Ax$ sind (der nicht-rekonstruierbare Unterraum besteht aus allen Lösungen des Gleichungssystems $Dx = 0$, $DAx = 0$, $DA^2x = 0$, ...). Da es nun für das ungestörte System keine solche Elemente gibt, kann man besagte Transformation immer in der folgenden speziellen Form ansetzen

$$x_1 \to x_1 + P_1 x_2 , \qquad x_2 \to P_2 x_2 .$$

Es ist dann klar, daß das ungestörte System sich bei der Transformation nicht ändert, und daß die überflüssigen Komponenten aus dem Zustand des Störungsmodelles stammen. Daher ist die Störgrößenkompensation für das reduzierte System tatsächlich mit der Lösung der entsprechenden Aufgabe für das ursprüngliche System gleichbedeutend.

Diese Feststellung wird sich sofort als nützlich erweisen. Man braucht nämlich das nachstehende Korollar, welches die Ergebnisse dieses Abschnittes abrundet, nur unter der Annahme der Entdeckbarkeit (des Gesamtsystems) zu beweisen.

Korollar 7.3. Voraussetzung. (i) *Das ungestörte System (7.75) ist stabilisierbar und entdeckbar.* (ii) *Keine der Übertragungsnullstellen von (7.75) ist Eigenwert der Matrix A_{22}.*
Behauptung. *Dann und nur dann ist eine Störgrößenkompensation möglich, wenn die Matrix-Gleichung (7.91) eine Lösung besitzt.*

Beweis. Die eine Richtung des Beweises folgt sofort aus dem Satz 7.4: Lösbarkeit der Matrix-Gleichung (7.78) impliziert die Lösbarkeit der Aufgabe (7.77). Man kann also durch Zustandsrückführung die Störung am Ausgang unterdrücken und den Zustand des ungestörten Systems stabilisieren.

Nehmen wir umgekehrt an, daß Störgrößenkompensation möglich ist. Man kann dann den beiden Voraussetzungen (i) und (ii) noch die folgende hinzufügen:

Zu jeder Lösung $x_2(\cdot)$ der Dgl. $\dot{x}_2 = A_{22}x_2$ und zu jedem $x_{1,0} \in R^{n_1}$ läßt sich eine Steuerfunktion $u(\cdot)$ finden derart, daß

$u(\cdot)$ der Bedingung (5.8) und die Lösung des Anfangswertproblems

$$\dot{x}_1 = A_{11}x_1 + A_{12}x_2(t) + B_{11}u(t) , \qquad x_1(0) = x_{1,0} , \tag{7.94}$$

der Bedingung $\lim_{t \to \infty} (D_1 x_1(t) + D_2 x_2(t)) = 0$ genügt.

Mit den gleichen Argumenten, wie sie beim Beweis der beiden Sätze 7.3 und 7.4 benutzt wurden, kann man nun zeigen, daß aus diesen drei Voraussetzungen (d. h. aus (i), (ii) und (7.94)) die Lösbarkeit der Konstruktionsaufgabe (7.77) folgt. Zu diesem Zwecke empfiehlt es sich, das ungestörte System in die Normalform des Satzes 5.7 zu transformieren und die Aufgabe zunächst unter der zusätzlichen Voraussetzung $\mathscr{V}_1^* = [0]$ zu lösen ($\mathscr{V}_1^*$ ist jetzt der maximale in $\{x_1 : D_1 x_1 = 0\}$ enthaltene steuerungsinvariante Unterraum des ungestörten Systems). Für das ungestörte System ist dann Ausgangsstabilisierung gleichbedeutend mit Stabilisierung des gesamten Zustands (vgl. den letzten Teil des Beweises von Satz 7.3). $\qquad\Box$

Es folgt insbesondere, daß sich unter den Voraussetzungen des Korollars Störgrößenkompensation immer mit dem klassischen Rückkoppelungs-Beobachter-Konzept realisieren läßt, sofern sie überhaupt möglich ist. Man kann sich also im Prinzip auf das Studium von Reglerstrukturen der Form (7.92) beschränken, in denen x' den Zustand eines asymptotisch stabilen Beobachters für das Gesamtsystem bedeutet und die Matrix $F = (F_1, F_2)$ eine Lösung der Konstruktionsaufgabe (7.77) darstellt. Doch ist es nicht immer zweckmäßig, sich bei der Lösung von Entwurfsproblemen von vornherein in dieser Weise festzulegen. Das gilt insbesondere dann wenn zusätzliche strukturelle Gesichtspunkte beim Entwurf eine Rolle spielen, wie dies bei vielen Anwendungen der Fall ist. So wünscht man sich oft einen Regler, der seine wesentlichen Eigenschaften auch bei (kleinen) Änderungen in den Daten der Strecke nicht einbüßt; zu diesem Problem der „strukturell stabilen Synthese" findet man weitere Informationen bei Francis loc. cit. Ein generelles Problem ist natürlich die hohe Dimension der Beobachtergleichung, die sich bei Verwendung reichhaltiger Störungsmodelle einstellt. Hier können andere Zugänge zum Problem der Störgrößenkompensation von Vorteil sein, vgl. Knobloch (1984).

Beispiel 7.2. Wir setzen die Diskussion des Beispiels 4.2 fort und wollen eine Ausgangsregelung für das Modell des Gleichstrommotors, auf den ein zusätzliches äußeres Drehmoment v einwirkt, entwerfen. Wir gehen aus von den Modellgleichungen (4.24) bzw. (4.25), wobei α eine nicht-negative reelle Zahl ist. Es ist sofort klar, wie man den Ausgang durch Zustandsrückführung stabilisieren kann, wenn man den Begriff „Zustand" so weit faßt, daß darunter auch v selber fällt. Man braucht bloß

$$u = -g\theta - (1/k)\,v , \qquad g > 0 \tag{7.95}$$

zu setzen. Nun haben wir aber bereits gesehen, wie man für das Gesamtsystem (mit Ausgang $y = \theta$) einen asymptotisch stabilen Beobachter konstruieren kann, der insbesondere auch einen asymptotischen Schätzwert $\hat{v}$ für v liefert. Ersetzt man v in (7.95) durch $\hat{v}$, so erhält man daher eine Ausgangsregelung, welche Störungen der Form $v(t) = v_0 e^{\alpha t}$ unterdrückt.

Beispiel 7.3. Wir betrachten das Beispiel des Gleichstrommotors ohne zusätzliches äußeres Drehmoment, nehmen aber an, daß dem Ausgang ein Störsignal v additiv überlagert ist. Das System wird dann also durch die folgenden Relationen beschrieben:

$$\dot{\theta} = \omega \,, \qquad J\dot{\omega} = -B\omega + ku \,, \qquad z = \theta + v \,. \tag{7.96}$$

Das ungestörte System ($v = 0$) ist steuerbar, rekonstruierbar und besitzt keine Übertragungsnullstellen, wie man sofort nachrechnet. Die Störgröße $v(\cdot)$ ist also dann und nur dann kompensierbar, wenn die Aussage (7.94) zutrifft. Dies folgt aus einer Bemerkung, die wir beim Beweis von Korollar 7.3 gemacht haben.

Daß die Forderung (7.94) im vorliegenden Fall erfüllt ist – und zwar unabhängig davon, welches dynamische Modell für die Störgröße zugrunde gelegt wird –, ergibt sich einfach aus der nachstehenden evidenten Feststellung: Zu gegebener Störfunktion $v(\cdot)$ und gegebenen Anfangswerten θ_0, ω_0 lassen sich $\theta(\cdot)$ und $u(\cdot)$ stets so wählen, daß die Beziehung

$$J\ddot{\theta}(t) = -B\dot{\theta}(t) + ku(t)$$

für alle t erfüllt ist und darüberhinaus die „Randbedingungen"

$$\theta(0) = \theta_0 \,, \qquad \dot{\theta}(0) = \omega_0 \,, \qquad \lim_{t \to \infty} (\theta(t) + v(t)) = 0$$

eingehalten werden.

Von nun an wird $v(\cdot)$ als beliebige lineare Funktion von t vorausgesetzt. Wir lassen also alle Störsignale $v(\cdot)$ zu, die durch Superposition einer konstanten Funktion und einer „Rampenfunktion" entstehen. Die so definierte Funktionenklasse läßt sich durch die nachstehenden dynamischen Relationen charakterisieren

$$v = v_1 \,, \qquad \dot{v}_1 = v_2 \,, \qquad \dot{v}_2 = 0 \,. \tag{7.97}$$

Unter Zugrundelegung dieses Störungsmodelles sollen nun explizit Reglerstrukturen zum Zwecke der Störgrößenkompensation konstruiert werden. Wir denken uns zunächst die Gleichungen von Strecke und Störung zu einer einzigen Gleichung der Form (7.74) zusammengefaßt; die Zustandsvariable x wird dann gleich dem Vektor $(\theta, \omega, v_1, v_2)^\mathsf{T}$. Man findet für die auftretenden Matrizen die folgenden Werte:

$$A = \left(\begin{array}{cc|cc} 0 & 1 & 0 & 0 \\ 0 & -B/J & 0 & 0 \\ \hline 0 & 0 & 0 & 1 \\ 0 & 0 & 0 & 0 \end{array}\right) \,, \qquad B = \left(\begin{array}{c} 0 \\ k/J \\ \hline 0 \\ 0 \end{array}\right) \,, \qquad D = (1 \quad 0 \mid 1 \quad 0) \,.$$

Das Gesamtsystem ist nicht entdeckbar. Wie man sofort bestätigt, besteht der nicht-rekonstruierbare Unterraum aus den Vielfachen des Vektors $(-1, 0, 1, 0)^\mathsf{T}$, und dieser Vektor ist gleichzeitig stationäre Lösung der Dgl. $\dot{x} = Ax$. Der erste Schritt des Konstruktionsverfahrens besteht daher in der Durchführung einer Transformation $x \to Px$. P hat dabei $(-1, 0, 1, 0)^\mathsf{T}$ als letzte Spalte und ist im übrigen so zu wählen, daß das ungestörte System nicht verändert wird. Nachstehend haben wir die Werte von P sowie die der transformierten Matrizen A, B, D aufgeschrieben:

$$P = \left(\begin{array}{cccc} 1 & 0 & 0 & -1 \\ 0 & 1 & 0 & 0 \\ 0 & 0 & 0 & 1 \\ 0 & 0 & 1 & 0 \end{array}\right) \cdot \qquad A = \left(\begin{array}{cc|cc} 0 & 1 & 1 & 0 \\ 0 & -B/J & 0 & 0 \\ 0 & 0 & 0 & 0 \\ \hline 0 & 0 & 1 & 0 \end{array}\right) \,, \qquad B = \left(\begin{array}{c} 0 \\ k/J \\ 0 \\ \hline 0 \end{array}\right) \,,$$

$$D = (1 \quad 0 \quad 0 \quad 0) \,.$$

Das dreidimensionale rekonstruierbare Untersystem, für welches nun eine Ausgangsregelung entworfen werden soll, sieht dann so aus:

$$\dot{x} = \left(\begin{array}{ccc} 0 & 1 & 1 \\ 0 & -B/J & 0 \\ 0 & 0 & 0 \end{array}\right) x + \left(\begin{array}{c} 0 \\ k/J \\ 0 \end{array}\right) u \,, \qquad z = (1 \quad 0 \quad 0) \, x \,. \tag{7.98}$$

Von diesen Relationen gehen wir jetzt aus und befassen uns mit den folgenden beiden Aufgaben:
a) Eine Zustandsrückführung zu konstruieren, welche für den Anfangswert $x_3(0) = 0$ den Zustand und für beliebige Anfangswerte den Ausgang stabilisiert.
b) Einen asymptotisch stabilen Beobachter für das System (7.98) aufzustellen.
Zu a). Hier gibt es zwei Möglichkeiten. Man kann erstens den im Beweis von Satz 7.3 eingeschlagenen Weg weiter verfolgen und das System (7.98) in die Normalform des Satzes 5.7 bringen; aus dieser Normalform läßt sich dann die Rückführmatrix F unmittelbar ablesen. Man beachte, daß unter der Voraussetzung (7.71) Ausgangsstabilisierung gleichbedeutend ist mit Zustandsstabilisierung.

Die andere Möglichkeit, die wir hier weiter verfolgen wollen, ergibt sich aus dem Korollar 7.3. Wir suchen zunächst Lösungen X, $\tilde{F}_2$ der Matrix-Gleichungen (7.91), wobei die Koeffizienten dieser Gleichungen jetzt die folgende Bedeutung haben:

$$A_{11} = \begin{pmatrix} 0 & 1 \\ 0 & -B/J \end{pmatrix}, \quad A_{12} = \begin{pmatrix} 1 \\ 0 \end{pmatrix}, \quad B_{11} = \begin{pmatrix} 0 \\ k/J \end{pmatrix}, \tag{7.99}$$

$$A_{22} = 0, \quad D_1 = (1 \ 0), \quad D_2 = 0.$$

X ist ein zweigliedriger Spaltenvektor und $\tilde{F}_2$ ein Skalar. Als Nächstes hat man dann einen Zeilenvektor $F_1 := (f_1, f_2)$ so zu wählen, daß die Eigenwerte der Matrix

$$A_{11} - B_{11}F_1 = \begin{pmatrix} 0 & 1 \\ -\dfrac{k}{J}f_1 & -\dfrac{B}{J} - \dfrac{k}{J}f_2 \end{pmatrix}$$

alle in der linken Halbebene liegen. Ist dies geschehen, kann man sofort die gesuchte Zustandsrückführung explizit angeben:

$$u = -(f_1 x_1 + f_2 x_2 + f_3 x_3) \quad \text{mit} \quad f_3 := \tilde{F}_2 - (f_1, f_2)\, X.$$

Die Ausführung dieser Anweisungen bereitet im vorliegenden Fall keine Schwierigkeiten. Für die gesuchten Größen ergeben sich die nachstehenden Werte

$$X = (0, -1)^\mathsf{T}, \quad \tilde{F}_2 = B/k, \quad f_3 = B/k + f_2,$$

und man erhält somit für das vorliegende Beispiel einen vollständigen Überblick über alle Lösungen der Konstruktionsaufgabe (7.77):

$$F = (f_1, f_2, B/k + f_2), \quad \text{wobei} \quad f_1 > 0, \quad B/k + f_2 > 0.$$

Zu b). Wir setzen einen Beobachter für das System (7.98) mit einer noch festzulegenden Verstärkungsmatrix $K = (k_1, k_2, k_3)^\mathsf{T}$ an. Man rechnet dann leicht nach, daß das charakteristische Polynom der Matrix $A - KC$ gegeben ist durch $s^3 + s^2(k_1 + B/J) + s(k_2 + k_3 + k_1 B/J) + k_3 B/J$. Es lassen sich also die Eigenwerte dieser Matrix beliebig in der linken Halbebene plazieren. Nach der Festlegung der k_i kann man die Gleichungen des Reglers entweder in der Form (7.88) oder (7.89) explizit aufschreiben, wobei K_1, K_2 und $\tilde{K}_1$ gegeben sind als

$$K_1 = \begin{pmatrix} k_1 \\ k_2 \end{pmatrix}, \quad K_2 = k_3, \quad \tilde{K}_1 = K_1 - XK_2 = \begin{pmatrix} k_1 \\ k_2 + k_3 \end{pmatrix}.$$

8 Stochastische Prozesse

8.1 Einführung

Stochastische Prozesse sind mathematische Modelle für irregulär fluktuierende Eingangsgrößen eines Systems. Solche Eingangsgrößen repräsentieren Störungen, die auf ein physikalisches System einwirken und über deren zeitlichen Ablauf sich nur im statistischen Sinne Vorhersagen machen lassen. Wir wollen in diesem Abschnitt einige Begriffsbildungen und Aussagen aus der Theorie der stochastischen Prozesse besprechen, wobei wir aber auf strenge Beweise zugunsten von Plausibilitätsbetrachtungen weitgehend verzichten. Eine mathematisch fundierte Einführung in die Theorie der stochastischen Prozesse und Differentialgleichungen findet man in bekannten Lehrbüchern wie Wong (1971), Arnold (1974), Gikhman und Skorokhod (1960, 1971), Liptser und Shiryayev (1977), Doob (1953).

Für die Lektüre dieses Kapitels wird Vertrautheit mit einigen Grundbegriffen der Wahrscheinlichkeitsrechnung (wie Zufallsvariable, Verteilung, Erwartungswert, Varianz, Kovarianz) vorausgesetzt. Wir übernehmen kommentarlos die üblichen Bezeichnungen und verweisen für nähere Erläuterungen auf einführende Lehrbücher (wie z. B. Bauer, 1968; Loève, 1977, 1978).

Ein stochastischer Prozess ist eine von einem Parameter t („Zeit") abhängige Familie von Zufallsgrößen $v(t)$. Die Zeit t variiert dabei in einer Menge $\mathcal{T}$, von der wir annehmen, daß sie entweder ein (endliches oder unendliches) Intervall oder aber die Menge der nicht-negativen ganzen Zahlen ist. Im ersten Falle spricht man von einem kontinuierlichen, im zweiten Falle von einem diskreten Prozess. Unter einer Realisierung eines Prozesses — sie wird gelegentlich auch mit $v(t)$ bezeichnet — versteht man eine Zeitfunktion, die aus einer tatsächlichen Beobachtung des Zufallsprozesses resultiert. Wenn wir vom Wahrscheinlichkeitsgesetz eines Prozesses $v(t)$ sprechen, so meinen wir damit die Gesamtheit der simultanen Wahrscheinlichkeitsverteilungen

$$P\{v(t_1) \leqq v_1, v(t_2) \leqq v_2, \dots, v(t_k) \leqq v_k\},$$

gebildet für alle k-Tupel $(t_1, \dots, t_k)$ mit $t_i \neq t_j$, $t_i \in \mathcal{T}$, und für $k = 1, 2, \dots$

Für die Zwecke der linearen Kontrolltheorie reicht die Charakterisierung eines stochastischen Prozesses durch sein Wahrscheinlichkeitsgesetz meistens aus. In vielen Fällen kennt man nicht einmal das gesamte Gesetz, sondern nur gewisse, aus ihm abgeleitete Größen wie Mittelwert, Kovarianz und spektrale Leistungsdichte. Diese Begriffe werden im Abschn. 8.2 eingeführt. Im Abschn. 8.3 versuchen wir auf heuristischem Wege herauszufinden, wie sich diese Größen wohl ändern werden, wenn man einen stochastischen Prozess durch ein zeitinvariantes lineares System „schickt". Unsere Betrachtungen führen dann auf eine in der Kontrolltheorie beliebte Interpretation eines stochastischen Prozesses als Ausgang eines sogenannten Formfilters. Ein Formfilter ist ein asymptotisch stabiles lineares System, als dessen Eingang man sich einen fiktiven Prozess („weißes Rauschen") zu denken hat.

Ein mathematisch besser fundiertes Verfahren zur Konstruktion konkreter Prozesse wird im Abschn. 8.4 skizziert. Es wird dort das Integral einer deterministischen Funktion bezüglich eines Wiener-Prozesses erklärt, nachdem wir zunächst diesen wohl bekanntesten Typ eines stochastischen Prozess ausführlicher diskutiert haben. Ist der Begriff des stochastischen Integrales erst einmal verfügbar, kann nicht nur das Arbeiten mit Formfiltern auf eine solide Grundlage gestellt sondern darüberhinaus eine Reihe wichtiger Begriffe (Integration einer stochastischen Differentialgleichung, Gauß-Markov-Prozess, Itôsche Differentiationsregel) erklärt werden. Dies geschieht in Abschn. 8.5.

Wir beschließen diesen Abschnitt mit zwei Definitionen. Gegeben seien zwei stochastische Prozesse $v(t)$, $w(t)$. Sie heißen *unabhängig*, wenn für jedes k und für je k verschiedene Zeitpunkte $t_1, \dots, t_k$ die beiden k-Tupel $(v(t_1), \dots, v(t_k))$ und $(w(t_1), \dots, w(t_k))$ statistisch unabhängige Zufallsvariable sind. Dies bedeutet genau: Die gemeinsame Wahrscheinlichkeitsverteilung

$$P\{v(t_1) \leqq v_1, v(t_2) \leqq v_2, \dots, v(t_k) \leqq v_k, w(t_1) \leqq w_1, \dots, w(t_k) \leqq w_k\}$$

ist das Produkt aus den entsprechenden Wahrscheinlichkeitsverteilungen $P\{v(t_1) \leqq v_1, \dots, v(t_k) \leqq v_k\}$ und $P\{w(t_1) \leqq w_1, \dots, w(t_k) \leqq w_k\}$, für alle $v_1, \dots, v_k$, $w_1, \dots, w_k$.

Bei zahlreichen Fragestellungen der Kontrolltheorie hat man es nicht mit einem einzelnen stochastischen Prozess, sondern mit endlich vielen Prozessen zu tun, die gleichzeitig an verschiedenen Stellen ein System beeinflussen. Diese Prozesse brauchen nicht voneinander unabhängig zu sein. In der mathematischen Modellbildung werden sie oft zu einem vektorwertigen stochastischen Prozess zusammengefaßt und wieder mit dem Symbol v bezeichnet. Für festes t ist $v(t)$ dann ein endliches Tupel von Zufallsgrößen $(v_1(t), v_2(t), \dots, v_k(t))^\mathsf{T}$.

8.2 Kovarianzfunktion und Spektraldichte

Sei $v = \{v(t), t \in \mathscr{T}\}$ ein gegebener stochastischer Prozess. Der Erwartungswert $\mathrm{E}v(t)$ der Zufallsvariablen $v(t)$ hängt von der Zeit ab und beschreibt das mittlere Niveau, auf dem sich das zufällige Phänomen in Abhängigkeit von t befindet. Wir setzen

$$m(t) := \mathrm{E}v(t), \quad t \in \mathscr{T}, \tag{8.1}$$

und nennen $m(t)$ die *Mittelwertfunktion* des Prozesses. Wir führen als nächstes die *Kovarianzfunktion* des Prozesses ein. Sie hängt von zwei Variablen t, s ab; ihr Wert für ein Zahlenpaar t, s ist ein Maß für den statistischen Zusammenhang zwischen den Zufallsgrößen $v(t)$ und $v(s)$. Diese Funktion wird mit $r(t, s)$ bezeichnet und ist so definiert:

$$r(t, s) := \operatorname{cov}(v(t), v(s)) = \mathrm{E}\{(v(t) - \mathrm{E}v(t))\,(v(s)) - \mathrm{E}v(s))\} \qquad (8.2)$$
$$= \mathrm{E}\{v(t)v(s)\} - \mathrm{E}v(t) \cdot \mathrm{E}v(s)$$

Falls v ein vektorwertiger Prozess, etwa von der Dimension k ist, so ist klar, daß man (8.1) komponentenweise zu verstehen hat, d.h. $m(t)$ ist dann ein k-dimensionaler Funktionenvektor. Die Rolle der Kovarianzfunktion übernimmt dann die Kovarianzmatrix

$$R(t, s) := \mathrm{E}\{(v(t) - \mathrm{E}v(t))(v(s) - \mathrm{E}v(s))^{\mathsf{T}}\}\,.$$

R ist eine positiv-semidefinite symmetrische Matrix vom Typ (k, k). Der Einfachheit halber werden sich die folgenden Betrachtungen — wenn nichts anderes ausdrücklich gesagt wird — auf skalare Prozesse beziehen.

Ein Prozess, dessen statistische Gesetzmäßigkeiten sich im Laufe der Zeit nicht verändern, nennt man *stationär*. Die genaue Definition eines stationären Prozesses lautet so: Sind $t_1, t_2, \ldots, t_n$ endlich viele Zeitpunkte aus $\mathscr{T}$ und gehören auch alle $t_i + \theta$, $i = 1, \ldots, n$, wieder zu $\mathscr{T}$, so haben die beiden n-Tupel $v(t_1), \ldots, v(t_n)$ und $v(t_1 + \theta), \ldots, v(t_n + \theta)$ die gleiche simultane Wahrscheinlichkeitsverteilung.
Diese Invarianz gegenüber einer Zeitverschiebung überträgt sich von den Wahrscheinlichkeitsverteilungen auf alle statistischen Größen, die man als Summen oder Integrale mit Hilfe der Wahrscheinlichkeitsverteilungen darstellen kann, insbesondere also auf Mittelwert und Kovarianzfunktion. Die Beziehungen

$$m(t + \theta) = m(t) \quad \text{und} \quad r(t + \theta, s + \theta) = r(t, s)$$

für alle t, s, θ bedeuten nun gerade, daß m konstant und r eine Funktion der einen Veränderlichen t–s ist.

Auch ein nicht-stationärer Prozess kann diese Eigenschaft besitzen; man spricht dann von einem *schwach stationären* Prozess. Mit solchen Prozessen werden wir es im folgenden häufiger zu tun haben; wie schon vorhin bemerkt wurde, wird die Kovarianzfunktion dann zu einer Funktion von einer statt zwei Veränderlichen. Unter Inkaufnahme einer gewissen Inkonsequenz in unserer Bezeichnungsweise bezeichnen wir sie mit $r(\theta)$. Genauer gesagt setzen wir

$$r(\theta) := \operatorname{cov}(v(s + \theta), v(s))\,.$$

Diese Definition ist nur für schwach stationäre Prozesse sinnvoll. Wir halten noch die folgenden Eigenschaften der Kovarianzfunktion fest:
 (i) r ist eine gerade Funktion von θ, d. h. es gilt $r(\theta) = r(-\theta)$,
 (ii) $\qquad\qquad\qquad |r(\theta)| \leqq |r(0)| \quad$ für alle θ .

Die erste Aussage folgt unmittelbar aus der Definition der Kovarianz, die zweite ergibt sich mit Hilfe der Schwarzschen Ungleichung so (vgl. (8.2)):

$$r(\theta)^2 = (\mathrm{E}\{[v(\theta) - \mathrm{E}v(\theta)]\,[v(0) - \mathrm{E}v(0)]\})^2$$
$$\leqq \mathrm{E}\{v(\theta) - \mathrm{E}v(\theta)\}^2 \cdot \mathrm{E}\{v(0) - \mathrm{E}v(0)\}^2 = r(0)^2$$

(N.B.: $r(0) = \operatorname{cov}(v(\theta), v(\theta))$ für alle θ).

Kennt man $r(\theta)$, so besitzt man eine gewisse Vorstellung vom zeitlichen Zusammenhang des Prozesses. Wenn etwa $|r(\theta)|$ mit wachsendem θ rasch gegen 0 abklingt, so verliert sich mit wachsendem Abstand von t und s der Zusammenhang zwischen den Werten einer Realisierung an den Stellen t und s, d. h. die Fluktuation nimmt mit wachsendem zeitlichen Abstand zu.

Wenn die Kovarianzfunktion absolut integrierbar ist, so existiert ihre Fourier-Transformierte

$$\varphi(f) := \int_{-\infty}^{+\infty} r(\theta)\, \mathrm{e}^{-2\pi i f \theta}\, d\theta \,. \tag{8.5}$$

Aus Gründen, die im nächsten Abschnitt deutlich werden, bezeichnet man $\varphi(f)$ als die *spektrale Leistungsdichte* des Prozesses. Wir vermerken noch die folgenden beiden Eigenschaften von φ:

(i) φ ist eine reelle Funktion von f, es ist $\varphi(f) = \varphi(-f)$,

(ii) es ist $\varphi(f) \geqq 0$ für alle f. $\tag{8.6}$

Die erste Eigenschaft ergibt sich unmittelbar aus (8.4). Eigenschaft (ii) werden wir im nächsten Abschnitt beweisen.

Als nächstes wollen wir uns etwas ausführlicher mit einer wichtigen Klasse von (nicht notwendig stationären) stochastischen Prozessen befassen, den sogenannten *Gaußschen Prozessen*. Bei diesen Prozessen ist das Wahrscheinlichkeitsgesetz vollständig durch Mittelwertfunktion $m(t)$ und Kovarianzfunktion $r(t, s)$ bestimmt.

Wir erinnern zunächst an die Definition der Gauß-Verteilung. Eine einzelne Zufallsgröße x mit Erwartungswert μ besitzt eine solche Verteilung wenn

(i) entweder $P(x = \mu) = 1$ ist (singulärer Fall), oder

(ii) x eine Verteilungsdichte der Form

$$p_x(\xi) = \frac{1}{\sigma \sqrt{2\pi}} \exp\left(-\frac{1}{2} \left(\frac{\xi - \mu}{\sigma} \right)^2 \right)$$

besitzt, wobei σ eine positive Konstante ist.

Endlich viele Zufallsgrößen $x_1, \dots, x_k$ besitzen eine simultane Gauß-Verteilung, wenn jede Linearkombination $\alpha_1 x_1 + \alpha_2 x_2 + \dots + \alpha_k x_k$, wobei die α_i konstante Zahlen sind, im Sinne obiger Definition Gauß-verteilt ist. Wenn eine Linearkombination singulär wird ohne daß alle α_i gleich 0 sind sagt man, die Zufallsgrößen besitzen eine singuläre simultane Gauß-Verteilung.

Wenn $x_1, \dots, x_k$ Zufallsgrößen mit einer nicht-singulären Gauß-Verteilung sind, so läßt sich die simultane Verteilungsdichte in der folgenden Form darstellen

$$p_{x_1, \dots, x_k}(\xi_1, \dots, \xi_k) = \frac{1}{(2\pi)^{k/2} \sqrt{\det(R)}} \exp\left(-\frac{1}{2} (\xi - \mu)^{\top} R^{-1} (\xi - \mu) \right). \tag{8.7}$$

Hier sind $\xi = (\xi_1, \dots, \xi_k)^{\top}$ k unabhängige Variable, μ ist ein k-dimensionaler Vektor und R eine positiv-definite symmetrische Matrix. Diese Gestalt der Verteilungsdichte läßt sich aus der Definition der simultanen Gauß-Verteilung herleiten; in der Literatur wird die Darstellung (8.7) zumeist zur Definition einer

Gauß-Verteilung benutzt. Den Vektor $\mu = (\mu_1, \ldots, \mu_k)^\mathsf{T}$ und die Matrix R kann man durch Erwartungswerte und Kovarianzen ausdrücken:

$$\mu_i = \mathrm{E}x_i, \quad R = (\mathrm{cov}\,(x_i, x_j)), \qquad i, j = 1, \ldots, k. \tag{8.8}$$

Ein Gauß-Prozeß ist nun ein stochastischer Prozeß, bei dem für jedes n-Tupel $t_1, \ldots, t_n$, $n = 1, 2, \ldots$, die Zufallsvariablen $v(t_1), \ldots, v(t_n)$ eine simultane Gauß-Verteilung besitzen. Es ist dann klar – im Hinblick auf (8.8) – daß man die zugehörige Verteilungsdichte vollständig durch die Werte von Mittelwertfunktion $m(t)$ und Kovarianzfunktion $r(t, s)$ für $t = t_i$, $s = t_j$ ausdrücken kann.

Beispiel 8.1. Wir wollen zwei häufig vorkommende Typen von Kovarianzfunktionen von schwach stationären Prozessen betrachten. Die Kovarianzfunktion bezeichnen wir mit $r_\nu(\theta)$, die zugehörige spektrale Leistungsdichte mit $\varphi_\nu(f)$, $\nu = 1, 2$. Das erste Beispiel ist gegeben durch

$$r_1(\theta) = \sigma^2\, \mathrm{e}^{-|\theta|/a}, \qquad \varphi_1(f) = \frac{2\sigma^2 a}{4\pi^2 f^2 a^2 + 1}, \tag{8.9}$$

wobei σ nicht-negativ und a positiv ist. Einen schwach stationären Prozeß mit r_1 als Kovarianzfunktion nennt man *exponentiell korreliertes Rauschen*. Abbildung 8.1 zeigt eine Realisierung eines solchen Prozesses (mit $\sigma = 1$, $a = 1$). Abbildung 8.2 ist dagegen eine Realisierung (ebenfalls mit $\sigma = 1$, $a = 1$, und $\omega_0 = 2\pi$) eines Prozesses mit der Kovarianzfunktion bzw. spektralen Leistungsdichte

$$r_2(\theta) = \sigma^2\, \mathrm{e}^{-|\theta|/a} \cos(\omega_0\theta), \qquad \varphi_2(f) = \frac{\sigma^2 a}{(2\pi f + \omega_0)^2\, a^2 + 1} + \frac{\sigma^2 a}{(2\pi f - \omega_0)^2\, a^2 + 1}. \tag{8.10}$$

Man sieht aus den Abbildungen, wie sich der unterschiedliche Charakter von r_2 und r_1 (gedämpfte Schwingung bzw. streng monotones Abklingen für $\theta \to \infty$) im Erscheinungsbild der Realisierungen niederschlagen. Abbildung 8.3 und Abbildung 8.4 stellen die beiden Kovarianzfunktionen und ihre Spektraldichten dar.

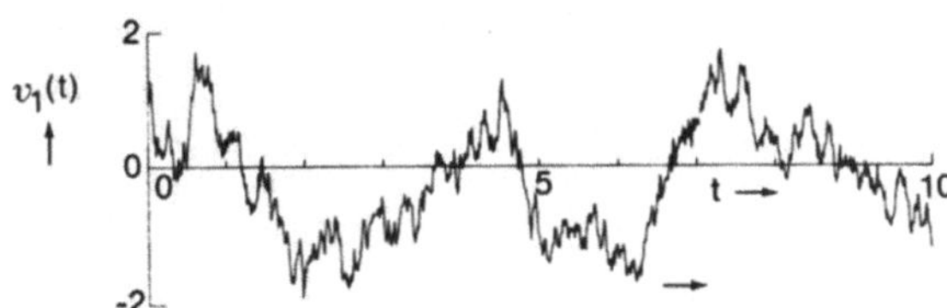

Abb. 8.1   Realisierung von exponentiell korreliertem Rauschen

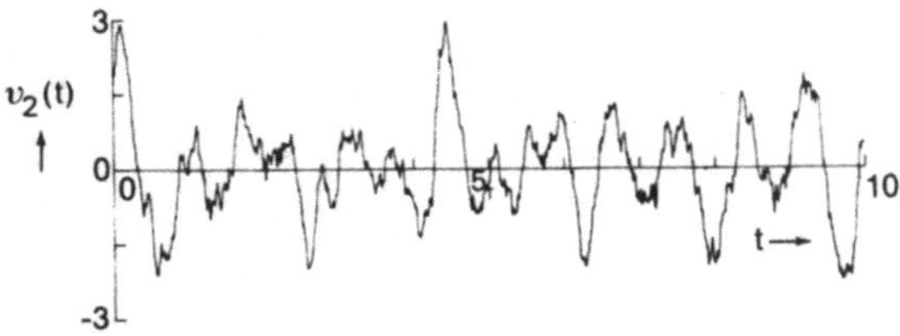

Abb. 8.2   Realisierung des Prozesses mit Kovarianzfunktion r_2

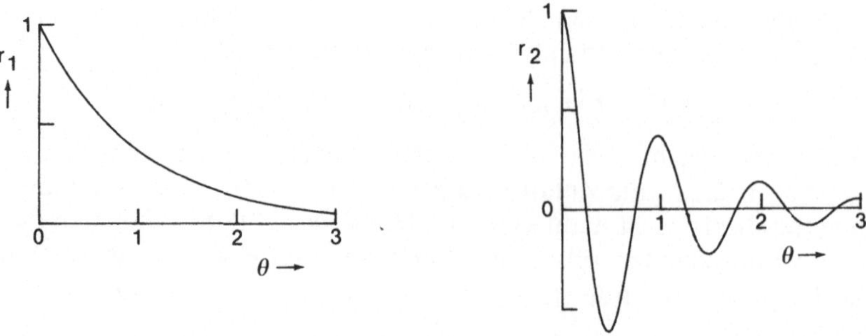

Abb. 8.3   Graphen der Kovarianzfunktionen r_1 und r_2

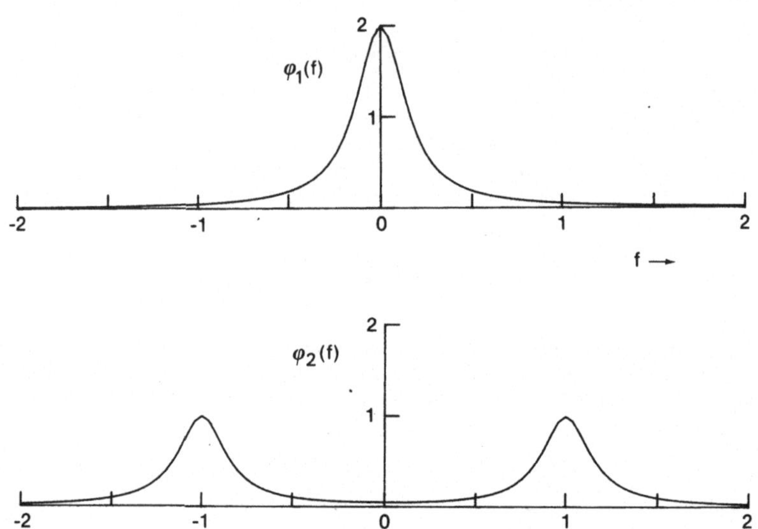

Abb. 8.4   Graphen der spektralen Dichtefunktionen φ_1 und φ_2

8.3 Die Antwort linearer Systeme auf stochastische Eingangsgrößen

Wir gehen aus von einem linearen kontinuierlichen System mit einem Eingang u und einem Ausgang y, beschrieben durch die Zustandsdifferentialgleichung und Ausgleichsgleichung

$$\dot{x} = A(t)\,x + B(t)\,u\,, \qquad y = C(t)\,x\,. \tag{8.11}$$

Der Einfachheit halber nehmen wir zunächst an, daß sich das System zum Zeitpunkt t_0 stets im Zustand 0 befindet. Der Ausgang des Systemes ist dann durch die Werte der Eingangsfunktion $u(\cdot)$ für $t \geq t_0$ vollständig festgelegt und läßt sich so darstellen:

$$y(t) = C(t) \int_{t_0}^{t} \Phi(t,\,s)\,B(s)\,u(s)\,ds = \int_{t_0}^{t} K(t,\,s)\,u(s)\,ds\,, \qquad t \geq t_0\,. \tag{8.12}$$

Hierbei ist $\Phi(t, s)$ die Übergangsmatrix der Dgl. $\dot{x} = A(t)\,x$ und $K(t, s)$ die skalare Funktion $C(t)\,\Phi(t, s)\,B(s)$. Man beachte, daß in die Darstellung von $y(t)$ nur die Werte von K für Argumente t, s mit $t \geqq s$ eingehen. Im zeitinvarianten Fall kann man in (8.12) auch $K(t - s)$ statt $K(t, s)$ schreiben, wobei K jetzt die in Abschn. 2.6 unter der Bezeichnung Impulsantwortfunktion eingeführte Funktion einer Veränderlichen bedeutet. Man verwendet diese Bezeichnung übrigens auch im Fall zeitabhängiger Systeme. Aus der Beziehung (8.12) ergibt sich nämlich, daß man $K(t, \bar{t})$, für festes $\bar{t} \geqq t_0$ und alle $t \geqq \bar{t}$, mit dem Ausgang des Systems identifizieren kann, sofern man den „idealen Impuls" $u(t) = \delta(t - \bar{t})$ als Eingang wählt. $\delta(\cdot)$ ist die Diracsche Deltafunktion.

Denkt man sich als Eingangsfunktion $u(t)$ alle Realisierungen eines stochastischen Prozesses u eingesetzt, so erhält man vermöge der Eingangs-Ausgangsbeziehung (8.12) ein Ensemble von Ausgangsfunktionen. Intuitiv wird man erwarten, daß es sich dabei um die Realisierungen eines stochastischen Prozesses handelt, den man dann als zum Eingangsprozeß gehörigen Ausgangsprozeß bezeichnet. Inwieweit diese Vorstellung gerechtfertigt ist, werden wir später sehen. Für den Moment unterstellen wir einfach, daß (8.12) die Beziehung zwischen den Realisierungen zweier stochastischer Prozesse u und y darstellt. Wir interessieren uns dann für den Zusammenhang zwischen Mittelwert- und Kovarianzfunktion m_u, r_u des u-Prozesses und den entsprechenden Funktionen m_y, r_y des y-Prozesses.

Bei den folgenden Herleitungen werden wir formal Vertauschung von Integration (nach dem Parameter t des stochastischen Prozesses) mit der Bildung des Erwartungswertes vornehmen. Dies ist tatsächlich unter einigen nicht sehr einschränkenden Bedingungen an den Eingangsprozeß gerechtfertigt (siehe etwa die im Abschn. 8.1 angegebene Literatur). Man erhält dann

$$m_y(t) = \mathrm{E}\left\{ \int_{t_0}^{t} K(t, \tau)\, u(\tau)\, d\tau \right\} = \int_{t_0}^{t} K(t, \tau)\, (\mathrm{E}u(\tau))\, d\tau = \int_{t_0}^{t} K(t, \tau)\, m_u(\tau)\, d\tau\,,$$

$$r_y(t, s) = \mathrm{E}\{y(t)\,y(s)\} - \mathrm{E}y(t) \cdot \mathrm{E}y(s)$$

$$= \mathrm{E}\left\{ \left(\int_{t_0}^{t} K(t, \tau)\, u(\tau)\, d\tau \right) \left(\int_{t_0}^{s} K(s, \sigma)\, u(\sigma)\, d\sigma \right) \right\}$$

$$- \left(\int_{t_0}^{t} K(t, \tau)\, m_u(\tau)\, d\tau \right) \left(\int_{t_0}^{s} K(s, \sigma)\, m_u(\sigma)\, d\sigma \right)\,.$$

$$= \int_{t_0}^{t} \int_{t_0}^{s} K(t, \tau)\, K(s, \sigma)\, \big[\mathrm{E}\{u(\tau)\,u(\sigma)\} - m_u(\tau)\, m_u(\sigma) \big]\, d\tau\, d\sigma$$

$$= \int_{t_0}^{t} \int_{t_0}^{s} K(t, \tau)\, K(s, \sigma)\, r_u(\tau, \sigma)\, d\tau\, d\sigma\,.$$

Für den Rest dieses Abschnittes setzen wir voraus, daß der Eingangsprozeß schwach stationär und das System zeitinvariant ist. Es lassen sich die Systemgleichungen dann in der Form

$$\dot{x} = Ax + Bu\,, \qquad y = Cx$$

schreiben, und es hängen Impulsantwortfunktion K sowie die Kovarianzfunktion r_u nur von der Differenz $t - s$ ab. Wir schreiben daher im Einklang mit unserer bisherigen Gepflogenheit wieder $K(t - s)$ und $r_u(t - s)$ statt $K(t, s)$ und $r_u(t, s)$. Für $K(t)$ können wir – wie oben schon bemerkt wurde – jetzt die Definition (2.20) heranziehen. In den Integraldarstellungen von m_y und r_y können dann die oberen Grenzen durch ∞ ersetzt werden:

$$m_y(t) = \int_{t_0}^{\infty} K(t - \tau)\, m_u\, d\tau\,, \qquad r_y(t, s) = \int_{t_0}^{\infty} \int_{t_0}^{\infty} K(t - \tau)\, K(s - \sigma)\, r_u(\tau - \sigma)\, d\tau\, d\sigma\,.$$

Wir nehmen schließlich noch an, daß das System asymptotisch stabil ist und somit $K(t)$ für $|t| \to \infty$ exponentiell abklingt. Da m_u konstant und r_u beschränkt ist (vgl. (8.4)) konvergieren also obige Integrale für $t_0 \to -\infty$, und man erhält für ihre Grenzwerte (die wir wieder mit m_y, r_y bezeichnen) die folgende Darstellungen

$$m_y = m_u \int_{-\infty}^{+\infty} K(t - \tau)\, d\tau = m_u \int_{-\infty}^{+\infty} K(\tau)\, dt = m_u H(0) \tag{8.14}$$

(vgl. (2.26)) und

$$r_y(t, s) = \int_{-\infty}^{+\infty} \int_{-\infty}^{+\infty} K(t - \tau)\, K(s - \sigma)\, r_u(\tau - \sigma)\, d\tau\, d\sigma$$

$$= \int_{-\infty}^{+\infty} \int_{-\infty}^{+\infty} K(\tau)\, K(\sigma)\, r_u(t - s + \sigma - \tau)\, d\sigma\, d\tau\,.$$

Es wird also r_y (nach dem Grenzübergang $t_0 \to -\infty$) zu einer Funktion von $\theta := t - s$. Wir schreiben wieder kurzerhand $r_y(t - s)$ statt $r_y(t, s)$ und erhalten dann die nachstehende Beziehung zwischen $r_u(\theta)$ und $r_y(\theta)$:

$$r_y(\theta) = \int_{-\infty}^{+\infty} \int_{-\infty}^{+\infty} K(\tau)\, K(\sigma)\, r_u(\theta + \sigma - \tau)\, d\sigma\, d\tau\,. \tag{8.15}$$

Diese Ergebnisse lassen es vernünftig erscheinen, für ein zeitinvariantes und asymptotisch stabiles System den Anfangszeitpunkt t_0 nach $-\infty$ zu verlegen und sich auf diese Weise von der willkürlichen Fixierung des Anfangszustandes zu befreien. Tatsächlich haben wir bereits in den Abschn. 2.5 und 2.6 gesehen, daß das Eingangs-Ausgangsverhalten des Systemes (8.13) im asymptotischen Sinne korrekt durch die Beziehung

$$y(t) = \int_{-\infty}^{t} K(t - s)\, u(s)\, ds \tag{8.16}$$

wiedergegeben wird wenn man etwa als Eingangsgrößen alle deterministischen Funktionen nimmt, die auf $\mathbb{R}$ definiert, beschränkt (oder quadratisch integrierbar) und stückweise stetig sind. Es liegt daher nahe, in dieser Beziehung auch die adäquate Definition des zu einem Eingangsprozeß $u(t)$ gehörigen Ausgangsprozessen $y(t)$ zu sehen. Sofern sich gewisse formale Argumente, die wir bisher verwendet haben, rechtfertigen lassen, beschreiben dann die Formeln (8.14), (8.15) den Zusammenhang zwischen den Mittelwerten bzw. Kovarianzfunktionen vom Eingangs- und Ausgangsprozeß. Insbesondere erkennt man, daß $y(t)$ wieder schwach stationär ist.

Wir wollen nun noch einen Schritt weitergehen und auch die spektralen Leistungsdichten $\varphi_u(\cdot)$, $\varphi_y(\cdot)$ von Ein- und Ausgang miteinander in Beziehung setzen. Zu diesem Zweck bemerken wir zunächst, daß für $K(t)$ eine exponentielle Abschätzung der Form (2.22) besteht. Es ist daher $r_y(\theta)$ über $(-\infty, \infty)$ absolut integrierbar, wenn die für $r_u(\theta)$ gilt. Die Fouriertransformierte φ_y von r_y erhält man dann einfach durch Bildung des Fourierintegrales auf der rechten Seite von (8.15) und Vertauschung der Reihenfolge der Integration:

$$\varphi_y(f) = \int\limits_{-\infty}^{+\infty} \int\limits_{-\infty}^{+\infty} K(\tau)\, K(\sigma) \int\limits_{-\infty}^{+\infty} \mathrm{e}^{-2\pi i f \theta}\, r_u(\theta + \sigma - \tau)\, d\theta\, d\sigma\, d\tau$$

$$= \int\limits_{-\infty}^{+\infty} K(\tau)\, \mathrm{e}^{-2\pi i f \tau}\, d\tau \int\limits_{-\infty}^{+\infty} K(\sigma)\, \mathrm{e}^{2\pi i f \sigma}\, d\sigma \int\limits_{-\infty}^{+\infty} \mathrm{e}^{-2\pi i f(\theta+\sigma-\tau)}\, r_u(\theta + \sigma - \tau)\, d\theta\ .$$

Man sieht, daß auf der rechten Seite dieser Formel die Fourier-Transformierten von Impulsantwortfunktion und Kovarianzfunktion stehen. Diese Fouriertransformierten kennen wir nun bereits: Im ersten Fall ist es die Frequenzgangfunktion des zugrundeliegenden Systems (vgl. (2.26)), im zweiten Fall die spektrale Leistungsdichte des Eingangsprozesses. Damit haben wir die folgende grundlegende Beziehung gefunden:

$$\varphi_y(f) = H(2\pi i f)\, H(-2\pi i f)\, \varphi_u(f) = |H(2\pi i f)|^2\, \varphi_u(f)\ . \tag{8.17}$$

Wir beschließen diesen Abschnitt mit zwei Bemerkungen zur Formel (8.17) und zwei Beispielen. Die erste Bemerkung bezieht sich auf die Tatsache, daß $r_y(0)$ die von t unabhängige Varianz des stochastischen Prozesses $y(t)$ und daher nicht negativ ist. Nun kann man die Kovarianzfunktion aus der spektralen Leistungsdichte mit Hilfe der inversen Fouriertransformation zurückgewinnen:

$$r(\theta) = \int\limits_{-\infty}^{+\infty} \varphi(f)\, \mathrm{e}^{2\pi i f \theta}\, df\ . \tag{8.18}$$

Daher haben wir

$$0 \le r_y(0) = \int\limits_{-\infty}^{+\infty} \varphi_y(f)\, df = \int\limits_{-\infty}^{+\infty} |H(2\pi i f)|^2\, \varphi_u(f)\, df\ . \tag{8.19}$$

Diese Ungleichung kann man nun zum Nachweis der Beziehung $\varphi(f) \geqq 0$ benutzen (sie wurde schon im Abschn. 8.2 bei der Aufzählung der Eigenschaften von $\varphi(f)$ vermerkt). Man denke sich den gegebenen schwach-stationären Prozess mit der spektralen Leistungsdichte $\varphi(\cdot)$ zum Eingangsprozeß eines beliebigen asymptotisch stabilen Systems mit Übertragungsfunktion $H(s)$ gemacht. Aus der Beziehung (8.19) folgt dann die Ungleichung

$$\int\limits_{-\infty}^{+\infty} |H(2\pi i f)|^2\, \varphi(f)\, df \ge 0\ . \tag{8.20}$$

Dabei ist $H(s)$ eine beliebige echt gebrochene rationale Funktion, deren Pole alle in der linken Halbebene liegen. Daß diese Beziehung nun für jede rationale Funktion, die den angegebenen Bedingungen genügt, nur dann erfüllt sein kann wenn $\varphi(f) \geq 0$ für alle f gilt, macht man sich am einfachsten durch einen Widerspruchsbeweis klar. Wäre nämlich $\varphi(f_0) < 0$ für ein $f_0 \geq 0$, so betrachte man

$$H_\varepsilon(s) = \frac{1}{s + \varepsilon + 2\pi i f_0} + \frac{1}{s + \varepsilon - 2\pi i f_0} = 2\,\frac{s + \varepsilon}{(s + \varepsilon)^2 + (2\pi f_0)^2}\,,$$

wobei $\varepsilon > 0$ ein positiver Parameter ist. Die Ungleichung (8.20) gilt dann natürlich für $H = H_\varepsilon$ und jedes $\varepsilon > 0$. Andererseits impliziert $\varphi(f_0) < 0$ wegen (8.6), daß auch $\varphi(-f_0) < 0$ ist. Diese Ungleichungen haben nun aber zur Folge, daß

$$\lim_{\varepsilon \to 0} \int_{-\infty}^{+\infty} |H_\varepsilon(2\pi i f)|^2\, \varphi(f)\, df = -\infty\,.$$

gilt, wie man anhand der expliziten Darstellung von $H_\varepsilon(s)$ sofort sieht.

Die zweite Bemerkung geht von der Feststellung aus, daß $H(s)$ als Übertragungsfunktion eines linearen Systemes eine echt gebrochene rationale Funktion von s ist und somit $|H(2\pi i f)|^2$ für $f \to \infty$ wie $1/f^2$ abfällt. Es kann daher vorkommen, daß eine Funktion der Form $|H(2\pi i f)|^2 \varphi(f)$ absolut integrierbar und mithin als Fourier-Transformierte einer Funktion darstellbar ist, ohne daß dies auch für $\varphi(f)$ selbst gilt. D. h. es kann zwar $|H(2\pi i f)|^2 \varphi(f)$, nicht aber $\varphi(f)$ selbst als spektrale Leistungsdichte eines schwach stationären Prozesses interpretiert werden. Das gilt insbesondere dann wenn $\varphi(f)$ gleich einer positiven Konstanten λ ist. Es ist nun ein in der Kontroll- und Kommunikationstheorie weithin geübter Brauch, einen fiktiven stochastischen Prozeß einzuführen, dessen spektrale Leistungsdichte konstant gleich λ ist. Da im Leistungsspektrum dieses Prozesses alle Frequenzen mit der gleichen Intensität – nämlich λ – vertreten wären, nennt man diesen Prozeß in Anlehnung an den aus der Optik geläufigen Begriff des (idealen) weißen Lichtes auch *weißes Rauschen*.

Daß es sich um einen fiktiven Prozeß handelt sieht man sofort wenn man die Frage nach der zugehörigen Kovarianzfunktion stellt. Da die Fouriertransformation eine bijektive Abbildung der Gesamtheit der quadratisch integrierbaren Funktionen darstellt, kann man keine Funktion im klassischen Sinne finden, deren Fourier-Transformierte gleich der Konstanten λ wird. Erst die Erweiterung dieser Abbildung auf den Raum der Distributionen ergibt die Möglichkeit, auch nicht quadratisch integrierbare Funktionen als Fourier-Transformierte zu interpretieren. Im Sinne dieser erweiterten Fouriertransformation entsprechen sich dabei gerade Diracsche δ-Funktion und die Funktion, die konstant gleich 1 ist. Dementsprechend lautet die Erklärung des „weißen Rauschens“ mit Intensität λ so: Es ist dies ein schwach stationärer Prozeß mit Mittelwert 0 und Kovarianzfunktion $\lambda\delta(\theta)$.

Die Rolle des weißen Rauschens in der Kontrolltheorie ist ähnlich derjenigen der Diracschen δ-Funktion in der Analysis: Sie dient als Hilfsvorstellung, die den Umgang mit realen Prozessen formal vereinfacht. Ansatzpunkt ist dabei die Beziehung (8.17). Wenn man sich weißes Rauschen der Intensität 1 als Eingang eines linearen Systems mit der Übertragungsfunktion $H(s)$ genommen denkt, so erhält man als mögliche spektrale Leistungsdichte für den Ausgang die absolut integrierbare Funktion $|H(2\pi if)|^2$. Wie sich nun aus dem weiter unten formulierten Hilfssatz ergibt, kann man die spektrale Leistungsdichte eines jeden schwach stationären Prozesses – sofern sie nur eine rationale Funktion von f ist – auch in der Form $|H(2\pi if)|^2$ schreiben, wobei $H(s)$ die Übertragungsfunktion eines asymptotisch stabilen linearen Systems ist.

Aus diesem Grunde verwendet man in der Kontrolltheorie lineare Systeme mit weißem Rauschen als Eingang sehr häufig als Modelle für stochastische Prozesse. Genauer gesagt: Man konstruiert zu dem gegebenen Prozeß ein sogenanntes *Formfilter*, das ist ein lineares System, dessen Übertragungsfunktion $H(s)$ mit der spektralen Leistungsdichte $\varphi(f)$ des gegebenen Prozesses in der Beziehung

$$\varphi(f) = |H(2\pi if)|^2 \tag{8.21}$$

steht. Dann identifiziert man den gegebenen Prozess mit dem Ausgang des Formfilters, wobei man sich als Eingang weißes Rauschen mit Intensität 1 denkt.

Gegen diese Art der Konkretisierung stochastischer Prozesse gibt es natürlich Bedenken. Zum einen ist das Konzept des „weißen Rauschens" – so wie es hier vorgestellt wurde – mathematisch nicht fundiert. Zum anderen erhebt sich die Frage, ob die Identifizierung zweier Prozesse, deren Kovarianzfunktionen übereinstimmen, gerechtfertigt ist. In den folgenden Abschnitten werden wir Wege aufzeigen, um diese Bedenken wenigstens bis zu einem gewissen Grade auszuräumen. So läßt sich das Formfilter (mit weißem Rauschen als Eingang) als Spezialfall einer stochastischen Differentialgleichung interpretieren, und es wird sich dabei herausstellen, daß der Ausgang ein Gauß-Prozeß ist, d. h. das Formfilter legt nicht nur die Kovarianzfunktion, sondern tatsächlich das gesamte Wahrscheinlichkeitsgesetz des Prozesses fest.

Andererseits ist das Arbeiten mit Formfiltern an Stelle der tatsächlichen Prozesse für die Lösung von Entwurfsproblemen, wie wir sie in den Kap. 10 und 11 behandeln werden, von großem praktischem Vorteil. Durch die Einschaltung von Formfiltern läßt sich die der Konstruktionsaufgabe zugrundeliegende Situation nämlich formal immer auf den Fall reduzieren, daß sämtliche auf das System einwirkende Störungen vom Typ des weißen Rauschens, d. h. in ihrer zeitlichen Abfolge total unkorreliert sind. Die individuelle Dynamik der einzelnen Störprozesse steckt in den zugehörigen Formfiltern. Formfilter und Systemdarstellung werden dann in einer erweiterten Zustandsraum-Darstellung einheitlich zusammengefaßt. Auf diese Weise bekommt man die Wechselwirkung zwischen Stördynamik und Systemdynamik präzise und auf einfache algebraische Weise in den Griff.

Grundlegend für die Konstruktion von Formfiltern ist der nachstehende Hilfssatz.

Hilfssatz 8.1. *Es sei $\varphi(f)$ eine rationale Funktion von f, die keine Pole auf der reellen f-Achse besitzt und folgenden Bedingungen genügt:*
  (i) *$\varphi(f)$ ist reell und ≥ 0 für alle reellen f,*
  (ii) *$\varphi(f) = \varphi(-f)$ für alle f.* $\qquad\qquad(8.22)$

Behauptung. *Es gibt eine rationale Funktion $H(s)$ mit diesen Eigenschaften: $H(s)$ ist Quotient zweier Polynome in s mit reellen Koeffizienten. Die Pole von $H(s)$ liegen in der offenen, die Nullstellen in der abgeschlossenen linken Halbebene. Schließlich gilt*

$$\varphi(f) = |H(2\pi i f)|^2 \ \textit{für alle reellen } f. \tag{8.23}$$

Bemerkung. Man beachte, daß die beiden Bedingungen (i), (ii) an die gegebene rationale Funktion immer erfüllt sind, wenn φ die spektrale Leistungsdichte eines schwach-stationären Prozesses ist.

Beweis. Es genügt, den Satz für Polynome zu beweisen, d. h. folgendes zu zeigen: Ist $\varphi(f)$ ein Polynom mit reellen Koeffizienten und den beiden Eigenschaften (i) und (ii), so besteht die Beziehung (8.23). $H(s)$ ist dabei ein Polynom mit reellen Koeffizienten, dessen Nullstellen alle in der abgeschlossenen linken Halbebene liegen.

In der Tat folgt aus dem Spezialfall sofort die allgemeine Aussage des Hilfssatzes. Wie man sich nämlich mit Hilfe der Primfaktorzerlegung leicht klarmacht, kann eine rationale Funktion φ, welche den Voraussetzungen des Hilfssatzes genügt, in der Form $\lambda\varphi_1/\varphi_2$ geschrieben werden. Dabei ist λ eine positive reelle Zahl und φ_1, φ_2 sind teilerfremde normierte Polynome, die der Bedingung (8.22) genügen. Aus der Darstellung $\varphi_\nu(f) = |H_\nu(2\pi i f)|^2$ erhält man dann auch eine entsprechende Darstellung für $\varphi(f)$ selbst. Es kann zudem das Polynom H_2 nicht auf der imaginären Achse verschwinden, sonst würde der Nenner von φ Nullstellen auf der reellen Achse besitzen. Es liegen daher die Pole von H notwendig in der offenen linken Halbebene.

Die spezielle Version des Hilfssatzes läßt sich ihrerseits aber nun sofort auf eine ähnliche Fragestellung zurückführen, wie sie im Zusammenhang mit einem Problem der nichtlinearen Regelungstheorie in [KK] behandelt wurde. Wir wenden den dortigen Hilfssatz 11.1 aus Kap. III auf das Polynom $P(z) := \varphi(-iz)$ an. Das gesuchte Polynom H ist dann mit dem in [KK] konstruierten Polynom P_1 identisch; anhand der zu Beginn des Beweises in [KK] explizit behandelten speziellen Polynome – aus denen sich das allgemeine P aufbauen läßt – sieht man überdies, daß man die Nullstellen von P_1 immer in die (abgeschlossene) linke Halbebene legen kann. Durch diese Forderung ist P_1 übrigens bis auf einen konstanten Faktor eindeutig bestimmt. $\qquad\square$

Wir bemerken noch, daß das im Beweis konstruierte H sich als echtgebrochene rationale Funktion von s erweist. Dies ergibt sich aus (8.23), wenn man beachtet, daß die spektrale Leistungsdichte eine über ganz R integrierbare Funktion von f ist. Zu jeder echt-gebrochenen rationalen Funktion $H(s)$, deren Pole sämtlich in der linken Halbebene liegen, gibt es nun aber, wie wir im Abschn. 2.6 gesehen haben, ein asymptotisch stabiles System mit einem Ein- und einem Ausgang und mit $H(s)$ als zugehöriger Übertragungsfunktion. Dieses System spielt also dann die Rolle des Formfilters für den schwach stationären Prozeß mit spektraler Leistungsdichte $\varphi(\cdot)$.

Beispiel 8.2. Wir nehmen exponentiell korreliertes Rauschen (vgl. (8.9)) als Eingang eines linearen Systemes mit der Übertragungsfunktion $H(s) = 1/(1 + sb)$. Um Stabilität zu erreichen müssen wir $b > 0$ voraussetzen. Gemäß (8.9), (8.17) erhalten wir dann für die spektrale Leistungsdichte des Ausganges

$$\varphi_y(f) = \frac{1}{|1 + 2\pi i f b|^2} \frac{2\sigma^2 a}{4\pi^2 f^2 a^2 + 1} = \frac{2\sigma^2 a}{(1 + 4\pi^2 f^2 b^2)(1 + 4\pi^2 f^2 a^2)} \, .$$

Setzt man nun $b \neq a$ voraus, so ergibt sich weiter durch Partialbruchzerlegung

$$\varphi_y(f) = \frac{2\sigma^2 a}{b^2 - a^2} \left(\frac{b^2}{1 + 4\pi^2 f^2 b^2} - \frac{a^2}{1 + 4\pi^2 f^2 a^2} \right) \, .$$

Vergleich mit (8.9) zeigt, daß diese rationale Funktion die Fourier-Transformierte der Funktion

$$r_y(\theta) = \frac{a\sigma^2}{b^2 - a^2} (b \, e^{-|\theta|/b} - a \, e^{-|\theta|/a})$$

ist. Dies ist daher die Kovarianzfunktion des Ausgangsprozesses. Wir bemerken noch, daß man für $\theta = 0$ die folgende Beziehung erhält

$$r_y(0) = \mathrm{var}\,(y(t)) = \frac{a}{a + b} \sigma^2 = \frac{a}{a + b} r_u(0) = \frac{a}{a + b} \mathrm{var}\,(u(t)) \, .$$

Wegen $a > 0$, $b > 0$ ist die Varianz von y also stets kleiner als die von u und strebt mit wachsendem b gegen 0. Nun ist die Varianz eines Prozesses ein Maß für die Streuung der Realisierungen um den Mittelwert. Diese Streuung ist also im vorliegenden Beispiel für den Ausgangsprozeß geringer als für den Eingangsprozeß und kann – durch Wahl von b – beliebig klein gemacht werden.

Beispiel 8.3. Wir wollen ein Formfilter für exponentiell korreliertes Rauschen aufstellen. Zu diesem Zweck hat man zunächst die Gleichung (8.23) für $\varphi = \varphi_1$ nach H aufzulösen: $\varphi_1(\cdot)$ ist dabei durch (8.9) gegeben. Die Lösung ist leicht zu erraten: $H(s) = \sigma \sqrt{2a}/(1 + sa)$. Dies ist eine echt-gebrochene rationale Funktion mit einem einzigen Pol in der linken Halbebene; sie ist Übertragungsfunktion des asymptotisch stabilen Systems

$$\dot{x} = -(1/a)\, x + \sigma \sqrt{2/a}\, u \, , \qquad y = x \, , \tag{8.24}$$

Die Größen x, u, y sind hier skalar. Diese Gleichungen repräsentieren also ein Formfilter für den schwach-stationären Prozeß $r_1(\cdot)$ (siehe (8.9)).

8.4 Wiener-Prozeß und stochastisches Integral

In diesem Abschnitt werden wir Möglichkeiten kennenlernen, das Studium linearer Systeme mit stochastischen Eingangssignalen auf solide Grundlage zu stellen, ohne dabei aber die im vorigen Abschnitt skizzierte und für die Anwendung bequeme Konzeption eines linearen Systems mit weißem Rauschen als Eingangsprozeß aufgeben zu müssen. Wir führen zu diesem Zwecke den *Wiener-Prozeß* ein, den – als mathematisches Modell für die Brownsche Bewegung – wohl bekanntesten stochastischen Prozeß. Der Wiener Prozeß $w(t)$, $t \geqq 0$, mit der Intensität λ, ist durch die folgenden drei Eigenschaften charakterisiert:

(i) $w(0) = 0$.

(ii) w hat unabhängige Zuwächse, d. h. wenn vier Zahlen a, b, c, d der Beziehung $0 \leq a \leq b \leq c \leq d$ genügen, so sind $w(b) - w(a)$ und $w(d) - w(c)$ zwei unabhängige Zufallsgrößen.

(iii) Jeder Zuwachs $w(b) - w(a)$ besitzt eine Gauß-Verteilung mit Erwartungswert 0 und Varianz $\lambda |b - a|$.

Man kann dann leicht zeigen, daß w ein Gauß-Prozeß mit Mittelwertfunktion 0 und Kovarianzfunktion

$$r_w(t, s) = \lambda \min (t, s) , \qquad t, s \geq 0 \tag{8.25}$$

ist. Die Formel für die Kovarianzfunktion ergibt sich wegen $Ew(t) = 0$ durch einfache Umformungen unter Benutzung von (ii) und (iii). Nehmen wir etwa $0 \leq s \leq t$ an, so erhält man

$$r_w(t, s) = E\{w(t)\, w(s)\} = E\{[w(t) - w(s) + w(s)]\, w(s)\}$$
$$= E\{[w(t) - w(s)]\, [w(s) - w(0)]\} + E\{[w(s) - w(0)]^2\} = \lambda s .$$

Man beachte, daß $w(t) - w(s)$ und $w(s) - w(0)$ unabhängige Zufallsgrößen mit Erwartungswert 0 sind, es verschwindet daher der Erwartungswert ihres Produktes.

Wir wollen nun das Integral einer deterministischen Funktion ψ bezüglich eines Wiener-Prozesses w erklären. Mit Hilfe dieses Integrales lassen sich in einfacher Weise diejenigen stochastischen Prozesse einführen, die uns in diesem Buch vor allem interessieren. Man kann die Definition durch eine heuristische Betrachtung vorbereiten; diese Betrachtung zielt auf eine Interpretation des weißen Rauschens als formale Zeit-Ableitung $\dot{w}$ eines Wiener-Prozesses w ab (vgl. hierzu [KS], 1.11). Mit $\dot{w}$ als Eingangsgröße u stellt sich nun die Eingangs-Ausgangsbeziehung (8.12) in der folgenden Weise dar:

$$y(t) = \int_{t_0}^{t} K(t - s)\, \dot{w}(s)\, ds = \int_{t_0}^{t} K(t - s)\, dw(s) . \tag{8.26}$$

Denkt man sich für $w(s)$ Realisierungen des Wiener-Prozesses eingesetzt, so erhält man eine wohldefinierte Ausgangsfunktion, sobald das Integral existiert. Die Existenz des Integrals – dies ist der Sinn der Schreibweise unter Benutzung des Differentials $dw(s)$ – kann nun mit Hilfe von Näherungssummen bewiesen werden, in denen an Stelle der Ausdrücke $\dot{w}(s_i)\, (s_{i+1} - s_i)$ die Differenzen $w(s_{i+1}) - w(s_i)$ auftreten. Man kann daher das Integral definieren, ohne von der Ableitung von w zu reden. Diese Definition ist zudem sinnvoll, wenn man unter $w(s)$ nicht eine Realisierung, sondern den Wiener-Prozeß selber versteht. Dies soll jetzt im Einzelnen ausgeführt werden.

Wir gehen also aus von einem Wiener-Prozeß w, einem endlichen Intervall $[a, b]$ mit $0 \leq a \leq b$ und einer auf $[a, b]$ definierten deterministischen Funktion $\psi(t)$. Nehmen wir zunächst an, daß ψ eine Treppenfunktion ist. Es seien t_i die Sprungstellen dieser Funktion im Intervall $[a, b]$, $i = 1, \dots , k - 1$. Wir schreiben noch $t_0 = a$, $t_k = b$ und setzen dann

$$\int_{a}^{b} \psi(t)\, dw(t) = \sum_{i=0}^{k-1} \psi_i [w(t_{i+1}) - w(t_i)] , \tag{8.27}$$

wobei $\psi_i = \psi(t)$ für $t \in [t_i, t_{i+1})$. Die Größe

$$I = \int_a^b \psi(t)\; dw(t)$$

heißt das stochastische Integral von $\psi(t)$ bezüglich des Wiener-Prozesses w und ist für jede Treppenfunktion $\psi(t)$ eine wohldefinierte Zufallsvariable.

Wir wollen uns jetzt überlegen, wie man Erwartungswerte und Kovarianz von zwei dieser Zufallsvariablen berechnet. Aus der Definition des Wiener-Prozesses ergibt sich zunächst unmittelbar, daß

$$\mathrm{E} \int_a^b \psi(t)\; dw(t) = 0 \qquad\qquad (8.28)$$

ist. Wir denken uns als Nächstes zwei Treppenfunktionen φ und ψ über dem gleichen Intervall $[a, b]$ gegeben und wählen eine Unterteilung $a = t_0 < t_1 < \ldots < t_k = b$ dieses Intervalles derart, daß φ und ψ über jedem Teilintervall $[t_i, t_{i+1}]$ konstant gleich φ_i bzw. ψ_i sind. Aus der Eigenschaft (ii) des Wiener-Prozeß (unabhängige Zuwächse!) erhält man dann diese Beziehung

$$\mathrm{E}\left\{\int_a^b \psi(t)\, dw(t) \int_a^b \varphi(t)\, dw(t)\right\} = \mathrm{E}\left\{\sum_i \psi_i[w(t_{i+1}) - w(t_i)] \sum_j \varphi_j[w(t_{j+1}) - w(t_j)]\right\},$$

$$= \mathrm{E}\left\{\sum_{i,\,j} \psi_i\varphi_j[w(t_{i+1}) - w(t_i)]\,[w(t_{j+1}) - w(t_j)]\right\}$$

$$= \sum_i \psi_i\varphi_i\lambda(t_{i+1} - t_i) = \int_a^b \psi(t)\,\varphi(t)\,\lambda\; dt \;.$$

Sie läßt sich sofort auf den Fall verallgemeinern, daß φ und ψ nicht über das gleiche Intervall integriert werden. Man setzt einfach φ, ψ außerhalb des jeweiligen Integrationsintervalles gleich 0 und kann dann so tun, als ob φ, ψ auf dem gleichen Intervall erklärt wären. Man gelangt so zu folgender allgemeinen Formel

$$\mathrm{E}\left\{\int_a^b \psi(t)\, dw(t) \int_c^d \varphi(s)\, dw(s)\right\} = \int\limits_{[a,\,b]\,\cap\,[c,\,d]} \psi(t)\,\varphi(t)\,\lambda\; dt \;. \qquad (8.29)$$

Damit ist das stochastische Integral für Treppenfunktionen erklärt. Man kann nun nach einem aus der Integrationstheorie geläufigen Schema diese Definition auf solche Funktionen ausdehnen, die über dem Intervall $[a, b]$ quadratisch integrierbar sind. Zu jeder Funktion $\psi(t)$ mit dieser Eigenschaft existieren Folgen $\{\psi^{(i)}\}$ von Treppenfunktionen, derart daß

$$\lim_{i \to \infty} \int_a^b (\psi(t) - \psi^{(i)}(t))^2\; dt = 0 \qquad\qquad (8.30)$$

gilt. Die Folge der Zufallsgrößen $I^{(i)} := \int_a^b \psi^{(i)}(t)\, dw(t)$ konvergiert dann im quadratischen Mittel gegen eine Zufallsgröße, die mit

$$I = \int_b^a \psi(t)\, dw(t) \tag{8.31}$$

bezeichnet wird. Konvergenz im Mittel bedeutet: Es ist $\lim_{i \to \infty} \mathrm{E}(I - I^{(i)})^2 = 0$.

I heißt das über das Intervall $[a, b]$ erstreckte stochastische Integral von $\psi(t)$ bezüglich des Wiener-Prozesses w. Es läßt sich zeigen, daß der „Wert" des stochastischen Integrals nicht von der Wahl der Folge von Treppenfunktionen abhängt, die im Sinne der L^2-Konvergenz gegen ψ konvergieren. Die Beziehungen (8.28), (8.29) bleiben auch für beliebige quadratisch integrierbare Funktionen φ, ψ gültig.

Wir kehren nun zu dem speziellen stochastischen Integral (8.26) zurück. Für jedes $t \geqq 0$ ist es jetzt wohldefiniert und stellt eine vom Parameter t abhängige Zufallsgröße dar. Eine solche Familie von Zufallsgrößen haben wir in der Einleitung zu Kap. 8 als stochastischen Prozeß bezeichnet. Damit können wir nun auch eine Antwort auf die Frage geben, was man sich unter dem Ausgang eines linearen Systems vorzustellen hat, dessen Eingang u weißes Rauschen der Intensität λ ist. Es ist der durch die Beziehung (8.26) definierte stochastische Prozeß, wobei das Integral bezüglich des Wiener-Prozesses w der Intensität λ zu nehmen ist. In die Definition geht nun allerdings noch die willkürliche Wahl des Anfangszeitpunktes t_0, d. h. die Normierung $y(t_0) = 0$ ein. Es ist daher auch nicht verwunderlich, daß der Prozeß nicht von vornherein die Eigenschaften besitzt, die man aufgrund der Plausibilitätsbetrachtungen des vorigen Abschnittes erwarten würde (die sich aber dort auch nur deswegen einstellten, weil die Anfangszeit t_0 nach $-\infty$ verlegt wurde!). Wir wollen uns nun klarmachen, daß $y(t)$ sich mit wachsender Zeit einem schwach stationären Prozeß nähert, dessen spektrale Leistungsdichte gleich $\lambda |H(2\pi i f)|^2$ ist. Dies gilt jedenfalls sofern das zugrundeliegende System asymptotisch stabil ist. Es ist damit auch klar, daß die Betrachtungen im vorigen Abschnitt die Verhältnisse am Ausgang eines Formfilters wenigstens im asymptotischen Sinne richtig wiedergeben.

Wir machen für den Rest dieses Abschnittes die folgende Voraussetzung:

$K(t)$ ist die Impulsantwortfunktion eines zeitinvarianten asymptotisch stabilen Systems mit einem Ein- und Ausgang; es ist $t_0 = 0$

Man erhält unmittelbar aus (8.29)

$$r_y(t, s) = \mathrm{E}\left\{ \int_0^t K(t - \varrho)\, dw(\varrho) \int_0^s K(s - \tau)\, dw(\tau) \right\}$$

$$= \int_0^{\min(t, s)} K(t - \tau)\, K(s - \tau)\, \lambda\, d\tau\,.$$

Indem man $\min(t, s) - \tau$ als neue Integrationsvariable einführt, findet man für die Kovarianzfunktion schließlich diese Darstellung

$$r_y(t, s) = \int_0^{\min(t, s)} K(\tau + |t - s|)\, K(\tau)\, \lambda\, d\tau\,.$$

Da $K(\tau)$ für $\tau < 0$ verschwindet und für $\tau \to \infty$ exponentiell abklingt, ergibt sich somit für große Werte von t, s die folgende Näherungsformel für $r_y(t, s)$

$$r_y(t, s) \approx \int\limits_{-\infty}^{+\infty} K(\tau + |t - s|)\, K(\tau)\, \lambda\, d\tau =: r(|t - s|)\,.$$

Die so definierte Funktion $r(\theta)$ stimmt nun mit der unter (8.15) eingeführten Funktion $r_y(\theta)$ überein, wenn man dort $r_u(\theta) = \lambda\delta(\theta)$ (= Kovarianzfunktion des weißen Rauschens) setzt, d. h. wenn y die Antwort des Systems (mit der Impulsantwortfunktion $K(t)$) auf weißes Rauschen der Intensität λ als Eingangssignal ist. In der Tat wird also $r_y(t, s)$ für große t, s durch eine nur von $|t{-}s|$ abhängige Funktion approximiert, die sich als Kovarianzfunktion mit spektraler Leistungsdichte $\lambda|H(2\pi i f)|^2$ interpretieren läßt.

Beispiel 8.4. Um die Beziehung zwischen Wiener-Prozeß und weißem Rauschen zu verdeutlichen, stellen wir in den folgenden Figuren je eine Realisierung eines Wiener-Prozesses w der Intensität 1 (Abb. 8.5) und des Differenzen-Prozesses

$$v_\Delta(t) := \frac{w(t + \Delta) - w(t)}{\Delta}$$

für $\Delta = 0{,}1$ und $\Delta = 0{,}01$ (Abb. 8.6) gegenüber.

Man erkennt, daß mit abnehmendem Δ die Streuung des Prozesses um den Mittelwert 0 wie auch die Häufigkeit abrupter Änderungen in der Realisierung zunehmen. Dies steht im Einklang mit dem Verhalten der Kovarianzfunktion für $\Delta \to 0$. Man hat für $0 \leqq t \leqq s$

$$\mathrm{cov}\,(v_\Delta(t), v_\Delta(s)) = \frac{1}{\Delta^2}\, \mathrm{E}\, \{[w(t + \Delta) - w(t)]\,[w(s + \Delta) - w(s)]\}$$

$$= \frac{1}{\Delta^2}\, \mathrm{Max}\,(t + \Delta - s, 0)\,.$$

Dies ergibt sich sofort aus den Eigenschaften des Wiener-Prozesses, indem man das Intervall $[t, s + \Delta]$ mit Hilfe des Punktes $t' = \mathrm{Max}\,(t + \Delta, s)$ unterteilt und beide Zuwächse $w(t + \Delta) - w(t)$, $w(s + \Delta) - w(s)$ durch Einschalten von $w(t')$ gegebenenfalls additiv aufspaltet.

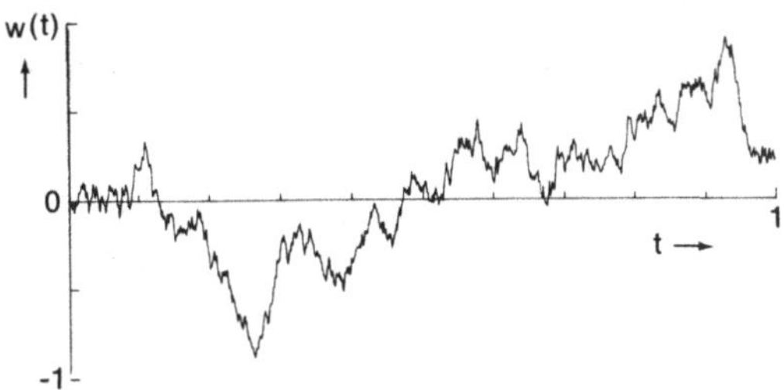

Abb. 8.5   Realisierung eines Wiener-Prozesses w

Beispiel 8.5. Wir wollen exponentiell korreliertes Rauschen (vgl. Beispiel 8.1) durch ein stochastisches Integral approximieren. Zu diesem Zweck identifizieren wir den Prozeß mit dem Ausgang des Formfilters (8.24). Das approximierende Integral ist dann vom Typ (8.26), wobei K gerade die Impulsantwortfunktion des Filters ist. Es ist daher

$$K(t) = \sigma\sqrt{2/a}\, e^{-t/a} \quad \text{für} \quad t \geqq 0\,.$$

Dies läßt sich unmittelbar aus den Gleichungen (8.24) ablesen.

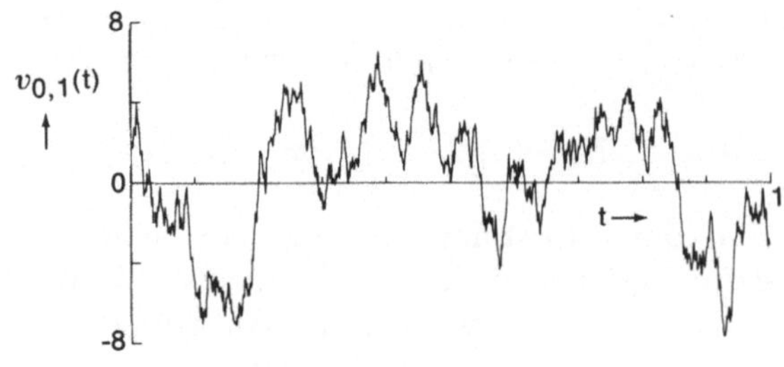

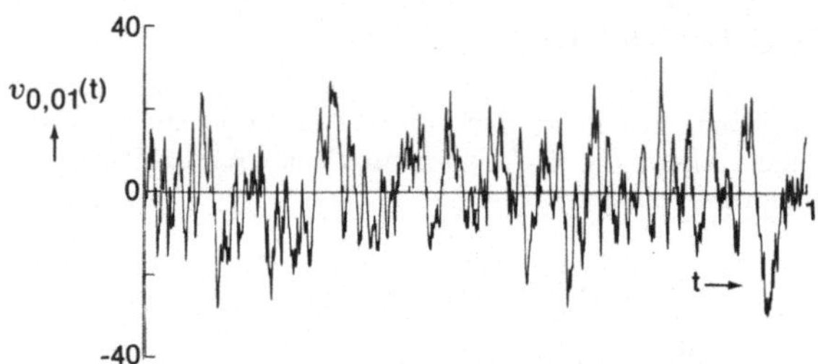

Abb. 8.6   Differenzenprozeß v_{Δ} des Wiener-Prozesses w (Abb. 8.5).
Je eine Realisierung für $\Delta = 0{,}1$ und $\Delta = 0{,}01$

Ist $w(t)$ daher ein Wiener-Prozeß der Intensität 1, so erhält man in der Gestalt des Integrales

$$\sigma \sqrt{2/a} \int_0^t e^{-(t-s)a}\, dw(s)$$

einen stochastischen Prozeß, der sich dem exponentiell korrelierten Rauschen des Beispiels 8.1 mit wachsendem t asymptotisch annährt.

8.5 Gauß-Markov-Prozesse und die Differentiationsregel von Itô

Im vorigen Abschnitt ist der Ausgang eines linearen Systems mit weißem Rauschen als Eingang durch das stochastische Integral

$$y(t) = \int_{t_0}^t K(t,\, s)\, dw(s)\,, \qquad t \geq t_0\,, \tag{8.32}$$

definiert worden. Man kann diese Beziehung übrigens sofort auf den Fall ausdehnen, daß w und y vektorwertige Prozesse sind. Wenn K eine Matrix aus k Spalten und $w = (w_1, \ldots, w_k)^{\mathsf{T}}$ ein k-dimensionaler Prozeß ist, dessen Komponenten skalare und unabhängige Wienerprozesse der Intensität 1 sind, so wird y einfach durch komponentenweise Bildung des stochastischen Integrales definiert.

In diesem Abschnitt wollen wir der Frage nachgehen, ob und auf welche Weise man stochastische Prozesse, die in der Form (8.32) gegeben sind, auch durch

Zustandsraum-Modelle beschreiben kann. Der Vorteil dieser Betrachtungsweise wird sich am Ende dieses Abschnittes zeigen: Wir werden nicht nur Formeln für Mittelwert und Kovarianzfunktion, sondern das vollständige Wahrscheinlichkeitsgesetz von $y(t)$ angeben können.

Die Analogie mit deterministischen Systemen legt es nahe, sich unter einem Zustandsraum-Modell ein Paar von Gleichungen der Form

$$\dot{x}(t) = A(t)\, x(t) + G(t)\, \dot{w}(t)\,, \quad y(t) = C(t)\, x(t) \tag{8.33}$$

vorzustellen. Was man unter eine Lösung der ersten der beiden Gleichungen verstehen will, muß dann natürlich erklärt werden. Dies kann am einfachsten durch Übergang zur zugehörigen Integralgleichung (formale Integration der Differentialgleichung nach t) geschehen. Es soll also $x(t)$ ein stochastischer Prozess sein, der der Beziehung

$$x(t) - x(t_0) = \int_{t_0}^{t} A(\tau)\, x(\tau)\, d\tau + \int_{t_0}^{t} G(\tau)\, dw(\tau)\,, \quad t \geq t_0, \tag{8.34}$$

genügt. Von den auf der rechten Seite erscheinenden Integralen ist das zweite in dem Sinne zu verstehen, wie dies im Abschn. 8.4 erklärt wurde. Das erste hat man sich in Analogie zum Riemannschen Integral in der Analysis definiert zu denken. Existenz des Integrales bedeutet hier: Die Riemannschen Näherungssummen konvergieren im quadratischen Mittel (vgl. (8.30)) bei unbegrenzt feiner werdender Zerlegung des Intervalles $[t_0, t]$, und der Grenzwert ist unabhängig von der Wahl der Zerlegungsfolge.

Es sei $x(t_0)$ nun eine Zufallsvariable, die von $w(s)$, $s \geq t_0$, unabhängig ist. Eine Lösung $x(t)$ der Integralgleichung (8.34) läßt sich dann als Grenzwert einer rekursiv erklärten Folge stochastischer Prozesse $x^{(i)}$, $i = 0, 1, 2, \ldots$, konstruieren. Die Folge wird nach einem aus der Theorie der Differentialgleichungen wohlbekannten Muster gebildet (sukzessive Approximation): Man setzt $x^{(0)}(t) := x(t_0)$, und für $i = 0, 1, 2, \ldots$

$$x^{i+1}(t) := x(t_0) + \int_{t_0}^{t} A(s)\, x^{(i)}(s)\, ds + \int_{t_0}^{t} G(s)\, dw(s)\,. \tag{8.35}$$

Den Nachweis, daß dieser Grenzwert existiert und der Integralgleichung (8.34) genügt, können wir hier nicht führen. Ebenso werden wir im folgenden bei der Herleitung einiger grundlegenden Eigenschaften von $x(t)$ auf strenge Beweise verzichten.

Wir betrachten also einen stochastischen Prozess, welcher der Beziehung (8.34) für alle $t \geq t_0$ genügt. Man sagt auch: $x(t)$ ist Lösung der stochastischen Dgl. (oder *Itôschen Gleichung*)

$$dx(t) = A(t)\, x(t)\, dt + G(t)\, dw(t)\,. \tag{8.36}$$

Für die weiteren Betrachtungen benutzen wir eine Darstellung der Lösungen von (8.36), die im deterministischen Fall unter der Bezeichnung „Variation der Konstanten" bekannt ist. Es wird sich herausstellen, daß man diese Darstellung als Spezialfall der sogenannten Itôschen Differentiationsregel gewinnen kann. Da wir von dieser Regel auch in anderem Zusammenhang Gebrauch machen werden, wollen wir uns jetzt allgemein mit ihr befassen.

Zunächst führen wir zwei Begriffe ein, die in der Formulierung der Itôschen Regel vorkommen werden. Ein stochastischer Prozess $\psi(t)$ heißt *nicht vorgreifend* in Bezug auf den Wiener-Prozess $w(t)$, wenn die Zuwächse von $w(t)$ auf $[\bar{t}, \infty)$ unabhängig von $\psi(s)$ für alle $s \leq \bar{t}$ sind. Die im vorigen Abschnitt skizzierte Konstruktion des stochastischen Integrals von ψ bezüglich des Wiener-Prozesses $w(t)$ läßt sich auf den Fall übertragen. daß ψ nicht mehr eine deterministische Funktion, sondern ein in Bezug auf w nicht vorgreifender stochastischer Prozeß ist. Man muß allerdings zu diesem Zwecke voraussetzen, daß ψ der Bedingung

$$ \mathrm{E} \int\limits_a^b [\psi(t)]^2 \, dt < \infty $$

genügt. Die Regeln (8.28), (8.29) übertragen sich dann auf diese allgemeinere Situation wie folgt

$$ \mathrm{E} \int\limits_a^b \psi(t) \, dw(t) = 0 \,, \tag{8.37} $$

$$ \mathrm{E} \left\{ \left(\int\limits_a^b \psi(t) \, dw(t) \right) \left(\int\limits_c^d \varphi(t) \, dw(t) \right) \right\} = \int\limits_{[a,b] \cap [c,d]} \mathrm{E}[\psi(t) \, \varphi(t)] \, \lambda \, dt \,. $$

Als Nächstes wollen wir den Begriff des *stochastischen Differentials* erläutern. Man sagt von einem Prozess $x(t)$, er besitze das Differential $f(t) \, dt + G(t) \, dw(t)$ und schreibt dafür

$$ dx(t) = f(t) \, dt + G(t) \, dw(t) \,, \qquad t \geq t_0 \,, \tag{8.38} $$

falls $x(t)$ die Darstellung

$$ x(t) = x(t_0) + \int\limits_{t_0}^t f(s) \, ds + \int\limits_{t_0}^t G(s) \, dw(s) \,, \qquad t \geq t_0 \,, \tag{8.39} $$

gestattet. $G(t)$ und $f(t)$ sind dabei selbst Prozesse und in Bezug auf $w(t)$ nicht vorgreifend.

Von den beiden in (8.39) vorkommenden Integralen ist das zweite als ein stochastisches Integral bezüglich des Wiener-Prozesses $w(t)$ in dem eben skizzierten Sinne zu verstehen. Das erste Integral ist als Riemann-Integral aufzufassen, vgl. die Erläuterungen zur Formel (8.34). Der Einfachheit halber sollen im folgenden alle Größen skalar sein.

Unter Benutzung der Schreibweise (8.38) wollen wir nun die *Itôsche Differentiationsregel* angeben. Wir gehen aus von einem stochastischen Prozess $x(t)$, der ein Differential besitzt, und einer (skalaren) Funktion $u(t, x)$ der beiden Veränderlichen t, x, die zweimal stetig partiell differenzierbar sein soll. Der Satz von Itô besagt dann, daß auch der stochastische Prozess $u(t, x(t))$ ein Differential besitzt, und daß zwischen dem Differential $dx(t)$ (vgl. (8.38) und dem des Prozesses $u(t, x(t))$ die folgende Beziehung besteht

$$du(t, x(t)) = u_x(t, x(t))\, dx(t) + \frac{1}{2}u_{xx}(t, x(t))\, G(t)^2\, dt + u_t(t, x(t))dt \ . \qquad (8.40)$$

Für das Einsetzen eines stochastischen Prozess in eine Funktion hat man also die Kettenregel der Analysis zu modifizieren: Das Differential der zusammengesetzten Funktion erhält den zusätzlichen Term $\frac{1}{2}u_{xx}(t, x(t))G(t)^2dt$. Wieso dieser Term hinzugefügt werden muß, kann man sich etwa durch die folgenden heuristischen Überlegungen plausibel machen. Aus der Definition des Wiener-Prozesses folgt zunächst die Beziehung

$$E[w(t + dt) - w(t)]^2 = dt \ , \qquad (8.41)$$

falls die Intensität gleich 1 und der zeitliche Zuwachs dt positiv ist. Das Differential $dw(t) := w(t + dt) - w(t)$ kann daher in erster Näherung nicht proportional zu dt sein (es müßte sonst $(dt)^2$ auf der rechten Seite von (8.41) erscheinen). Dies steht im Einklang mit unserer früheren Bemerkung, daß die Ableitung des Wiener-Prozesses nur formal existiert und kein wohldefinierter stochastischer Prozeß ist. Die Aussage (8.41) läßt nun vermuten, daß die korrekte Größenordnung von $dw(t)$ durch $\sqrt{dt}$ wiedergegeben wird. Daher machen wir die Beziehung

$$(dw(t))^2 = dt + o(dt) \qquad (8.42)$$

zur Grundlage des stochastischen Differentialkalküls. Wir bilden das Differential eines Prozesses so, als würde es sich um eine Funktion der beiden Veränderlichen t, w handeln, benutzen aber die Zusatzregel (8.42). Größen, die von der Ordnung $o(dt)$ sind — dazu gehört z. B. das Produkt $dw(t) \cdot dt$ — werden vernachlässigt. Wenn man konsequent in dieser Weise verfährt, so erhält man zunächst aus (8.38)

$$(dx(t))^2 = G(t)^2\, dt + o(dt) \ ,$$

und dann mit Hilfe der Taylorformel

$$du(t, x(t)) = u_x(t, x(t))\, dx(t) + \frac{1}{2}u_{xx}(t, x(t))(dx(t))^2$$

$$+ u_t(t, x(t))\, dt + o(dt)$$

$$= u_x(t, x(t))\, dx(t) + \frac{1}{2}u_{xx}(t, x(t))\, G(t)^2\, dt + u_t(t, x(t))\, dt + o(dt) \ .$$

Dies ist in der Tat — vom Restglied abgesehen — die Formel (8.40) für das Differential des Prozesses $u(t, x(t))$. Trägt man auf der rechten Seite in der letzten Zeile an Stelle von $dx(t)$ den Ausdruck (8.38) ein, so erhält man eine Linearkombination von dt und $dw(t)$, plus einer Größe, die gegen dt und erst recht gegen $dw(t)$ klein ist. Letztere kann daher zum Differential $du(t, x(t))$ nichts beitragen.

Wir wollen nicht näher auf die Frage eingehen, wie sich die eben skizzierten heuristischen Betrachtungen durch fundierte mathematische Argumentation untermauern lassen, sondern verweisen dazu auf die in Abschn. 8.1 angegebene Literatur. Für unsere Zwecke ist jedoch die Erweiterung der Itôschen Regel auf Vektorprozesse wichtig. Wir denken uns daher jetzt einen vektorwertigen Wiener-Prozess $w(t) = (w_1(t), \dots, w_k(t))^\mathsf{T}$ gegeben. Seine Komponenten sollen unabhängige skalare Wiener-Prozesse der Intensität 1 sein. Ferner seien $f(t)$ bzw. $G(t)$ vektorwertige bzw. matrixwertige stochastische Prozesse. Jede Komponente von f bzw. jedes Element von G sei zudem nicht vorgreifend in Bezug auf jede Komponente von w. Wir benutzen dann wieder die Schreibweise (8.38) um zum Ausdruck zu bringen, daß sich der vektorwertige Prozeß $x(t)$ in der Form (8.39) darstellen läßt. Wir denken uns nun eine skalare Funktion $u(t, x)$ gegeben. Dabei ist t eine skalare und x eine vektorwertige Variable; die Dimension von x ist gleich der Dimension des Prozesses $x(t)$. Man kann dann $x(t)$ in $u(t, x)$ einsetzen und erhält einen skalaren Prozeß, der wiederum ein Differential besitzt. Dieses Differential ist mit dem Differential $dx(t)$ (vgl. (8.38) durch die folgende Beziehung verknüpft:

$$du(t, x(t)) = u_x(t, x(t))^\mathsf{T} dx(t) + \frac{1}{2}\mathrm{Sp}(u_{xx}(t, x(t)) \, G(t) \, G(t)^\mathsf{T}) \, dt + u_t(t, x(t)) \, dt \,.$$
$$(8.43)$$

Dabei ist u_x der Gradient der Funktion u in Bezug auf die vektorwertige Variable x und u_{xx} die aus den partiellen Ableitungen zweiter Ordnung nach x der Funktion u gebildete symmetrische Matrix (Hesse-Matrix).

Als erste Anwendung der Itôschen Regel wollen wir uns klarmachen, daß man wie im deterministischen Fall auch bei einer stochastischen linearen Differentialgleichung Lösungen mit Hilfe der Formel der „Variation der Konstanten" erhalten kann. Dabei machen wir von der Tatsache Gebrauch, daß ein Prozeß $x(t)$ dann und nur dann Lösung der Dgl. (8.36) ist, wenn sich sein Differential in der Form $A(t) \, x(t) \, dt + G(t) \, dw(t)$ darstellen läßt. Wir bezeichnen mit $\Phi(t, t_0)$ wiederum die Übergangsmatrix der homogenen linearen Differentialgleichung $\dot{x} = A(t)x$ und wollen dann folgendes zeigen:
Ist x_0 eine Zufallsvariable, die vom Wiener-Prozeß $w(t)$ unabhängig ist für $t \geq t_0$, so ist der Prozeß

$$x(t) := \Phi(t, t_0) \, x_0 + \int_{t_0}^{t} \Phi(t, \tau) \, G(\tau) \, dw(\tau) \,, \qquad t \geq t_0 \,, \qquad (8.44)$$

eine Lösung der stochastischen Differentialgleichung (8.36). Begründung: $x(t)$ entsteht durch Einsetzen von

$$\xi(t) := x_0 + \int_{t_0}^{t} \Phi(t_0, s) \, G(s) \, dw(s) \,, \qquad t \geq t_0 \,,$$

in die (vektorwertige) Funktion $\Phi(t, t_0)\xi$. Es ist $\xi(t)$ ein stochastischer Prozeß mit dem Differential $d\xi(t) = \Phi(t_0, t) \, G(t) \, dw(t)$. Das Differential $dx(t)$ erhält man daher, indem man komponentenweise die Itôsche Regel (8.40) anwendet (wobei ξ jetzt die Rolle von x spielt). Da die Komponenten von $\Phi(t, t_0)\,\xi$ aber lineare Funktionen in ξ sind, gilt hier jetzt die übliche Formel für die Bildung des Differentials, d. h. es ist (N.B. $\Phi(t, t_0)\,\Phi(t_0, t) = I$!)

$$dx(t) \doteq \Phi(t, t_0)\,d\xi(t) + \dot{\Phi}(t, t_0)\,\xi(t)\,dt$$

$$= G(t)\,dw(t) + A(t)\,\Phi(t, t_0)\,\xi(t)\,dt = G(t)\,dw(t) + A(t)\,x(t)\,dt\,.$$

Das Integral (8.44) stellt also eine Lösung der stochastischen Dgl. (8.36) dar. Umgekehrt läßt sich auch jede Lösung in dieser Form (mit $x_0 = x(t_0)$) schreiben. Dies ergibt sich einfach aus der Tatsache, daß die Lösungen der Integralgleichung (8.34) durch den Anfangswert $x(t_0)$ eindeutig festgelegt sind.

Die Gültigkeit der Variation-der-Konstanten-Formel hat wichtige Konsequenzen für die Integration einer linearen stochastischen Differentialgleichung. Da endlich viele mit deterministischen Funktionen gebildete stochastische Integrale bezüglich ein- und desselben Wiener-Prozesses stets eine simultane Gauß-Verteilung besitzen, so ist eine Lösung $x(t)$ von (8.36) auch ein Gauß-Prozeß, sofern die Komponenten von $x(t_0)$ eine gemeinsame Gauß-Verteilung besitzen und von den Zuwächsen $dw(t)$ für $t \geq t_0$ unabhängig sind. Daß das im Abschn. 8.4 eingeführte stochastische Integral eine Gauß-Verteilung besitzt, folgt im übrigen einfach aus einer der grundlegenden Eigenschaften des Wiener-Prozesses: Die Zuwächse $dw(t)$ sind unabhängig und normal verteilt. Daher besitzen beliebige Linearkombinationen aus solchen Zuwächsen wieder eine gemeinsame Gauß-Verteilung.

Ferner kann man die vom deterministischen Fall wohlbekannte Beziehung zwischen den Werten einer Lösung zu zwei Zeitpunkten t, s sofort auf die stochastische Situation übertragen. Da nämlich das stochastische Integral in Bezug auf den Integrationsbereich additiv ist, kann man die Darstellung (8.44) in folgender Weise umformen, sofern $t_0 \leq s \leq t$ gilt:

$$x(t) = \Phi(t, t_0)\,x_0 + \int\limits_{t_0}^{s} \Phi(t, \tau)\,G(\tau)\,dw(\tau) + \int\limits_{s}^{t} \Phi(t, \tau)\,G(\tau)\,dw(\tau)$$

$$= \Phi(t, s)\left[\Phi(s, t_0)\,x_0 + \int\limits_{t_0}^{s} \Phi(s, \tau)\,G(\tau)\,dw(\tau)\right] + \int\limits_{s}^{t} \Phi(t, \tau)\,G(\tau)\,dw(\tau)$$

oder

$$x(t) = \Phi(t, s)\,x(s) + \int\limits_{s}^{t} \Phi(t, \tau)\,G(\tau)\,dw(\tau)\,.$$

Dabei haben wir von der Identität $\Phi(t, \tau) = \Phi(t, s)\,\Phi(s, \tau)$ Gebrauch gemacht.

Man sieht aus der letzten Beziehung, daß $x(t)$ nur von $x(s)$ und den Zuwächsen des Wiener-Prozesses auf dem Intervall $[s, t]$ abhängt. Letztere sind aber unabhängig von allem, was vor der Zeit s passiert ist. Die Wahrscheinlichkeitsverteilung der Zufallsgröße $x(t)$ unter der Voraussetzung, daß $x(u)$ für $u \leq s$ gegeben ist, stimmt daher mit der Verteilung unter der Voraussetzung, daß $x(s)$ alleine gegeben ist, überein. Es ist $x(t)$ somit ein Markov-Prozeß. Da er zudem eine Gauß-Verteilung besitzt (wie wir bereits gesehen haben), spricht man von einem *Gauß-Markov*-Prozeß.

Wir kehren schließlich zum Ausgangspunkt unserer Betrachtungen, nämlich zu den Gleichungen (8.33) zurück, die wir jetzt in der Form

$$dx(t) = A(t) x(t) dt + G(t) dw(t) , \qquad y(t) = C(t) x(t) \qquad (8.45)$$

schreiben. Wir setzen ferner den Anfangswert x_0 gleich 0. Aus der Darstellung (8.44) erhält man dann eine Darstellung für den Ausgang $y(t)$, die — wie zu erwarten war — mit (8.32) übereinstimmt, wobei $K(t, s) = C(t) \, \Phi(t, s) \, G(s)$ ist. Damit sind wir wieder zu der Beziehung gekommen, die wir (für den zeitinvarianten Fall) als Definition des Ausganges für ein lineares, mit weißem Rauschen als Eingang operierendes System früher genommen hatten. Analog zum deterministischen Fall wird jetzt jedoch $y(t)$ unter Einschaltung des Begriffes „Zustand" erklärt, wobei dieser „Zustand" Lösung einer stochastischen Differentialgleichung ist.

Ein Vorteil dieser Form der Modellbildung für Störprozesse in der Kontrolltheorie liegt in dem Umstand begründet, daß $x(t)$ — im Gegensatz zu $y(t)$ — ein Markov-Prozess ist. Es ist nämlich unter diesen Umständen nicht schwer, — wie wir unten sehen werden —, das vollständige Wahrscheinlichkeitsgesetz für $x(t)$ aus den Koeffizientenmatrizen $A(t)$ und $G(t)$ herauszuholen. Ein wesentlicher Schritt in dieser Richtung ist die Aufstellung einer deterministischen Differentialgleichung für die Kovarianzmatrix

$$Q(t) := \mathrm{E}x(t) \, x(t)^{\mathsf{T}} , \qquad t \geqq t_0 .$$

Dies soll jetzt geschehen. Wir denken uns zu diesem Zwecke einen festen aber beliebigen konstanten Vektor h gewählt, dessen Dimension gleich der von x ist. Es ist dann

$$h^{\mathsf{T}}Q(t)h = \mathrm{E}h^{\mathsf{T}}x(t) \, x(t)^{\mathsf{T}}h = \mathrm{E}[h^{\mathsf{T}}x(t)]^2 . \qquad (8.46)$$

Den skalaren Prozess $(h^{\mathsf{T}}x(t))^2$ kann man sich nun durch Einsetzen von $x(t)$ in die quadratische Form $(h^{\mathsf{T}}x)^2$ entstanden denken. Daher erhält man aus der Itôschen Differentiationsregel (8.43) diese Beziehung

$$d[h^{\mathsf{T}}x(t)]^2 = 2(h^{\mathsf{T}}x(t))h^{\mathsf{T}}dx(t) + \mathrm{Sp}(hh^{\mathsf{T}}G(t) \, G(t)^{\mathsf{T}}) \, dt$$

$$= 2h^{\mathsf{T}}x(t)h^{\mathsf{T}}[A(t) x(t) dt + G(t) dw (t)] + \mathrm{Sp}(hh^{\mathsf{T}}G(t) \, G(t)^{\mathsf{T}}) \, dt . \qquad (8.47)$$

Nun ist $h^{\mathsf{T}}A(t)x(t)$ ein Skalar und somit gleich $x(t)^{\mathsf{T}}A(t)^{\mathsf{T}}h$; es kann daher der erste Term auf der rechten Seite so geschrieben werden:

$$2h^{\mathsf{T}}x(t)x(t)^{\mathsf{T}}A(t)^{\mathsf{T}}h \, \mathrm{dt} = h^{\mathsf{T}}\{x(t) \, x(t)^{\mathsf{T}}A(t)^{\mathsf{T}} + A(t) \, x(t) \, x(t)^{\mathsf{T}}\}h \, dt .$$

Ferner ist, für jede Spalte h und Zeile k^{T}, $\mathrm{Sp}(hk^{\mathsf{T}}) = k^{\mathsf{T}}h$. Wenn man nun (8.47) integriert und den Erwartungswert auf beiden Seiten bildet, so verschwindet der mittlere Term wegen (8.37) (man beachte, daß $x(t)$ nicht vorgreifend in Bezug auf $w(t)$ ist!). Aus den verbleibenden Integralen kann man links den Zeilenvektor h^{T} und rechts den Spaltenvektor h herausziehen. Dies sieht man sofort mit Hilfe obiger Umformungen. Es verbleibt dann — wegen (8.46) — die nachstehende Beziehung für $t \geq t_0$.

$$h^{\mathsf{T}} Q(t)\, h - h^{\mathsf{T}} Q(t_0)\, h = h^{\mathsf{T}} \left\{ \int_{t_0}^{t} [Q(t)\, A(t)^{\mathsf{T}} + A(t)\, Q(t) + G(t)\, G(t)^{\mathsf{T}}]\, dt \right\} h \; .$$

Diese Beziehung gilt nun für alle $t \geq t_0$ und alle Vektoren h; sie ist daher gleichbedeutend mit der Aussage, daß $Q(t)$ für $t > t_0$ Lösung der linearen Matrix-Differentialgleichung

$$\dot{Q} = Q A(t)^{\mathsf{T}} + A(t)\, Q + G(t)\, G(t)^{\mathsf{T}} \tag{8.48}$$

ist. Mit Hilfe der Übergangsmatrix $\Phi(t, s)$ der homogenen Dgl. $\dot{x} = A(t)x$ kann man die Lösungen von (8.48) in Integralform darstellen:

$$Q(t) = \Phi(t, t_0)\, Q(t_0)\, \Phi(t, t_0)^{\mathsf{T}} + \int_{t_0}^{t} \Phi(t, s)\, G(s)\, G(s)^{\mathsf{T}}\, \Phi(t, s)^{\mathsf{T}}\, ds\, , \qquad t \geq t_0\, .$$
$$\tag{8.49}$$

Daß der Ausdruck auf der rechten Seite eine Lösung von (8.48) ist, erkennt man einfach, indem man ihn nach t differenziert und die Tatsache benutzt, daß $\Phi(t, s)$ als Funktion von t Lösung der Dgl. $\dot{x} = A(t)\, x$ ist. Die Übereinstimmung mit einer gegebenen Lösung $Q(\cdot)$ von (8.48) ergibt sich dann durch Vergleich der Anfangswerte an der Stelle $t = t_0$.

Als Letztes wollen wir noch die Größen

$$m(t) := \mathrm{E}x(t)\, , \quad R(t, s) := \mathrm{E}\{(x(t) - m(t))(x(s) - m(s))^{\mathsf{T}}\}\, , \quad t_0 \leq s \leq t\, , \tag{8.50}$$

mit Hilfe von $\Phi(t, s)$ darstellen. Für den Mittelwert erhält man aus (8.44) unter Beachtung von (8.37) $m(t) = \Phi(t, t_0)\, m(t_0)$. Es ist $m(t)$ Lösung der deterministischen Dgl. $\dot{x} = A(t)x$ und somit auch der stochastischen Dgl. $dx = A(t)\, xdt$. Daher ist $x(t) - m(t)$ wieder Lösung der stochastischen Dgl. (8.36). Aus dieser Feststellung ergibt sich zweierlei:

1. $R(t, t) =: \tilde{Q}(t)$ ist Lösung der Matrix-Differentialgleichung (8.48) mit dem Anfangswert

$$\tilde{Q}(t_0) = E\{(x(t_0) - m(t_0))\, (x(t_0) - m(t_0))^{\mathsf{T}}\}\, . \tag{8.51}$$

2. Es besteht die Beziehung (8.34) mit $x(t) - m(t)$ an Stelle von $x(t)$. Wenn man sich diese Beziehung einmal mit t und ein zweites Mal mit s als oberer Grenze hingeschrieben denkt, so erhält man durch Subtraktion die folgende, für alle t, s mit $t_0 \leq s \leq t$ gültige Relation:

$$x(t) - m(t) - (x(s) - m(s)) = \int_{s}^{t} A(\tau)\, [x(\tau) - m(\tau)]\, d\tau + \int_{s}^{t} G(\tau)\, dw\, (\tau)\, .$$

Wir multiplizieren nun auf beiden Seiten mit dem Zeilenvektor $(x(s) - m(s))^{\mathsf{T}}$ von rechts und bilden dann den Erwartungswert. Da $x(s) - m(s)$ von den Zuwächsen des Wiener-Prozesses $w(\tau)$ für $\tau > s$ unabhängig ist, verschwindet der zweite Term auf der rechten Seite. Die verbleibende Relation läßt sich dann unter Benutzung von (8.50) auch so schreiben:

$$R(t, s) = R(s, s) + \int\limits_s^t A(\tau)\, R(\tau, s)\, d\tau\,, \qquad t \geq s\,.$$

Daraus folgt, daß $R(t, s)$ als Funktion von t eine Matrix-Lösung der Differentialgleichung $\dot{x} = A(t)\, x$ ist, und daher wird

$$R(t, s) = \Phi(t, s)\, \tilde{Q}(s) \qquad \text{für} \qquad t_0 \leqq s \leqq t\,.$$

$\tilde{Q}(t)$ für $t \geqq t_0$, erhält man aber — wie wir bereits festgestellt haben — durch Integration der Matrix-Differentialgleichung (8.48) mit dem Anfangswert (8.51). Damit ist gezeigt, wie man die stochastischen Daten (8.50) des Prozesses letztlich mit Hilfe der Übergangsmatrix $\Phi(t, s)$ beschreiben kann. Diese Daten charakterisieren den Gauß-Markov-Prozess $x(t)$ vollständig, denn aus ihnen kann man zu vorgegebener endlicher Folge $t_0 \leqq t_1 \leqq \ldots \leqq t_N$ von Zeitwerten die simultane Wahrscheinlichkeitsverteilung der Zufallsgrößen $x_i(t_j)$ bestimmen (vgl. Abschn. 8.2).

Wir wollen zum Schluß noch kurz einen Blick auf den zeitinvarianten Fall werfen. Die stochastische Differentialgleichung (8.36) bzw. die Matrix-Differentialgleichung (8.48) haben dann die Form

$$dx(t) = Ax(t)\, dt + Gdw(t) \qquad \text{bzw.} \qquad \dot{Q} = QA^\mathsf{T} + AQ + GG^\mathsf{T}\,. \tag{8.52}$$

Wenn man nun noch voraussetzt, daß die Eigenwerte von A alle negativen Realteil haben, so hat man für $m(t) := \mathrm{E}x(t)$ und $\tilde{Q}(t) := R(t, t)$ ein wohlbestimmtes asymptotisches Verhalten, welches von den Anfangswerten unabhängig ist:

$$\lim_{t \to \infty} m(t) = 0\,, \qquad \lim_{t \to \infty} \tilde{Q}(t) = \bar{Q} \geq 0\,,$$

wobei $\bar{Q}$ die eindeutig bestimmte Lösung der Lyapunovschen Matrix-Gleichung

$$0 = A\bar{Q} + \bar{Q}A^\mathsf{T} + GG^\mathsf{T} \tag{8.53}$$

ist (vgl. Anhang). Die Stabilität der deterministischen Differentialgleichung $\dot{x} = Ax$ bedeutet demnach, daß bei kontinuierlich fluktuierender Anregung mit weißem Rauschen für wachsende Zeiten die Streuung der Zustände um die Ruhelage unabhängig vom Anfangswert sich einem festen mittleren Wert nähert, der durch die Lösung der linearen Gleichung (8.53) gegeben ist.

Wir beschließen diesen Abschnitt mit einer kurzen Bemerkung zur Terminologie. Die Bezeichnung „vektorwertiger Wienerprozeß" wurde zu Beginn dieses Abschnittes für einen Prozess $w(t)$ verwendet, dessen Komponenten unabhängige skalare Wiener Prozesse der Intensität 1 sind. Von nun an werden wir sie auch für allgemeinere Gauß-Prozesse mit unabhängigen Zuwächsen verwenden. Diese Prozesse entstehen aus w durch Multiplikation mit einer deterministischen Matrix $G(t)$ und werden im folgenden zumeist in der Form

$$dv(t) := G(t)\, dw(t)$$

eingeführt. Die Varianz $Q(t) := \operatorname{var} v(t)$ des Prozesses $v(t)$ genügt der Dgl. $\dot{Q}(t) = G(t)\,G(t)^{\mathsf{T}} =: V(t)$. $V(t)$ heißt die Intensitätsmatrix des Prozesses $v(t)$. Den Zusammenhang zwischen Prozess und Intensitätsmatrix pflegt man oft durch die folgende kurze Schreibweise zum Ausdruck zu bringen

$$\mathrm{E}\,dv(t)\,dv(t)^{\mathsf{T}} = V(t)\,dt\;.$$

Die Intensitätsmatrix des Prozesses $G_1(t)\,dv(t)$ ist dann $G_1(t)\,V(t)\,G_1(t)^{\mathsf{T}}$

Beispiel 8.6. Elektrische Kreise unterliegen Spannungsschwankungen, die durch thermische Fluktuation der Elektronen hervorgerufen werden (thermisches Rauschen). Wir wollen ein einfaches mathematisches Modell eines Kreises mit Kapazität C, Induktivität L und Widerstand R betrachten. Aus physikalischen Gründen setzt man die Wirkung der thermischen Fluktuation mit der einer äußeren Spannungsquelle gleich, die weißes Rauschen produziert. Für das Studium des thermischen Rauschens behandeln wir daher den in Abb. 8.7 dargestellten Kreis als ein lineares System, wobei die Eingangsspannung $u = \dot{w}$ weißes Rauschen mit einer zunächst noch nicht bekannten Intensität λ ist. Den Zustand des Systems beschreiben wir dann durch die Größen q ($=$ Ladung des Kondensators) und φ ($=$ magnetischer Fluß in der Spule); seine zeitliche Änderung wird durch die folgenden Beziehungen (Kirchhoffsche Gesetze) festgelegt:

$$u = iR + \frac{q}{C} + \dot{\varphi}\,, \qquad \dot{q} = i\,, \qquad \varphi = Li\,.$$

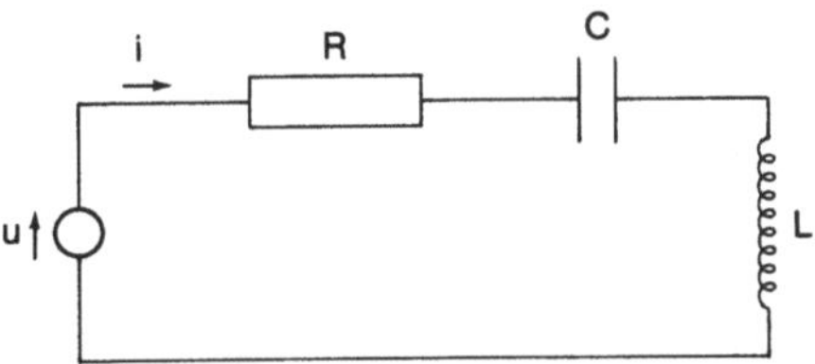

Abb. 8.7   Elektrischer Kreis

Wir schreiben diese Beziehungen nun in Form einer stochastischen Differentialgleichung, wobei wir $x = (q,\varphi)^{\mathsf{T}}$ und $u\,dt = \sqrt{\lambda}\,dw(t)$ setzen; $w(t)$ ist dabei ein skalarer Wiener-Prozeß der Intensität 1. Man erhält dann folgendes Gleichungssystem:

$$dx(t) = \begin{pmatrix} 0 & \dfrac{1}{L} \\[2ex] -\dfrac{1}{C} & -\dfrac{R}{L} \end{pmatrix} x(t)\,dt + \begin{pmatrix} 0 \\[1ex] \sqrt{\lambda} \end{pmatrix} dw(t)\,.$$

Die Koeffizientenmatrix besitzt nur Eigenwerte mit negativem Realteil. Die Matrix $Q(t) := \mathrm{E}\,x(t)\,x(t)^{\mathsf{T}}$ hat daher für $t \to \infty$ einen eindeutig bestimmten Grenzwert $\bar{Q}$, der sich als Lösung der Matrixgleichung

$$\begin{pmatrix} 0 & \dfrac{1}{L} \\[2ex] -\dfrac{1}{C} & -\dfrac{R}{L} \end{pmatrix} Q + Q \begin{pmatrix} 0 & -\dfrac{1}{C} \\[2ex] \dfrac{1}{L} & -\dfrac{R}{L} \end{pmatrix} + \begin{pmatrix} 0 & 0 \\ 0 & \lambda \end{pmatrix} = 0$$

ergibt. Man bestätigt sofort, daß diese Lösung so aussieht:

$$\bar{Q} = \frac{1}{2} \, \mathrm{diag} \left(\frac{C}{R} \, \lambda, \, \frac{L}{R} \, \lambda \right).$$

Daraus folgt insbesondere, daß für große t näherungsweise $\mathrm{E} \, q^2 = C\lambda/2R$ und $\mathrm{E} \, \varphi^2 = L\lambda/2R$ gilt. Wir erinnern nun an die aus der Physik bekannte Tatsache, daß die in der Kapazität bzw. Induktivität gespeicherte Energie gegeben ist durch $q^2/2C$ bzw. $\varphi^2/2L$. Beim thermischen Rauschen nähern sich für $t \to \infty$ diese Größen im Mittel offenbar dem gleichen Wert $\lambda/4R$ an. Dies steht im Einklang mit dem Gleichverteilungsgesetz der statistischen Mechanik, der besagt, daß die mittlere Energie pro Freiheitsgrad des Systems gleich groß ist — nämlich $kT/2$, wobei k die Boltzmann-Konstante und T die absolute Temperatur bedeutet. Dieser Satz erlaubt darüberhinaus auch die Fixierung der Intensität λ des weißen Rauschens, eben einfach aufgrund der Beziehung

$$\frac{\lambda}{4R} = \frac{kT}{2}.$$

9 Optimale lineare Zustandsrückführung

9.1 Einleitung

Im bisherigen Teil des Buches sind eine Reihe von Fragen, die bei der Analyse und Synthese von Kontrollsystemen auftreten, nach qualitativen Gesichtspunkten diskutiert worden. Es gibt nun einen zweiten konstruktiven Zugang zum gleichen Problemkreis, mit dem wir uns in den restlichen Kapiteln beschäftigen wollen. Sein wesentliches Charakteristikum ist die Verwendung eines speziellen Kriteriums zur Erfassung derjenigen Eigenschaften, die man etwa beim Reglerentwurf realisieren möchte. Dies eröffnet die Möglichkeit eines quantitativen Vergleichs zwischen verschiedenen Strategien; daher spricht man in diesem Zusammenhang auch von optimaler Steuerung und optimaler Zustandsrekonstruktion. Wir werden diese Theorie schrittweise entwickeln, wobei wir von einfachen zu immer komplexeren Aufgaben übergehen.

In diesem Abschnitt knüpfen wir an die einfachste Aufgabenstellung der Kontrolltheorie an: Gegeben sei ein System mit linearer Dynamik

$$\dot{x} = A(t)\, x + B(t)\, u \tag{9.1}$$

und vorgegebenem Anfangszustand x_0. Man steuere das System innerhalb eines geeigneten Zeitraumes aus dem Zustand x_0 in die Ruhelage $x = 0$. Es geht uns jetzt aber im Gegensatz zu früher nicht um die prinzipielle Lösbarkeit dieser Aufgabe, sondern um die Frage, wie man an Hand von Kriterien, die sinnvoll und rational motiviert sind, aus der Vielzahl der Lösungen eine geeignete Auswahl treffen kann. Konkret bedeutet dies, daß wir uns zu den bisher zugrunde gelegten Daten — Differentialgleichung (9.1) und Anfangszustand x_0 — noch ein Zielfunktional gewählt denken. Es ist dies eine Vorschrift, die jede Lösung $u(\cdot)$, $x(\cdot)$ des Kontrollproblems mit einer reellen Zahl bewertet. Gesucht sind dann diejenige Steuerfunktionen, die das Zielfunktional minimieren. Solche Steuerungen heißen dann kurz *optimal*.

Ob eine solche Steuerung dann auch im Sinne einer bestimmten Anwendung optimal ist, hängt davon ab, ob sich das Zielfunktional tatsächlich als Maß für erwünschtes oder nicht erwünschtes Systemverhalten interpretieren läßt. Es sei jedoch an dieser Stelle deutlich gesagt, daß dieser Gesichtspunkt für die Wahl des Zielfunktionals nicht an erster Stelle steht. Vom Standpunkt der Anwendungen ist nicht selten die Analyse des Systemes, die zur Konstruktion einer optimalen Lösung führt, interessanter als die Lösung selber. Oder aber es stellt sich heraus, daß man bei der Suche nach optimalen Lösungen gerade auf Eigenschaften stößt, die in einem anderen Zusammenhang von Bedeutung sind, wie etwa die Eigenschaft der Stabilisierbarkeit eines Systems.

Eine Entscheidung für eine bestimmte Form des Zielfunktionals richtet sich daher vor allem nach den Möglichkeiten, das entsprechende Optimierungsproblem in mathematisch befriedigender Weise lösen zu können. Wegen der oben genannten Gründe kann eine solche Entscheidung dabei durchaus den Bedürfnissen der Anwendungen gerecht werden. Aus diesem Grunde bieten sich für Probleme mit linearer Dynamik als Zielfunktionale solche an, die in x und u quadratisch sind und geeignete Definitheitseigenschaften besitzen. Hierfür sprechen vor allem die Analogien mit Extremwertaufgaben der klassischen Analysis: Nimmt man dort etwa eine quadratische Funktion mit positiv-definitem Hauptteil als zu minimierende Größe und unabhängige lineare Gleichungen als Nebenbedingungen, so ist die Existenz und Eindeutigkeit des Minimums gesichert und man hat zu seiner Bestimmung ein einfaches und von den speziellen Daten unabhängiges Verfahren.

Dieser Vergleich hat allerdings einen Schönheitsfehler: In unserer Situation sind die Nebenbedingungen durch die Differentialgleichung (9.1) und die Randbedingungen $x(t_0) = x_0$, $x(t_e) = 0$ gegeben. Diese Bedingungen lassen sich aber unter Umständen nicht gleichzeitig erfüllen. Man kann diesem Mangel zwar abhelfen, indem man x_0 auf einen geeigneten Unterraum $\mathscr{L}$ beschränkt (vgl. Abschn. 3.2). Es würde dies jedoch die mathematische Behandlung des Problems, wie sie im nächsten Abschnitt erfolgen wird, komplizieren. Der Grundgedanke der dort angewendeten Methode kommt nämlich nur dann zum Tragen, wenn man den Anfangswert x_0 als beliebig, d. h. also keiner Beschränkung unterworfen, ansehen kann. Wir werden aus diesem Grunde auf die Einhaltung der exakten Randbedingung $x(t_e) = 0$ verzichten und stattdessen die Möglichkeit vorsehen, durch die Form des Zielfunktionals die Abweichung des Endzustandes von der Ruhelage zu „bestrafen".

Zur Konkurrenz werden damit alle Paare $(u(\cdot), x(\cdot))$ zugelassen, wobei $u(\cdot)$ eine beliebige Steuerfunktion und $x(\cdot)$ Lösung des Anfangswertproblems

$$\dot{x} = A(t)\, x + B(t)\, u(t)\,, \quad x(t_0) = x_0 \tag{9.2}$$

ist. Dieses Paar ist durch Vorgabe von $u(\cdot)$, x_0 eindeutig bestimmt; das Zielfunktional wird dann von $u(\cdot)$ und x_0 abhängen und im folgenden mit $I(u(\cdot), t_0, x_0)$ (falls t_0, x_0 fest ist, einfach auch nur mit $I(u(\cdot))$) bezeichnet.

Wir präzisieren nunmehr den Begriff „quadratisches Zielfunktional", indem wir annehmen, daß die Vorschrift, durch die einer Steuerfunktion $u(\cdot)$ der Wert $I(u(\cdot))$ zugewiesen wird, in der folgenden expliziten Form gegeben ist

$$x(t_e)^\mathsf{T}\, R_0 x(t_e) + \int\limits_{t_0}^{t_e} x(t)^\mathsf{T}\, R_1(t)\, x(t)\, dt + \int\limits_{t_0}^{t_e} u(t)^\mathsf{T}\, R_2(t)\, u(t)\, dt\,. \tag{9.3}$$

Hierbei sind R_0, $R_1(t)$, $R_2(t)$ fest gewählte symmetrische Matrizen der Dimensionen n bzw. m, R_0 ist konstant, $R_i(t)$ für $i = 1, 2$, von t abhängig und es gilt

$$R_0 \geqq 0\,, \quad R_1(t) \geqq 0\,, \quad R_2(t) > 0 \tag{9.4}$$

für alle t.

Man kann den Ausdruck (9.3) interpretieren als eine Art Mittelung dreier Kriterien für die Qualität einer Steuerfunktion $u(\cdot)$:

  (i) die Abweichung des Endzustandes von der Ruhelage (dargestellt durch $x(t_e)^\mathsf{T} R_0 x(t_e)$),

 (ii) die mittlere Zustandsabweichung während des gesamten Steuervorganges (dargestellt durch das erste der beiden Integrale (9.3) — man spricht hier auch gelegentlich von einem Maß für das „Einschwingverhalten"),

(iii) den durch die Implementierung von $u(\cdot)$ entstehenden Aufwand (dargestellt durch das zweite der Integrale in (9.3)).

Durch die Wahl der Bewertungsmatrizen R_0, $R_1(\cdot)$, $R_2(\cdot)$ hat man es in der Hand, die Kriterien je nach der Bedeutung, die man ihnen zukommen lassen will, zu gewichten. Auch kann man den Komponenten von x und u durch Wahl von R_1, R_2 unterschiedlichen Einfluß auf das Zielfunktional einräumen und schließlich diese Entscheidung auch noch zeitabhängig machen. Insbesondere kann man sich der ursprünglichen Fragestellung — Erreichen der Ruhelage zur Zeit t_e — wieder annähern, indem man R_0 im Vergleich zu R_1, R_2 groß genug wählt.

Wir formulieren nun die mathematische Aufgabenstellung, deren Lösung in den folgenden Abschnitten dargestellt und aus Gründen, die noch ersichtlich werden, als *linearer optimaler Regler* apostrophiert wird:

Gegeben sei ein lineares System mit der Systemgleichung (9.1), ferner symmetrische Matrizen R_0, $R_1(t)$ (der Dimension n) sowie eine symmetrische Matrix $R_2(t)$ (der Dimension m). Es möge (9.4) für alle $t \in [t_0, t_e]$ gelten. Man suche diejenigen Steuerfunktionen $u(\cdot)$, welche dem durch (9.3) definierten Zielfunktional $I(u(\cdot), t_0, x_0)$ den kleinstmöglichen Wert erteilen. Dabei ist x_0 ein fest gewählter Anfangszustand, $x(\cdot)$ die durch $u(\cdot)$ und x_0 eindeutig festgelegte Lösung des Anfangswertproblems (9.2).

Es wird sich im nächsten Abschnitt zeigen, daß dieses Problem eindeutig lösbar ist, d. h. das Infimum der Werte von $I(u(\cdot), t_0, x_0)$ (wobei $u(\cdot)$ alle möglichen stückweise stetigen Steuerfunktionen durchläuft), wird tatsächlich für ein spezielles $u(\cdot)$ — und für genau eines — erreicht. Für diese Aussage ist die Voraussetzung $R_2(t) > 0$ für alle t (im Gegensatz zu der schwächeren Voraussetzung $R_0 \geqq 0$, $R_1(t) \geqq 0$) wichtig. In der Tat ist ohne diese Voraussetzung die Existenz eines Minimums für obiges Problem nicht mehr gewährleistet.

In der Sprache der Variationsrechnung ist es üblich, das Problem des linearen optimalen Reglers in der folgenden kurzen Form niederzuschreiben:

$$\text{Minimiere } I(u(.), t_0, x_0) := x(t_e)^\mathsf{T} R_0 x(t_e) + \int_{t_0}^{t_e} x^\mathsf{T} R_1(t)\, x\, dt + \int_{t_0}^{t_e} u^\mathsf{T} R_2(t)\, u\, dt \tag{9.5}$$

unter den Nebenbedingungen

$$\dot{x} = A(t)\, x + B(t)\, u\, ; \quad x(t_0) = x_0 . \tag{9.6}$$

Im Gegensatz zu vielen anderen Problemen aus der Theorie der optimalen Steuerungen fehlen hier explizite „harte" Einschränkungen für $x(t_e)$, u, x, d. h. also etwa Nebenbedingungen der Form $\|u\| \leqq c$. Stattdessen hat man in das Zielfunktional eingebaute „weiche" Einschränkungen. Wegen des bequemen mathematischen Zuganges wird jedoch gelegentlich auch dort, wo von der Natur des Problemes her harte Einschränkungen gefordert werden, das Problem in der weichen Formulierung (9.5), (9.6) behandelt. Nachträglich werden dann — an Hand der Lösung — die Bewertungsmatrizen R_i so fixiert, daß die harten Einschränkungen zumindest approximativ erfüllt sind (d. h. daß also etwa $\|x(t_e)\|$ unter einer vorgegebenen Schranke liegt).

Die Anwendungsmöglichkeit der Theorie des deterministischen optimalen Reglers ist indessen durch zwei andere Umstände wesentlich stärker eingeschränkt:

1) Die Formulierung des Optimierungsproblems in der Form (9.5), (9.6) ignoriert kontinuierlich wirkende Störungen. Optimal ist daher eine Lösung nur im Hinblick auf den Ausgleich einer *einmaligen* Störung (nämlich die Abweichung des Anfangszustandes x_0 von der Ruhelage) des Systems.

2) Wie sich später zeigen wird, nimmt die optimale Steuerung die Form eines Steuergesetzes $u = u(t, x)$ an. Ihre Realisierung setzt daher in jedem Moment vollständige Information über den Zustand des Systems voraus.

Die Weiterentwicklung der Theorie des optimalen Reglers in den folgenden Abschnitten erlaubt es allerdings, sich von diesen einengenden Voraussetzungen bis zu einem gewissen Grade zu befreien. So werden wir in Abschn. 9.3 die stochastische Version des Reglerproblems betrachten, bei der Strecke und Störung beide durch ein dynamisches Modell beschrieben werden. Auf diese Weise läßt sich auch bei einer wichtigen Klasse von kontinuierlich wirkenden Störungen das bestmögliche Verhalten in eindeutiger Weise definieren.

Es wird sich ferner zeigen, daß die Ergebnisse dieses Abschnittes auch von Nutzen sind, wenn man nicht über vollständige Information hinsichtlich des Zustandes verfügt. Die — in einem geeigneten Sinne — bestmögliche Strategie besteht dann in einer Kombination des optimalen Reglers mit einer optimalen Zustandsschätzung. Dies wird das abschließende Ergebnis unserer Überlegungen zum Thema optimale Steuerung sein und findet sich in Kap. 11, nachdem die zur Theorie der optimalen Steuerung duale Theorie der optimalen Zustandsschätzung entwickelt worden ist.

Beispiel 9.1. Das Modell des Gleichstrom-Motors (Beispiel 2.3) wird uns als Demonstrationsobjekt durch dieses Kapitel begleiten. Wegen seiner Einfachheit ist es für diesen Zweck gut geeignet, wenngleich es auch kein besonders originelles Beispiel darstellt. Wir haben zunächst die Beschreibung des Modells entsprechend der eben skizzierten Thematik zu vervollständigen. Wir übernehmen die früher benutzte Schreibweise

$$\dot{x} = \begin{pmatrix} 0 & 1 \\ 0 & -\alpha \end{pmatrix} x + \begin{pmatrix} 0 \\ \varkappa \end{pmatrix} u \,, \qquad z = (1, 0)\, x \,. \tag{9.7}$$

Hierbei ist wieder $z = x_1 = \theta$ der Drehwinkel, $x_2 = \omega$ die Winkelgeschwindigkeit und u die Eingangsspannung, mit deren Hilfe über einen Verstärker der Motor gesteuert wird. Es haben $\alpha := B/J$ und $\varkappa := k/J$ die frühere Bedeutung; für gelegentliche numerischen Rechnungen wählen wir die Werte $\alpha = 2s^{-1}$ und $\varkappa = 1 \text{ rad}/(Vs^2)$.

Zu diesen Daten tritt nun noch ein Zielfunktional, welches jedes Paar $u(t)$, $x(t) := (x_1(t), x_2(t))^{\mathrm{T}}$, bestehend aus Steuerfunktion und Lösung der zugehörigen Differentialgleichung, mit einer nichtnegativen reellen Zahl bewertet. Dieses Zielfunktional ist durch zwei zunächst noch nicht fixierte

Größen, nämlich eine positiv-semidefinite Matrix R_0 und eine positive Zahl ϱ, festgelegt und explizit gegeben als

$$x(t_e)^{\mathsf{T}} R_0 x(t_e) + \int_{t_0}^{t_e} \left[z(t)^2 + \varrho u(t)^2 \right] dt \,, \qquad z(t) := x_1(t) \,. \tag{9.8}$$

Es vereinigt also drei Kriterien: Die Abweichung des Endzustandes $x(t_e)$ von der Ruhelage, Einschwingverhalten des Ausgangs z und die zum Quadrat genommene und über das Intervall $[t_0, t_e]$ gemittelte Amplitude der Eingangsspannung. Es ist dies in der Tat ein Zielfunktional vom Typ (9.5), wobei R_1 die positiv-semidefinite Matrix

$$\begin{pmatrix} 1 & 0 \\ 0 & 0 \end{pmatrix} \tag{9.9}$$

ist. Wir werden am Ende der folgenden Abschnitte die Diskussion des Beispiels weiterführen mit dem Ziel, diejenige Steuerfunktion $u(\cdot)$ zu bestimmen, für welche der Ausdruck (9.8) bei gegebenem Anfangswert x_0 (zur Zeit t_0) den kleinsten Wert annimmt. Im Sinne obiger Interpretation des Zielfunktionals ist dies dann die beste Strategie, um das System zum Zeitpunkt t_e zu Ruhe zu bringen, wenn es zur Zeit $t_0 < t_e$ in der Position $x_0 \neq 0$ angetroffen wird.

9.2 Lösung des Variationsproblems. Hamilton-Jacobische Differentialgleichung

In diesem Abschnitt wird die Lösung des Variationsproblems (9.5), (9.6) auf direktem Wege und mit elementaren Hilfsmitteln vorgeführt. Der Grundgedanke läßt sich wie folgt skizzieren. Die Analogie mit den Extremwertaufgaben der Analysis, die bereits im Abschn. 9.1 angesprochen wurde, legt die Vermutung nahe, daß die Lösung des Problemes existiert und überdies in Abhängigkeit von den Daten t_0, x_0 so beschaffen ist, daß der zugehörige Wert des Zielfunktionals, d. h. also die Größe

$$\varphi(t_0, x_0) := \operatorname*{Min}_{u(\cdot)} I(u(\cdot), t_0, x_0) \tag{9.10}$$

eine stetige differenzierbare Funktion von t_0, x_0 wird.

Wenn diese Voraussetzung tatsächlich zutrifft, so genügt φ einer partiellen Differentialgleichung 1. Ordnung, der sogenannten Hamilton-Jacobischen Differentialgleichung des Variationsproblems (9.5), (9.6). Kennt man $\varphi = \varphi(t, x)$ für alle t, x, so kann man aus dem Gradienten $\dfrac{\partial \varphi}{\partial x}(t, x)$ auch für jedes spezielle t_0, x_0 die optimale Steuerfunktion $u(\cdot)$ gewinnen.

All dies kann man sich in relativ einfacher Weise klarmachen. Die Argumentation taucht in der Literatur gelegentlich unter dem Namen Bellmansches Optimalitätsprinzip auf. Dieses Prinzip steckt auch hinter den folgenden Überlegungen, wenngleich es explizit nicht benutzt wird. Den Weg, der den Anweisungen des Bellmanschen Prinzips folgend von (9.10) zu den Lösungen der Hamilton-Jacobischen Differentialgleichung führt, gehen wir gewissermaßen in umgekehrter Richtung: Zunächst wird die zum Variationsproblem (9.5), (9.6) gehörige Hamilton-Jacobische Differentialgleichung aufgestellt, dann eine

Lösung φ dieser Gleichung konstruiert und mit deren Hilfe zu gegebenen t_0, x_0 eine Steuerfunktion $u(\cdot)$ definiert. Schließlich wird für dieses $u(\cdot)$ das Bestehen der Beziehung (9.10) und somit der optimale Charakter verifiziert.

Die Herleitung der Hamilton-Jacobischen Differentialgleichung erfolgt am einfachsten mit Hilfe einer skalaren Funktion, die wir mit $H = H(t, x, u, \lambda)$ bezeichnen werden und die von t, x, u und weiteren Variablen $\lambda = (\lambda_1, \ldots, \lambda_n)^\mathsf{T}$ abhängt. Die explizite Definition von H lehnt sich an ein wohlbekanntes Schema aus der Theorie der Extremwerte unter Nebenbedingungen an: Man „hängt" die Nebenbedingungen mittels eines Lagrangeschen Multiplikators λ an die zu optimierende Funktion an.

In unserem Falle bedeutet dies: Wir bilden

$$H(t, x, u, \lambda) := x^\mathsf{T} R_1(t)\, x \,+\, u^\mathsf{T} R_2(t)\, u \,+\, \lambda^\mathsf{T}(A(t)\, x \,+\, B(t)\, u)\,. \qquad (9.11)$$

H ist eine quadratische Form in (x, u, λ) und besitzt — wegen der Voraussetzung $R_2(t) > 0$ — für jedes feste t, x, λ als Funktion von u ein eindeutig bestimmtes Minimum, welches sich aus der Bedingung

$$\frac{\partial H}{\partial u} = 2R_2(t)\, u \,+\, B(t)^\mathsf{T}\lambda = 0$$

bestimmen läßt. Wir setzen

$$u^*(t, \lambda) := -\frac{1}{2} R_2(t)^{-1}\, B(t)^\mathsf{T}\lambda\,, \quad H_0(t, x, \lambda) := H(t, x, u^*(t, \lambda), \lambda) \quad (9.12)$$

Es ist dann

$$H(t, x, u, \lambda) \geq H(t, x, u^*(t, \lambda), \lambda) = H_0(t, x, \lambda) \qquad (9.13)$$

für alle u, und das Gleichheitszeichen steht in dieser Beziehung dann und nur dann, wenn $u = u^*(t, \lambda)$ ist.

Die partielle Differentialgleichung

$$\frac{\partial \varphi}{\partial t} + H_0\left(t,\, x,\, \frac{\partial \varphi}{\partial x}\right) = 0 \qquad (9.14)$$

heißt dann die zum Variationsproblem (9.5), (9.6) gehörige *Hamilton-Jacobische Differentialgleichung*. Dabei bedeutet $\partial\varphi/\partial x$ den Gradienten von φ bezüglich x, d. h. den Vektor $(\partial\varphi/\partial x_1, \ldots, \partial\varphi/\partial x_n)^\mathsf{T}$.

°**Hilfssatz 9.1.** *Sei $\varphi(t, x)$ eine Funktion der $n + 1$ Veränderlichen t, $x = (x_1, \ldots, x_n)^\mathsf{T}$, die auf einer Umgebung der Menge*

$$\mathcal{M} := \{t, x\colon t_0 \leqq t \leqq t_e,\ x \text{ beliebig}\} \qquad (9.15)$$

stetig partiell nach allen Veränderlichen differenzierbar und auf $\mathcal{M}$ Lösung der partiellen Differentialgleichung (9.14) ist. Ferner sei

$$\varphi(t_e, x) = x^\mathsf{T} R_0 x \qquad (9.16)$$

für alle x.

Behauptung. *Ist $u(\cdot)$ eine beliebige stückweise stetige Steuerfunktion und ist $x(\cdot)$ Lösung von (9.2) auf $[t_0, t_e]$, so gilt*

$$I(u(\cdot), t_0, x_0) \geqq \varphi(t_0, x_0) .$$

Das Gleichheitszeichen steht dann und nur dann, wenn

$$u(t) = u^*(t), \quad \frac{\partial \varphi}{\partial x} (t, x(t)) = - \frac{1}{2} R_2(t)^{-1} B(t)^\top \frac{\partial \varphi}{\partial x} (t, x(t)) \qquad (9.17)$$

für alle t gilt.

Beweis. An jeder Stetigkeitsstelle $t \in (t_0, t_e)$ der Funktion $u(t)$ ist $x(t)$ und damit auch $\varphi(t, x(t))$ stetig differenzierbar. Die Ableitung von $\varphi(t, x(t))$ läßt sich wie folgt umformen und durch H ausdrücken (vgl. (9.11)):

$$\frac{d}{dt} \varphi(t, x(t)) = \frac{\partial \varphi}{\partial t} (t, x(t)) + \frac{\partial \varphi}{\partial x} (t, x(t))^\top \dot{x}(t)$$

$$= \frac{\partial \varphi}{\partial t} (t, x(t)) + \frac{\partial \varphi}{\partial x} (t, x(t))^\top (A(t) x(t) + B(t) u(t))$$

oder

$$\frac{d}{dt} \varphi(t, x(t)) = \frac{\partial \varphi}{\partial t} (t, x(t)) + H \left(t, x(t), u(t), \frac{\partial \varphi}{\partial x} (t, x(t)) \right)$$

$$- x(t)^\top R_1(t) x(t) - u(t)^\top R_2(t) u(t) . \qquad (9.18)$$

Durch Kombination von (9.13) und (9.14) erhält man daraus für jede Stetigkeitsstelle von $u(\cdot)$ die folgende Aussage

$$\frac{d}{dt} \varphi(t, x(t)) \geqq -x(t)^\top R_1(t) x(t) - u(t)^\top R_2(t) u(t) , \qquad (9.19)$$

und Gleichheit gilt hier dann und nur dann, wenn $u(t) = u^*(t, (\partial \varphi / \partial x)(t, x(t))$ ist.

Wir benutzen nun zwei einfache Tatsachen aus der elementaren Integralrechnung, nämlich einmal die Gültigkeit des Hauptsatzes der Integralrechnung auch für stetige und stückweise stetig differenzierbare Integranden und zum anderen die Regel, daß für eine stückweise stetige und nicht-negative skalare Funktion $\psi(t)$ aus

$$\int_{t_0}^{t_e} \psi(t) \, dt = 0$$

das identische Verschwinden von $\psi(\cdot)$ folgt. In dem man (9.19) zwischen den Grenzen t_0, t_e intregiert und die jeweiligen Anfangsbedingungen für φ und für x berücksichtigt (siehe (9.16) und (9.2)), erhält man die Aussage des Hilfssatzes: Es ist

$$x(t_e)^\top R_0 x(t_e) - \varphi(t_0, x_0) \geq - \int_{t_0}^{t_e} [x(t)^\top R_1(t) x(t) + u(t)^\top R_2(t) u(t)] \, dt , \qquad (9.20)$$

wobei das Gleichheitszeichen dann und nur dann steht, wenn für alle $t \in [t_0, t_e]$ die Beziehung (9.17) erfüllt ist.   □

Die Formulierung des Hilfssatzes läßt schon den Zusammenhang zwischen dem Variationsproblem (9.5), (9.6) und den Lösungen der Hamilton-Jacobischen Differentialgleichung (9.14), insbesondere die fundamentale Beziehung (9.10), erkennen. Offen bleibt indes noch die Bestimmung (und auch die Existenz) der optimalen Steuerfunktion. Die Aussage des Hilfssatzes charakterisiert die optimale Steuerungen zunächst nur durch das Bestehen der Relation (9.17) zwischen $u(t)$ und der Lösung $x(t)$ des Anfangswertproblems (9.2). Die Gleichungen (9.2), (9.17) bilden also ein System von zwei Relationen, welches für die Optimalität von $u(\cdot)$ hinreichend und notwendig ist. Es läßt sich dieses System nun formal in sehr naheliegender Weise auflösen: Man bestimmt erst $x(\cdot)$ als Lösung des Anfangswertproblems

$$\dot{x} = A(t)\, x + B(t)\, u^* \left(t, \frac{\partial \varphi}{\partial x}(t, x) \right), \qquad x(t_0) = x_0 \tag{9.21}$$

und benutzt (9.17) dann zur Definition von $u(t)$. Ob dieses Verfahren nicht nur formal funktioniert, hängt davon ab, ob die Lösung von (9.21) über dem Intervall $[t_0, t_e]$ existiert.

Es wird sich jedoch gleich zeigen, daß sich ein φ so finden läßt, daß die rechte Seite der Differentialgleichung (9.21) in x linear wird; damit ist dann die Lösbarkeit von (9.21) für jedes t_0, x_0 und über jedem Intervall $[t_0, t_e]$ gesichert. Als Nebenresultat hat sich übrigens ergeben, daß eine Lösung der Hamilton-Jacobischen Differentialgleichung durch die Anfangsbedingung (9.16) eindeutig festgelegt ist: Ihr Wert an einer Stelle (t_0, x_0) kann nämlich in der Form (9.10) dargestellt werden.

Wir zeigen als Nächstes, wie man durch einen naheliegenden Separationsansatz eine Funktion finden kann, die den Voraussetzungen von Hilfssatz 9.1 genügt. Da die rechte Seite von (9.16) eine quadratische Form in x und da $H_0(t, x, \lambda)$ eine quadratische Form in (x, λ) mit t-abhängigen Koeffizienten ist (siehe (9.11) und (9.12)), wird man versuchen, die partielle Differentialgleichung (9.14) und die Anfangsbedingung (9.16) durch eine quadratische Form in x mit t-abhängigen Koeffizienten zu erfüllen.

Wir machen daher für φ den Ansatz

$$\varphi(t, x) = x^\mathsf{T} Q(t)\, x \tag{9.22}$$

mit einer noch zu bestimmenden symmetrischen t-abhängigen Matrix $Q(\cdot)$. Trägt man obigen Ausdruck für φ in die linke Seite von (9.14) ein, so ergibt sich wegen $u^* \left(t, \frac{\partial \varphi}{\partial x}(t, x) \right) : -R_2(t)^{-1} B(t)^\mathsf{T} Q(t) x$ (vgl. (9.12)) die folgende quadratische Form in x (das Argument t ist in der Koeffizientenmatrix weggelassen)

$$x^\mathsf{T}\{\dot{Q} + R_1 + QBR_2^{-1}B^\mathsf{T}Q + QA + A^\mathsf{T}Q - 2QBR_2^{-1}B^\mathsf{T}Q\}x \,.$$

Um mit dem Ansatz (9.22) die Hamilton-Jacobische Differentialgleichung auf $\mathcal{M}$ zu erfüllen, muß $Q(t)$ also so gewählt werden, daß diese Matrix auf $[t_0, t_e]$ stetig und symmetrisch sowie im offenen Intervall (t_0, t_e) differenzierbar und Lösung der sogenannten Riccatischen Matrix-Differentialgleichung

$$-\dot{Q} = A(t)^\mathsf{T} Q + QA(t) + R_1(t) - QB(t) R_2(t)^{-1} B(t)^\mathsf{T} Q \qquad (9.23)$$

ist.

Mit der Theorie dieser Differentialgleichung werden wir uns im Kap. 10 befassen und dabei u. a. folgendes zeigen: Zu jeder positiv-semidefiniten quadratischen Matrix Q_0 gibt es genau eine auf $(-\infty, t_e]$ stetige und für $t < t_e$ differenzierbare symmetrische Matrix $Q(t)$, die für alle $t < t_e$ der Differentialgleichung (9.23) und der Anfangsbedingung $Q(t_e) = Q_0$ genügt. Unter Vorwegnahme dieses Resultates können wir damit folgendes Resümee ziehen.

Satz 9.1. *Es sei $Q(\cdot)$ die Lösung der Riccatischen Matrix-Differentialgleichung (9.23) mit dem Anfangswert $Q(t_e) = R_0$. Für jedes $t_0 \leq t_e$ und jedes x_0 besteht dann die Beziehung*

$$I(u(\cdot), t_0, x_0) \geq x_0^\mathsf{T} Q(t_0)\, x_0 , \qquad (9.24)$$

und das Gleichheitszeichen steht dann und nur dann, wenn die Relationen

$$u(t) = -R_2(t)^{-1} B(t)^\mathsf{T} Q(t)\, x(t) , \qquad \dot{x}(t) = A(t)\, x(t) + B(t)\, u(t)$$

für alle t gelten.

Späterer Anwendungen halber wollen wir eine spezielle Folgerung aus Satz 9.1 festhalten.

Korollar 9.1. *Es sei $u(\cdot)$ eine beliebige Steuerfunktion und $x(\cdot)$ Lösung der Differentialgleichung $\dot{x} = A(t)\, x + B(t)\, u(t)$. Ferner seien $R_1(t) \geq 0$ und $R_2(t) > 0$ symmetrische Matrizen der Dimension n bzw. m und es sei $Q(\cdot)$ eine Lösung der Riccatischen Matrix-Differentialgleichung (9.23) auf $(-\infty, t_e]$ mit $Q(t_e) \geq 0$. Behauptung: Es gilt für alle $t \leq t_e$*

$$x(t_e)^\mathsf{T} Q(t_e)\, x(t_e) + \int_t^{t_e} x(\tau)^\mathsf{T} R_1(\tau)\, x(\tau)\, d\tau + \int_t^{t_e} u(\tau)^\mathsf{T} R_2(\tau)\, u(\tau)\, d\tau \geq x(t)^\mathsf{T} Q(t)\, x(t) .$$

Beweis. Es handelt sich um nichts anderes als die Ungleichung (9.24) mit t an Stelle von t_0. Man braucht nur in der Definition des Zielfunktionals (9.5) die Matrix $Q(t_e)$ als R_0 zu nehmen (man beachte, daß außer der Ungleichung $R_0 \geq 0$ keine Bedingung an diese Matrix gestellt wurde). $\qquad \square$

Wir wollen zum Schluß die Beziehung (9.25) kurz kommentieren. Sie besagt, daß man die optimale Steuerung mit Hilfe der Lösung des zugehörigen Anfangswertproblemes in der Form

$$u(t) = -F(t)\, x(t)$$

darstellen kann, wobei die Matrix $F(t) := R_2(t)^{-1} B(t)^\mathsf{T} Q(t)$ von den Anfangsdaten t_0, x_0 unabhängig ist. Man erhält daher eine Anweisung zur Steuerung, die von der Zeit und dem momentanen Zustand, nicht aber von der Ausgangsposition abhängt. Die Lösung des deterministischen linearen Reglerproblemes liefert also nicht nur das beste Steuerungsprogramm, sondern gleichzeitig auch die dazu gehörige Regelung, und zwar in Form einer zeitabhängigen linearen Zustandsrückführung.

Beispiel 9.2. Wir setzen die Diskussion des Beispiels 9.1 for und wollen gemäß Satz 9.1 eine lineare Zustandsrückführung

$$u = -F(t)\, x$$

aufstellen, welche das Zielfunktional (9.8) bei gegebenem endlichen Zeitintervall minimiert. F ist eine Matrix vom Typ (1, 2) und läßt sich in der Form

$$F(t) = \frac{1}{\varrho} B^\mathsf{T} Q(t) \tag{9.26}$$

darstellen. Dabei ist B der Spaltenvektor $(0, \varkappa)^\mathsf{T}$ (vgl. (9.7) und

$$Q(t) = \begin{pmatrix} q_{11}(t) & q_{12}(t) \\ q_{12}(t) & q_{22}(t) \end{pmatrix}$$

diejenige zeitabhängige symmetrische Matrix von Typ (2, 2), welche der Riccatischen Matrix-Differentialgleichung

$$\dot{Q} = -\begin{pmatrix} 1 & 0 \\ 0 & 0 \end{pmatrix} + Q \begin{pmatrix} 0 \\ \varkappa \end{pmatrix} \frac{1}{\varrho} (0 \quad \varkappa)\, Q - Q \begin{pmatrix} 0 & 1 \\ 0 & -\alpha \end{pmatrix} - \begin{pmatrix} 0 & 0 \\ 1 & -\alpha \end{pmatrix} Q\,, \tag{9.27}$$

und der Anfangsbedingung

$$Q(t_e) = R_0 \tag{9.28}$$

genügt. Die Matrix-Differentialgleichung ist mit dem nachstehenden System von Differentialgleichungen für die Elemente q_{ij} der Matrix Q gleichwertig

$$\dot{q}_{11} = -1 + \frac{\varkappa^2 q_{12}^2}{\varrho}\,, \qquad \dot{q}_{12} = \frac{\varkappa^2 q_{12} q_{22}}{\varrho} - q_{11} + \alpha q_{12}\,, \qquad \dot{q}_{22} = \frac{\varkappa^2 q_{22}^2}{\varrho} - 2 q_{12} + 2\alpha q_{22}\,. \tag{9.29}$$

Explizite Integration ist nur auf numerischem Wege möglich. Wir teilen hier die Resultate entsprechender Studien mit, die unter Zugrundelegung nachstehender Werte für die Parameter durchgeführt werden:

$$\varrho = 1/40\,000\,, \qquad t_0 = 0\,, \qquad t_e = 0{,}5\,, \qquad \alpha = 2\,, \qquad \varkappa = 1\,.$$

Für die Anfangswert-Matrix R_0 (vgl. (9.28)) wurden der Reihe nach die folgenden Werte eingesetzt:

$$a)\ R_0 = \begin{pmatrix} 0{,}201 & 0{,}01 \\ 0{,}01 & 0{,}000\,904\,98 \end{pmatrix}, \qquad b)\ R_0 = \begin{pmatrix} 0{,}100\,5 & 0{,}005 \\ 0{,}005 & 0{,}000\,452\,49 \end{pmatrix}, \qquad c)\ R_0 = 0\,.$$

Von den zu den entsprechenden Anfangswerten gehörigen Lösungen der Dgln. (9.29) findet man die Komponente q_{11} in der Abb. 9.1 graphisch dargestellt, die Graphen für q_{12}, q_{22} sehen ähnlich aus. In allen Fällen bemerkt man, daß die $q_{ij}(t)$ mit abnehmendem t sich rasch auf asymptotische Werte zu bewegen, und daß diese Werte von der Wahl von R_0 unabhängig sind. Daß dies keine zufällige Erscheinung, sondern eine Folge der Steuerbarkeitseigenschaften des zugrundeliegenden Systems ist, wird sich im nächsten Kapitel herausstellen. Tatsächlich zeigen die numerischen Rechnungen, daß

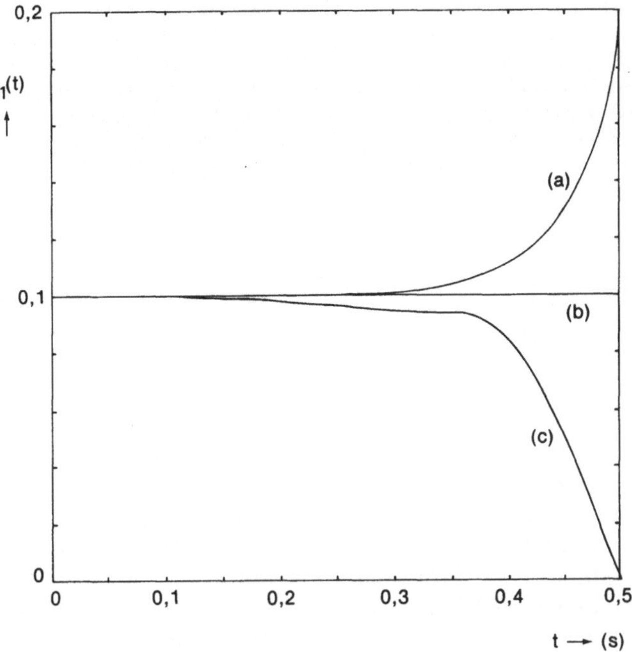

Abb. 9.1   Graph von q_{11} für verschiedene Anfangsbedingungen

für t-Werte, die nur wenige Zehntelsekunden unterhalb von t_e liegen, $Q(t)$ sich von der konstanten Matrix

$$\bar{Q} := \begin{pmatrix} 0,100\,5 & 0,005 \\ 0,005 & 0,000\,452\,49 \end{pmatrix}$$

praktisch nicht mehr unterscheidet. Dieses $\bar{Q}$ ist dann eine stationäre d. h. nicht von t abhängige Lösung der Matrix-Dgl. (9.27). Hätte man als Anfangswert R_0 also $\bar{Q}$ genommen, so würde $Q(t) = \bar{Q}$ für alle $t \leq t_e$ gelten und die Verstärkungsmatrix $F(t)$ wäre die konstante Zeile

$$\bar{F} := \frac{1}{\varrho}\,B\bar{Q}\,.$$

Die optimalen, d. h. das Zielfunktional minimierenden Trajektorien $x(\cdot)$ werden dann Lösungen einer Dgl. $\dot{x} = \bar{A}x$ mit der konstanten Koeffizientenmatrix

$$\bar{A} = A - B\bar{F}\,.$$

Die Eigenwerte von $\bar{A}$ ergeben sich zu $-10{,}050 \pm i\,9{,}9500$ und liegen somit in der linken offenen komplexen Halbebene. Der geschlossene Kreis ist deshalb asymptotisch stabil. Man sieht an diesem Beispiel (eine allgemeine Erklärung werden wir später finden), daß für passende Wahl des Zielfunktionals die Lösung des Optimierungsproblems (9.5) auch das Problem der Stabilisierung durch Zustandsrückführung löst. Die Konstruktion von F über die Riccatische Matrix-Dgl. (9.27) eröffnet die Möglichkeit, statt der Polvorgabe (Abschn. 3.3) andere Eigenschaften des geschlossenen Kreises (wie Einschwingverhalten, Beschränkungen der Eingangsgröße) beim Reglerentwurf zur Geltung zu bringen. Auf diese Weise lassen sich auch oft willkürliche und unmotivierte Entscheidungen vermeiden. Im vorliegenden Beispiel etwa hat man nur die Wahl des Faktors ϱ „frei". Sobald ϱ fixiert ist, kann man genau ein konstantes F finden, derart daß bezüglich eines der Zielfunktionale (9.5) die Anwendung des Steuergesetzes $u = -Fx$ gerade die optimale Strategie darstellt. Legt man also

Wert auf die einfache Form der Zustandsrückführung mit *konstanter* Verstärkungsmatrix F, möchte aber auf „Entscheidungshilfe" im Sinne eines Optimalitätskriteriums nicht verzichten, so wird man R_0 bereits a-priori in Abhängigkeit von ϱ als die stationäre Lösung von (9.27) wählen. Den Parameter ϱ wird man dann eventuell a-posteriori noch variieren, um die Amplituden der Eingangsgröße u zu beeinflussen. Als Faustregel kann hierbei dieses gelten: Um die Amplituden von u zu reduzieren hat man ϱ zu vergrößern. Umgekehrt, wenn u den vorhandenen Spielraum nicht ausschöpft, kann man versuchsweise ϱ verkleinern, um das dynamische Verhalten des Systems zu verbessern.

9.3 Der optimale lineare stochastische Regler

In diesem Abschnitt führen wir die Theorie der optimalen Steuerungen in Richtung auf den Ausgleich kontinuierlich wirkender Störungen weiter. Damit treten wir in eine Diskussion ein, wie wir sie in ähnlicher Form bereits früher geführt hatten, und deren Ausgangspunkt wiederum durch das Diagramm der Abb. 9.2 veranschaulicht wird.

Man hat sich also ein System vorzustellen, dessen Eingang aus zwei unabhängigen Anteilen u, v besteht. Der Anteil u repräsentiert die Steuerung im bisherigen Sinne, eine Größe also, über die man jederzeit nach Belieben verfügen kann. Der Anteil v dagegen ist die Störung, eine Eingangsgröße, die man nicht in der Hand hat und deren Auswirkungen auf das System mit Hilfe der Steuerung beeinflußt werden sollen.

Die Klasse der Eingangsgrößen $v(\cdot)$, die wir jetzt als mögliche Störungen zulassen, wird allerdings von den im Abschn. 7.4 betrachteten Störungen wesentlich verschieden sein. Dort repräsentierte das Symbol v ein Ensemble von Funktionen, die von endlich vielen Parametern abhängen, wie etwa periodische Funktionen fester Periode aber beliebiger Amplitude und Phase. Bei unseren früheren Überlegungen zum Thema Regelung durch Ausgangsrückführung sind wir von der Annahme ausgegangen, daß man in einer konkreten Situation v gleichsetzen kann mit einem bestimmten Repräsentanten dieses Ensembles, dessen Parameter aber nicht bekannt sind. In dem Maße, wie es nun gelingt, diese Parameter zu identifizieren, wird der zeitliche Verlauf der durch v im System verursachten Störung vorhersagbar. Das Grundprinzip der im Abschn. 7.4 beschriebenen Methode zur Störungsbekämpfung läßt sich auf die folgende einfache Formel bringen: Man versucht, durch ständige Beobachtungen die Vorhersagen über die Auswirkungen von v zu verbessern und entsprechende Konsequenzen für die Wahl von u zu ziehen.

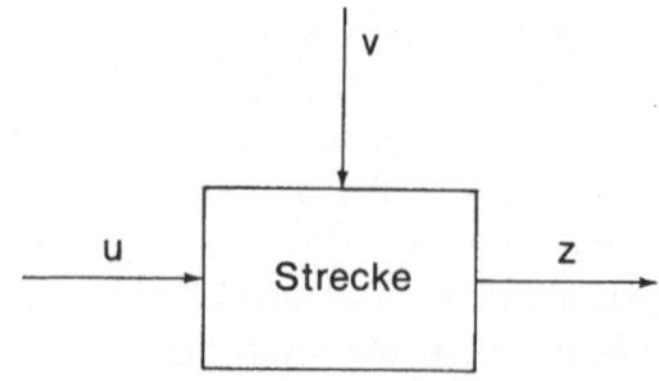

Abb. 9.2   Strecke mit Eingangsgröße u, Störung v und Ausgangsgröße z

In diesem Abschnitt bezeichnet des Symbol v einen stochastischen Prozess, d. h. ein Ensemble von Zeitfunktionen, von dem nur statistische Merkmale, wie wir sie in Kap. 8 besprochen haben, bekannt sind. Wir wissen nun, daß — bei geeigneter Interpretation der dynamischen Gleichung — einer stochastischen Eingangsgröße ein stochastischer Prozess als Zustand des Systems entspricht. Daher liegt es nahe, sich das Auftreten unregelmäßiger Fluktuationen des Systemzustandes mit Hilfe einer Konfiguration, wie sie in der Abb. 9.2 skizziert ist, vorzustellen und v dann als vorgegebenen Zufallsprozess zu interpretieren. Da Vorhersagen über den zeitlichen Verlauf einer Fluktuation, d. h. eine durch eine Realisierung von v hervorgerufene zeitliche Änderung des Systemzustandes, nur im statistischen Sinne möglich sind, ist es von vornherein klar, daß ein „Ausmanövrieren", wie wir es oben im Falle regelmäßiger oszillatorischer Veränderungen des Systemzustandes skizziert haben, jetzt kein brauchbares strategisches Konzept mehr darstellt. Überhaupt wird man die Leistungsfähigkeit einer bestimmten Strategie nicht an ihrem Erfolg gegen eine individuelle Realisierung von v messen; was zählt, ist die Statistik der „Erfolge". Aus allem ergibt sich, daß man das Problem der Ausregelung stochastischer Störungen nicht ohne Heranziehung eines quantitativen Kriteriums formulieren kann, und es liegt nahe, sich hierbei an der Theorie des deterministischen Reglers zu orientieren.

In Analogie zu den Betrachtungen des vorigen Abschnittes wählen wir nun ein Kriterium folgenden Typs als Maß für die Güte einer bestimmten Steuerung $u(\cdot)$:

$$E\left\{x(t_e)^\top R_0 x(t_e) + \int_{t_0}^{t_e} x(t)^\top R_1(t)\, x(t)\, dt + \int_{t_0}^{t_e} u(t)^\top R_2(t)\, u(t)\, dt\right\} \qquad (9.30)$$

E bedeutet wieder den Erwartungswert. Die in $\{\ \}$ stehende Größe wird im allgemeinen eine Zufallsvariable sein, denn $x(\cdot)$ ist Lösung einer stochastischen Differentialgleichung und $u(\cdot)$ wird als eine „Reaktion" auf den Zufallsprozesses v wiederum ein solcher sein. Im übrigen gelten für die Wahl des Zielfunktionals die gleichen Argumente wie im Falle des deterministischen Reglers: Ein quadratisches Kriterium bietet sich bei linearer Systembeschreibung an, die Aufspaltung in drei Anteile entspricht wiederum dem Bestreben, in einem einzigen Kriterium folgende Einzelkriterien zusammenzufassen: Gute Annäherung an die Ruhelage zur Endzeit, gutes Einschwingverhalten, geringe Kosten. Dabei hat man die Möglichkeit, durch Wahl der Bewertungsmatrizen $R_0 \geqq 0$, $R_1(t) \geqq 0$, $R_2(t) > 0$ den Einzelkriterien verschiedene Gewichte zu geben.

Wir werden im folgenden das stochastische Reglerproblem unter folgenden einschränkenden Voraussetzungen behandeln.

(i) Die Steuerung $u(\cdot)$ ist nicht vorgreifend in Bezug auf $v(t)$.

(ii) Das System — unter Einbeziehung der von außen wirkenden Störung — wird durch ein lineares Modell beschrieben. Von der Störung selbst wird angenommen, daß sie sich durch „weißes Rauschen" angemessen approximieren läßt. Wir verweisen hier auf die im Abschn. 8.3 besprochene Verwendung des Formfilters.

(iii) Der Anfangszustand des Systemes ist eine von der Störung unabhängige Zufallsvariable mit Erwartungswert 0 und bekannter Varianzmatrix.

(iv) Der Zustand des Systems kann in jedem Zeitpunkt exakt und vollständig gemessen werden.

In präziser Form besagt dies: Das zu betrachtende System wird durch eine stochastische Differentialgleichung

$$dx(t) = A(t)\, x(t)\, dt + B(t)\, u(t)\, dt + G(t)\, dv(t) \qquad (9.31)$$

beschrieben, wobei $v(t)$ ein vektorieller Wiener-Prozess mit Intensitätsmatrix $V(t)$ ist. Die Steuergröße $u(\cdot)$ ist nicht vorgreifend in Bezug auf $v(t)$ und der Anfangszustand x_0 ist eine von $v(t)$ unabhängige Zufallsvariable. Wir setzen noch

$$\bar{x}_0 := \mathrm{E}x_0, \qquad P_0 := \operatorname{var} x_0 . \qquad (9.32)$$

Die Möglichkeit der exakten Zustandsmessung ist deswegen unter die Voraussetzungen aufgenommen worden, damit Zustandsrückführung als Lösung des Reglerproblems (s. u.) zugelassen werden kann.

Gegeben sei ein stochastischer Prozess $u(\cdot)$ über dem Intervall $[t_0, t_e]$, der in Bezug auf v nicht vorgreifend ist. Wir denken uns $u(t)$ in die rechte Seite von (9.31) eingesetzt und die so entstehende Differentialgleichung mit Anfangswert $x(t_0) = x_0$ integriert. Nehmen wir nun an, daß die Lösung — die wir mit $x(\cdot)$ bezeichnen — über $[t_0, t_e]$ existiert, und daß die Integrale

$$\int_{t_0}^{t_e} x(t)^\top R_1(t)\, x(t)\, dt \quad \text{und} \quad \int_{t_0}^{t_e} u(t)^\top R_2(t)\, u(t)\, dt$$

existieren. Es ist dann der Erwartungswert (9.30) wohldefiniert und durch die Wahl von $u(\cdot)$ eindeutig bestimmt. Wir bezeichnen ihn daher wieder mit $I(u(\cdot))$.

Es soll, bei gegebener Systemgleichung (9.31) und Anfangsdaten $\bar{x}_0$, P, das Zielfunktional $I(u(\cdot))$ durch Wahl von $u(\cdot)$ minimiert werden.

Die vollständige Lösung dieses Problems ist der Inhalt des nachstehenden Satzes 9.2. Die Aussage läßt zweierlei erkennen:

(i) Hinsichtlich des optimalen Steuergesetzes gibt es keinen Unterschied zwischen dem deterministischen und dem stochastischen Reglerproblem.

(ii) Das Minimum des Zielfunktionals unterscheidet sich beim stochastischen Regler von dem entsprechenden Ausdruck für den deterministischen Regler um zwei Zusatzterme, von denen einer mit der Länge des Intervalles $[t_0, t_e]$ unbegrenzt wächst.

Beide Feststellungen sind an und für sich nicht überraschend. Formal unterscheidet sich die stochastische Differentialgleichung (9.31) von der deterministischen Differentialgleichung $\dot{x} = A(t)\, x + B(t)\, u$ um einen additiven Zusatzterm „weißes Rauschen", d. h. um einen total unkorrelierten Zufallsprozess, bei dem sich aus der momentanen Größe der Störung keinerlei Vorhersagen über ihre Größe zu irgendeinem späteren Zeitpunkt machen läßt. Es ist daher plausibel, wenn man bei der Entscheidung für einen bestimmten Wert der Steuerung die Ursache der Störung für irrelevant ansieht und lediglich ihre Auswirkungen, d. h. also die momentane Zustandsabweichung in Betracht zieht. Dann aber ist es naheliegend, die gleiche Zustandsrückführung wie beim deterministischen Regler anzuwenden. Es resultiert aber aus dem gleichen Steuergesetz nicht der gleiche zeitliche Verlauf der Zustandsvariablen und damit auch nicht der gleiche Wert des Zielfunktionals. Denn im Gegensatz zur Situation, auf die sich die Überlegungen in den Abschn. 9.1 und 9.2 gründete, unterliegt das System nicht einer einmaligen, sondern einer zwar fluktuierenden, aber über den gesamten Zeitraum mit gleicher Intensität wirkenden Störung. Es ist plausibel, daß die Unterdrückung dieser Störung Kosten verursacht, die mit der Länge des Zeitintervalls wachsen.

Satz 9.2. *Es ist*

$$I(u(\cdot)) \geq \bar{x}_0^\mathsf{T} Q(t_0)\, \bar{x}_0 \,+\, \mathrm{Sp}(P_0 Q(t_0)) \,+\, \int\limits_{t_0}^{t_e} \mathrm{Sp}[Q(t)\, G(t)\, V(t)\, G(t)^\mathsf{T}]\, dt \,, \quad (9.33)$$

und das Gleichheitszeichen steht, falls

$$u(t) = -R_2(t)^{-1} B^\mathsf{T}(t)\, Q(t)\, x(t) \qquad\qquad (9.34)$$

für alle $t \in [t_0, t_e]$ *gilt.* $Q(t)$ *hat dabei die gleiche Bedeutung wie im Satz 9.1.*

Beweis. Die Grundidee ist die gleiche wie beim Beweis des analogen Satzes für das deterministische Reglerproblem. Nehmen wir zunächst an, wir hätten eine Funktion φ der $n + 1$ Veränderlichen $t, x = (x_1, \dots, x_n)^\mathsf{T}$ gefunden, die auf einer Umgebung der Menge (9.15) zweimal stetig partiell differenzierbar ist und der partiellen Differentialgleichung

$$\frac{\partial \varphi}{\partial t} + H_0\left(t, x, \frac{\partial \varphi}{\partial x}\right) + \frac{1}{2}\, \mathrm{Sp}\left[\frac{\partial^2 \varphi}{\partial x^2}(t, x)\, G(t)\, V(t)\, G(t)^\mathsf{T}\right] = 0 \qquad (9.35)$$

sowie der Anfangsbedingung

$$\varphi(t_e, x) = x^\mathsf{T} R_0 x \qquad \text{für alle } x \qquad\qquad (9.36)$$

genügt. Die skalaren Funktionen $H(t, x, u, \lambda)$ und $H_0(t, x, \lambda)$ haben hierbei die gleiche Bedeutung wie im vorigen Abschnitt (vgl. (9.11), (9.12); $\partial \varphi / \partial x$ ist der Gradient und $\partial^2 \varphi / \partial x^2$ die Hesse-Matrix von φ in Bezug auf x).

Es sei $x(\cdot)$ eine Lösung der stochastischen Differentialgleichung (9.31). Für den durch Einsetzen von $x(t)$ in die skalare Funktion φ gebildeten stochastischen Prozess erhält man dann gemäß der Itôschen Regel (vgl. Abschn. 8.5) das folgende Differential

$$d\varphi(t, x(t)) = \frac{\partial \varphi}{\partial t}(t, x(t))\, dt + \frac{\partial \varphi}{\partial x}(t, x(t))^\mathsf{T} [A(t)\, x(t) + B(t)\, u(t)]\, dt +$$

$$+ \frac{\partial \varphi}{\partial x}(t, x(t))^\mathsf{T} G(t)\, dv(t) + \frac{1}{2}\, \mathrm{Sp}\left(\frac{\partial^2 \varphi}{\partial x^2}(t, x(t))\, G(t)\, V(t)\, G(t)^\mathsf{T}\right) dt \,.$$

Den zweiten Term denken wir uns wieder mit Hilfe der Funktion H umgeschrieben. Dies führt auf die Beziehung

$$d\varphi(t, x(t)) = \left[\frac{\partial \varphi}{\partial t}(t, x(t)) + H(t, x(t), u(t), \frac{\partial \varphi}{\partial x}(t, x(t)))\right] dt$$
$$- \left[x(t)^\top R_1(t) x(t) + u(t)^\top R_2(t) u(t)\right] dt$$
$$+ \frac{\partial \varphi}{\partial x}(t, x(t))^\top G(t) dv(t) + \frac{1}{2} \text{Sp}\left(\frac{\partial^2 \varphi}{\partial x^2}(t, x(t)) G(t) V(t) G(t)^\top\right) dt.$$

Den Ausdruck auf der rechten Seite formen wir nun weiter um, indem wir den ersten und letzten Term gemäß (9.35) durch H_0 ausdrücken:

$$d\varphi(t, x(t)) = \left[H\left(t, x(t), u(t), \frac{\partial \varphi}{\partial x}(t, x(t))\right) - H_0(t, x(t), \frac{\partial \varphi}{\partial x}(t, x(t))\right] dt$$
$$- \left[x(t)^\top R_1(t) x(t) + u(t)^\top R_2(t) u(t)\right] dt + \frac{\partial \varphi}{\partial x}(t, x(t))^\top G(t) dv(t).$$

Diese Beziehung ist — gemäß der Defintion des stochastischen Differentials — gleichbedeutend mit einer Relation zwischen Integralen, die man formal durch Integration nach t auf beiden Seiten erhält. Wir wählen die Grenzen t_0 und t_e und benutzen (9.36). Dies ergibt

$$x(t_e)^\top R_0 x(t_e) - \varphi(t_0, x(t_0)) = I_1 + I_2 + \int_{t_0}^{t_e} \frac{\partial \varphi}{\partial x}(t, x(t))^\top G(t) dv(t) \quad (9.37)$$

mit

$$I_1 := \int_{t_0}^{t_e}\left[H\left(t, x(t), u(t), \frac{\partial \varphi}{\partial x}(t, x(t))\right) - H_0\left(t, x(t), \frac{\partial \varphi}{\partial x}(t, x(t))\right)\right] dt$$

und

$$I_2 := -\int_{t_0}^{t_e}\left[x(t)^\top R_1(t) x(t) + u(t)^\top R_2(t) u(t)\right] dt.$$

Wir bilden schließlich den Erwartungswert auf beiden Seiten von (9.37). Da $x(t)$ nicht vorgreifend in Bezug auf $v(t)$ ist, verschwindet der Erwartungswert des dritten Terms auf der rechten Seite (vgl. (8.37). Die verbleibende Beziehung kann dann im Hinblick auf die Darstellung (9.30) von $I(u(\cdot))$ auch so geschrieben werden:

$$I(u(\cdot)) = \text{E}\{x(t_e)^\top R_0 x(t_e) - I_2\} \quad (9.38)$$

Man schließt nun weiter wie im deterministischen Fall. Die Beziehung (9.13) impliziert — im Hinblick auf obige Darstellung von I_1 — daß $I(u(\cdot)) \geq \text{E}\varphi(t_0, x(t_0))$

ist, und Gleichheit besteht, falls $u(t)$ in Abhängigkeit vom Zustand gemäß der Vorschrift

$$u(t) = -\frac{1}{2} R_2(t)^{-1} B(t)^{\mathsf{T}} \frac{\partial \varphi}{\partial x}(t, x(t)) \qquad (9.39)$$

gewählt wird. Es wird sich anschließend herausstellen, daß diese Beziehung ein in Bezug auf $x(t)$ lineares Steuergesetz darstellt. Daher ergibt sich beim Eintragen von (9.39) in die Gleichung (9.31) eine lineare stochastische Differentialgleichung für $x(t)$, die im Rahmen der in Kap. 8 vorgestellten Theorie behandelt werden kann. Insbesondere ist klar, daß $x(t)$ über $[t_0, t_e]$ existiert und bezüglich des Wiener-Prozesses $v(t)$ nicht vorgreifend ist. Daher ist dann auch $u(t)$ — wie es sein muß — nicht vorgreifend.

Um den Beweis des Satzes zu Ende zu führen, kommt es jetzt nur noch darauf an, das Anfangswertproblem (9.35), (9.36) zu lösen. Wir machen den Ansatz

$$\varphi(t, x) = x^{\mathsf{T}} Q(t) x + \lambda(t) \,,$$

wobei $Q(t)$ eine symmetrische Matrix und $\lambda(t)$ eine skalare Funktion ist. Man sieht dann sofort, daß die Differentialgleichung nur dann erfüllt wird, wenn man $Q(t)$ wieder als Lösung der Riccatischen Differentialgleichung (9.23) wählt. Die Bedingung für $\lambda(t)$ reduziert sich auf die Forderung

$$\dot{\lambda}(t) + \operatorname{Sp}(Q(t)\, G(t)\, V(t)\, G(t)^{\mathsf{T}}) = 0 \,.$$

Der Gradient von φ in Bezug auf x hängt nicht von λ ab, daher ist das Steuergesetz das gleiche wie beim deterministischen Regler. Ebenso ist auch klar, daß der minimale Wert des Zielfunktionals durch $\varphi(t_0, x(t_0))$ gegeben ist, und dieser Wert unterscheidet sich durch den Zusatzterm

$$\lambda(t_0) = \int\limits_{t_0}^{t_e} \operatorname{Sp}(Q(t)\, G(t)\, V(t)\, G(t)^{\mathsf{T}})\, dt$$

von

$$\mathrm{E}\{x(t_0)^{\mathsf{T}}\, Q(t_0)\, x(t_0)\} = \mathrm{E}\{(\bar{x}_0 + x(t_0) - \bar{x}_0)^{\mathsf{T}}\, Q(t_0)\, (\bar{x}_0 + x(t_0) - x_0)\}$$

$$= \bar{x}_0^{\mathsf{T}} Q(t_0)\, \bar{x}_0 + \mathrm{E}\{\operatorname{Sp}((x(t_0) - \bar{x}_0)\, (x(t_0) - \bar{x}_0)^{\mathsf{T}}\, Q(t_0))\}$$

$$= \bar{x}_0^{\mathsf{T}} Q(t_0)\, \bar{x}_0 + \operatorname{Sp}(P Q(t_0)) \,. \qquad \square$$

Wir wollen uns zum Schluß noch mit der Frage befassen, wie sich der minimale Wert des Zielfunktionals $I(u(\cdot))$ verhält, wenn $t_e - t_0$ unbegrenzt wächst. Wir machen zu diesem Zwecke folgende Voraussetzungen, die zum Teil erst durch die Betrachtungen in Kap. 10 motiviert werden.

(i) $t_0 = 0$;

(ii) die Matrizen A, B, G, V, R_i sind zeitinvariant;

(iii) die Matrizen $A, B, M := B R_2^{-1} B^{\mathsf{T}}, R := R_1$ genügen den Bedingungen (10.16), (10.24),

Aus (ii) folgt, daß die Riccatische Matrix-Differentialgleichung (9.23) zeitinvariant wird. Die in Satz 9.1 vorkommende Lösung $Q(t)$ kann daher in der Form $Q_0(t - t_e)$ dargestellt werden, wobei $Q_0(\cdot)$ diejenige Lösung von (9.23) ist, die der Anfangsbedingung $Q_0(0) = R_0$ genügt. Aus der Annahme (iii) folgt nun – wie wir später im Einzelnen begründen werden (vgl. Satz 10.3, 10.5) – daß

$$\lim_{t \to -\infty} Q_0(t) = Q^*$$

existiert, und daß Q^* die eindeutig bestimmte positiv-semidefinite Lösung der sogenannten algebraischen Riccatigleichung

$$0 = A^\mathsf{T} Q + QA + R_1 - QBR_2^{-1}B^\mathsf{T}Q \tag{9.40}$$

ist. Zudem klingt die Differenz $Q^* - Q_0(t)$ für $t \to -\infty$ exponentiell ab. Unter Vorwegnahme dieser Ergebnisse, die im Einzelnen in Kap. 10 bewiesen werden, können wir also das folgende Resultat über das asymptotische Verhalten des Zielfunktionals formulieren.

Satz 9.3. Voraussetzungen: (i) *Alle in der Beschreibung (9.31) und (9.30) von System und Zielfunktional auftretenden Matrizen sind zeitunabhängig.* (ii) *Für jeden Eigenwert α von A bzw. A^T mit* Re $(\alpha) \geqq 0$ *und jeden dazugehörigen Eigenvektor p bzw. q ist*

$$R_1 p \neq 0 \quad \text{bzw.} \quad BR_2^{-1}B^\mathsf{T}q \neq 0 \,.$$

Behauptung. *Es gilt*

$$\lim_{t_e \to \infty} \left\{ \frac{1}{t_e} \operatorname*{Min}_{u(\cdot)} I(u(\cdot)) \right\} = \mathrm{Sp}(Q^* GVG^\mathsf{T}) \,. \tag{9.41}$$

Q^* ist dabei die eindeutig bestimmte positiv-semidefinite Lösung von (9.40).

Wir gehen noch kurz auf die naheliegende Frage ein, ob sich im zeitinvarianten Fall das Steuergesetz

$$u = -R_2^{-1}B^\mathsf{T}Q^* x = -F^* x \tag{9.42}$$

vor anderen Steuergesetzen $u = -Fx$ mit konstantem F auszeichnet. Wir lassen dabei ausschließlich solche F zu, für die $A\text{-}BF$ nur Eigenwerte in der linken Halbebene besitzt (daß dies – unter den Voraussetzungen (i), (ii) des Satzes – für F^* zutrifft, ergibt sich aus Satz 10.4). Es wird dann $x(\cdot)$ Lösung einer zeitinvarianten linearen stochastischen Differentialgleichung und es hat die Koeffizientenmatrix nur Eigenwerte mit negativem Realteil. Daher existieren die Grenzwerte $\lim_{t \to \infty} \mathrm{E}x(t)$ und $\lim_{t \to \infty} \mathrm{E}x(t)\,x(t)^\mathsf{T}$ (vgl. Abschn. 8.5). Der erstere ist 0 und der zweite die Lösung der Lyapunovschen Matrix-Gleichung (8.53), wobei $A - BF$ an Stelle von A zu nehmen ist. Es existieren daher auch die Grenzwerte

$$\lim_{t \to \infty} \mathrm{E}x(t)^\mathsf{T} R_i x(t) \,, \quad i = 0, 1, \quad \lim_{t \to \infty} \mathrm{E}u(t)\, R_2 u(t) \,, \tag{9.43}$$

denn man kann $x(t)^{\mathsf{T}} R x(t)$ bzw. $u(t)^{\mathsf{T}} R u(t)$ ja aus Elementen der Matrix $x(t)\, x(t)^{\mathsf{T}}$ linear kombinieren.

Die Antwort auf die oben gestellte Frage wird dann durch das nachstehende Korollar zum Satz 9.3 gegeben.

Korollar 9.2. *Es seien die Voraussetzungen des Satzes 9.3 erfüllt. Wenn dann die Matrix F so gewählt wird, daß die Eigenwerte von $A - BF$ alle in der linken Halbebene liegen, so gilt für jede Lösung $x(\cdot)$ der stochastischen Differentialgleichung*

$$dx(t) = (A - BF)\, x(t)\, dt + G\, dv(t) \tag{9.44}$$

die folgende asymptotische Beziehung $(u(t) = -Fx(t))$

$$\lim_{t \to \infty} \{ \mathrm{E}x(t)^{\mathsf{T}}\, R_1 x(t) + \mathrm{E}u(t)^{\mathsf{T}}\, R_2 u(t) \} \geq \mathrm{Sp}(Q^* G V G^{\mathsf{T}})\,,$$

wobei das Gleichheitszeichen steht, falls $F = F^*$ ist (vgl. (9.42)).

Beweis. Der erste Teil der Behauptung ergibt sich aus (9.41). Um den restlichen Teil zu beweisen, bemerken wir, daß Q^* eine stationäre positiv-semidefinite Lösung der Riccatischen Differentialgleichung (9.23) ist. Nimmt man also Q^* als Bewertungsmatrix R_0 im Zielfunktional (9.30) so wird $Q(t) = Q^*$ und somit $F(t) = F^*$. Aus Satz 9.2 folgt dann (mit $t_0 = 0$) die Gültigkeit der Beziehung

$$I(u(\cdot)) = \bar{x}_0^{\mathsf{T}} Q^* \bar{x}_0 + \mathrm{Sp}(P_0 Q^*) + t_e \mathrm{Sp}(Q^* G V G^{\mathsf{T}})\,. \tag{9.45}$$

$I(u)$ ist gemäß (9.30) mit einer Lösung $x(t)$ der stochastischen Dgl. (9.44) (für $F = F^*$) und mit $u(t) = -F^* x(t)$ zu bilden. Es ist $\bar{x}_0$ der Erwartungswert von $x(0)$. Indem man die Beziehung (9.45) durch t_e dividiert, zur Grenze $t_e = \infty$ übergeht und beachtet, daß alle Integranden Grenzwerte besitzen (vgl. (9.43), ergibt sich auch der noch ausstehende Teil der Behauptung. $\qquad\square$

Wir wollen die Ergebnisse dieses Abschnittes für eine spezielle Klasse von Systemen noch einmal formulieren. Es wird jetzt angenommen, daß sich (9.31) in der folgenden Weise als ein Paar gekoppelter Differentialgleichungen schreiben läßt:

$$dx_1(t) = A_{11}(t)\, x_1(t)\, dt + A_{12}(t)\, x_2(t)\, dt + B_1(t)\, u(t) + dv_1(t)\,,$$
$$dx_2(t) = \qquad\qquad A_{22}(t)\, x_2(t)\, dt \qquad\qquad + dv_2(t)\,. \tag{9.46}$$

Hier ist $x(t) := (x_1(t), x_2(t))^{\mathsf{T}}$ der Zustandsvektor und $v(t) := (v_1(t), v_2(t))^{\mathsf{T}}$ ein vektorwertiger Wiener-Prozeß mit Intensitätsmatrix $V(t)$. Auf Gleichungen der Form (9.46) (mit $v_1 = 0$) stößt man immer dann, wenn Störprozesse mit Hilfe eines Formfilters modelliert werden und man die Gleichung des Formfilters in die Systembeschreibung einbezieht. Der Zustand des zu steuernden Systems ist dann x_1 und seine zeitliche Änderung unterliegt einem dynamischen Gesetz der Form

$$\dot{x}_1 = A_{11}(t)\, x_1 + B_1(t)\, u + s(t)\,,$$

wobei $s(t)$ ein Störprozeß ist, der als Ausgang eines Formfilters interpretiert wird:

$$dx_2(t) = A_{22}(t)\, x_2(t)\, dt + dv_2(t),\, s(t) = A_{12}(t)\, x_2(t)\,.$$

Wir wollen nun allgemein – d. h. ohne die Annahme, daß $v_1 = 0$ ist und daß das Zielfunktional (9.30) nur von x_1 abhängt – das Steuergesetz

$$u(t) = -F(t)\, x(t) = -F_1(t)\, x_1(t) - F_2(t)\, x_2(t) \tag{9.47}$$

des optimalen stochastischen Reglers für (9.46) unter Zugrundelegung des Zielfunktionals (9.30) diskutieren. Ausgangspunkt ist die Riccati-Gleichung (9.23), wobei die Koeffizienten A, B, R_1 jetzt folgende spezielle Gestalt haben:

$$A = \begin{pmatrix} A_{11} & A_{12} \\ 0 & A_{22} \end{pmatrix}, \qquad B = \begin{pmatrix} B_1 \\ 0 \end{pmatrix}, \qquad R_1 = \begin{pmatrix} R_{11} & R_{12} \\ R_{12}^\mathsf{T} & R_{22} \end{pmatrix}. \tag{9.48}$$

Wir denken uns die Lösungsmatrix Q entsprechend aufgeteilt:

$$Q = \begin{pmatrix} Q_{11} & Q_{12} \\ Q_{12}^\mathsf{T} & Q_{22} \end{pmatrix}.$$

Es wird dann

$$QBR_2^{-1}B^\mathsf{T}Q = \begin{pmatrix} Q_{11}B_1 \\ Q_{12}^\mathsf{T}B_1 \end{pmatrix} R_2^{-1}(B_1^\mathsf{T}Q_{11}, B_1^\mathsf{T}Q_{12})\,.$$

$$\tag{9.49}$$

Die Rückführmatrix F schreibt sich gemäß (9.34) jetzt in der Form

$$F = R_2^{-1}(B_1^\mathsf{T}, 0)\, Q = (R_2^{-1}B_1^\mathsf{T}Q_{11}, R_2^{-1}B_1^\mathsf{T}Q_{12}) =: (F_1, F_2)\,. \tag{9.50}$$

Der Formel (9.49) sieht man nun sofort an, daß die Matrix-Differentialgleichung für Q ersetzt werden kann durch drei gekoppelte Differentialgleichungen für Q_{11}, Q_{12}, Q_{22}:

$$-\dot{Q}_{11} = A_{11}^\mathsf{T}Q_{11} + Q_{11}A_{11} + R_{11} - Q_{11}B_1R_2^{-1}B_1^\mathsf{T}Q_{11}\,,$$

$$-\dot{Q}_{12} = (A_{11} - B_1R_2^{-1}B_1^\mathsf{T}Q_{11})^\mathsf{T}\, Q_{12} + Q_{12}A_{22} + Q_{11}A_{12} + R_{12}\,, \tag{9.51}$$

$$-\dot{Q}_{22} = A_{22}^\mathsf{T}Q_{22} + Q_{22}A_{22} + (A_{12} - B_1R_2^{-1}B_1^\mathsf{T}Q_{12})^\mathsf{T}\, Q_{12} + Q_{12}^\mathsf{T}A_{12} + R_{22}\,.$$

Die erste ist dabei die zum deterministischen Variationsproblem

$$\text{„Minimiere } \int_{t_0}^{t_e} [x_1^\mathsf{T}R_{11}x_1 + u^\mathsf{T}R_2u]\, dt \quad \text{unter der Nebenbedingung}$$

$$\dot{x}_1 = A_{11}(t)\, x_1 + B_1(t)\, u,\, x(t_0) = x_0\,,\text{''} \tag{9.52}$$

gehörige Riccatische Matrix-Differentialgleichung. Die zweite bzw. dritte ist eine lineare Matrix-Differentialgleichung für Q_{12} bzw. Q_{22}, deren Koeffizienten von Q_{11} bzw. Q_{12} abhängen. Aus (9.50) und (9.51) erkennt man schließlich, daß hinsichtlich der Rückführung der Komponente x_1 das optimale Steuergesetz genau so aussieht wie für das einfachere deterministische Variationsproblem (9.52).

Wir wollen zum Schluß noch das stochastische Reglerproblem für den Fall einer zeitinvarianten Differentialgleichung der Form (9.46) betrachten und uns insbesondere überlegen, unter welchen Voraussetzungen die Aussagen des Satzes 9.3 zutreffen. Wir machen folgende Annahmen:

(i) A_{ij}, B_1, V sind konstante Matrizen,

(ii) A_{22} hat nur Eigenwerte mit negativem Realteil.

$$(9.53)$$

Man beachte, daß die zweite Bedingung stets erfüllt ist, wenn es sich bei der zweiten der beiden Differentialgleichungen (9.46) um das mathematische Modell eines Formfilters handelt (vgl. Abschn. 8.3).

Wir wollen nun die Voraussetzung (ii) des Satzes 9.3 nachprüfen und nutzen dabei die spezielle Gestalt der Matrix A und der Matrix

$$M := BR_2^{-1}B^\mathsf{T} = \begin{pmatrix} B_1 R_2^{-1} B_1^\mathsf{T} & 0 \\ 0 & 0 \end{pmatrix}$$

aus (vgl. (9.48)). In Verbindung mit der Voraussetzung (9.53), (ii) ergibt sich dann: Ist $p = (p_1, p_2)^\mathsf{T}$ ein Eigenvektor von A zu einem Eigenwert α mit $\mathrm{Re}\,(\alpha) \geq 0$, so ist $p = (p_1, 0)^\mathsf{T}$ und p_1 ist Eigenvektor der Matrix A_{11} zum Eigenwert α. Ist $p = (p_1, p_2)^\mathsf{T}$ Eigenvektor von A^T zum Eigenwert α mit $\mathrm{Re}(\alpha) \geq 0$, so ist p_1 Eigenvektor von A_{11}^T zum gleichen Eigenwert und es ist $Mp = (B_1 R_2^{-1} B_1^\mathsf{T} p_1, 0)$. Aus allem folgt, daß die Voraussetzungen des Satzes 9.3 bezüglich des Systems (9.46) mit dem Zielfunktional (9.3) stets dann erfüllt sind, wenn sie bezüglich des einfacheren deterministischen Variationsproblemes (9.52) erfüllt sind. $Q(t)$ konvergiert dann für $t \to -\infty$ gegen die eindeutig bestimmte positiv-semidefinite Lösung

$$Q^* = \begin{pmatrix} Q_{11}^* & Q_{12}^* \\ Q_{12}^{*\mathsf{T}} & Q_{22}^* \end{pmatrix}$$

der algebraischen Riccati-Gleichung

$$0 = A^\mathsf{T}Q + QA^\mathsf{T} + R_1 - QBR_2^{-1}B^\mathsf{T}Q \,.$$

Die Bedeutung der einzelnen Terme auf der rechten Seite ergibt sich aus (9.48). Q_{11}^* ist Lösung der zum vereinfachten Problem (9.52) gehörigen algebraischen Riccati-Gleichung

$$0 = A_{11}^\mathsf{T}Q_{11} + Q_{11}A_{11} + R_{11} - Q_{11}B_1 R_2^{-1}B_1^\mathsf{T}Q_{11} \,.$$

Ist Q_{11}^* bekannt, so erhält man Q_{12}^* und Q_{22}^* einfach durch Auflösen derjenigen rekursiven Lyapunovschen Matrix-Gleichungen, die aus dem System (9.51) durch Nullsetzen von $\dot{Q}_{12}$ und $\dot{Q}_{22}$ hervorgehen.

Beispiel 9.3. Wir greifen wieder das Beispiel des Gleichstrom-Motors auf, nehmen nun aber an, daß ein zusätzliches Drehmoment τ auf die Achse wirkt. Die Differentialgleichung (2.13) erhält dann einen inhomogenen Term und lautet jetzt so

$$\dot{\theta} = \omega \,, \qquad J\dot{\omega} = -B\omega + ku + \tau(t) \,.$$

Es soll $\tau(t)$ als eine von außen auf das System wirkende Störung vom Typ des exponentiell korrelierten Rauschens mit Mittelwert 0 aufgefaßt werden. Wir wissen nun bereits von früher (vgl. Beispiel 8.3), daß man dann $\tau(t)$ mit der Lösung der stochastischen Differentialgleichung

$$d\tau(t) = -\frac{1}{a}\,\tau(t)\,dt + dv(t)$$

identifizieren kann. Hierbei ist $v(t)$ ein Wiener-Prozeß mit der Intensität $V = 2\sigma^2/a$. (Zur Bedeutung der Konstanten a und σ vgl. (8.9). Wir denken uns die Gleichungen für Strecke und Formfilter auf die Gestalt (9.46) gebracht:

$$\begin{aligned}
\begin{pmatrix} d\theta(t) \\ d\omega(t) \end{pmatrix} &= \begin{pmatrix} 0 & 1 \\ 0 & -\alpha \end{pmatrix} \begin{pmatrix} \theta(t) \\ \omega(t) \end{pmatrix} dt + \begin{pmatrix} 0 \\ \beta \end{pmatrix} \tau(t)\,dt + \begin{pmatrix} 0 \\ \varkappa \end{pmatrix} u(t)\,dt\,, \\
d\tau(t) &= \qquad\qquad\quad -\gamma\ \ \tau(t)\,dt \qquad\qquad\quad + dv(t)\,,
\end{aligned} \tag{9.54}$$

wobei

$$\alpha := B/J\,, \qquad \varkappa := k/J\,, \qquad \beta := 1/J\,, \qquad \gamma := 1/a \tag{9.55}$$

gesetzt worden ist. Das Zielfunktional wählen wir wie im deterministischen Fall, d. h. wir setzen

$$I(u(\cdot)) := \mathrm{E}\left\{ x(t_e)^\mathsf{T} R_0 x(t_e) + \int_{t_0}^{t_e} [\theta(t)^2 + \varrho u(t)^2]\,dt \right\}\,, \qquad \varrho > 0\,.$$

Es ist dann

$$A_{11} = \begin{pmatrix} 0 & 1 \\ 0 & -\alpha \end{pmatrix}\,, \qquad A_{12} = \begin{pmatrix} 0 \\ \beta \end{pmatrix}\,, \qquad B_1 = \begin{pmatrix} 0 \\ \varkappa \end{pmatrix}\,, \qquad A_{22} = -\gamma\,, \qquad R_{11} = \begin{pmatrix} 1 & 0 \\ 0 & 0 \end{pmatrix}\,, \qquad R_{12} = \begin{pmatrix} 0 \\ 0 \end{pmatrix}\,,$$

$$R_{22} = 0\,, \qquad R_2 = \varrho\,.$$

Da für das vereinfachte deterministische Modell die Voraussetzungen von Satz 9.3 bereits früher nachgeprüft worden sind, ist nach dem vorhin Gesagten klar, daß die Lösung $Q(t)$ der zugehörigen Riccatischen Matrix-Differentialgleichung für $t_e \to -\infty$ gegen eine symmetrische Matrix

$$Q^* = \begin{pmatrix} Q_{11}^* & Q_{12}^* \\ Q_{12}^{*\mathsf{T}} & Q_{22}^* \end{pmatrix}$$

konvergiert. Den Wert von Q_{11}^* kann man einfach vom deterministischen Beispiel her übernehmen, die Werte von Q_{12}^* und Q_{22}^* ergeben sich durch Auflösen der folgenden rekursiv definierten linearen Matrizen-Gleichungen

$$\begin{aligned}
0 &= (A_{11} - B_1 R_2^{-1} B_1^\mathsf{T} Q_{11}^*)^\mathsf{T} Q_{12}^* + Q_{12}^* A_{22} + Q_{11}^* A_{12} + R_{12}\,, \\
0 &= A_{22}^\mathsf{T} Q_{22}^* + Q_{22}^* A_{22} + (A_{12} - B_1 R_2^{-1} B_1^\mathsf{T} Q_{12}^*)^\mathsf{T} Q_{12}^* + Q_{12}^{*\mathsf{T}} A_{12} + R_{22}\,.
\end{aligned} \tag{9.56}$$

Wir benutzen für die in der Gleichung der Strecke vorkommenden Konstanten die gleichen numerischen Werte wie in Beispiel 9.2. Für den Parameter γ des Formfilters (vgl. (9.54). (9.55)) wählen wir den Wert 10. Als Resultat der Auflösung von (9.56) auf numerischem Wege ergibt sich dann

$$Q_{12}^* = (1,1976 \times 10^{-4},\ 1,9012 \times 10^{-5})^\mathsf{T}\,, \qquad Q_{22}^* = 1,1783 \times 10^{-6}\,.$$

Der stationäre Wert der zweiten Komponente der Verstärkungsmatrix F^* (vgl. 9.50)) bestimmt sich schließlich zu $F_2^* = 0,76048$.

Kennt man die Matrix Q^*, so kann man gemäß Korollar 9.2 auch die Größe

$$\lim_{t \to \infty} (\mathrm{E}\theta(t)^2 + \varrho\,\mathrm{E}u(t)^2) \tag{9.57}$$

ausrechnen. Man muß sich zu diesem Zwecke das System (9.54) auf die Form (9.31) gebracht denken. Im vorliegenden Beispiel wird V skalar und gleich $2\sigma^2/a$,

$$G = \begin{pmatrix} 0 \\ 0 \\ 1 \end{pmatrix}, \qquad GVG^\mathsf{T} = \begin{pmatrix} 0 & 0 & 0 \\ 0 & 0 & 0 \\ 0 & 0 & 2\sigma^2/a \end{pmatrix}.$$

Somit berechnet sich der Grenzwert (9.57) zu

$$\mathrm{Sp}\left(Q^* \begin{pmatrix} 0 & 0 & 0 \\ 0 & 0 & 0 \\ 0 & 0 & 2\sigma^2/a \end{pmatrix} \right) = Q_{22}^* 2\sigma^2/a = 2{,}3566 \times 10^{-5}.$$

Dieser Grenzwert ist eine obere Schranke sowohl für $\lim_{t\to\infty} \mathrm{E}\theta(t)^2$ – das ist die mittlere quadratische Auslenkung der Motor-Achse, also die Größe, die man kontrollieren möchte – wie auch für $\lim_{t\to\infty} \varrho\mathrm{E}(t)^2$. Aus dem letzten folgt, daß $2{,}3566 \times 10^{-5}/\varrho = 0{,}9426$ eine obere Schranke ist für die mittlere quadratische Abweichung der Steuerung von Null, d. h. also ein Maß für den zur Kontrolle des Servo-Motors benötigten momentanen Aufwand.

Man könnte die Überlegung noch etwas weiter treiben und die Größe $\lim_{t\to\infty} \mathrm{E}\theta(t)^2$ – und damit auch $\lim_{t\to\infty} \mathrm{E}u(t)^2$ exakt berechnen. $\mathrm{E}\theta(t)^2$ ist ja das Element in der linken oberen Ecke der Matrix

$$S(t) = \mathrm{E}\,\hat{x}(t)\,\hat{x}(t)^\mathsf{T}, \qquad \hat{x}(t) = (\theta(t), \omega(t\text{-}, \tau(t)).$$

Kennt man nun $F^* = R_2^{-1}B^\mathsf{T}Q^*$, so läuft die Bestimmung von

$$S^* := \lim_{t\to\infty} \mathrm{E}\,\hat{x}(t)\,\hat{x}(t)^\mathsf{T}$$

einfach auf das Auflösen einer Lyapunovschen Matrix-Gleichung hinaus.

10 Die Riccatische Matrix-Differentialgleichung

10.1 Definition und grundlegende Eigenschaften

Wie wir im Kap. 9 gesehen haben, führt die Konstruktion des optimalen linearen Reglers auf das Problem der Integration eines Systems von $n(n + 1)/2$ gewöhnlichen Differentialgleichungen, das sich auch in Form einer einzigen Matrix-Differentialgleichung so schreiben läßt

$$\dot{Q} = QM(t)\,Q - R(t) - QA(t) - A(t)^\mathsf{T}\,Q \,. \tag{10.1}$$

Hierbei sind $M(t)$, $R(t)$, $A(t)$ n-dimensionale quadratische Matrizen, deren Elemente man sich als überall definierte und stetige Funktionen der Zeit vorzustellen hat. $M(t)$, $R(t)$ sollen symmetrisch sein. Beim Reglerproblem wird überdies vorausgesetzt, daß M und R positiv semidefinit sind und die erste dieser beiden Matrizen in spezieller Weise faktorisiert werden kann; dies wird aber hier zunächst nicht angenommen.

In diesem Kapitel soll die Theorie der Matrix-Differentialgleichungen vom ·Typ (10.1) in dem Umfange entwickelt werden, wie sie für die mathematische Behandlung des Reglerproblemes (und auch des dazu dualen Beobachterproblems, vgl. Kap. 11) benötigt wird. Dazu gehören die grundlegenden Fragen nach der Existenz von Lösungen auf vorgegebenen t-Intervallen, Vergleichsaussagen zwischen Lösungen zu verschiedenen Anfangswerten und vor allem die Untersuchung des asymptotischen Lösungsverhaltens im Falle einer zeitunabhängigen Gleichung, wenn also M, R, A konstante Matrizen sind. Mit der letzten Frage werden wir uns im Abschn. 10.2 befassen; sie ist für die Anwendungen deswegen wichtig, weil ihre Beantwortung als Grundlage für die Wahl einer Zustandsrückführung $u = -Fx$ in konkreten Situationen dient. Aus praktischen Erwägungen möchte man einem konstanten F gegenüber einem zeitabhängigen – wie es die Theorie der Hamilton-Jacobischen Differentialgleichung ja eigentlich verlangt – den Vorzug geben, d. h. also nur mit stationären Lösungen der Riccatischen Matrix-Differentialgleichung arbeiten. Alles, was an gesicherter mathematischer Erkenntnis zur Rechtfertigung solcher Entscheidungen herangezogen werden kann, findet man im Abschn. 10.2 zusammengestellt. Der Abschn. 10.3 enthält einige Hinweise zur numerischen Berechnung der stationären Lösungen der zeitinvarianten Riccati-Gleichung.

In diesem Abschnitt befassen wir uns mit dem Anfangswertproblem für die Differentialgleichung (10.1). Wir denken uns also eine Anfangszeit t_0 sowie eine symmetrische Matrix Q_0 vorgegeben und verlangen neben dem Bestehen der Differentialgleichung (10.1) noch die Erfüllung der Anfangsbedingung

$$Q(t_0) = Q_0 \,. \tag{10.2}$$

Schreibt man die Gleichung elementweise auf, so erhält man ein System von $n(n + 1)/2$ gewöhnlichen Differentialgleichungen 1. Ordnung für die Elemente q_{ij} der Matrix Q. Die rechte Seite dieses Differentialgleichungssystems kann als Polynom Grades in den q_{ij} mit stetigen t-abhängigen Koeffizienten geschrieben werden. Für die Lösungen dieses Differentialgleichungssystems gilt daher der übliche Existenz- und Eindeutigkeitssatz. Das bedeutet: Gibt man sich in t_0 und eine symmetrische Matrix Q_0 vor, so gibt es genau eine stetig differenzierbare Matrixfunktion $Q(\cdot)$, welche die Differentialgleichung (10.1) und der Anfangsbedingung (10.2) genügt. Durch diese beiden Forderungen ist zugleich das maximale Existenzintervall (t^-, t^+) von $Q(\cdot)$ festgelegt (vgl. etwa [KK], Kap. III. Abschn. 2). Da es sich bei der elementweise geschriebenen Differentialgleichung (10.1) aber nicht mehr um eine lineare Differentialgleichung handelt, ist die Größe des maximalen Existenzintervalles zunächst unbekannt; sie kann mit t_0, Q_0 variieren. Aus diesem Grunde enthielt das im Abschn. 9.2 beschriebene Verfahren zur Lösung der Hamilton-Jacobischen Differentialgleichung noch eine Lücke, die wir jetzt schließen wollen. Es wird sich zeigen (vgl. Korollar 10.1), daß für Differentialgleichungen des Typs (10.1) und für Anfangswerte $Q_0 \geqq 0$ stets $t^- = -\infty$ gilt. Der Beweis wird indirekt geführt, indem wir für die linke Hälfte $(t^-, t_0]$ des – zunächst nicht bekannten – maximalen Existenzintervalles eine a-priori-Abschätzung für $\|Q(t)\|$ erbringen. Dies kann aber nur möglich sein wenn $t^- = -\infty$ ist, andernfalls müßte nämlich $\lim_{t \to t^- + 0} \|Q(t)\| = + \infty$ sein (vgl.

[KK], Kap. III, Korollar 2 zu Satz 2.2). Die Abschätzung für $Q(t)$ wird nun wiederum aus einer Reihe von Vergleichsaussagen folgen, die den wesentlichen Inhalt dieses Abschnittes darstellen.

Bei diesen Aussagen geht man von Ungleichungen zwischen den Koeffizienten M, R oder den Anfangswerten Q_0 aus und schließt auf entsprechende Ungleichungen für die Lösungen. Im skalaren Fall (d. h. für $n = 1$) lassen sich diese Schlüsse alle in elementarer Weise führen (man mache sich z. B. die Aussagen der Sätze 10.1, 10.2 am Verlauf der Lösungskurven in der (t, Q)-Ebene klar!). Es ist eine Besonderheit der Matrix-Differentialgleichungen vom Typ (10.1) (und der Grund dafür, daß man der Matrixschreibweise gegenüber der Darstellung als System von $n(n + 1)/2$ Differentialgleichungen den Vorzug gibt und von einer *Riccatischen Matrix-Differentialgleichung* spricht), daß man die Theorie für beliebiges n weitgehend parallel zum Falle $n = 1$ entwickeln kann, so daß wir es hier mit einem fast vollständigen Analogon zur elementaren Theorie der klassischen Riccatischen Differentialgleichung zu tun haben (vgl. [KK], Kap. I, Abschn. 4).

Dieses Thema beschäftigt uns als Erstes. Zuvor werden wir Ungleichungen zwischen Matrizen erklären und einige einfache Relationen für Lösungen linearer Matrix-Differentialgleichungen herleiten. P, Q bedeuten stets symmetrische Matrizen gleicher Dimension. Es besagt dann

$$P < Q \quad \text{bzw.} \quad P \leqq Q \, , \tag{10.3}$$

daß $Q - P$ positiv-definit bzw. positiv-semidefinit ist. Mit $||P||$ bezeichnen wir ferner die natürliche Norm von P, d. h. die Zahl Max $|\lambda_j|$, wobei λ_j die Eigenwerte von P durchläuft.

Hilfssatz 10.1. *Aus $0 \leq P \leq Q$ folgt die Abschätzung $|p_{ij}| \leq ||Q||$ für jedes Element p_{ij} von P.*

Beweis. Es ist stets $Q \leq ||Q|| \, I$ (I = Einheitsmatrix), daher genügt es, den Hilfssatz für den Fall $Q = \lambda I$ (= Vielfaches der Einheitsmatrix) zu beweisen. Wir können ferner ohne Einschränkung voraussetzen, daß P, Q nicht skalar sind; es genügt dann (Zeilen- und Spaltenvertauschung!), die Ungleichung

$$|p_{ij}| \leq \lambda \quad \text{für} \quad i, j = 1, 2$$

zu zeigen. Aus $0 \leq P \leq \lambda I$ folgt nun, im Hinblick auf die Bedeutung der Relationen (10.3), daß die Ungleichungen

$$0 \leq p_{11}\xi^2 + 2p_{12}\xi\eta + p_{22}\eta^2 \leq \lambda(\xi^2 + \eta^2)$$

für alle (ξ, η) gelten. Es ist daher notwendig $0 \leq p_{ii} \leq \lambda$ für $i = 1, 2$ und somit

$$2p_{12}\xi\eta \leq \lambda(\xi^2 + \eta^2)$$

für alle ξ, η. Wählt man $\xi = p_{12}, \eta = |p_{12}|$ so ergibt sich schließlich auch $|p_{12}| \leq \lambda$. $\qquad\square$

Hilfssatz 10.2. *Wenn die Elemente der Matrix $Q(t)$ differenzierbare Funktionen von t sind und wenn $\dot{Q}(t) \leq 0$ auf $[t_0, t_1]$ gilt, so ist $Q(t_1) \leq Q(t_0)$.*

Beweis. Q haben n Zeilen und Spalten. Sei a ein beliebiger n-dimensionaler Vektor und $\pi(t) := a^T Q(t) a$. Es ist $\pi(t)$ differenzierbar und $\dot{\pi}(t) \leq 0$ gemäß Voraussetzung. Also ist $\pi(t_1) - \pi(t_0) = a^T (Q(t_1) - Q(t_0))\, a \leq 0$. Da a ein beliebiger Vektor ist gilt also $Q(t_1) - Q(t_0) \leq 0$. $\qquad\square$

Alle im folgenden auftretenden Matrizen sind quadratisch und von der festen Dimension n. Wir wenden nun den Hilfssatz auf Lösungen linearer Matrix-Differentialgleichungen

$$\dot{Q} = A(t)\, Q + Q A(t)^T \tag{10.4}$$

bzw. linearer Matrix-Differentialungleichungen

$$\dot{Q} \leq A(t)\, Q + Q A(t)^T \tag{10.5}$$

an.

Hilfssatz 10.3. *Es seien $A(\cdot)$ eine auf einem offenen Intervall $\mathscr{I}$ stetige und $Q(\cdot)$ eine symmetrische differenzierbare Matrix. Ferner sei $\tilde{t} \in \mathscr{I}$.*
Behauptung. (i) *Wenn Q auf $\mathscr{I}$ Lösung der Differentialgleichung (10.4) ist und wenn $Q(\tilde{t}) > 0$ ist, so gilt $Q(t) > 0$ für alle $t \in \mathscr{I}$.* (ii) *Wenn Q auf $\mathscr{I}$ der*

*Differentialgleichung (10.5) und der Bedingung $Q(\tilde{t}) \geqq 0$ genügt, so ist $Q(t) \geqq 0$
für alle $t \in \mathscr{I}$ mit $t \leqq \tilde{t}$.*

Beweis. Es sei $\Phi(t, \tau)$ Fundamentalmatrix der linearen Differentialgleichung
$\dot{x} = -A(t)^{\mathsf{T}} x$ (zur Definition der Fundamentalmatrix vgl. Abschn. 2.4), und

$$P(t, \tau) := \Phi(t, \tau)^{\mathsf{T}} Q(t) \, \Phi(t, \tau) \, . \tag{10.6}$$

Für festes τ ist P auf $\mathscr{I}$ nach t differenzierbar und es ist

$$\dot{P}(t, \tau) = \Phi(t, \tau)^{\mathsf{T}} \{-A(t) \, Q(t) + \dot{Q}(t) - Q(t) \, A(t)^{\mathsf{T}}\} \, \Phi(t, \tau) \, .$$

Falls Q Lösung von (10.4) bzw. (10.5) ist, so besteht daher auf $\mathscr{I}$ die Beziehung $\dot{P} = 0$ bzw. $\dot{P} \leqq 0$. Somit gilt

$$P(t, \tau) = P(\tilde{t}, \tau) \quad \text{für alle} \quad t \in \mathscr{I} \tag{10.7}$$

bzw.

$$P(t, \tau) \geqq P(\tilde{t}, \tau) \quad \text{für alle } t \in \mathscr{I} \, , \quad t \leqq \tilde{t} \, . \tag{10.8}$$

Die zweite Aussage ergibt sich aus dem Hilfssatz 10.2. Indem man nun in (10.7) bzw. (10.8) $\tau = t$ setzt und die Tatsache benutzt, daß mit Q auch jede Matrix der Form SQS^{T} positiv-semidefinit ist, ergibt sich die Behauptung aus (10.6) und der Identität $\Phi(t, t) = I$. $\square$

Wir wenden uns nun der Untersuchung der Lösungen der Riccatischen Matrix-Differentialgleichung zu. Q, Q_1 und Q_2 sind im folgenden Lösungen von Gleichungen der Form (10.1) (nicht notwendig immer derselben), und zwar auf dem gleichen offenen Intervall $\mathscr{I}$. Es ist $\tilde{t}$ eine Stelle aus $\mathscr{I}$.

Satz 10.1. *Wenn Q_1 und Q_2 Lösungen von (10.1) sind mit der Eigenschaft $Q_1(\tilde{t}) \leqq Q_2(\tilde{t})$, so gilt $Q_1(t) \leqq Q_2(t)$ für alle $t \in \mathscr{I}$.*

Mit anderen Worten: Eine Ungleichung zwischen den Anfangswerten zweier Lösungen pflanzt sich sowohl in positiver wie auch in negativer t-Richtung fort.

Beweis. Wir setzen $Q(t) := Q_2(t) - Q_1(t)$. Nach Voraussetzung gilt $Q(\tilde{t}) \geqq 0$; zu zeigen ist, daß dann $Q(t) \geqq 0$ für alle t gilt. Wir schreiben zunächst die Eigenschaft der Q_i, Lösungen zu sein, in der folgenden Form auf (unter Weglassen des Arguments t):

$$\dot{Q}_1 = Q_1 M Q_1 - R - Q_1 A - A^{\mathsf{T}} Q_1 \, ,$$

$$\dot{Q}_1 + \dot{Q} = (Q_1 + Q) \, M (Q_1 + Q) - R - (Q_1 + Q) \, A - A^{\mathsf{T}} (Q_1 + Q) \, .$$

Subtrahiert man die erste Gleichung von der zweiten, so ergibt sich

$$\dot{Q} = QMQ + QMQ_1 + Q_1 MQ - QA - A^{\mathsf{T}} Q$$

$$= Q\left(\frac{1}{2} MQ + MQ_1 - A\right) + \left(\frac{1}{2} QM + Q_1 M - A^{\mathsf{T}}\right) Q \, .$$

Der Beweis läßt sich nun leicht mit einer Schlußweise, die sich in diesem und dem nächsten Abschnitt mit gewissen Varianten immer wiederholen wird, zu Ende führen: Die letzte Beziehung bedeutet, daß Q sich als Lösung einer linearen Matrix-Differentialgleichung, nämlich

$$\dot{Q} = Q\tilde{A}^\mathsf{T} + \tilde{A}Q\,, \qquad \tilde{A} := \frac{1}{2}QM + Q_1 M - A^\mathsf{T}\,, \tag{10.9}$$

interpretieren läßt. Die Aussage des Satzes folgt daher aus der ersten Hälfte von Hilfssatz 10.3 (angewendet auf (10.9)). $\qquad\square$

Satz 10.2. *Es sei $Q_i(\cdot)$ Lösung der Riccatischen Matrix-Differentialgleichung*

$$\dot{Q} = QM_i(t)\,Q - R_i(t) - QA(t) - A(t)^\mathsf{T}Q\,, \tag{10.10}$$

$i = 1, 2$, und es mögen die Relationen

$$M_1(t) \geqq M_2(t)\,, \qquad R_1(t) \leqq R_2(t)\,, \qquad t \in \mathscr{I}\,, \tag{10.11}$$

gelten.
Behauptung. *Aus $Q_1(\tilde{t}) \leqq Q_2(\tilde{t})$ folgt $Q_1(t) \leqq Q_2(t)$ falls $t \in \mathscr{I}$ und $t \leqq \tilde{t}$.*

Bemerkung. Die Voraussetzung (10.11) kann auch so formuliert werden: Aus $Q_1 = Q_2$ folgt $\dot{Q}_1 \geqq \dot{Q}_2$. Im skalaren Fall bedeutet dies, daß von den beiden Kurven $t \to Q_i(t)$, $i = 1, 2$, die zweite von der ersten mit wachsendem t nur von unten nach oben durchsetzt werden kann.

Beweis. Sei wieder $Q := Q_2 - Q_1$. Wir denken uns in (10.10) Q durch Q_i ersetzt und die beiden entstehenden Relationen voneinander subtrahiert. Das Resultat läßt sich dann (unter Weglassen des Argumentes t) zunächst so schreiben

$$\dot{Q} = (Q_1 + Q)\,M_2(Q_1 + Q) - Q_1 M_1 Q_1 - (R_2 - R_1) - QA - A^\mathsf{T}Q\,,$$

und dann mit Hilfe von (10.11) weiter umformen:

$$\dot{Q} \leqq (Q_1 + Q)\,M_1(Q_1 + Q) - Q_1 M_1 Q_1 - QA - A^\mathsf{T}Q\,.$$

Die rechte Seite dieser Ungleichung läßt sich nun aber wieder in der Form

$$Q\tilde{A}^\mathsf{T} + \tilde{A}Q \quad \text{mit} \quad \tilde{A} := \frac{1}{2}QM_1 + Q_1 M_1 - A^\mathsf{T}$$

darstellen. Die Aussage des Satzes ergibt sich nun genau mit der gleichen Begründung wie früher; man muß hier nur die zweite Hälfte von Hilfssatz 10.3 heranziehen. $\qquad\square$

Korollar 10.1. *Wenn $Q_0 \geqq 0$ und $M(t) \geqq 0$, $R(t) \geqq 0$ für alle t ist, so existiert die Lösung $Q(\cdot)$ des Anfangswertproblems (10.1), (10.2) auf $(-\infty, t_0]$ und es besteht dort die Abschätzung*

$$0 \leqq Q(t) \leqq \tilde{Q}(t)\,, \tag{10.12}$$

wobei $\tilde{Q}(\cdot)$ Lösung des linearen Anfangswertproblems

$$\dot{Q} = -R(t) - QA(t) - A(t)^{\mathsf{T}}Q\,, \qquad Q(t_0) = Q_0 \tag{10.13}$$

ist.

Beweis. Als Lösung einer linearen Differentialgleichung existiert $\tilde{Q}(\cdot)$ auf $(-\infty, t_0]$, während von $Q(\cdot)$ zunächst nur die Existenz auf einem gewissen, explizit nicht bekannten Intervall $(t^-, t_0]$ gesichert ist.

Wir brauchen nun aber nur die Abschätzung (10.12) auf diesem Intervall zu erbringen; wegen Hilfssatz 10.1 hat man damit eine a-priori-Abschätzung für die Elemente der Matrix $Q(t)$ durch $\|\tilde{Q}(t)\|$ auf $(t^-, t_0]$. Dies impliziert, wie wir eingangs festgestellt haben, daß $t^- = -\infty$ ist. Die Ungleichung $Q(t) \leqq \tilde{Q}(t)$ ergibt sich nun sofort durch Anwendung von Satz 10.2 auf die Differentialgleichungen (10.1), (10.13) (man setze $M_1 = M$, $M_2 = 0$, $R_1 = R_2 = R$). Die erste Hälfte der Ungleichung (10.12) beweisen wir zunächst für den Fall, daß $R(t) = 0$ für alle t ist. $Q(\cdot)$ ist dann Lösung der Matrix-Differentialgleichung

$$\dot{Q} = QM(t)Q - QA(t) - A(t)^{\mathsf{T}}Q\,. \tag{10.14}$$

Diese Differentialgleichung besitzt aber die triviale Lösung ($Q \equiv 0$). Wegen $Q(t_0) \geqq 0$ folgt daher aus Satz 10.1, daß $Q(t) \geqq 0$ auf $(t^-, t_0]$ gilt. Zusammen mit der Ungleichung $Q(t) \leqq \tilde{Q}(t)$, die wir schon erbracht haben, ist damit — unter der Voraussetzung $R \equiv 0$ — die Aussage (10.12) und somit auch $t^- = -\infty$ gezeigt.

Was schließlich den allgemeinen Fall ($R(t) \geqq 0$) betrifft, so vergleichen wir jetzt das zu untersuchende $Q(\cdot)$ – die Lösung von (10.1) – mit derjenigen Lösung $\hat{Q}(\cdot)$ von (10.14), die für $t = t_0$ den gleichen Anfangswert $Q_0 \geqq 0$ wie Q hat. Von $\hat{Q}(\cdot)$ wissen wir nach obigem bereits, daß diese Lösung auf $(-\infty, t_0]$ existiert und der Bedingung $\hat{Q}(t) \geqq 0$ genügt. Aus dem Satz 10.2 — jetzt angewendet auf (10.1), (10.14), d. h. mit $M_1 = M_2 = M$, $R_1 = 0$, $R_2 = R$ — folgt nun aber $\hat{Q}(t) \leqq Q(t)$ für alle $t \in (t^-, t_0]$ und somit auch $0 \leqq Q(t)$ für diese t. $\square$

10.2 Die autonome Riccatische Matrix-Differentialgleichung. Die algebraische Riccatigleichung

Wir betrachten von nun an den Fall einer Riccatischen Matrix-Differentialgleichung mit konstanten Matrizen als Koeffizienten:

$$\dot{Q} = QMQ - R - QA - A^{\mathsf{T}}Q\,. \tag{10.15}$$

M, R, A sind konstante Matrizen, M und R sind symmetrisch. Zusätzlich werden wir von nun an voraussetzen, daß die folgende Bedingung erfüllt ist:

(i) $M \geqq 0\,, \qquad R \geqq 0\,.$

(ii) Ist α ein Eigenwert von A mit $\mathrm{Re}(\alpha) \geqq 0$ und p ein zugehöriger $\tag{10.16}$
   Eigenvektor, so ist $Rp \neq 0$.

Da (10.15) nicht explizit von der Zeit abhängt, ist mit $Q(t)$ stets auch $Q(t - c)$ Lösung; aus diesem Grund werden wir als Anfangszeitpunkt in diesem Abschnitt immer $t_0 = 0$ wählen. Das maximale Existenzintervall einer Lösung ist daher immer ein offenes, 0 enthaltendes Intervall und wird im folgenden mit $\mathscr{I}$ bezeichnet.

Eine weitere Besonderheit der Lösungen einer autonomen Riccatischen Matrix-Differentialgleichung, die wir bei späterer Gelegenheit ausnutzen werden, halten wir im nachstehenden Hilfssatz fest.

Hilfssatz 10.4. *Ist $Q(\cdot)$ eine Lösung der zeitunabhängigen Riccatischen Differentialgleichung (10.15) und gilt $\dot{Q}(0) \geq 0$ ($\dot{Q}(0) \leq 0$), so ist $\dot{Q}(t) \geq 0$ ($\dot{Q}(t) \leq 0$) für alle $t \in \mathscr{I}$.*

Beweis. Differenziert man (10.15) nach t, so ergibt sich

$$\ddot{Q} = \dot{Q}MQ + QM\dot{Q} - \dot{Q}A - A^{\mathsf{T}}\dot{Q} = \dot{Q}(MQ - A) + (QM - A^{\mathsf{T}})\,\dot{Q},$$

d. h. $\dot{Q}$ läßt sich interpretieren als Lösung einer linearen Matrix-Differentialgleichung der Form (10.4) (mit $Q(t)\, M - A^{\mathsf{T}}$ an Stelle von $A(t)$). Die Behauptung ergibt sich daher unmittelbar aus Hilfssatz 10.3.   □

Was wir über die Lösungen der zeitabhängigen Riccatigleichung im vorigen Abschnitt festgestellt haben gilt natürlich auch für die Lösungen von (10.15). Insbesondere existiert jede Lösung $Q(\cdot)$, die der Anfangsbedingung $Q(0) \geq 0$ genügt, für alle $t \leq 0$ und bleibt dort positiv-semidefinit. In diesem Abschnitt geht es vor allem um das Verhalten von $Q(t)$ für $t \to -\infty$. Wenn $Q(\cdot)$ einen Grenzwert Q^* hat, so ist Q^* wieder positiv-semidefinit und eine konstante (stationäre) Lösung von (10.15), d. h. also eine Lösung der sogenannten *algebraischen Riccatigleichung*:

$$0 = QMQ - R - QA - A^{\mathsf{T}}Q. \tag{10.17}$$

Dies folgt aus einem allgemeinen Satz über das Grenzverhalten der Lösungen von autonomen Differentialgleichungen (siehe [KK], Kap. III, Korollar zu Satz 5.1).

Ziel der Überlegungen dieses Abschnittes ist der Beweis des folgenden grundlegenden Satzes.

Satz 10.3. *Unter den Voraussetzungen (10.16) besteht folgende Alternative. Entweder besitzt die algebraische Riccatigleichung (10.17) keine Lösung im Bereich der positiv-semidefiniten Matrizen. Dann gilt $\lim\limits_{t \to -\infty} \|Q(t)\| = \infty$ für jede Lösung von (10.15), die der Anfangsbedingung $Q(0) \geq 0$ genügt. Oder aber (10.17) besitzt genau eine positiv-semidefinite Lösung Q^*, und für jede Lösung von (10.15) gilt: Aus $Q(0) \geq 0$ folgt $\lim\limits_{t \to -\infty} Q(t) = Q^*$.*

Der Beweis wird in zwei Schritten erfolgen und einige einfache Tatsachen über Folgen symmetrischer Matrizen benutzen, die wir in Form eines Hilfssatzes zusammenstellen. Es handelt sich um Verallgemeinerungen elementarer Konvergenzkriterien für Zahlenfolgen.

Hilfssatz 10.5. *P_v, P'_v, Q_v, $v = 1, 2, \ldots$, seien symmetrische Matrizen gleicher Dimension.*

Behauptung. (i) *Wenn die Folge P_v monoton wachsend und nach oben beschränkt ist, d. h. wenn $P_{v+1} \geqq P_v$ und $P_v \leqq \bar{P}$ für alle v und eine geeignete symmetrische Matrix $\bar{P}$ gilt, so existiert $\lim\limits_{v \to \infty} P_v$. (ii) Aus $\lim\limits_{v \to \infty} P_v = \lim\limits_{v \to \infty} P'_v = P^*$*

und $P_v \leqq Q_v \leqq P'_v$ für alle v folgt $\lim\limits_{v \to \infty} Q_v = P^*$.

Beweis. Zu (i). Sei $P_v = (p_{ij}^{(v)})$. Aus der Voraussetzung folgt dann zunächst, daß für jedes i die Folge der Diagonalelemente $p_{ii}^{(v)}$ monoton wachsend und beschränkt und somit konvergent ist. Um nun etwa die Konvergenz der Folge $p_{12}^{(v)}$ zu zeigen, betrachte man die Zahlenfolge $a^\mathsf{T} P_v a$, wobei a^T der Vektor $(1, 1, 0, \ldots , 0)$ ist. Diese Folge ist dann ebenfalls monoton wachsend und nach oben durch $a^\mathsf{T} \bar{P} a$ beschränkt, mithin konvergent. Es ist aber $a^\mathsf{T} P_v a = p_{11}^{(v)} + 2 p_{12}^{(v)} + p_{22}^{(v)}$. Da wir bereits wissen, daß die Folgen der Diagonalelemente $p_{ii}^{(v)}$ konvergieren, ist klar, daß auch $\lim\limits_{v \to \infty} p_{12}^{(v)}$ existiert.

Zu (ii). Nach den Rechenregeln für Ungleichungen zwischen symmetrischen Matrizen gilt

$$0 \leqq Q_v - P_v \leqq P'_v - P_v \,.$$

Gemäß Hilfssatz 10.1 haben wir dann eine elementweise Abschätzung des Betrages von $Q_v - P_v$ durch $\|P'_v - P_v\|$. Da $\lim\limits_{v \to \infty} \|P'_v - P_v\| = 0$ ist, gilt also auch $\lim\limits_{v \to \infty} Q_v = \lim\limits_{v \to \infty} P_v$. $\qquad\square$

Auch die folgende Aussage wird als Hilfsmittel beim Beweis von Satz 10.3 verwendet werden. Da sie aber auch in einem anderen Zusammenhang von Bedeutung ist (wie sich im nächsten Abschnitt zeigen wird) formulieren wir sie als Satz.

Satz 10.4. *Unter der Voraussetzung (10.16) trifft die nachstehende Aussage über die algebraische Riccati-Gleichung zu: Wenn Q eine positiv-semidefinite Lösung von (10.17) ist, so besitzt jede Matrix der Form*

$$A - \frac{1}{2} \varrho M Q \,, \qquad \varrho > 1 \,, \tag{10.18}$$

nur Eigenwerte mit negativem Realteil.

Beweis. Aus (10.17) folgt die nachstehende Matrizenrelation

$$Q \left(A - \frac{1}{2} \varrho M Q \right) + \left(A - \frac{1}{2} \varrho M Q \right)^\mathsf{T} Q = Q A + A^\mathsf{T} Q - \varrho Q M Q$$

$$= -R + (1 - \varrho) Q M Q \,.$$

Wir betrachten einen Eigenwert α der Matrix $A - \dfrac{1}{2}\,\varrho MQ$ und wählen uns dazu einen Eigenvektor $p \neq 0$. Indem man die obige Relation von links mit $\bar{p}^{\mathsf{T}}$ und von rechts mit p multipliziert, erhält man die folgende Beziehung zwischen p und α:

$$2\,\mathrm{Re}\,(\alpha)\,\bar{p}^{\mathsf{T}}Qp = \bar{p}^{\mathsf{T}}[-R + (1 - \varrho)\,QMQ]\,p$$

oder

$$2\,\mathrm{Re}\,(\alpha)\,\big\|\sqrt{Q}p\big\|^2 = -\big\|\sqrt{R}p\big\|^2 - (\varrho - 1)\big\|\sqrt{M}p\big\|^2 .$$

Nehmen wir nun an, es wäre — im Widerspruch zur Behauptung des Satzes — $\mathrm{Re}\,(\alpha) \geq 0$. Aus der zuletzt hingeschriebenen Beziehung ergibt sich dann

$$\sqrt{R}p = 0 \quad \text{und} \quad \sqrt{M}Qp = 0 \quad (\text{wegen } \varrho > 1).$$

Also gilt auch $Rp = 0$ und $Ap = \left(A - \dfrac{1}{2}\,\varrho MQ\right)p + \dfrac{1}{2}\,\varrho\,\sqrt{M}\,(\sqrt{M}Qp) = \alpha p.$

Es ist α daher ein Eigenwert von A mit $\mathrm{Re}\,(\alpha) \geq 0$ und es gibt einen dazu gehörigen Eigenvektor mit $Rp = 0$. Dies widerspricht aber der zweiten Voraussetzung (10.16). Daher ist die Annahme $\mathrm{Re}\,(\alpha) \geq 0$ falsch und die Aussage des Satzes bewiesen. $\qquad\square$

Wir kommen nun zum eigentlichen Beweis von Satz 10.3. Mit $Q_-(t)$ wollen wir die Lösung der Differentialgleichung (10.15) mit dem Anfangswert $Q(0) = 0$ bezeichnen. Es ist $\dot{Q}_-(0) = -R \leq 0$. Aus dem Hilfssatz 10.4 folgt daher sofort, daß $\dot{Q}_-(t) \leq 0$ für alle t gilt. Wir können also zunächst dies festhalten: $Q_-(t)$ existiert für alle $t \leq 0$, ist positiv-semidefinit und monoton fallend. Für das Verhalten von $Q_-(t)$ für $t \to -\infty$ gibt es demnach zwei Möglichkeiten:

a) $\displaystyle\lim_{t \to -\infty} \|Q_-(t)\| = \infty,$

b) $\displaystyle\lim_{t \to -\infty} Q_-(t) = Q^*$ existiert; Q^* ist eine positiv-semidefinite Lösung von (10.17).

Wenn nämlich a) nicht gilt, so existiert $q_0 = \displaystyle\lim_{t \to -\infty}\inf \|Q_-(t)\|$; wegen der Monotonie von $Q_-(t)$ folgt dann $Q_-(t) \leq q_0 I$ für alle $t \leq 0$. Daher existiert der $\displaystyle\lim_{t \to -\infty} Q_-(t)$, gemäß Hilfssatz 10.5. Es ist klar, daß dieser Grenzwert positiv-semidefinit ist; außerdem stellt er eine Lösung der algebraischen Riccati-Gleichung dar, wie wir früher festgestellt haben. Auf der anderen Seite impliziert Satz 10.1, daß die Beziehung

$$Q(t) \geq Q_-(t) \tag{10.19}$$

für alle $t \leq 0$ gilt, sofern $Q(0) \geq 0 = Q_-(0)$ ist. Insbesondere gilt obige Ungleichung für alle stationären positiv-semidefiniten Lösungen, d. h. für alle positiv-semidefiniten Lösungen der algebraischen Riccati-Gleichung.

Zusammenfassend haben wir damit folgendes vorläufige Resultat: Wenn $\displaystyle\lim_{t \to -\infty} \|Q_-(t)\| = \infty$ ist, so besitzt die algebraische Riccati-Gleichung (10.17) keine positiv-semidefinite Lösung und es gilt $\lim\limits_{t \to -\infty} \|Q(t)\| = \infty$ für jede Lösung von (10.15), die der Bedingung $Q(0) \geqq 0$ genügt. Wenn $\lim\limits_{t \to -\infty} \|Q_-(t)\| < \infty$ ist, so existiert $\lim\limits_{t \to -\infty} Q_-(t) = Q^*$ und ist die kleinste positiv-semidefinite Lösung der algebraischen Riccati-Gleichung. Daß $Q^* \leqq Q$ für jede mögliche Lösung von (10.17) gilt, ergibt sich aus (10.19), wenn man an Stelle von $Q(t)$ die konstante Matrix Q nimmt und dann $t \to -\infty$ gehen läßt.

Um den Beweis von Satz 10.3 zu vollenden, muß noch nachgewiesen werden, daß außer Q^* keine weitere positiv-semidefinite Lösung der algebraischen Riccatigleichung existiert. Ferner, daß $\lim\limits_{t \to -\infty} Q(t) = Q^*$ gilt für jede Lösung von (10.15), deren Anfangswert positiv-semidefinit ist.

Sei Q' eine von Q^* verschiedene Lösung von (10.17). Wir wissen bereits, daß $Q' \geqq Q^*$ ist, also läßt sich Q' in der Form $Q' = Q^* + \hat{Q}$ mit einer positiv-semidefiniten Matrix $\hat{Q}$ schreiben. Benutzt man nun die Annahme, daß Q' und Q^* beide Lösungen von (10.17) sind, so erhält man die nachstehenden Beziehungen

$$0 = (Q^* + \hat{Q})\, M(Q^* + \hat{Q}) - R - (Q^* + \hat{Q})\, A - A^{\mathsf{T}}(Q^* + \hat{Q})$$
$$= Q^* M \hat{Q} + \hat{Q} M Q^* + \hat{Q} M \hat{Q} - \hat{Q} A - A^{\mathsf{T}} \hat{Q}$$

oder

$$\hat{Q}(A - MQ^*) + (A - MQ^*)^{\mathsf{T}}\, \hat{Q} = \hat{Q} M \hat{Q} \geqq 0 \,.$$

— $\hat{Q}$ läßt sich also auffassen als Lösung einer Lyapunovschen Matrix-Gleichung der Form

$$Q\tilde{A} + \tilde{A}^{\mathsf{T}}Q = P \,, \qquad\qquad (10.20)$$

wobei $P \leqq 0$ ist und die Matrix $\tilde{A} := A - MQ^*$ nur Eigenwerte in der linken Halbebene besitzt (Satz 10.4 mit $\varrho = 2$). Unter diesen Voraussetzungen impliziert (10.20) aber, daß $\hat{Q} \leqq 0$ ist (vgl. Anhang). Da wir andererseits aber bereits von der Ungleichung $\hat{Q} \geqq 0$ ausgehen konnten, ist die zu beweisende Aussage $\hat{Q} = 0$ nun klar.

Wir kommen nun zum letzten Punkt des Beweises. Es werde vorausgesetzt, daß (10.17) im Bereich der positiv-semidefiniten Matrizen lösbar ist und es sei Q^* wie bisher die eindeutige Lösung. Wir betrachten eine beliebige Lösung $Q(\cdot)$ der Riccatischen Differentialgleichung (10.15), die der Anfangsbedingung $Q(0) \geqq 0$ genügt und wollen zeigen, daß dann $\lim\limits_{t \to -\infty} Q(t) = Q^*$ ist. Dabei werden

wir eine Erkenntnis vorwegnehmen, die sich aus dem nachfolgenden Satz 10.5 ergibt und die besagt, daß unter den Voraussetzungen (10.16) die Lösbarkeit der Gleichung (10.17) nur von den Matrizen A, M, nicht aber von R abhängt. Die Annahme, daß (10.17) für das gegebene R lösbar ist, bedeutet daher, daß auch für jedes andere $R_1 \geqq 0$, welches der Voraussetzung (10.16) (mit R_1 statt R) genügt, eine eindeutige positiv-semidefinite Lösung Q_1^* der algebraischen Riccati-Gleichung

$$0 = QMQ - R_1 - QA - A^{\mathsf{T}}Q \qquad\qquad (10.21)$$

existiert. Wir wählen nun R_1 so, daß

$$R_1 > 0 , \qquad R_1 \geqq R \tag{10.22}$$

gilt. Es ist dann $Q_1^* > 0$ ($Q_1^* x = 0$ impliziert nämlich $x^{\mathsf T} R_1 x = 0$, man multipliziere (10.21) von links mit $x^{\mathsf T}$ und von rechts mit x!). Mit Hilfe von Q_1^* läßt sich der Beweis nun folgendermaßen zu Ende führen. Es gibt eine reelle Zahl $\lambda > 1$, derart daß $Q(0) \leqq \lambda Q_1^*$ gilt. Wir betrachten die Lösung $\tilde Q(\cdot)$ von (10.15) mit dem Anfangswert $\tilde Q(0) = \lambda Q_1^*$. Aus dem ersten Vergleichssatz (Satz 10.1) ergibt sich dann, daß die Ungleichung $Q(t) \leqq \tilde Q(t)$ für alle $t \leqq 0$ besteht. Wir behaupten nun, daß $\tilde Q(\cdot)$ monoton wachsend ist. Gemäß Hilfssatz 10.4 ergibt sich dies aus der Beziehung $\dot{\tilde Q}(0) \geqq 0$, die sich wie folgt bestätigen läßt (mach beachte, daß Q_1^* Lösung von (10.21), daß $\lambda > 1$ und daher wegen (10.22) auch $\lambda R_1 \geqq R$ ist):

$$
\begin{aligned}
\dot{\tilde Q}(0) &= \lambda^2 Q_1^* M Q_1^* - R - \lambda (Q_1^* A + A^{\mathsf T} Q_1^*) \\
&= (\lambda^2 - \lambda)\, Q_1^* M Q_1^* + \lambda R_1 - R + \lambda \{ Q_1^* M Q_1^* - R_1 - Q_1^* A - A^{\mathsf T} Q_1^* \} \\
&= (\lambda^2 - \lambda)\, Q_1^* M Q_1^* + \lambda R_1 - R \geqq 0 .
\end{aligned}
$$

Andererseits ist $\tilde Q(t) \geqq 0$ für alle $t < 0$, also existiert $\lim\limits_{t \to -\infty} \tilde Q(t)$ gemäß Hilfssatz 10.5, Teil (i). Da der Grenzwert von $\tilde Q(t)$ aber eine positiv-semidefinite Lösung der algebraischen Riccatigleichung (10.17) ist, gilt notwendig

$$\lim_{t \to -\infty} \tilde Q(t) = Q^* = \lim_{t \to -\infty} Q_-(t).$$ Aus der Einschließung

$$Q_-(t) \leqq Q(t) \leqq \tilde Q(t)$$

folgt die zu beweisende Aussage $\lim\limits_{t \to -\infty} Q(t) = Q^*$ nun sofort mit Hilfe des zweiten Teils von Hilfssatz 10.5. $\qquad\square$

Bemerkung. Die Aussage, die im Satz 10.3 über die Lösung Q^* der algebraischen Riccati-Gleichung enthalten ist, läßt sich auch so wiedergeben: Q^* ist im Sinne abnehmender t eine asymptotisch stabile Ruhelage der Riccatischen Matrix-Differentialgleichung; der Einzugsbereich von Q^* enthält alle positivsemidefiniten Matrizen (zu den Begriffen „asymptotisch stabil" vgl. Abschn. 2.5, zum Begriff „Einzugsbereich" vgl. [KK], Kap. III, Definition 7.2). Daß Q^* eine für $t \to -\infty$ stabile Lösung der Riccatischen Differentialgleichung ist, sieht man am einfachsten mit Hilfe eines einfachen Kriteriums („Stabilität in erster Näherung", vgl. [KK], Kap. III, Abschn. 9): Linearisiert man die Differentialgleichung (10.15) um die Gleichgewichtslage Q^* herum (d. h. ersetzt man Q durch $Q^* + Q$, entwickelt die rechte Seite nach Potenzen von Q und vernachläßigt alle Terme höherer als erster Ordnung), so erhält man die lineare Matrix-Differentialgleichung

$$\dot Q = Q^* M Q + Q M Q^* - Q A - A^{\mathsf T} Q$$

oder

$$\dot Q = -Q(A - M Q^*) - (A^{\mathsf T} - Q^* M)\, Q . \tag{10.23}$$

Da die Matrix $A - MQ^*$ gemäß Satz 10.4 nur Eigenwerte mit negativem Realteil hat, strebt jede Lösung von (10.23) für $t \to -\infty$ gegen 0. Das ergibt sich einfach aus dem von früher her bekannten Zusammenhang zwischen den Lösungen der Matrix-Differentialgleichung (10.23) und der Vektor-Differentialgleichung $\dot{x} = -(A - MQ^*)\,x$ (vgl. (8.49)).

Das asymptotische Verhalten (für $t \to -\infty$) der Lösungen der Riccatischen Matrix-Differentialgleichung (10.15) ist vollständig bekannt, sobald man entscheiden kann, ob die algebraische Riccatigleichung (10.17) eine positiv-semidefinite Lösung besitzt: Dies ist die Quintessenz von Satz 10.3. Wir wollen diese Aussage nun noch durch ein Kriterium ergänzen, mit dessen Hilfe man an den Koeffizienten der algebraischen Riccatigleichung erkennen kann, ob positiv-semidefinite Lösungen existieren oder nicht.

Satz 10.5. *Unter der Voraussetzung (10.16) besitzt die algebraische Riccatigleichung (10.17) dann und nur dann eine positiv-semidefinite Lösung, wenn folgende Aussage richtig ist:*

Ist α Eigenwert von A^T mit $\mathrm{Re}\,(\alpha) \geqq 0$ und p ein dazugehöriger Eigenvektor, so ist $Mp \neq 0$.   (10.24)

Beweis. Die Aussage (10.24) ist sicher eine notwendige Bedingung für die Lösbarkeit von (10.17). Das ergibt sich sofort aus Satz 10.4 und der Tatsache, daß jeder Eigenwert α von A^T, zu dem es einen Eigenvektor p mit $Mp = 0$ gibt,

auch Eigenwert der Matrix $\left(A - \dfrac{\varrho}{2}\,MQ\right)^\mathsf{T}$ ist.

Nehmen wir nun umgekehrt an, daß die Koeffizienten A, M, R der algebraischen Riccatigleichung den Bedingungen (10.16), (10.24) genügen. Aus den folgenden Überlegungen wird sich dann ergeben, daß die Lösung $Q_-(t)$ (Anfangswert $Q_-(0) = 0$!) für $t \to -\infty$ beschränkt ist. Daher gilt dann die zweite der im Satz 10.3 genannten Alternativen und unsere Behauptung ist bewiesen.

Wir bemerken zunächst, daß man in der Formulierung des Kriteriums (10.24) die Matrix M durch $\sqrt{M}$ ersetzen kann. In dieser Form bedeutet die Forderung (10.24) aber nun gerade, daß das System

$$\dot{x} = Ax + Bu \qquad \text{mit} \quad B = \sqrt{M} \tag{10.25}$$

stabilisierbar ist, d. h. es läßt sich eine Matrix F so finden, daß alle Eigenwerte der Matrix $A - BF$ negativen Realteil besitzen (vgl. Satz 3.7). Wir betrachten nun dasjenige Variationsproblem der Form (9.5), (9.6), bei dem die Nebenbedingung durch die Systemgleichung (10.25) und das Zielfunktional durch

$$I(u(\cdot)) = \int\limits_0^{t_e} (x^\mathsf{T} R x + \|u\|^2)\, dt$$

gegeben ist. Man bestätigt sofort, daß die zu diesem Problem gehörige und gemäß (9.23) zu bildende Riccatische Matrix-Differentialgleichung gerade mit (10.15) übereinstimmt.

Wir bezeichnen zur Abkürzung mit $\Phi(t)$ die Matrix-Exponentialfunktion $\exp((A - BF)\,t)$. Das Funktionenpaar

$$x(t) = \Phi(t)\,x_0\,, \qquad u(t) = -Fx(t) = -F\Phi(t)\,x_0$$

stellt dann eine Lösung der Systemgleichung (10.25) mit dem Anfangswert $x(0) = x_0$ dar. Gemäß Korollar 9.1 besteht daher für alle t_e mit $0 \leqq t_e$ die nachstehende Ungleichung

$$x_0^\top Q(0)\,x_0 \leq x_0^\top \left\{ \Phi(t_e)^\top\, Q(t_e)\, \Phi(t_e) + \int\limits_0^{t_e} (\Phi(t)^\top [R + F^\top F]\, \Phi(t))\, dt \right\} x_0\,,$$

und zwar für jede Lösung von (10.15), die der Bedingung $Q(t_e) \geqq 0$ genügt. Da unter dieser Voraussetzung die Ungleichung dann auch für jeden Vektor x_0 richtig ist, gilt also

$$Q(0) \leq \Phi(t_e)^\top\, Q(t_e)\, \Phi(t_e) + \int\limits_0^{t_e} \Phi(t)^\top [R + F^\top F]\, \Phi(t)\, dt\,.$$

Insbesondere wird für $Q(t) = Q_-(t - t_e)$

$$Q_-(-t_e) \leq \int\limits_0^{t_e} \Phi(t)^\top [R + F^\top F]\, \Phi(t)\, dt\,, \qquad t_e \geq 0\,.$$

Da nach Konstruktion die Eigenwerte von $A - BF$ alle negativen Realteil besitzen, läßt sich $\|\Phi(t)\|$ auf $[0, \infty)$ in der Form $\gamma e^{-\beta t}$ nach oben abschätzen. Dies bedeutet aber, daß das Integral auf der rechten Seite unabhängig von t_e beschränkt ist. Also ist auch $Q_-(t)$ auf $(-\infty, 0]$ beschränkt. $\qquad\square$

Zum Schluß wollen wir noch kurz andeuten, wie sich die Lösungen der algebraischen Riccatigleichung mit einem Variationsproblem in Verbindung bringen lassen. Dabei werden sich auch systemtheoretische Interpretationen der Lösbarkeitsbedingungen (10.16), (10.24) ergeben.

Wir betrachten die folgende Variationsaufgabe: Minimiere

$$x(t_e)^\top\, R_0 x(t_e) + \int\limits_0^{t_e} (y^\top R_1 y + u^\top R_2 u)\, dt$$

unter den Nebenbedingungen $x(0) = x_0$ und

$$\dot{x} = Ax + Bu\,, \qquad y = Cx\,. \tag{10.26}$$

Von beiden Matrizen R_i, $i = 1, 2$, setzen wir jetzt voraus, daß sie positiv-definit sind.

Die Aufgabenstellung unterscheidet sich formal von der des Abschn. 10.1 dadurch, daß wir zusätzlich zur Systemgleichung noch einen Ausgang fixiert haben, und daß im Zielfunktional nur das Einschwingverhalten des Ausganges bewertet wird. Tatsächlich kann das Zielfunktional aber natürlich in der Form

$$x(t_e)^\top\, R_0 x(t_e) + \int\limits_0^{t_e} (x^\top C^\top R_1 C x + u^\top R_2 u)\, dt$$

umgeschrieben werden, und damit ist man wieder bei der früheren Aufgabenstellung (mit dem Unterschied, daß an Stelle der Bewertungsmatrix R_1 nun $C^{\mathsf{T}}R_1 C$ tritt). Die zu dem Variationsproblem gehörige Riccatische Matrix-Differentialgleichung hat dann die Form

$$\dot{Q} = -C^{\mathsf{T}}R_1 C + QBR_2^{-1}B^{\mathsf{T}}Q - QA - A^{\mathsf{T}}Q \,. \tag{10.27}$$

Wenn wir die Resultate dieses Abschnittes anwenden wollen, haben wir daher R mit $C^{\mathsf{T}}R_1 C$ und M mit $BR_2^{-1}B^{\mathsf{T}}$ zu identifizieren. Da R_1 und R_2 beide definite Matrizen sind, bedeuten die Voraussetzungen (10.16), (10.24), daß man folgende Bedingungen an A, B, C zu stellen hat:

Für jeden Eigenwert α von A bzw. A^{T} mit Re $(\alpha) \geqq 0$ und jeden dazugehörigen Eigenvektor p bzw. q gilt $Cp \neq 0$ bzw. $B^{\mathsf{T}}q \neq 0$. $\qquad$ (10.28)

Diese beiden Forderungen lassen sich nun offenbar auf die kurze Formel bringen: Das System (10.26) ist stabilisierbar und entdeckbar (vgl. Satz 3.7 und Satz 4.2).

Unter dieser Voraussetzung ergibt sich nun aus Satz 10.3, daß die algebraische Riccatigleichung

$$0 = -C^{\mathsf{T}}R_1 C + QBR_2^{-1}B^{\mathsf{T}}Q - QA - A^{\mathsf{T}}Q \tag{10.29}$$

genau eine positiv-semidefinite Lösung Q^* besitzt, und daß jede positiv-semidefinite Lösung von (10.27) für $t \to -\infty$ gegen Q^* strebt. Aus dieser Feststellung lassen sich leicht Rückschlüsse auf das Verhalten der Lösung der obigen Variationsaufgabe bezüglich des Grenzüberganges $t_e \to +\infty$ ziehen. Da die Riccatische Gleichung (10.27) zeitinvariant ist, läßt sich nämlich die gemäß Abschn. 9.1, 9.2 in die Darstellung des Zielfunktionals und des Steuergesetzes eingehende Matrix in der Form $Q(t - t_e)$ schreiben, wobei $Q(\cdot)$ die Lösung von (10.27) mit dem Anfangswert $Q(0) = R_0$ ist. Für $t_e \to \infty$ strebt diese Matrix aber – gleichmäßig für alle t aus einem kompakten Intervall – gegen Q^* und der minimale Wert des Zielfunktionals gegen $x_0^{\mathsf{T}}Q^* x_0$. Man kann diese Aussage noch abrunden, indem man von vornherein für das System (10.26) ein Variationsproblem über dem unendlichen Zeitintervall $[0, \infty)$ betrachtet. Das Zielfunktional wird dann durch das uneigentliche Integral

$$\int_0^\infty (y^{\mathsf{T}}R_1 y + u^{\mathsf{T}}R_2 u)\, dt$$

gegeben (eine Bewertung des Endzustandes ist jetzt nicht sinnvoll). Wir formulieren das Analogon zum Satz 9.1 als abschließendes Resultat; der Beweis läßt sich leicht aus den Überlegungen dieses Abschnittes zusammenstellen und bleibt dem Leser überlassen.

Satz 10.6. *Gegeben seien ein lineares System der Form (10.26), welches stabilisierbar und entdeckbar ist, sowie zwei positiv-definite Matrizen R_1, R_2 geeigneter Dimension. Dann gilt:* (i) *Die algebraische Riccati-Gleichung (10.29) besitzt genau eine positiv-semidefinite Lösung Q^*.* (ii) *Die Zustandsrückführung*

$$u = -R_2^{-1}B^{\mathsf{T}}Q^* x \tag{10.30}$$

stabilisiert das System. (iii) *Sind* $u(\cdot)$ *eine auf* $[0,\infty)$ *stückweise stetige Eingangsfunktion,* $x_0 = x(t_0)$ *der Anfangswert des Zustandes und* $y(\cdot)$ *der zugehörige Ausgang, so besteht die Ungleichung*

$$x_0^\top Q^* x_0 \leq \int_0^\infty \left[y(t)^\top R_1 y(t) + u(t)^\top R_2 u(t) \right] dt .$$

Gleichheit tritt dann und nur dann ein, wenn das Steuergesetz (10.30) für jedes $t \geq 0$ *in Kraft ist.*

10.3 Die Lösung der algebraischen Riccatigleichung: Weitere Resultate. Numerische Berechnung

Wir betrachten in diesem Abschnitt noch einmal die algebraische Riccatigleichung (10.17) und setzen generell voraus, daß die Bedingungen (10.16) und (10.24) erfüllt sind. Wie wir uns im vorigen Abschnitt klargemacht haben, existiert dann eine eindeutige positiv-semidefinite Lösung Q^*, und es besitzt die Matrix

$$A^* := A - MQ^* \tag{10.31}$$

nur Eigenwerte mit negativem Realteil (Satz 10.4). Wir wollen in diesem Abschnitt einige zusätzliche Informationen über Q^*, A^* zusammenstellen, die für die Berechnung in konkreten Situationen nützlich sind.

Ausgangspunkt ist die folgende Matrizenrelation, in der alle auftretenden Matrizen vom Typ $(2n, 2n)$ sind, und die mit der algebraischen Riccatigleichung gleichwertig ist, wie man durch direktes Nachrechnen sofort bestätigt:

$$\begin{pmatrix} A & -M \\ -R & -A^\top \end{pmatrix} \begin{pmatrix} I & 0 \\ Q^* & I \end{pmatrix} = \begin{pmatrix} I & 0 \\ Q^* & I \end{pmatrix} \begin{pmatrix} A^* & -M \\ 0 & -A^{*\top} \end{pmatrix} . \tag{10.32}$$

I ist dabei die n-dimensionale Einheitsmatrix, A^* die Matrix (10.31). Hier wie im folgenden benutzen wir die Darstellung einer Matrix in Blockform; wenn nichts anderes gesagt ist, sind die Blöcke vom Typ (n,n). Aus (10.32) ergibt sich zunächst, daß die beiden Matrizen

$$H := \begin{pmatrix} A & -M \\ -R & -A^\top \end{pmatrix}, \qquad \hat{H} := \begin{pmatrix} A^* & -M \\ 0 & -A^{*\top} \end{pmatrix}, \tag{10.33}$$

zueinander ähnlich sind und daher das gleiche charakteristische Polynom besitzen. Wie bisher werden wir das charakteristische Polynom einer Matrix F mit $\chi_F(s)$ bezeichnen. Für die zweite der beiden Matrizen (10.33) läßt sich nun das charakteristische Polynom in die entsprechenden Polynome der Diagonalblöcke aufspalten. Daher wird

$$\chi_H(s) = \chi_{A^*}(s)\, \chi_{-A^{*\top}}(s) = (-1)^n\, \chi_{A^*}(s)\, \chi_{A^*}(-s) . \tag{10.34}$$

Aus dieser Beziehung erkennt man sofort, daß $\chi_H(s)$ ein gerades Polynom ohne rein imaginäre Nullstellen ist. Aus dem Hauptsatz der Algebra (Zerlegung in Linearfaktoren über den komplexen Zahlen!) ergibt sich nun aber, daß ein Polynom mit diesen Eigenschaften stets in der Form $(-1)^n \, \psi(s) \, \psi(-s)$ dargestellt werden kann, wobei $\psi(\cdot)$ durch die folgenden Bedingungen eindeutig festgelegt ist:

   (i) ψ ist reell, normiert und vom Grade n,
  (ii) die Nullstellen von ψ liegen in der linken Halbebene.

Durch (10.34) und die obigen beiden Forderungen an $\psi = \chi_{A^*}$ kann also das charakteristische Polynom der Matrix A^* eindeutig gekennzeichnet werden. Man kann diese Tatsache übrigens zur Konstruktion von $\chi_{A^*}(s)$ benutzen, indem man mit dem Ansatz

$$\chi_{A^*}(s) = s^n + \sum_{i=1}^{n} a_i s^{n-i}$$

in (10.34) eingeht und Koeffizientenvergleich durchführt. Man braucht dabei nur die Koeffizienten der n Potenzen s^{2v}, $v = 0, \ldots, n-1$ auf beiden Seiten von (10.34) zu vergleichen und erhält dann ein System von n (bilinearen) Gleichungen für die n Unbekannten $a_0, \ldots, a_{n-1}$. Dieses Gleichungssystem ist dann unter der Nebenbedingung aufzulösen, daß die Hurwitz-Determinanten der a_i (vgl. Hahn 1967, §6) positiv sind. Wegen des nichtlinearen Charakters des Gleichungssystemes dürfte dieses Verfahren zur Konstruktion von $\chi_{A^*}(s)$ jedoch für $n > 3$ nicht praktikabel sein. Wichtig für die numerische Behandlung der algebraischen Riccati-Gleichung ist jedoch eine weitere Folgerung aus (10.32). Sie besagt, daß die Kenntnis von $\chi_{A^*}(s)$ auch die explizite Bestimmung von Q^* und damit auch von A^* ermöglicht: Man braucht zu diesem Zweck nur die Matrix H in das Polynom $\chi_{A^*}(s)$ einzusetzen, d. h. die Potenzen von s durch die entsprechenden Potenzen von H zu ersetzen. Die entstehende Matrix vom Typ $(2n, 2n)$ bezeichnen wir mit $\chi_{A^*}(H)$. Den genauen Zusammenhang zwischen dieser Matrix und Q^* entnimmt man dem nachstehenden Satz.

Satz 10.7. *Es seien H_1 bzw. H_2 diejenigen Matrizen (vom Typ $(2n, n)$), die aus den ersten n bzw. den letzten n Spalten von $\chi_{A^*}(H)$ bestehen, d. h. es ist $\chi_{A^*}(H) = (H_1, H_2)$. Dann gilt $\mathrm{Rg}\,(\chi_{A^*}(H)) = \mathrm{Rg}\,H_2 = n$ und*

$$H_1 = -H_2 Q^* \,. \tag{10.35}$$

Bemerkung. Es läßt sich (10.35) als System von linearen Gleichungen zur Bestimmung von Q^* auffassen. Wegen $\mathrm{Rg}\,H_2 = n$ ist dieses Gleichungssystem eindeutig auflösbar (sofern es überhaupt auflösbar ist).

Beweis. Wir setzen zur Abkürzung

$$P := \begin{pmatrix} I & 0 \\ Q^* & I \end{pmatrix}. \quad \text{Es wird dann} \quad P^{-1} = \begin{pmatrix} I & 0 \\ -Q^* & I \end{pmatrix}. \tag{10.36}$$

Aus (10.32), (10.33) ergibt sich nach bekannten Rechenregeln für Matrizen

$$H = P\hat{H}P^{-1} \quad \text{und somit auch} \quad \chi_{A*}(H) = P\chi_{A*}(\hat{H})\,P^{-1} . \tag{10.37}$$

Der expliziten Darstellung (10.33) von $\hat{H}$ entnimmt man nun, daß $\chi_{A*}(\hat{H})$ als Dreiecksmatrix in der Form

$$\begin{pmatrix} \chi_{A*}(A^*) & * \\ 0 & \chi_{A*}(-A^*)^{\mathsf{T}} \end{pmatrix}$$

geschrieben werden kann. Nach dem Cayley-Hamiltonschen Satz ist aber $\chi_{A*}(A^*) = 0$, und somit wird

$$\chi_{A*}(\hat{H}) = (0,\ \hat{H}_2) \quad \text{mit} \quad \hat{H}_2 = \begin{pmatrix} * \\ \chi_{A*}(-A^*)^{\mathsf{T}} \end{pmatrix}. \tag{10.38}$$

$\hat{H}_2$ ist eine Matrix vom Typ $(2n, n)$, und die aus ihren n letzten Zeilen gebildete Untermatrix ist gerade $\chi_{A*}(-A^*)^{\mathsf{T}}$. Bis auf den Faktor $(-1)^n$ läßt sich nun $\chi_{A*}(-A^*)$ als Produkt von Matrizen der Form $\varrho I + A^*$ darstellen, wobei ϱ Eigenwert von A^* ist. Da A^* nur Eigenwerte mit negativem Realteil besitzt und somit ϱ und $-\varrho$ nicht beide Eigenwerte von A^* sein können, ist jede der Matrizen $\varrho I + A^*$ und somit schließlich auch $\chi_{A*}(-A^*)$ nichtsingulär. Daher ist klar, daß der Rang der Matrix $\hat{H}_2$ gleich n ist und wir erhalten aus (10.37), (10.38) ein erstes Resultat, nämlich

$$\mathrm{Rg}\,(\chi_{A*}(H)) = \mathrm{Rg}\,(\chi_{A*}(\hat{H})) = \mathrm{Rg}\,\hat{H}_2 = n . \tag{10.39}$$

Ferner ergibt sich wegen (10.36)–(10.38), daß

$$\chi_{A*}(H) = \begin{pmatrix} I & 0 \\ Q^* & I \end{pmatrix} (0,\ \hat{H}_2) \begin{pmatrix} I & 0 \\ -Q^* & I \end{pmatrix} = (0, H_2) \begin{pmatrix} I & 0 \\ -Q^* & I \end{pmatrix} = (-H_2 Q^*,\ H_2) \tag{10.40}$$

mit

$$H_2 = \begin{pmatrix} I & 0 \\ Q^* & I \end{pmatrix} \hat{H}_2 ,$$

gilt. Damit haben wir die Beziehung (10.35) bestätigt.

Daß schließlich $\mathrm{Rg}\,H_2 = \mathrm{Rg}\,((0, H_2)) = n$ ist, ergibt sich aus (10.39), (10.40). $\qquad\square$

Korollar 10.2. *Es sei*

$$S = \begin{pmatrix} S_{11} & S_{12} \\ S_{21} & S_{22} \end{pmatrix}$$

eine nicht-singuläre (reelle oder komplexe) Matrix vom Typ $(2n, 2n)$ mit den folgenden Eigenschaften: Es ist

$$SHS^{-1} = \begin{pmatrix} A_{11} & A_{12} \\ 0 & A_{22} \end{pmatrix}, \qquad (10.41)$$

und es liegen die Eigenwerte von A_{11} bzw. A_{22} in der linken bzw. rechten Halbebene. Dann ist S_{22} eine nicht-singuläre Matrix (vom Typ (n, n)) und

$$Q^* = -S_{22}^{-1} S_{21} .$$

H bedeutet dabei wie bisher die Matrix (10.33).

Beweis. Aus (10.41) erhält man

$$\chi_{A*}(H) = S^{-1} \begin{pmatrix} \chi_{A*}(A_{11}) & \hat{A}_{12} \\ 0 & \chi_{A*}(A_{22}) \end{pmatrix} S . \qquad (10.42)$$

Kernpunkt des Beweises ist die folgende Feststellung:

$$\chi_{A*}(A_{22}) \quad \text{ist nicht-singulär}, \; \chi_{A*}(A_{11}) = 0 .$$

Die erste Aussage läßt sich – nach dem Muster aus der entsprechenden Passage des Beweises von Satz 10.6 – auf die Aussage Det $(\varrho I - A_{22}) \neq 0$ zurückführen, wobei ϱ ein Eigenwert von A^* ist. Letztere ist aber sicher richtig, da nach Voraussetzung alle Eigenwerte von A_{22} in der rechten Halbebene liegen. Das Verschwinden von $\chi_{A*}(A_{11})$ ergibt sich dann im nächsten Schritt durch nachstehende einfache Rangbetrachtung. Gemäß Satz 10.7 ist der Rang der Matrix $\chi_{A*}(H)$ gleich n, also hat auch die Matrix

$$\begin{pmatrix} \chi_{A*}(A_{11}) & \hat{A}_{12} \\ 0 & \chi_{A*}(A_{22}) \end{pmatrix} \qquad (10.43)$$

den Rang n. Aus der speziellen Gestalt dieser Matrix und dem, was wir bereits über $\chi_{A*}(A_{22})$ wissen, folgt nun aber zweierlei: Erstens sind die n letzten Spalten von (10.43) linear unabhängig. Zweitens ist jede der n ersten Spalten von den n letzten Spalten unabhängig, sofern sie nicht verschwindet. Daher müssen die n ersten Spalten von (10.43) alle verschwinden, und diese Matrix läßt sich in der Form $(0, L)$ mit einer Matrix L vom Typ $(2n, n)$ schreiben. Aus (10.42) erhält man dann weiter

$$\chi_{A*}(H) = S^{-1}(0, L) S = (0, S^{-1}L) \begin{pmatrix} S_{11} & S_{12} \\ S_{21} & S_{22} \end{pmatrix} = (S^{-1}LS_{21}, S^{-1}LS_{22}) .$$

D. h. es ist $H_1 = S^{-1}LS_{21}, H_2 = S^{-1}LS_{22}$, wobei H_i die in Satz 10.7 eingeführten Matrizen sind. Aus dieser Beziehung ergibt sich zunächst, daß S_{22} nichtsingulär ist. Anderenfalls ließe sich ein nicht-verschwindender n-dimensionaler Vektor x

mit $S_{22}x = 0$ finden. Es wäre dann aber auch $H_2 x = 0$ im Widerspruch zur Aussage Rg $H_2 = n$. Also existiert S_{22}^{-1} und es gilt

$$H_1 = H_2 S_{22}^{-1} S_{21} \, .$$

Aus dem, was im Zusammenhang mit (10.35) gesagt wurde, ergibt sich dann unmittelbar auch die Richtigkeit der letzten Behauptung des Korollars. $\qquad\Box$

Die Aussagen des Satzes 10.7 und des Korollars lassen zwei grundsätzliche Möglichkeiten erkennen, um über die Matrix H die Lösung Q^* der algebraischen Ricattigleichung zu konstruieren.

1. Faktorisierung des charakteristischen Polynoms von H

Man bestimmt zunächst $\chi_{A^*}(s)$ aus der Relation (10.34), setzt dann in dieses Polynom H an Stelle von s ein und zerlegt die entstehende Matrix in der Form (H_1, H_2). Es dient dann (10.35) als lineares Gleichungssystem zur eindeutigen Bestimmung von Q^*.

2. Überführung der Matrix H in Dreiecksform (Laub, 1979)

Man bringt H vermittels einer Ähnlichkeitstransformation auf die Block-Dreiecksform (10.41) und kann dann gemäß Korollar 10.2 Q^* aus Untermatrizen der transformierenden $2n$-dimensionalen Matrix S direkt bestimmen. Ersichtlich spielen hierbei die n ersten Zeilen der Matrix S keine Rolle, denn es lassen sich sowohl die Voraussetzungen wie auch die Aussage des Korollars ausschließlich mit Hilfe der n letzten Zeilen formulieren. Insbesondere kann die Beziehung (10.41) auch in der nachstehenden Weise interpretiert werden:

Die n letzten Zeilen von S spannen einen n-dimensionalen Teilraum $\mathscr{S}$ des $\mathbb{C}^{2n}$ auf, der unter der Abbildung

$$x^{\mathsf{T}} \to x^{\mathsf{T}} H \tag{10.44}$$

invariant ist. Die auf $\mathscr{S}$ induzierte Abbildung hat nur Eigenwerte in der rechten Halbebene.

Um Q^* zu erhalten, schreibt man die n Basiselemente von $\mathscr{S}$ untereinander und zerlegt die entstehende Matrix vom Typ $(n, 2n)$ in der Form

$$(S_1 \mid S_2) \, . \tag{10.45}$$

S_i sind dann n-reihig quadratische Matrizen und es wird $Q^* = -S_2^{-1} S_1$.

In den Fällen $n = 2, 3$ ist die Faktorisierung (10.34) von χ_H explizit durchführbar, d. h. das Gleichungssystem zur Bestimmung der Koeffizienten von χ_{A^*} läßt sich allgemein auflösen.

In den Fällen $n > 3$ ist dies nicht mehr möglich; daher wird man hier wohl den Weg über das Korollar 10.2 gehen. Die Transformation der Matrix H auf obere (komplexe) Dreiecksform bietet sich dabei als systematische und numerisch gut beherrschbare Methode zur Herstellung der Relation (10.41) an (vgl. etwa [S], Abschn. 5.6). Man hat jedoch darauf zu achten, daß in der Diagonale der

Dreiecksmatrix von links oben nach rechts unten erst lauter komplexe Zahlen mit positivem und dann lauter Zahlen mit negativem Realteil stehen.

Wir erinnern zum Schluß noch einmal daran, daß wir bei allen Überlegungen dieses Abschnittes von der Gültigkeit der Voraussetzungen (10.16) und (10.24) ausgegangen sind. Wer wissen möchte, wie sich die Theorie der algebraischen Riccatigleichung darstellt, wenn man auf solche einschränkenden Voraussetzungen verzichtet, sei auf die grundlegende Arbeit von Coppel (1974) und die darauf aufbauende Arbeit von Wimmer (1982) verwiesen.

Weitere Informationen zum Thema dieses Kapitels findet man in den Übersichtsartikeln von Molinari (1977) und Kucera (1973). Eine letzte Anmerkung: Der wohlbekannte Zusammenhang zwischen skalaren Riccatischen Dgln. und skalaren linearen Dgln. 2. Ordnung besitzt ein n-dimensionales Analogon (vgl. Bucy und Joseph (1968), Ch. V). Die Koeffizientenmatrix der einer Riccatischen Matrixdifferentialgleichung zugeordneten linearen Dgl. ist dabei gerade die Matrix H (vgl. (10.33)). Diese Dgl. erweist sich übrigens als ein Hamiltonsches System mit einer quadratischen Form als zugehöriger Hamiltonfunktion. Daher nennt man H gelegentlich auch eine Hamiltonsche Matrix.

Beispiel 10.1. Wir betrachten das Problem der optimalen Steuerung des Gleichstrom-Motors unter Zugrundelegung des Modells aus Beispiel 9.1 und für den Fall eines unendlich langen Zeitraums. Das heißt wir betrachten das Optimierungsproblem

$$\text{„Minimiere} \int_0^\infty [z(t)^2 + \varrho u(t)^2]\, dt \text{ unter der Nebenbedingung (9.7)“.}$$

Man bestätigt sofort, daß die Voraussetzungen des Satzes 10.6 erfüllt sind. Daher besitzt das Problem eine eindeutig bestimmte Lösung und sie läßt sich vermittels Zustandsrückführung

$$u = -\frac{1}{\varrho}(0, \varkappa)\, Q^* x$$

realisieren. Q^* ist dabei die eindeutig bestimmte stationäre Lösung der Riccatischen Matrix-Dgl. (9.27). Zur expliziten Berechnung von Q^* wollen wir die in diesem Abschnitt beschriebenen Methoden anwenden und betrachten zu diesem Zweck die zur Riccati-Gleichung (9.27) gehörige Hamiltonsche Matrix

$$H := \begin{bmatrix} 0 & 1 & 0 & 0 \\ 0 & -\alpha & 0 & -\beta^2 \\ \hline -1 & 0 & 0 & 0 \\ 0 & 0 & -1 & \alpha \end{bmatrix}$$

(vgl. (10.33). Hierbei ist zur Abkürzung $\beta^2 = \varkappa^2/\varrho$ gesetzt worden; α, $\varkappa$ haben die frühere Bedeutung (vgl. Beispiel 9.1). Für das charakteristische Polynom der Matrix H findet man

$$\chi_H(s) = s^4 - \alpha^2 s^2 + \beta^2 . \tag{10.46}$$

Da wir uns hier im Fall der Dimension $n = 2$ befinden, sind beide Methoden problemlos zu handhaben.

Faktorisierung von χ_H. Man hat die Zerlegung (10.34) explizit auszuführen. Es soll $\chi_{A_\circ}$ dabei ein normiertes reelles quadratisches Polynom mit Nullstellen in der linken Halbebene sein. Wir gehen daher mit dem Ansatz

$$\chi_{A_*}(s) = s^2 + as + b , \qquad a > 0,\ b > 0,$$

in die Beziehung (10.34) ein und erhalten die beiden Gleichungen $\alpha^2 = -2b + a^2$, $\beta^2 = b^2$, aus denen sich a und b eindeutig bestimmen lassen:

$$b = \beta, \qquad a = \sqrt{2\beta + \alpha^2}.$$

Entsprechend dem ersten Lösungsvorschlag bilden wir nun

$$\chi_{A*}(H) = H^2 + aH + bI = \left[\begin{array}{cc|cc} b & -\alpha + a & 0 & -\beta^2 \\ 0 & \alpha^2 - a\alpha + b & \beta^2 & -\alpha\beta^2 \\ -a & -1 & b & 0 \\ 1 & 0 & -\alpha - a & \alpha^2 + \alpha a + b \end{array}\right] = (H_1 \mid H_2).$$

H_1 besteht aus den ersten und H_2 aus den letzten beiden Spalten der Matrix $\chi_{A*}(H)$. Durch Auswertung der Beziehung (10.35) erhält man dann sofort für Q^* die folgende explizite Darstellung

$$Q = \left[\begin{array}{cc} a/b & 1/b \\ 1/b & (-\alpha + a)/\beta^2 \end{array}\right] = \left[\begin{array}{cc} \sqrt{2\beta + \alpha^2}/\beta & 1/\beta \\ 1/\beta & (-\alpha + \sqrt{2\beta + \alpha^2})/\beta^2 \end{array}\right].$$

Herstellung der Dreiecksform. Sind die Eigenwerte der Matrix H alle einfach, so spannen die Real- und Imaginärteile derjenigen Eigenvektoren, deren zugehörigen Eigenwerte positiven Realteil haben, gerade einen n-dimensionalen Teilraum $\mathscr{S}$ mit den unter (10.44) genannten Eigenschaften auf. Wenn also Eigenwerte und Eigenvektoren der Matrix H leicht zugänglich sind (wie dies beim vorliegenden Beispiel der Fall ist), so wird man die Zeilen der Matrix (10.45) einfach aus den entsprechenden Eigenvektoren durch Bildung des Real- und Imaginärteils gewinnen. Diese Matrix hat zudem reelle Elemente, was für die numerischen Rechnungen vorteilhaft ist.

Wir nehmen die gleichen numerischen Werte für α, $\varkappa$, ϱ wie im Beispiel 9.2. Es wird dann $\alpha = 2$, $\beta = 200$, und man findet für H die folgenden beiden Eigenwerte mit positivem Realteil: $10{,}0499 \pm i\, 9{,}94987$. Die zugehörigen linken Eigenvektoren besitzen die Komponenten $-0{,}0112978 \pm i\, 0{,}0477291$, $0{,}00138723 \pm i\, 0{,}00281549$, $0{,}58844 \pm i\, 0{,}367259$, $-9{,}56793 \pm i\, 2{,}16399$. Die Matrix (10.45) sieht also so aus:

$$S = \left[\begin{array}{cc|cc} -0{,}011\,2978 & 0{,}001\,387\,23 & 0{,}588\,44 & -9{,}567\,96 \\ -0{,}047\,729\,1 & -0{,}002\,815\,49 & 0{,}367\,259 & 2{,}163\,99 \end{array}\right].$$

Die erste Zeile von S ist der Realteil der Eigenvektoren, die zweite der Imaginärteil. Daraus ergibt sich schließlich

$$Q^* = -S_2^{-1}S_1 = \left[\begin{array}{cc} 0{,}100\,499 & 0{,}005 \\ 0{,}005 & 0{,}000\,452\,494 \end{array}\right],$$

in Übereinstimmung mit unseren früheren Beobachtungen an den nicht-stationären Lösungen des Beispiels 9.2.

11 Der optimale Beobachter.
Optimale Ausgangsregelung

11.1 Einleitung

Die in Kap. 9 beschriebene Lösung des linearen Reglerproblems stellt noch keine praktikable Strategie zur Steuerung konkreter Systeme dar, da die Befolgung eines Steuergesetzes der Form $u = -Fx$ ja voraussetzt, daß der Zustand zu jedem Zeitpunkt vollständig und präzis gemessen werden kann. Daß dies eine unrealistische Annahme ist, haben wir schon bei früherer Gelegenheit betont und dem Konzept der Zustandsrückführung dasjenige der Ausgangsrückführung gegenüber gestellt: Die Entscheidung für einen bestimmten Wert der Steuerfunktion zum Zeitpunkt t kann ausschließlich aufgrund von Informationen erfolgen, die man der Messung des Ausgangs $y(s)$, $s \leqq t$, entnimmt. Wie in Kap. 7 werden wir auch hier wieder annehmen, daß der Ausgang des Systems eine lineare Funktion des Zustands und eines gewissen Störsignals ist. Im Gegensatz zu früher hat man sich aber jetzt die Störung als „weißes Rauschen", d. h. als einen differentiellen Wiener-Prozess vorzustellen. Diese Annahme ist vor allem dann gerechtfertigt, wenn die Messung des Ausganges von sogenanntem Meßrauschen überlagert wird, und wenn dieser Effekt die wesentliche Ursache für Abweichungen zwischen tatsächlichem und gemessenen Ausgang darstellt.

Unter Meßrauschen versteht man strenggenommen einen Zufallsprozeß, dessen Leistungspektrum über ein großes Intervall nahezu konstant ist und außerhalb irgendwie auf 0 abfällt. Thermische Fluktuationen in der für die Aufnahme oder Umwandlung von Meßdaten benutzten Elektronik sind häufig die Ursache solcher Phänomene. Für uns bedeutet „Meßrauschen" einfach die Summe aller auf den Vorgang der Ausgangserfassung einwirkenden Störungen, die wir durch einen additiven Zusatzterm in Form eines Wiener-Prozesses bei der Modellbildung berücksichtigen. Wir nehmen daher an, daß der Ausgang des Systemes ein stochastischer Prozeß $y(\cdot)$ ist, dessen Differential sich in der Form

$$dy(t) = C(t)\, x(t)\, dt + dw(t) \qquad (11.1)$$

darstellen läßt.

Der Zustand $x(\cdot)$ ist wie bisher Lösung eines stochastischen Anfangswertproblems

$$dx(t) = [A(t)\, x(t) + B(t)\, u(t)]\, dt + dv(t)\,, \qquad x(t_0) = x_0\,. \qquad (11.2)$$

Es sind $v(\cdot)$, $w(\cdot)$ unabhängige Wiener-Prozesse, deren Intensitätsmatrizen wir mit $V(\cdot)$, $W(\cdot)$ bezeichnen. Der Anfangszustand x_0 ist eine Zufallsvariable, die von $v(t)$, $w(t)$ unabhängig ist; P_0 bedeutet ihre Varianzmatrix. Wir schreiben im Einklang mit der in Abschn. 8.5 eingeführten Bezeichnungsweise

$$E dv(t)\, dv(t)^\mathsf{T} = : V(t)\, dt \,, \qquad E dw(t)\, dw(t)^\mathsf{T} := W(t)\, dt \,, \qquad \mathrm{var}\,(x_0) = : P_0 \,.$$

$$(11.3)$$

Wie man sich die Kontrollvariable u in Abhängigkeit von t spezialisiert zu denken hat, spielt in den Abschn. 11.2, 11.3 zunächst keine Rolle. Im Abschn. 11.4 benutzen wir Ergebnisse des Kap. 8 und werden zu diesem Zweck voraussetzen, daß $u(\cdot)$ ein beliebiger stochastischer Prozess ist, der aber in Bezug auf $v(\cdot)$, $w(\cdot)$ nicht vorgreifend sein darf. Im Abschn. 11.5 geht es schließlich um das Problem der Regelung durch Ausgangsrückführung, d. h. um die Wahl eines Steuergesetzes, welches $u(t)$ als Funktion von $y(s)$ mit $s \leq t$ festlegt. Man beachte, daß stochastische Prozesse, welche durch solche Steuergesetze erklärt werden, nicht vorgreifend sind, da $y(s)$ nicht von $v(t)$, $w(t)$ für $t > s$ abhängt.

Den Betrachtungen dieses Kapitels liegt eine Systemdarstellung in der Form (11.1)–(11.3) zugrunde. $A(\cdot)$, $B(\cdot)$, $C(\cdot)$ sowie $V(\cdot)$, $W(\cdot)$ sind Matrizen aus stetigen deterministischen Funktionen von t, V und W sind symmetrisch und positiv-semidefinit. Wir bemerken noch, daß $y(t)$ – anders als im deterministischen Fall – nicht den momentanen, sondern den „aufintegrierten" Ausgang repräsentiert. Die Beziehung (11.1) ist ja gemäß Abschn. 8.5 mit der Aussage

$$y(t) = y(t_0) + \int_{t_0}^{t} C(\tau)\, x(\tau)\, d\tau + w(t) - w(t_0) \,, \qquad t \geq t_0 \,,$$

gleichbedeutend.

In den Abschn. 11.2 und 11.4 befassen wir uns mit der Aufgabe, die bestmögliche Schätzung $\hat{x}(t)$ von $x(t)$ auf der Basis gegebener Beobachtungen von $y(s)$, $s \leq t$, zu gewinnen. Dies ist – nach einem bekannten Satz der Wahrscheinlichkeitsrechnung – gleichbedeutend mit der Lösung des folgenden Problems: Man bestimme den bedingten Erwartungswert von $x(t)$ unter der Hypothese, daß $y(s)$ für $s \leq t$ gegeben ist. Eines der zentralen Resultate der Kontrolltheorie besagt nun gerade, daß man diesen Erwartungswert identifizieren kann mit dem Zustand eines dynamischen Beobachters. Dieses Resultat wird in Abschn. 11.4 hergeleitet. Ein Beobachter ist dabei ein Vorhersage-Korrekturschema, welches dem in Kap. 4 beschriebenen Konzept nachgebildet ist: Man nimmt eine Kopie des gegebenen Systems – unter Weglassung des Störsignals – und fügt einen inhomogenen Term an, der proportional zur Differenz

$$dv(t) := dy(t) - C(t)\, \hat{x}(t)\, dt \qquad (11.4)$$

zwischen dem tatsächlichen und dem aufgrund der Zustandschätzung vorhersagbaren Ausgang ist.

Den durch (11.4) definierten stochastischen Prozeß $v(\cdot)$ nennt man auch einen *Innovationsprozeß*; sein Differential stellt die im Zeitraum $[t, t + dt]$ durch tatsächliche Beobachtung im Gegensatz zur Vorhersage neu zu gewinnende Information dar. Der Beobachter wird dann durch eine stochastische Differentialgleichung der Form

$$d\hat{x}(t) = [A(t)\, \hat{x}(t) + B(t)\, u(t)]\, dt + K(t)\, dv(t) \qquad (11.5)$$

beschrieben. Der Zuwachs von $\hat{x}$ wird also additiv korrigiert um eine dem Zuwachs des Innovationsprozesses (11.4) proportionale Größe. Der Proportionalitätsfaktor ist dabei eine zunächst willkürliche zeitabhängige Matrix.

Im Abschn. 11.2 werden wir nun zeigen, daß sich $K(\cdot)$ durch eine naheliegende Optimierungsforderung eindeutig festlegen läßt. Es gibt unter allen Beobachtern der Form (11.4), (11.5) genau einen, welcher im Sinne der mittleren quadratischen Abweichung die beste Zustandsschätzung zu jedem Zeitpunkt $t \geq t_0$ liefert. Dieser Beobachter heißt der Kalman-Bucy-Filter. Seine Konstruktion und die Herleitung seiner wichtigsten Eigenschaften wird mit relativ elementaren Mitteln in Abschn. 11.2 erfolgen. Ebenso werden wir durch einfache Dualisierung von Ergebnissen des Abschn. 10.2 die Frage vollständig klären, wie gut sich der Zustand eines zeitinvarianten Systems mit Hilfe von zeitinvarianten Beobachtern schätzen läßt.

Die Ergebnisse der Abschn. 11.2 und 11.3 sind wesentliche Hilfestellungen, welche die moderne Kontrolltheorie bei Fragen der Zustandsschätzung und Positionsbestimmung, etwa im Zusammenhang mit der Navigation von Luft- oder Raumfahrzeugen, zu leisten vermag.

Im Abschn. 11.4 werden wir dann – wie schon angekündigt – den Nachweis führen, daß der Zustand des Kalman-Bucy-Filters die bestmögliche Schätzung (im Sinne der Wahrscheinlichkeitsrechnung) des Systemzustandes darstellt. Im Gegensatz zur ersten Hälfte dieses Kapitels werden hier und im folgenden Abschnitt anspruchsvollere mathematische Hilfsmittel benötigt.

Der letzte Abschnitt dieses Kapitels ist dem Problem der Regelung durch Ausgangsrückführung gewidmet. Zustandsschätzung wird jetzt nicht mehr Selbstzweck, sondern Bestandteil einer Strategie, die den Einfluß der Störung v auf das System reduzieren soll. Ähnlich wie in Kap. 7 geht es um die Frage: Wie kann man aufgrund der Erfahrungen, die sich aus der Beobachtung des Ausgangs bis zur Zeit t sammeln lassen, zu einer rational begründbaren Entscheidung hinsichtlich der Wahl der Steuerung im Zeitpunkt t kommen? Wir legen jetzt – und darin liegt der Unterschied gegenüber früher – eine Systembeschreibung der Form (11.1), (11.2) zugrunde und führen ein quantitatives Kriterium in Gestalt eines quadratischen Zielfunktionals zur Beurteilung der Güte einer Steuerung ein. Es läßt sich dann zeigen, daß – unter geeigneten Voraussetzungen – eine eindeutige optimale Lösung existiert und nach dem Separationsprinzip gefunden werden kann. Dieses Prinzip besagt, grob gesprochen, daß optimale Ausgangsregelung sich aufspalten läßt in die optimale Lösung der beiden voneinander unabhängigen Aufgaben: Konstruktion der optimalen Zustandsrückführung und optimale Zustandsschätzung aus den gemessenen Werten des Ausgangs. Aus den Lösungen der Einzelprobleme erhält man dann die Lösung des Gesamtproblems indem man einfach den tatsächlichen Zustand durch seinen Schätzwert ersetzt.

Wir beschließen die Einleitung mit einigen Literaturhinweisen zum Thema dieses Kapitels. Die Originalarbeit von Kalman und Bucy ist 1961 erschienen (Kalman-Bucy 1961). Zugänge zum Filterproblem von der Theorie der stochastischen Differentialgleichungen her findet man bei Bucy und Joseph (1968), Jazwinski (1970), Wong (1971), Liptser und Shiryayev (1977). Für einen mehr ingenieurwissenschaftlich orientierten Leserkreis sind die Darstellungen bei

Bryson und Ho (1969) sowie bei Brammer und Siffling (1975a, b) gedacht. Schließlich sei noch auf Kallianpur (1980) hingewiesen, wo eine erschöpfende mathematische Behandlung des Filterproblems gegeben wird.

Eine der ersten Darstellungen der stochastischen Kontrolltheorie, die auch das Problem der optimalen Ausgangsregelung linearer Systeme berücksichtigt, stammt von Åström (1970). Eine umfassende Diskussion von Optimierungsproblemen der linearen Kontrolltheorie findet sich bei Kwakernaak und Sivan (1972). Als grundlegende Monografie über stochastische Kontrolltheorie ist Fleming und Rishel (1975) zu nennen. Schließlich sei noch auf das Werk von Davis (1977) hingewiesen, welches eine Einführung sowohl in die Theorie des Filterns wie auch in die Kontrolltheorie vermittelt.

11.2 Der Kalman-Bucy Filter als optimaler Beobachter

Wir gehen von einer Systembeschreibung durch Relationen der Form (11.1)–(11.3) aus und nehmen an, daß die nachstehende Bedingung erfüllt ist:

$$W(t) \text{ ist eine positiv-definite Matrix für } t \geqq t_0. \tag{11.6}$$

Zusammen mit den Systemgleichungen werden nun alle möglichen Beobachter der Form (11.4), (11.5) betrachtet. Der Zustand $\hat{x}(t)$ zur Zeit t eines Beobachters ist dann festgelegt durch die Wahl der Verstärkungsmatrix $K(\cdot)$ und die Wahl des Anfangszustandes $\hat{x}_0$. Beides sollen deterministische Größen sein.

Wir denken uns neben der Anfangszeit t_0 noch eine Endzeit $t_e > t_0$ fixiert und betrachten die mittlere quadratische Abweichung zwischen $x(t_e)$ und $\hat{x}(t_e)$. Darunter verstehen wir hier die Größe

$$\mathrm{E}\{(x(t_e) - \hat{x}(t_e))^\mathsf{T}\, S(x(t_e) - \hat{x}(t_e))\}\,. \tag{11.7}$$

S ist dabei eine beliebige positiv-definite symmetrische Matrix, die es ermöglicht, die Beiträge der einzelnen Komponenten von $x - \hat{x}$ unterschiedlich zu gewichten. S hat man sich im folgenden fest gewählt zu denken. Die Größe (11.7) hängt somit nur von $K(\cdot)$ und $\hat{x}_0$ ab. Eine naheliegende Frage lautet dann: Wie hat man $K(\cdot)$ und $\hat{x}_0$ zu wählen, damit (11.7) möglichst klein wird? Diese Frage soll jetzt beantwortet werden. Zu diesem Zwecke machen wir aus dem stochastischen ein deterministisches Optimierungsproblem. Ausgangspunkt ist die nachstehende Feststellung:

Der Schätzfehler $e(t) := x(t) - \hat{x}(t)$ ist Lösung des stochastischen Anfangswertproblems

$$de(t) = (A(t) - K(t)\,C(t))\,e(t)\,dt + dv(t) - K(t)\,dw(t) \tag{11.8}$$
$$e(t_0) = x_0 - \hat{x}_0\,.$$

Dies ergibt sich einfach durch Subtraktion der Gleichungen (11.2), (11.5) und Benutzung der Darstellung (11.1) für den Ausgang der gegebenen Systeme.

Für die Differenz $\tilde{e}(t) := e(t) - \mathrm{E}e(t)$ hat man dann — wegen $\mathrm{E}\tilde{e}(t) = 0$ — diese Beziehungen

$$\tilde{e}(t_0) = x_0 - \mathrm{E}x_0 \,, \tag{11.9}$$

$$\begin{aligned}
\mathrm{E}\{e(t)^{\mathsf{T}} \, S e(t)\} &= \mathrm{E}\{(\tilde{e}(t) + \mathrm{E}e(t))^{\mathsf{T}} \, S(\tilde{e}(t) + \mathrm{E}e(t)\} \\
&= \mathrm{E}\{\tilde{e}(t)^{\mathsf{T}} \, S\tilde{e}(t)\} + (\mathrm{E}e(t))^{\mathsf{T}} \, S(\mathrm{E}e(t)) \,.
\end{aligned} \tag{11.10}$$

Wir bezeichnen mit $\sqrt{S}$ die eindeutig bestimmte positiv-definite Lösung der Matrix-Gleichung $X^2 = S$ und benutzen die Identität $x^{\mathsf{T}}Sx = (\sqrt{S}x)^{\mathsf{T}} (\sqrt{S}x)$ $= \mathrm{Sp}\,((\sqrt{S}x)\,(\sqrt{S}x)^{\mathsf{T}}) = \mathrm{Sp}\,(\sqrt{S}(xx^{\mathsf{T}})\,\sqrt{S})$. Es wird dann

$$\mathrm{E}\{e(t)^{\mathsf{T}} \, S e(t)\} = \mathrm{Sp}\,(\sqrt{S}\,Q(t)\,\sqrt{S}) + (\mathrm{E}e(t))^{\mathsf{T}} \, S(\mathrm{E}e(t)) \tag{11.11}$$

wobei

$$Q(t) := \mathrm{E}\{\tilde{e}(t)\,\tilde{e}(t)^{\mathsf{T}}\} = \mathrm{var}\,(e(t)) \,. \tag{11.12}$$

Es folgt weiter aus den Ergebnissen in Abschn. 8.5, daß $\mathrm{E}e(t)$ Lösung der deterministischen Differentialgleichung $\dot{x} = (A(t) - K(t)\,C(t))\,x$, $e(t)$ Lösung der stochastischen Differentialgleichung (11.8) und $Q(\cdot)$ Lösung der Matrix-Differentialgleichung

$$\dot{Q} = [A(t) - K(t)\,C(t)]\,Q + Q[A(t) - K(t)\,C(t)]^{\mathsf{T}} + V(t) + K(t)\,W(t)\,K(t)^{\mathsf{T}} \tag{11.13}$$

ist. Der Anfangswert von $Q(\cdot)$ ergibt sich gemäß (11.9) und (11.3) zu:

$$Q(t_0) = P_0 := \mathrm{E}\{(x_0 - \mathrm{E}x_0)\,(x_0 - \mathrm{E}x_0)^{\mathsf{T}}\} = \mathrm{var}\,x_0 \,.$$

Der folgende Hilfssatz stellt den wesentlichen Schritt bei der Lösung unserer Aufgabe dar.

Hilfssatz 11.1. *Es seien $A(\cdot)$, $C(\cdot)$, $K(\cdot)$, $V(\cdot) \geqq 0$, $W(\cdot) > 0$ von t abhängige (stückweise) stetige Matrizen; V, W seien symmetrisch, A, V vom Typ (n, n), C^{T}, K vom Typ (n, m), W vom Typ (m, m). Auf die Lösungen $Q(\cdot)$ der linearen Matrix-Dgl. (11.13) und die Lösungen $P(\cdot)$ der nachstehenden Riccatischen Matrix-Dgl.*

$$\dot{P} = V(t) - PC(t)^{\mathsf{T}} \, W^{-1}(t)\,C(t)\,P + A(t)\,P + PA(t)^{\mathsf{T}} \tag{11.14}$$

treffen dann die folgenden beiden Aussagen zu:
(i) *$Q(t)$, $P(t)$ sind vom Typ (n, n) und symmetrisch für jedes t, wenn ihre Anfangswerte für $t = t_0$ symmetrisch sind;*
(ii) *$Q(t_0) = P(t_0)$ impliziert $Q(t) \geqq P(t)$ für alle $t \geqq t_0$. Gleichheit gilt für alle $t \geqq t_0$ falls*

$$K(t) = P(t)\,C(t)^{\mathsf{T}} \, W(t)^{-1} \,, \qquad t \geqq t_0 \,. \tag{11.15}$$

Beweis. Die Behauptung (i) ist klar, denn für beide Matrix-Differentialgleichungen gilt: Mit P bzw. Q ist auch P^{T} bzw. Q^{T} Lösung. Die Aussage (ii) ergibt sich leicht aus der folgenden Identität, die man durch Subtraktion von (11.14) und (11.13) erhält (das Argument t haben wir der Einfachheit halber weggelassen).

$$\dot{P} - \dot{Q} = A(P - Q) + (P - Q)\,A^\mathsf{T} + KCQ + QC^\mathsf{T}K^\mathsf{T} - PC^\mathsf{T}W^{-1}CP - KWK^\mathsf{T}$$
$$= A(P - Q) + (P - Q)\,A^\mathsf{T} - KC(P - Q) - (P - Q)\,C^\mathsf{T}K^\mathsf{T}$$
$$- (K - PC^\mathsf{T}W^{-1})\,W(K^\mathsf{T} - W^{-1}CP)\,.$$

$P(t) - Q(t) =: \Delta(t)$ genügt also der Differentialungleichung

$$\dot{\Delta} \leqq (A - KC)\,\Delta + \Delta(A - KC)^\mathsf{T}\,,$$

wobei das Gleichheitszeichen dann steht, wenn $K(t)$ gemäß (11.15) gewählt wird. Die zu beweisende Behauptung (ii) ergibt sich dann unmittelbar aus Hilfssatz 10.3, man hat bloß das dortige $Q(t)$ mit $-\Delta(-t)$ zu identifizieren. $\qquad\square$

Es ist nun klar, wie man die Größe $\mathrm{E}\{e(t_e)^\mathsf{T}\,Se(t_e)\}$ minimiert: Den zweiten Term auf der rechten Seite von (11.11) kann man zu 0 machen, indem man den Anfangswert $\mathrm{E}x_0 - \mathrm{E}\hat{x}(t_0)$ von $\mathrm{E}e(t)$ zu 0 macht, da $\mathrm{E}e(t)$ als Funktion von t Lösung einer homogenen linearen Differentialgleichung ist. Den ersten Term kann man nach unten durch $\mathrm{Sp}\,(\sqrt{S}P(t_e)\,\sqrt{S})$ abschätzen; Die Ungleichung

$$\mathrm{Sp}\,(\sqrt{S}P(t_e)\,\sqrt{S}) \leqq \mathrm{Sp}\,(\sqrt{S}Q(t_e)\,\sqrt{S})$$

folgt nämlich aus $Q(t_e) \geqq P(t_e)$ nach bekannten Rechenregeln für symmetrische Matrizen.

Damit haben wir die vollständige Antwort auf das eingangs formulierte Beobachterproblem gefunden. Wir formulieren sie als

Satz 11.1. *Es sei $e(t) := x(t) - \hat{x}(t)$ der Schätzfehler, d. h. die Differenz zwischen dem Zustand des Systems, welches durch (11.1), (11.2) definiert wird, und dem des Beobachters mit der Gleichung (11.5). Ferner sei $P(\cdot)$ Lösung der Matrix-Differentialgleichung (11.14) mit dem Anfangswert $P(t_0) = P_0 = \mathrm{var}\,x_0$. Dann treffen die nachstehenden Aussagen zu.*
(i) Es ist $\mathrm{var}\,e(t) \geqq P(t)$ *für alle* $t \geqq t_0$*. Gleichheit gilt, falls die Verstärkungsmatrix $K(t)$ des Beobachters gemäß (11.15) gewählt wird.*
(ii) Für die mittlere quadratische Abweichung der Zustandsschätzung besteht die Abschätzung

$$\mathrm{E}\{e(t)^\mathsf{T}\,Se(t)\} \geqq \mathrm{Sp}\,(\sqrt{S}P(t)\,\sqrt{S})\,,$$

und das Gleichheitszeichen steht hier, falls man $K(t)$ gemäß (11.15) wählt und dem Beobachter als Anfangswert $\hat{x}(t_0)$ den Erwartungswert $\mathrm{E}x_0$ eingibt.

Bemerkungen. 1) Der Kalman-Bucy Filter ist in zweifacher Hinsicht als Beobachter optimal: Er minimiert die mittlere quadratische Abweichung zum Zeitpunkt t_e (dies war die ursprüngliche Aufgabenstellung), und er minimiert punktweise die Varianzmatrix $\mathrm{var}\,e(t)$, d. h. er löst die weitergehende Aufgabe: Bestimme $K(\cdot)$ so, daß die Varianzmatrix des Schätzfehlers für jedes $t \geqq t_0$ minimal wird.

Die zweite Eigenschaft hat sich als Nebenresultat im Laufe des Beweises heraus-
gestellt.

2) Ähnlich wie beim Reglerproblem führt die Lösung des stochastischen
Beobachterproblems auf die Integration einer Riccatischen Matrix-Differentialgleichung (vgl. (11.14)). Doch gibt es einen grundsätzlichen und für die Anwendung des Kalman-Bucy Filters auf konkrete Probleme wichtigen Unterschied
in den Verfahren, die zur Lösung des jeweiligen Problems im Satz 9.1 und im
Satz 11.1 vorgeschlagen werden: Die Lösung $P(\cdot)$, die zur Darstellung der
Verstärkungsmatrix des Kalman-Bucy Filters gemäß (11.15) benötigt wird, hängt
nur vom Anfangszeitpunkt t_0, nicht dagegen vom Endpunkt t_e des Beobachtungs-
intervalles ab. Daher braucht man bei der Lösung des Beobachterproblems die
zugehörige Riccati-Differentialgleichung nicht vorweg zu lösen, wie dies beim
Reglerproblem nötig ist. Der optimale Schätzwert $\hat{x}(t)$ und der Wert $K(t)$ der
Verstärkungsmatrix des Beobachters lassen sich vielmehr parallel berechnen.
Genauer gesagt kann das Paar $(\hat{x}, P)$, bestehend aus Beobachterzustand und
Varianz-Matrix des Schätzfehlers, interpretiert werden als Lösung eines Anfangswertproblems für das System von gekoppelten Differentialgleichungen, welches
durch (11.5), (11.14), (11.15) definiert wird.

3) Vermittels der Substitution $t \to -t$ kann die Differentialgleichung (11.14)
in die Form (10.1) überführt werden. Damit ist klar, daß sich die in Kap. 10
gewonnenen Aussagen über die Lösungen von (10.1) — betreffend Fortsetzbar-
keit, Existenz von Schranken und asymptotisches Verhalten — auf die Lösungen
von (11.14) übertragen lassen, sofern man nur die Zeitrichtung umkehrt.

Beispiel 11.1. (Gleichstrommotor.) Der Gleichstrommotor (Beispiel 2.3) unterliege einer System-
Störung vom Typ des exponentiellen Rauschens. Systemdynamik und Formfilter denken wir uns
wie früher (Beispiel 9.3) durch die stochastische Differentialgleichung

$$dx(t) = \begin{pmatrix} 0 & 1 & 0 \\ 0 & -\alpha & \beta \\ 0 & 0 & -\gamma \end{pmatrix} x(t)\, dt + \begin{pmatrix} 0 \\ \varkappa \\ 0 \end{pmatrix} u(t)\, dt + \begin{pmatrix} 0 \\ 0 \\ 1 \end{pmatrix} dv(t) \qquad (11.16)$$

beschrieben. Es ist $v(t)$ ein skalarer Wiener-Prozeß der Intensität V. Wir betrachten den gleichen
Ausgang wie früher, nehmen aber jetzt an, daß die Beobachtungen durch Breitband-Meßrauschen
überlagert werden, d. h. das mathematische Modell für den Ausgang sieht jetzt so aus

$$dy(t) = (1, 0, 0)\, x(t)\, dt + dw(t)\,, \qquad (11.17)$$

wobei $w(t)$ ein Wiener-Prozeß mit konstanter Intensität $W > 0$ ist.

Wenn man nun etwa noch voraussetzt, daß der Anfangszustand $x(t_0)$ eine Zufallsgröße mit
Gauß-Verteilung und überdies von $w(t)$, $v(t)$ unabhängig ist, so gelangt man über den Kalman-Bucy
Filter zur besten Schätzung des Zustandes $x(t)$, $t \geqq t_0$, die aufgrund vorgegebener Beobachtungen
von $y(s)$, $t_0 \leqq s \leqq t$, möglich ist. Dieser Filter hat im vorliegenden Beispiel die Struktur eines Beobachters der Form

$$d\hat{x}(t) = \begin{pmatrix} 0 & 1 & 0 \\ 0 & -\alpha & \beta \\ 0 & 0 & -\gamma \end{pmatrix} \hat{x}(t)\, dt + \begin{pmatrix} 0 \\ \varkappa \\ 0 \end{pmatrix} u(t)\, dt + \begin{pmatrix} k_1(t) \\ k_2(t) \\ k_3(t) \end{pmatrix} [dy(t) - (1, 0, 0)\, \hat{x}(t)\, dt]. \qquad (11.18)$$

Der Spaltenvektor $K(t) := (k_1(t), k_2(t), k_3(t))^\mathsf{T}$ läßt sich in der Form

$$K(t) = P(t)\, (1, 0, 0)^\mathsf{T} \frac{1}{W}$$

darstellen. $P(\cdot)$ ist dabei die Lösung der Riccatischen Matrix-Differentialgleichung

$$\dot{P} = \begin{pmatrix} 0 & 1 & 0 \\ 0 & -\alpha & \beta \\ 0 & 0 & -\gamma \end{pmatrix} P + P \begin{pmatrix} 0 & 1 & 0 \\ 0 & -\alpha & \beta \\ 0 & 0 & -\gamma \end{pmatrix}^{\top} + \begin{pmatrix} 0 & 0 & 0 \\ 0 & 0 & 0 \\ 0 & 0 & V \end{pmatrix} - P \begin{pmatrix} 1 \\ 0 \\ 0 \end{pmatrix} \frac{1}{W} (1, 0, 0)\, P$$

$$(11.19)$$

mit dem Anfangswert $P(t_0) = \operatorname{var} x(t_0) =: P_0$. Aus den Überlegungen des folgenden Abschnittes wird sich ergeben, daß $\lim_{t\to\infty} P(t) = P^*$ existiert und von P_0 unabhängig ist. In der Abb. 11.1 ist dies für zwei verschiedene Werte von P_0 anhand eines numerischen Beispiels veranschaulicht. Dargestellt ist der Graph des Elementes in der linken oberen Ecke von $P(t)$. Für die Parameter der Systemgleichung sowie für V wurden die gleichen numerischen Werte wie in Beispiel 9.3 genommen, für die Intensität W des Meßrauschens wurde der Wert 5×10^{-5} angenommen. Die Anfangswerte von P_0 wurden wie folgt gewählt:

$$a)\ P_0 = 0\,, \qquad b)\ P_0 = \begin{bmatrix} 0{,}001 & 0{,}004 & 0{,}01 \\ 0{,}004 & 0{,}04 & 0{,}2 \\ 0{,}01 & 0{,}2 & 2 \end{bmatrix}.$$

Der Verlauf der Graphen für die Elemente von $P(t)$ gibt einen deutlichen Hinweis auf die Existenz eines von P_0 unabhängigen Grenzwertes für $t \to \infty$. Als übereinstimmende Approximation für P^* findet man die Matrix

$$P^* = \begin{bmatrix} 0{,}000\,439\,38 & 0{,}001\,913\,0 & 0{,}003\,745\,7 \\ 0{,}001\,913\,0 & 0{,}016\,814 & 0{,}070\,222 \\ 0{,}003\,745\,7 & 0{,}070\,222 & 0{,}985\,97 \end{bmatrix}.$$

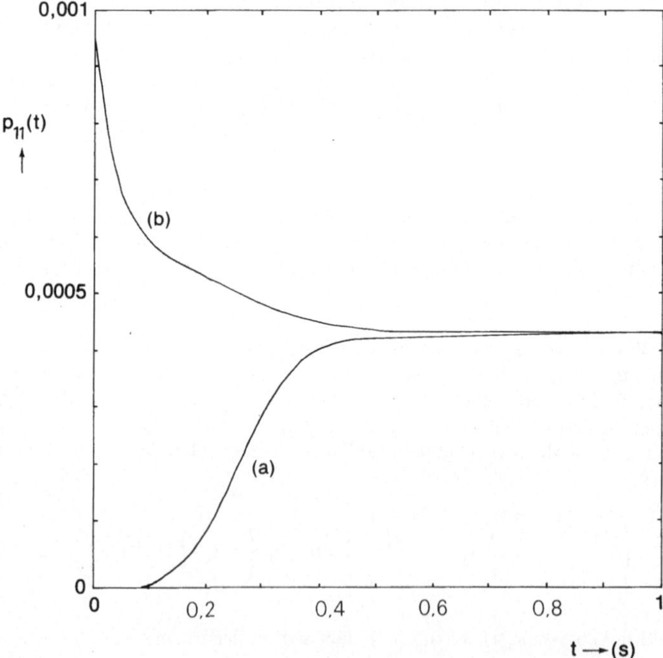

Abb. 11.1   Graph von p_{11} für verschiedene Anfangsbedingungen

Es konvergiert daher mit wachsender Zeit auch die Verstärkungsmatrix des Kalman-Bucy Filters gegen einen von P_0 unabhängigen Wert, nämlich

$$K^* = P^*(1, 0, 0)^\mathsf{T} \frac{1}{W} = (8{,}7476,\ 38{,}260,\ 74{,}914)^\mathsf{T}\,.$$

Bei langen Beobachtungszeiträumen wird also die dynamische Gleichung des Kalman-Bucy Filters nahezu zeitunabhängig. Es liegt daher die Frage nahe, ob es nicht sinnvoll wäre, von vornherein mit zeitinvarianten Beobachtern zu arbeiten. Dazu wird im nächsten Abschnitt einiges gesagt werden.

11.3 Stationärer Kalman-Bucy-Filter

Wir betrachten in diesem Abschnitt zeitinvariante Systeme der Form

$$dx(t) = Ax(t)\,dt + Bu(t)\,dt + dv(t)\,, \qquad dy(t) = Cx(t)\,dt + dw(t)\,,$$

$$\mathrm{E}dv(t)\,dv(t)^\mathsf{T} = Vdt\,, \qquad \mathrm{E}dw(t)\,dw(t)^\mathsf{T} = Wdt\,, \qquad (11.20)$$

d. h. wir nehmen an, daß die Matrizen A, B, C, sowie die Intensitäts-Matrizen V, W von t unabhängig sind. Es wird dann der optimale stochastische Beobachter, wie er im vorigen Abschnitt eingeführt wurde, keineswegs zeitunabhängig. Die Verstärkungsmatrix hat nämlich die Form

$$K(t) = P(t)\,C^\mathsf{T} W^{-1}\,, \qquad (11.21)$$

wobei $P(\cdot)$ eine im allgemeinen nicht-stationäre Lösung der Riccatischen Matrix-Differentialgleichung

$$\dot{P} = V - PC^\mathsf{T} W^{-1} CP + AP + PA^\mathsf{T} \qquad (11.22)$$

ist. Aus praktischen Gründen ist es aber oft wünschenswert, mit einem zeitkonstanten Beobachter zu arbeiten, d. h. an Stelle von (11.21) eine konstante Matrix K zu wählen und dabei einen Verlust an Schätzgenauigkeit in Kauf zu nehmen. Wie man diesen Verlust durch geeignete Wahl von K möglichst klein machen kann, wollen wir uns in diesem Abschnitt überlegen.

Wir betrachten einen zeitvarianten Beobachter der Form (11.5):

$$d\hat{x}(t) = [A\hat{x}(t) + Bu(t)]\,dt + K[dy(t) - C\hat{x}(t)\,dt] \qquad (11.23)$$

wobei A, B, C gegebene, K eine noch zu bestimmende konstante Matrix ist. Was im Falle eines beliebigen Beobachters (11.5) gesagt wurde, gilt natürlich auch für den zeitinvarianten Beobachter (11.23). Die Varianzmatrix $Q(t) = \mathrm{var}\,e(t)$ des Schätzfehlers $e(t) := x(t) - \hat{x}(t)$ ist Lösung der Matrix-Differentialgleichung

$$\dot{Q} = (A - KC)\,Q + Q(A - KC)^\mathsf{T} + V + KWK^\mathsf{T}\,. \qquad (11.24)$$

Dies ist eine lineare Matrix-Differentialgleichung mit konstanten Koeffizienten, daher gibt es übersichtliche Beziehungen zwischen den Koeffizienten der Gleichung und dem asymptotischen Verhalten der Lösungen (vgl. hierzu den Abschn. 10.2). Unerwünscht ist nun ein Beobachter, bei dem die Kovarianzmatrix – die ja ein Maß für die Streuung des Schätzwertes ist – mit wachsendem t nicht beschränkt bleibt; eine weitergehende Forderung an den Beobachter wäre sicher die, daß Q unabhängig vom Anfangswert für $t \to \infty$ gegen den gleichen Grenzwert strebt.

Ein solcher Beobachter hat die Eigenschaft, eine noch so große Streuung zu Beginn (d. h. also eine noch so große Unsicherheit in der Schätzung) auf das unvermeidliche Maß an Unsicherheit zu reduzieren, falls man ihm nur genügend Zeit läßt. Wir wissen nun, daß diese Eigenschaft genau dann gewährleistet ist, wenn alle Eigenwerte der Matrix $A - KC$ negativen Realteil besitzen, d. h. wenn die Differentialgleichung (11.23) des Beobachters asymptotisch stabil ist. Es konvergiert dann $Q(t)$ für $t \to \infty$ gegen die eindeutig bestimmte Lösung Q^* der Lyapunovschen Matrix-Gleichung

$$0 = (A - KC)\,Q + Q(A - KC)^{\mathsf{T}} + V + KWK^{\mathsf{T}}\,, \qquad (11.25)$$

und diese Lösung ist positiv-semidefinit (vgl. Anhang).

Ferner konvergiert die mittlere quadratische Abweichung zwischen tatsächlichem und geschätztem Systemzustand. Es gilt nämlich

$$\lim_{t \to \infty} \mathrm{E}\{e(t)^{\mathsf{T}}\,Se(t)\} = \mathrm{Sp}\,(\sqrt{S}\,Q^*\,\sqrt{S})\,. \qquad (11.26)$$

Dabei bedeutet $e(t)$ wie im Abschn. 11.2 den Schätzfehler $x(t) - \hat{x}(t)$. Es folgt (11.26) unmittelbar aus (11.11). Man beachte, daß $\mathrm{E}e(t)$ Lösung der deterministischen Dgl. $\dot{x} = (A - KC)\,x$ ist und daher – im Falle eines asymptotisch stabilen Beobachters – für $t \to \infty$ verschwindet.

Im asymptotischen Sinne ist daher die Schätzung des Systemzustandes durch einen Beobachter mit konstanter Verstärkungsmatrix um so genauer, je kleiner Q^* ist. Die Aufgabe, einen möglichst effizienten zeitinvarianten Beobachter zu entwerfen, führt daher auf folgendes Optimierungsproblem:

> Man finde dasjenige K, für welches die Matrix-Gleichung (11.25) eine möglichst kleine positiv-semidefinite Lösung Q besitzt. $\qquad$ (11.27)

Die vollständige Lösung dieses Problems läßt sich unter einigen nicht sehr einschränkenden Voraussetzungen leicht angeben.

Satz 11.2. Voraussetzungen: (i) *Es ist* $W > 0$. (ii) *Das lineare System* $\dot{x} = Ax$, $y = Cx$ *ist entdeckbar.* (iii) *Ist* α *ein Eigenwert der Matrix* A^{T} *mit* $\mathrm{Re}\,(\alpha) \geqq 0$ *und* p *ein dazugehöriger Eigenvektor, so ist* $Vp \neq 0$.

Behauptung. (i) *Die algebraische Riccati-Gleichung*

$$0 = V - PC^{\mathsf{T}}W^{-1}CP + AP + PA^{\mathsf{T}} \qquad (11.28)$$

besitzt genau eine positiv-semidefinite Lösung P^*. *Jede positiv-semidefinite Lösung* $P(\cdot)$ *der Differentialgleichung (11.22) konvergiert gegen* P^* *für* $t \to \infty$
(ii) *Das Optimierungsproblem (11.27) hat genau eine Lösung, nämlich*

$$K^* := P^*C^{\mathsf{T}}W^{-1}\,. \qquad (11.29)$$

(iii) *Die Matrix $A - K^*C$ hat nur Eigenwerte mit negativem Realteil. Für $K = K^*$ hat die Matrix-Gleichung (11.25) gerade die Lösung P^*. Es stellt P^* das Minimum aller positiv-semidefiniten Matrizen Q dar, die — für irgendeine Spezialisierung von K — Lösungen von (11.25) sind.*

Bemerkungen. 1) Der mit $K = K^*$ gebildete Beobachter (11.23) heißt der optimale zeitinvariante Beobachter.

2) Die Aussage des Satzes fügt der im vorigen Abschnitt gegebenen Beschreibung des Kalman-Bucy Filters noch eine wichtige Erkenntnis hinzu. Für zeitinvariante Systeme und unter den Voraussetzungen des Satzes konvergiert die Kovarianzmatrix des minimalen Schätzfehlers gegen P^* für $t \to \infty$, und zwar unabhängig von der Streuung P_0 des Anfangswertes. Es konvergiert dann auch die Verstärkungsmatrix $K(t)$ des Kalman-Bucy Filters, und zwar gegen K^*. Daher ist es gerechtfertigt, für lange Beobachtungszeiträume mit dem zeitinvarianten optimalen stochastischen Beobachter statt dem Kalman-Bucy Filter zu arbeiten.

Beweis von Satz 11.2. Vermittels der Transformation $t \to -t$ läßt sich die Riccatische Differentialgleichung (11.22) in die Form (10.15) bringen. Man kann daher die Ergebnisse von Abschn. 10.2 sofort auf den vorliegenden Fall anwenden, indem man die Zeitrichtung umdreht und sich die jetzigen Bezeichnungen gemäß dem folgenden Lexikon gegen die früheren ausgetauscht denkt.

Abschnitt 10.2	$Q(t)$	A	R	M
jetzt	$P(-t)$	A^T	V	$C^\mathsf{T} W^{-1} C$

$$(11.30)$$

Die Voraussetzung (iii) bedeutet nun, daß die Bedingung (10.16) erfüllt ist und damit die Aussagen der Sätze 10.3 und 10.4 zutreffen. Es besteht daher diese Alternative:

1. Aussage (i) ist richtig und die Matrix A–K^*C hat nur Eigenwerte mit negativem Realteil,
2. $\lim\limits_{t \to \infty} \|P(t)\| = \infty$ für jede positiv-semidefinite Lösung von (11.22). Die Voraussetzung (ii) ist ferner gemäß Satz 4.2 mit der folgenden Aussage gleichbedeutend: Jeder Eigenvektor p, der zu einem Eigenwert α der Matrix A mit $\mathrm{Re}(\alpha) \geqq 0$ gehört, genügt der Bedingung $Cp \neq 0$ und somit auch der Bedingung $C^\mathsf{T} W^{-1} Cp \neq 0$ (nach bekannten Sätzen über den Nullraum einer symmetrischen semidefiniten Matrix). Man sieht dann sofort anhand des Lexikons (11.30), daß die Bedingung (10.24) erfüllt ist. Es folgt daher aus Satz 10.5, daß die erste der obigen Alternativen und somit die Behauptung (i) richtig ist. Ebenso wissen wir nun, daß alle Eigenwerte der Matrix $A - K^*C$ negativen Realteil besitzen. Die Matrix-Gleichung (11.25) wird für $K = K^*$ lösbar und die eindeutige Lösung wird gerade $Q = P^*$. Dies ergibt sich einfach aus der Tatsache, daß P^* eine Lösung der Riccatischen Gleichung (11.28) ist. Der Zusammenhang zwischen (11.25) und (11.28) läßt sich übrigens noch in anderer Weise ausnutzen. Wenn, für irgendein K, diese Gleichungen eine gemeinsame Lösung $P = Q = P^*$

besitzen, so ist K notwendig von der Form (11.29). Um dies einzusehen, braucht man nur (11.25), (11.28) (für $Q = P = P^*$) voneinander zu subtrahieren und den entstehenden Ausdruck nach dem Muster des Beweises von Hilfssatz 11.1 umzuformen. Man erhält dann diese Beziehung

$$0 = (K - P^* C^\mathsf{T} W^{-1})\, W(K^\mathsf{T} - W^{-1} C P^*)\,.$$

Da W eine positiv-definite symmetrische Matrix ist, folgt daraus sofort die Gültigkeit von (11.29). Damit ist die eine Hälfte der Aussage (ii) – nämlich die Eindeutigkeit der Lösung des Problems (11.27) – gezeigt. Es bleibt noch die Aufgabe, P^* als Minimum der Lösungsmenge von (11.25) nachzuweisen.

Gegeben sei also eine positiv-semidefinite Lösung Q der Gleichung (11.25). Es ist dies dann eine stationäre Lösung der Differentialgleichung (11.24). Aus dem Hilfssatz 11.1 folgt daher $Q \geq P(t)$ für $t \geq 0$, wobei P die Lösung der Riccatischen Dgl. (11.22) mit dem Anfangswert $P(0) = Q$ ist. Aus dem bereits bewiesenen ersten Teil der Behauptung ergibt sich dann schließlich die gewünschte Abschätzung:

$$P^* = \lim_{t \to \infty} P(t) \leq Q\,.$$

Beispiel 11.2. (Gleichstrommotor). Wir übernehmen die Systembeschreibung aus Beispiel 11.1 (vgl. (11.16), (11.17)). Die Intensitätsmatrix V ist bis auf einen von 0 verschiedenen skalaren Faktor gleich dem Produkt kk^T, wobei k die Spalte $(0, 0, 1)^\mathsf{T}$ ist. Die Voraussetzung (iii) von Satz 11.2 bedeutet in diesem Falle, daß ein Eigenvektor von A^T, der zu einem Eigenwert α mit Re $(\alpha) \geq 0$ gehört, nicht zu k orthogonal sein kann. Dies aber ist leicht zu verifizieren. Die Voraussetzung (ii) schließlich besagt nichts anderes als die Entdeckbarkeit des deterministischen Modells (mit Ausgang $y = 0$), die im Falle des Gleichstrom-Motors früher nachgewiesen worden ist (Beispiel 4.2). Daher ist Satz 11.2 auf unser Beispiel anwendbar. Die Riccatische Matrix-Differentialgleichung (11.19) besitzt also eine eindeutig bestimmte positiv-semidefinite stationäre Lösung P^*, gegen die die Kovarianzfunktion $P(\cdot)$ (vgl. Beispiel 11.1) für $t \to \infty$ konvergiert. Darauf haben übrigens die früher erwähnten numerischen Rechnungen schon hingedeutet. Ersetzt man in (11.18) den Spaltenvektor $K(t)$ durch den konstanten Vektor

$$K^* = \frac{1}{W}\, P^*(1, 0, 0)^\mathsf{T}\,,$$

so erhält man den optimalen zeitinvarianten stochastischen Beobachter. Die Koeffizientenmatrix ist $A - K^* C$ und besitzt nur Eigenwerte in der linken Halbebene. Die nachstehenden numerischen Werte für die drei Eigenwerte dieser Matrix beziehen sich auf die in Beispiel 11.2 gewählten Daten: $-11{,}226$ und $-4{,}7610 \pm i\,5{,}8030$.

11.4 Optimale Zustandsschätzung

In diesem Abschnitt sollen Überlegungen skizziert werden, mit deren Hilfe sich die Aussage von Satz 11.1 wesentlich erweitern läßt. Der Kalman-Bucy Filter ist auch dann noch das effektivste Instrument zur Schätzung des Zustandes, wenn man neben den in Abschn. 11.2 betrachteten weitere Möglichkeiten zur Gewinnung von Schätzwerten heranzieht. Genauer gesagt werden wir zeigen, daß jeder stochastische Prozeß, der linear von Eingang $u(\cdot)$ und Ausgang $y(\cdot)$ des Systemes (11.1), (11.2) abhängt, im Sinne der mittleren quadratischen

Abweichung keine bessere Approximation des Systemzustandes darstellt als der Zustand des Kalman-Bucy Filters. Streng genommen wird hier diese Aussage nur für solche Prozesse bewiesen, die in einer speziellen Weise linear von $u(\cdot)$ und $y(\cdot)$ abhängen (siehe die Bemerkung vor Hilfssatz 11.2). Man kann sich – unter Heranziehung entsprechender Hilfsmittel aus der Wahrscheinlichkeitsrechnung – davon überzeugen, daß solche Annahmen in Wirklichkeit überflüssig sind. Wir gehen hierauf jedoch nicht ein, sondern verweisen auf die Literatur (z. B. Kallianpur, 1980).

Im Vordergrund unserer Betrachtungen steht der systemtheoretische Aspekt des nachstehenden Satzes 11.3. Es soll vor allem deutlich werden, wie die Rolle des Kalman-Bucy Filters aus dynamischer Sicht verstanden werden kann, indem wir sie in unmittelbaren Zusammenhang mit bekannten elementaren Aussagen über (deterministische) Differentialgleichungen und -ungleichungen bringen. Der Aufwand, der dazu nötig ist, beschränkt sich im wesentlichen auf die geschickte Auswertung der Ergebnisse des Abschn. 8.5. Das zentrale Hilfsmittel ist hier – wie auch an anderen Stellen in der stochastischen Systhemtheorie – der einfache Zusammenhang zwischen der stochastischen Differentialgleichung, der ein Zufallsprozeß genügt, und derjenigen deterministischen Differentialgleichung, der die zugehörige Kovarianzmatrix genügt.
Die Ergebnisse dieses Abschnittes sind insbesondere für Gauß-Markov-Prozesse von Bedeutung. Es ist wohlbekannt, daß für solche Prozesse der bedingte Erwartungswert von $x(t)$ „unter der Hypothese $(u(s), y(s)), s \leqq t$" eine lineare Funktion von $u(\cdot)$ und $y(\cdot)$ ist und somit auch unter diejenigen Zustandsschätzungen fällt, die wir jetzt als Konkurrenz zum Kalman-Bucy Filter zulassen. Es ist daher klar, daß der Zustand des Kalman-Bucy Filters im Sinne der Wahrscheinlichkeitsrechnung die beste Prognose über den Systemzustand darstellt, die sich aufgrund von Messungen des Ein- und Ausgangs überhaupt abgeben läßt. Wir begnügen uns mit diesen kurzen Bemerkungen zum wahrscheinlichkeitstheoretischen Hintergrund der folgenden Betrachtungen und verweisen im übrigen wieder auf die Literatur.

Als Nächstes wollen wir erklären, was gemeint ist, wenn von der linearen Abhängigkeit des Prozesses $\xi(\cdot)$ vom Prozeß $\eta(\cdot)$ die Rede ist. Diese Aussage soll im folgenden stets im Sinne einer Darstellbarkeit von $\xi(\cdot)$ in der Form

$$\xi(t) = \xi_0(t) + \int_{t_0}^{t} L(t, s)\, d\eta(s)\,, \qquad t \geqq t_0\,, \tag{11.31}$$

verstanden werden. Es bedeuten ξ_0 und L dabei einen Vektor bzw. eine Matrix, deren Elemente deterministische Funktionen von t und s sind. Das Integral hat man sich nach dem Muster von Abschn. 8.4 als Grenzwert von Näherungssummen definiert zu denken. Im folgenden werden wir annehmen, daß Integrationen über stochastische Prozesse und die Bildung von Erwartungswerten vertauschbare Operationen sind.

Hilfssatz 11.2. *Es seien* $\xi(t), \eta(t), t \geqq t_0$, *stochastische Prozesse und es sei* $\hat{\xi}(t)$ *eine Schätzung von* $\xi(t)$, *die linear vom Prozeß* $\eta(s), t_0 \leqq s \leqq t$, *abhängt.*
Behauptung. *Die Bedingungen*

$$\mathrm{E}\hat{\xi}(t) = \mathrm{E}\xi(t)\,, \quad \mathrm{E}[\xi(t) - \hat{\xi}(t)]\,[\eta(s) - \eta(t_0)]^{\mathsf{T}} = 0\,, \qquad t_0 \leqq s \leqq t\,, \tag{11.32}$$

sind notwendig und hinreichend dafür, daß $\hat{\xi}(t)$ optimal ist im Sinne der mittleren quadratischen Abweichung, verglichen mit allen in $\eta(\cdot)$ linearen Schätzungen.

Beweis. Ausgangspunkt ist die folgende Matrizen-Identität (ζ, ξ, $\hat{\xi}$ sind im Moment Vektoren gleicher Dimension, die Komponenten unabhängige Variable):

$$(\zeta - \xi)(\zeta - \xi)^\mathsf{T} = (\zeta - \hat{\xi} - \xi + \hat{\xi})(\zeta - \hat{\xi} - \xi + \hat{\xi})^\mathsf{T} \tag{11.33}$$

$$= (\zeta - \hat{\xi})(\zeta - \hat{\xi})^\mathsf{T} - (\zeta - \hat{\xi})(\xi - \hat{\xi})^\mathsf{T} - (\xi - \hat{\xi})(\zeta - \hat{\xi})^\mathsf{T}$$

$$+ (\xi - \hat{\xi})(\xi - \hat{\xi})^\mathsf{T}.$$

Wir denken uns nun neben $\hat{\xi}(\cdot)$ noch einen weiteren stochastischen Prozeß $\zeta(\cdot)$ gegeben, der ebenfalls linear von $\eta(\cdot)$ abhängt. Die Differenz zwischen $\hat{\xi}(\cdot)$ und $\zeta(\cdot)$ läßt sich dann – gemäß unserer Vorbemerkung – in der Form

$$\zeta(t) - \hat{\xi}(t) = \zeta_0(t) - \hat{\xi}_0(t) + \int\limits_{t_0}^{t} L(t, s)\, d\eta(s) \tag{11.34}$$

darstellen. Daraus erhält man die nachstehende Beziehung:

$$(\xi(t) - \hat{\xi}(t))(\zeta(t) - \hat{\xi}(t))^\mathsf{T} = (\xi(t) - \hat{\xi}(t))(\zeta_0(t) - \hat{\xi}_0(t))^\mathsf{T}$$

$$+ \int\limits_{t_0}^{t} (\xi(t) - \hat{\xi}(t))(L(t, s)\, d\eta(s))^\mathsf{T}. \tag{11.35}$$

Es sei nun $t_0 = s_0 \leqq s_1 \leqq s_2 \leqq \ldots \leqq s_N = t$ eine Unterteilung des Intervalles $[t_0, t]$. Aus den Voraussetzungen (11.32) ergibt sich dann (Induktion nach i!)

$$\mathrm{E}[\xi(t) - \hat{\xi}(t)][\zeta_0(t) - \hat{\xi}_0(t)]^\mathsf{T} = 0, \tag{11.36a}$$

$$\mathrm{E}[\xi(t) - \hat{\xi}(t)][L(t, s_{i-1})(\eta(s_i) - \eta(s_{i-1}))]^\mathsf{T} = 0, \qquad i = 1, \ldots, N. \tag{11.36b}$$

Indem man (11.36b) über i summiert, sieht man, daß die zur gewählten Unterteilung von $[t_0, t]$ gehörige Näherungssumme für das Integral auf der rechten Seite von (11.35) den Erwartungswert 0 besitzt. Da die Erwartungswerte der Näherungssumme gegen den Erwartungswert des Integrales konvergieren wird auch

$$\mathrm{E}[\xi(t) - \hat{\xi}(t)][\zeta(t) - \hat{\xi}(t)]^\mathsf{T} = 0. \tag{11.37}$$

Wir denken uns nun in der Identität (11.33) die Unbestimmten durch die entsprechenden Zufallsvariablen $\xi(t)$, $\zeta(t)$, $\hat{\xi}(t)$ ersetzt und auf beiden Seiten den Erwartungswert gebildet. Wegen (11.37) verschwinden dann die beiden mittleren Terme auf der rechten Seite und es verbleibt eine Beziehung, aus der man sofort nachstehende Ungleichung abliest

$$\mathrm{E}[\zeta(t) - \xi(t)][\zeta(t) - \xi(t)]^\mathsf{T} \geqq \mathrm{E}[\xi(t) - \hat{\xi}(t)][\xi(t) - \hat{\xi}(t)]^\mathsf{T},$$

wobei das Gleichheitszeichen steht, falls $\zeta(t) = \hat{\xi}(t)$ ist. Indem man diese Relation von links und rechts mit $\sqrt{S}$ multipliziert und wieder die Identität $x^{\mathsf{T}}y = \mathrm{Sp}\,(yx^{\mathsf{T}})$ benutzt, ergibt sich schließlich

$$\mathrm{E}[\zeta(t) - \xi(t)]^{\mathsf{T}}\, S[\zeta(t) - \xi(t)] \geqq \mathrm{E}[\hat{\xi}(t) - \xi(t)]^{\mathsf{T}}\, S[\hat{\xi}(t) - \xi(t)]\,.$$

Damit haben wir gezeigt: Wenn $\hat{\xi}(t)$ eine Schätzung von $\xi(t)$ ist, die den Beziehungen (11.32) genügt, so ist $\hat{\xi}(t)$ optimal im Vergleich mit allen linearen Schätzungen $\zeta(t)$.

Es bleibt noch die Aufgabe, das Bestehen der Beziehung (11.32) als notwendige Optimalitätsbedingungen für lineare Schätzungen von $\xi(t)$ nachzuweisen. Zu diesem Zwecke bemerken wir zunächst dies: Wenn $\hat{\xi}(t)$ optimal ist, so müssen $\mathrm{E}\hat{\xi}(t) = \mathrm{E}\xi(t)$ und

$$\mathrm{Sp}\left(\mathrm{E}\left\{\int_{t_0}^{t} (\xi(t) - \hat{\xi}(t))\,(L(t,\,s)\,d\eta(s))^{\mathsf{T}}\right\}\right) = 0 \tag{11.38}$$

sein für jede deterministische Funktion $L(t,\,s)$ (sofern das Integral (11.31) existiert). Dies sieht man sofort mit Hilfe eines aus der elementaren Variationsrechnung wohlbekannten Schlußweise. Man betrachtet

$$\zeta(t,\,\varepsilon_1,\,\varepsilon_2) := \hat{\xi}(t) + \varepsilon_1\zeta_0(t) + \varepsilon_2 \int_{t_0}^{t} L(t,\,s)\,d\eta(s)\,,$$

wobei ε_1 und ε_2 skalare Parameter sind. $\mathrm{E}[\zeta(t,\,\varepsilon_1,\,\varepsilon_2) - \xi(t)]^{\mathsf{T}}\,[\zeta(t,\,\varepsilon_1,\,\varepsilon_2) - \xi(t)]$ wird dann ein quadratischer Ausdruck in ε_1 und ε_2, welcher an der Stelle $\varepsilon_1 = \varepsilon_2 = 0$ ein relatives Minimum hat. Daher müssen die Koeffizienten von ε_1 und ε_2 verschwinden. Besagte Koeffizienten sind aber $2\mathrm{E}\,([\hat{\xi}(t) - \xi(t)]^{\mathsf{T}}\,\zeta_0(t))$ und bis auf den Faktor -2 der Ausdruck auf der linken Seite von (11.38). Man erkennt dies sofort, wenn man in der Identität (11.33) ζ bzw. ξ, $\hat{\xi}$ durch $\zeta(t,\,\varepsilon_1,\,\varepsilon_2)$ bzw. $\xi(t)$, $\hat{\xi}(t)$ ersetzt und dann von beiden Seiten erst den Erwartungswert und dann die Spur bildet. Da $\zeta_0(t)$ ein beliebiger Vektor ist, folgt sofort daß $\mathrm{E}[\hat{\xi}(t) - \xi(t)] = 0$. Setzt man weiter speziell

$$L(t,\,s) = \begin{cases} L & \text{für} \quad t_0 \leqq s \leqq s'\,, \\ 0 & \text{für} \quad s > s'\,, \end{cases}$$

wobei L eine konstante Matrix ist, so erhält man aus (11.38) diese Beziehung

$$\mathrm{E}\{\mathrm{Sp}\,[\xi(t) - \hat{\xi}(t)]\,[L(\eta(s') - \eta(t_0))]^{\mathsf{T}} = 0\,.$$

Da L eine beliebige Matrix sein darf, ergibt sich daraus schließlich die gewünschte Aussage (11.32) (mit s' statt s). Man benutzt hierbei die Tatsache, daß man jedes Produkt $\xi_i\eta_j$ mit Hilfe einer geeigneten Matrix L in der Form $\mathrm{Sp}\,(\xi(L\eta)^{\mathsf{T}})$ darstellen kann, falls $\xi = (\xi_1,\,\dots,\,\xi_n)^{\mathsf{T}}$, $\eta = (\eta_1,\,\dots,\,\eta_n)^{\mathsf{T}}$. $\qquad\square$

Nach diesen Vorbetrachtungen kommen wir nun zum eigentlichen Thema dieses Abschnittes. Gegeben sei ein lineares System in der bisher üblichen Beschreibung (vgl. (11.1), (11.2)). Den Zustand zur Zeit t bezeichnen wir wie bisher mit $x(t)$. Von den Störprozessen $v(t)$, $w(t)$ setzen wir wieder voraus, daß sie unabhängige Wiener-Prozesse mit Intensitätsmatrizen $V(t)$, $W(t) > 0$ sind. Der Anfangszustand x_0 ist eine von $v(t)$ und $w(t)$ unabhängige Zufallsgröße.

Um die Systembeschreibung zu vervollständigen brauchen wir noch Angaben über die Eingangsgröße $u(\cdot)$ sowie über den Anfangswert $y(t_0)$ des Ausgangs. Man beachte, daß durch die Beziehung (11.1) nur der Zuwachs von $y(\cdot)$ in Abhängigkeit vom Systemzustand definiert wird. Um über $y(t)$ selbst etwas aussagen zu können, benötigt man noch die Kenntnis des Anfangswertes $y(t_0)$. Für den Rest des Kapitels machen wir die folgende Generalvoraussetzung:

(i) $y(t_0)$ ist eine von $v(\cdot)$, $w(\cdot)$, x_0 unabhängige Zufallsvariable;

(ii) $u(\cdot)$ läßt in der Form $u_0(\cdot) + u_1(\cdot)$ zerlegen, $u_1(t_0)$ und $u_0(\cdot)$ ist von   (11.39)
    x_0, $v(\cdot)$, $w(\cdot)$ unabhängig, $u_1(\cdot)$ hängt linear von $y(\cdot)$ ab.

Wir berücksichtigen also die Möglichkeit einer reinen open-loop wie auch einer closed-loop Steuerung, wobei letztere aber den Einschränkungen unterliegen soll, die wir in Abschn. 11.1 angegeben haben.

Wie in Abschn. 11.2 bedeutet $x(\cdot)$ bzw. $\hat{x}(\cdot)$ den Zustand des Systems bzw. des Kalman-Bucy Filters. Es ist $\hat{x}(\cdot)$ also die Lösung von (11.4), (11.5), wobei die Matrix $K(\cdot)$ gemäß Satz 11.1 und der Anfangszustand $\hat{x}_0$ als Erwartungswert $\mathrm{E}x_0$ gewählt wird. Wir setzen wieder

$$e(t) := x(t) - \hat{x}(t) \tag{11.40}$$

und bemerken, daß $e(\cdot)$ Lösung des Anfangswertproblems (11.8), (11.15) ist. Es hängt $e(t)$ also nur von $v(\cdot)$, $w(\cdot)$, x_0 ab; daher ergeben sich aus (11.39) und der Tatsache, daß $\mathrm{E}e(t_0) = 0$ ist, die folgenden Beziehungen: $\mathrm{E}e(t) = 0$,

$$\mathrm{E}e(t)\,u_0(s)^\mathsf{T} = 0\,, \quad \mathrm{E}e(t)\,y(t_0)^\mathsf{T} = 0\,, \quad \mathrm{E}e(t)\,u_1(t_0)^\mathsf{T} = 0\,, \quad t_0 \leqq s \leqq t\,. \tag{11.41}$$

Satz 11.3. *Für jedes $t \geq t_0$ repräsentiert $\hat{x}(t)$ die beste Schätzung von $x(t)$ im Vergleich mit allen stochastischen Prozessen, die linear von $u(\cdot)$ und $y(\cdot)$ abhängen.*

Beweis. Wir bemerken zunächst, daß jede Lösung einer stochastischen Differentialgleichung der Form (11.4), (11.5) — und somit auch $\hat{x}(\cdot)$ – linear von $u(\cdot)$, $y(\cdot)$ abhängt. Das erkennt man am einfachsten anhand der Formel für die Variation der Konstanten (Abschn. 8.5). Gemäß Hilfssatz 11.2 ist daher die Aussage des Satzes mit der Gültigkeit der folgenden Beziehungen gleichbedeutend

$$\mathrm{E}e(t) = 0\,, \quad \mathrm{E}e(t)\,[y(s) - y(t_0)]^\mathsf{T} = 0\,, \quad \mathrm{E}e(t)\,[u(s) - u(t_0)]^\mathsf{T} = 0\,,$$

$$t_0 \leqq s \leqq t\,, \tag{11.42}$$

(zur Definition von $e(\cdot)$ vgl. (11.40)). Wegen (11.41) lassen sie sich auch in der folgenden Form schreiben

$$\mathrm{E}e(t)\,y(s)^\mathsf{T} = 0\,, \quad \mathrm{E}e(t)\,u_1'(s)^\mathsf{T} = 0\,, \quad t_0 \leqq s \leqq t\,.$$

Nun hat man für $u_1(\cdot)$ eine Integraldarstellung von Typ (11.31) – mit y an Stelle von η – und daraus erkennt man sofort, daß die zweite der beiden obigen Relationen eine Folge der ersten ist (N.B.: $Ee(t) = 0$!). Es ist mithin zu zeigen, daß

$$Ee(t)\,[y(s) - y(t_0)]^\mathsf{T} = 0\,, \qquad t_0 \leqq s \leqq t\,, \tag{11.42'}$$

gilt. Wir tun dies in drei Schritten.

1. Schritt. Wir führen zwei Prozesse $\bar{x}(t)$, $\eta(t)$ als Lösungen der folgenden Anfangswertprobleme ein.

$$d\bar{x}(t) = A(t)\,\bar{x}(t)\,dt + B(t)\,u(t)\,dt\,, \qquad \bar{x}(t_0) = \bar{x}_0(= Ex_0)\,, \tag{11.43}$$

$$d\eta(t) = dy(t) - C(t)\,\bar{x}(t)\,dt\,, \qquad \eta(t_0) = 0\,.$$

Ferner setzen wir $\xi(t) := x(t) - \bar{x}(t)$. Es ist dann ξ Lösung des Anfangswertproblems

$$d\xi(t) = A(t)\,\xi(t)\,dt + dv(t)\,, \qquad \xi(t_0) = x_0 - \hat{x}_0\,, \tag{11.44}$$

und es kann die zweite der Gleichungen (11.43) auch so geschrieben werden

$$d\eta(t) = C(t)\,\xi(t)\,dt + dw(t)\,. \tag{11.45}$$

Der Beweis des Satzes gründet sich nun auf die Relation

$$Ee(t)\,\eta(t)^\mathsf{T} = 0\,, \qquad t \geqq t_0\,, \tag{11.46}$$

die wir jetzt herleiten wollen. Zu diesem Zwecke bemerken wir zunächst, daß sich das Tripel ξ, e, η als Lösung des nachstehenden Systems von stochastischen Differentialgleichungen interpretieren läßt

$$d\eta(t) = C(t)\,\xi(t)\,dt + dw(t)\,.$$

$$de(t) = (A(t) - K(t)\,C(t))\,e(t)\,dt - K(t)\,dw(t) + dv(t)\,, \tag{11.47}$$

$$d\xi(t) = A(t)\,\xi(t)\,dt + dv(t)\,,$$

(vgl. (11.44), (11.8), (11.45)). Die Kovarianzmatrix

$$Q(t) := E[\xi(t), e(t), \eta(t)]^\mathsf{T}\,[\xi(t)^\mathsf{T}, e(t)^\mathsf{T}, \eta(t)^\mathsf{T}] \tag{11.48}$$

ist daher Lösung der Matrix-Differentialgleichung

$$\dot{Q} = Q \begin{pmatrix} A^\mathsf{T} & 0 & C^\mathsf{T} \\ 0 & A^\mathsf{T} - C^\mathsf{T}K^\mathsf{T} & 0 \\ 0 & 0 & 0 \end{pmatrix} + \begin{pmatrix} A & 0 & 0 \\ 0 & A - KC & 0 \\ C & 0 & 0 \end{pmatrix} Q + \begin{pmatrix} V & V & 0 \\ V & V + KWK^\mathsf{T} & -KW \\ 0 & -WK^\mathsf{T} & W \end{pmatrix}$$

(vgl. Abschn. 8.5); das Argument t in der Koeffizientenmatrix lassen wir der Einfachheit halber bis auf weiteres weg). Der Anfangswert ist gegeben durch

$$\mathrm{E}[x_0 - \bar{x}_0, x_0 - \bar{x}_0, 0]\,[x_0 - \bar{x}_0, x_0 - \bar{x}_0, 0]^\mathsf{T} = \begin{pmatrix} P_0 & P_0 & 0 \\ P_0 & P_0 & 0 \\ 0 & 0 & 0 \end{pmatrix},$$

wobei $P_0 := \mathrm{E}[x_0 - \bar{x}_0]\,[x_0 - x_0]^\mathsf{T}$. Wir denken uns die Lösungsmatrix $Q(t)$ entsprechend der Aufspaltung des Lösungsvektors (11.48) in Blöcke zerlegt:

$$Q = \begin{pmatrix} Q_{11} & Q_{21}^\mathsf{T} & Q_{31}^\mathsf{T} \\ Q_{21} & Q_{22} & Q_{32}^\mathsf{T} \\ Q_{31} & Q_{32} & Q_{33} \end{pmatrix}. \tag{11.49}$$

Die beiden Matrizen Q_{32}, Q_{21} genügen dann den folgenden Bedingungen

$$\dot{Q}_{32} = Q_{32}(A^\mathsf{T} - C^\mathsf{T}K^\mathsf{T}) + CQ_{21}^\mathsf{T} - WK^\mathsf{T}, \qquad Q_{32}(t_0) = 0, \tag{11.50}$$

$$\dot{Q}_{21} = Q_{21}A^\mathsf{T} + (A - KC)Q_{21} + V, \qquad Q_{21}(t_0) = P_0.$$

Man bestätigt nun sofort, daß diese Beziehungen sich auch durch folgende Wahl von Q_{32}, Q_{21} erfüllen lassen: $Q_{32}(t) = 0$, $Q_{21}(t) = P(t) = \mathrm{var}\,(e(t))$, (vgl. Satz 11.1, (11.14), (11.15)). Dies ist übrigens genau die Stelle des Beweises, an der wir die Eigenschaften des Kalman-Bucy Filters, die im Abschn. 11.2 hergeleitet wurden, ausnutzen. Es lassen sich die Relationen (11.50) aber als ein Anfangswertproblem für ein System linearer Differentialgleichungen interpretieren; daher folgt aus dem Eindeutigkeitssatz, daß auch das Element Q_{32} in der Matrix (11.49) identisch in t verschwinden muß. Es ist aber, gemäß der Definition (11.48) von Q, Q_{32}^T gleich dem Ausdruck auf der linken Seite der Beziehung (11.46), die damit bewiesen ist.

Aus der Markov-Eigenschaft des Prozesses $e(\cdot)$ und aufgrund der Tatsache, daß $\eta(s)$ nicht von $v(t)$, $w(t)$ für $t > s$ abhängt, läßt sich schließlich die folgende weitergehende Aussage gewinnen:

$$\mathrm{E}e(t)\,\eta(s)^\mathsf{T} = \mathrm{E}\{[e(t) - e(s)]\,\eta(s)^\mathsf{T}\} + \mathrm{E}\{e(s)\,\eta(s)^\mathsf{T}\} = 0, \qquad t_0 \leqq s \leqq t. \tag{11.51}$$

2. *Schritt.* Es soll jetzt der Nachweis geführt werden, daß auch

$$\mathrm{E}e(t)\,\bar{x}(s)^\mathsf{T} = 0, \qquad t_0 \leqq s \leqq t, \tag{11.52}$$

gilt. Wir gehen aus von der Beziehung

$$y(s) - y(s') = \eta(s) - \eta(s') + \int_{s'}^{s} C(\lambda)\,\bar{x}(\lambda)\,d\lambda \tag{11.53}$$

(vgl. (11.43)), und wenden (11.51) an. Dies ergibt die Beziehung

$$\mathrm{E}e(t)\,[y(s) - y(s')]^\mathsf{T} = \int_{s'}^{s} [\mathrm{E}e(t)\,\bar{x}(\lambda)^\mathsf{T}]\,C(\lambda)^\mathsf{T}\,d\lambda, \qquad t_0 \leq s', \qquad s \leq t, \tag{11.54}$$

mit deren Hilfe wir den Erwartungswert der Matrix $e(t)\, u_1(s)^\mathsf{T}$ berechnen wollen. Wir erinnern zu diesem Zweck an unsere Generalvoraussetzung (11.39). Es läßt sich demnach $u_1(s)$ für $s \geqq t_0$ mit Hilfe geeigneter deterministischer Funktionen $\tilde{u}_1$, L in der Form

$$u_1(s) = \int\limits_{t_0}^{s} L(s, \sigma)\, dy(\sigma) + \tilde{u}_1(s) \tag{11.55}$$

darstellen (vgl. (11.31). Daraus ergibt sich – wegen $\mathrm{E}e(t) = 0$ –

$$\mathrm{E}e(t)\, u_1(s)^\mathsf{T} = \int\limits_{t_0}^{s} \left[\mathrm{E}e(t)\, \bar{x}(\sigma)^\mathsf{T} \right] C(\sigma)^\mathsf{T}\, L(s, \sigma)^\mathsf{T}\, d\sigma, \qquad t_0 \leq s \leq t, \tag{11.56}$$

und zwar einfach durch Kombination von (11.54), (11.55) und Ausnutzung der Tatsache, daß stochastische Integration und Bildung des Erwartungswertes vertauschbare Operationen sind. Es läßt sich nämlich der auf der linken Seite von (11.56) stehenden Erwartungswert durch Riemannsche Summen der Form

$$\sum_i \mathrm{E}\{e(t)\, [y(\sigma_i) - y(\sigma_{i-1})]^\mathsf{T}\}\, L(s, \sigma_i)^\mathsf{T}$$

approximieren. Aus (11.54) folgt aber nun, daß diese Summen mit feiner werdender Unterteilung gegen das Integral auf der rechten Seite von (11.56) konvergieren.

Wir denken uns jetzt t fest gewählt und setzen zur Abkürzung für den Moment

$$X(s) := \mathrm{E}\bar{x}(s)\, e(t)^\mathsf{T}, \quad U(s) := \mathrm{E}u_1(s)\, e(t)^\mathsf{T}, \quad t_0 \leqq s \leqq t. \tag{11.57}$$

Mit Hilfe der Übergangsmatrix $\Phi(t, s)$ der Differentialgleichung $\dot{x} = A(t)\, x$ kann man nun gemäß (11.39), (11.43) $\bar{x}(s)$ folgendermaßen darstellen

$$\bar{x}(s) = \Phi(s, t_0)\, \bar{x}_0 + \int\limits_{t_0}^{s} \Phi(s, \sigma)\, B(\sigma)\, u_0(\sigma)\, d\sigma + \int\limits_{t_0}^{s} \Phi(s, \sigma)\, B(\sigma)\, u_1(\sigma)\, d\sigma.$$

Multipliziert man diese Beziehung mit $e(t)^\mathsf{T}$ von rechts und bildet dann den Erwartungswert, so fallen die beiden ersten Terme auf der rechten Seite weg (wegen $\mathrm{E}e(t) = 0$, $\mathrm{E}e(t)\, u_0(s)^\mathsf{T} = 0$, vgl. (11.41)). Die verbleibende Beziehung bildet dann zusammen mit (11.56) ein System von Integralgleichungen für das Paar $X(s)$, $U(s)$ (vgl. (11.57)):

$$U(s) = \int\limits_{t_0}^{s} L(s, \sigma)\, C(\sigma)\, X(\sigma)\, d\sigma, \qquad X(s) = \int\limits_{t_0}^{s} \Phi(s, \sigma)\, B(\sigma)\, U(\sigma)\, d\sigma, \qquad s \geq t_0.$$

Ein solches System hat aber nur die triviale Lösung, also ist notwendig $U(s) = 0$, $X(s) = 0$, und dies ist gerade die jetzt anstehende Aussage (11.52) (vgl. auch (11.57).

Daß ein homogenes System von Integralgleichungen der Form

$$z(t) = \int\limits_{t_0}^{t} K(t, s)\, z(s)\, ds, \qquad t \geq t_0, \tag{11.58}$$

nur in trivialer Weise zu erfüllen ist, kann man sich im übrigen mit ganz einfachen Argumenten klarmachen (vgl. etwa [KK], Kap. 1, Korollar zu Satz 3.1). Aus (11.58) folgt nämlich

$$\| z(t) \| \leq \varkappa(t) \int\limits_{t_0}^{t} \| z(s) \|\, ds \, , \qquad \text{wobei} \quad \varkappa(t) = \underset{t_0 \leq s \leq t}{\text{Max}} \| K(t, s) \| \, .$$

Daher ist notwendig $\| z(t) \| = 0, \; t \geq t_0$.

3. Schritt. Wir benutzen noch einmal (11.53), und zwar in der folgenden Form (N. B. $\eta(t_0) = 0$, vgl. (11.43)!)

$$(y(s) - y(t_0))^\top = \eta(s)^\top + \int\limits_{t_0}^{s} \bar{x}(\lambda)^\top \, C(\lambda)^\top \, d\lambda \, .$$

Um die zu beweisende Aussage (11.42') zu bekommen, braucht man diese Beziehung nur auf beiden Seiten mit $e(t)$, $t \geq s$, zu multiplizieren und den Erwartungswert zu bilden. Alles weitere ergibt sich dann aus (11.51), (11.52). $\square$

Späterer Anwendungen halber halten wir noch die beiden nachstehenden Nebenresultate fest. Es ist

$$\mathrm{E}e(t)\, u(s)^\top = 0 \quad \text{und} \quad \mathrm{E}e(t)\, \hat{x}(s)^\top = 0 \, , \qquad t_0 \leq s \leq t \, . \tag{11.59}$$

Die erste Beziehung liest man unmittelbar aus (11.41), (11.42) ab, die zweite ist mit der Aussage $\mathrm{E}e(t)\, [\hat{x}(s) - \bar{x}(s)]^\top = 0$ gleichbedeutend (vgl. (11.52)). Daß letztere richtig ist, sieht man so ein.
$\bar{e}(t) := \hat{x}(t) - \bar{x}(t)$ ist Lösung des Anfangswertproblems

$$d\bar{e} = (A(t) - K(t)\, C(t))\, \bar{e}\, dt + K(t)\, d\eta \, , \qquad \bar{e}(t_0) = 0 \, .$$

Das ergibt sich einfach durch Kombination von (11.4), (11.5) und (11.43); $\bar{e}(\cdot)$ hängt also linear von $\eta(\cdot)$ ab, daher hat die Beziehung (11.51) auch zur Folge, daß $\mathrm{E}e(t)\, \bar{e}(s)^\top$ für $t \geq s$ verschwindet (N.B. $\eta(t_0) = 0$!).

11.5 Optimale Ausgangsrückführung

In diesem Abschnitt greifen wir noch einmal das lineare stochastische Reglerproblem auf, d. h. wir betrachten das folgende Variationsproblem: Minimiere

$$I(u(\cdot)) := \mathrm{E}\left\{ \int\limits_{t_0}^{t_e} [x(t)^\top\, R_1(t)\, x(t) + u(t)^\top\, R_2(t)\, u(t)]\, dt + x(t_e)^\top\, R_0 x(t_e) \right\} \tag{11.60}$$

unter der Nebenbedingung

$$dx(t) = A(t)\, x(t)\, dt + B(t)\, u(t)\, dt + G(t)\, dv(t) \, , \qquad x(t_0) = x_0 \, . \tag{11.61}$$

Hier ist $v(t)$ ein Wiener-Prozeß mit Intensitätsmatrix $V(t)$. Im Gegensatz zu den Betrachtungen in Abschn. 9.3 schränken wir aber jetzt die Klasse der zulässigen

Steuerfunktionen ein. Neben den dynamischen Gleichungen (11.60) sei noch ein Systemausgang in der Form

$$dy(t) = C(t)\, x(t)\, dt + dw(t)\,, \qquad y(t_0) = 0\,, \tag{11.62}$$

gegeben. Zulässige Steuerungen sind alle stochastischen Prozesse, welche der Forderung (11.39), (ii), genügen.

Im übrigen machen wir hinsichtlich der stochastischen Daten die gleichen Voraussetzungen wie früher: $v(t)$, $w(t)$ sind unabhängige Wiener Prozesse der Intensität $V(t) \geq 0$, $W(t) > 0$, x_0 ist eine Zufallsgröße mit Gauß-Verteilung und ist von $v(t)$, $w(t)$ unabhängig.

Die vollständige Lösung dieses Variationsproblems formulieren wir als

Satz 11.4. *Für jede zulässige Steuerung ist*

$$I(u(\cdot)) \geq \mathrm{E}x(t_0)^\mathsf{T}\, Q(t_0)\, x(t_0) + \int_{t_0}^{t_e} \mathrm{Sp}\ (Q(t)\, G(t)\, V(t)\, G(t)^\mathsf{T})\, dt$$

$$+ \int_{t_0}^{t_e} \mathrm{Sp}\ (F(t)^\mathsf{T}\, R_2(t)\, F(t)\, P(t))\, dt\,,$$

und das Gleichheitszeichen steht wenn man die Steuerung nach folgender Maßgabe spezialisiert:

$$u(t) = -F(t)\, \hat{x}(t)\,, \qquad t_0 \leqq t \leqq t_e\,.$$

Dabei ist $\hat{x}(t)$ der Zustand des dynamischen Beobachters mit der Verstärkungsmatrix

$$K(t) := P(t)\, C(t)^\mathsf{T}\, W(t)^{-1}$$

und dem Anfangszustand $\hat{x}(t_0) = \bar{x}_0 = \mathrm{E}(x_0)$. Ferner ist die Rückführmatrix $F(t)$ gegeben durch

$$F(t) := R_2(t)^{-1}\, B(t)^\mathsf{T}\, Q(t)\,, \qquad t_0 \leqq t \leqq t_e\,. \tag{11.63}$$

$Q(t)$ hat die gleiche Bedeutung wie in Abschn. 9.2 und ist die Lösung der zum deterministischen Reglerproblem gehörigen Riccatischen Matrix-Differentialgleichung

$$\dot{Q} = -A(t)^\mathsf{T}\, Q - QA(t) - R_1(t) + Q(t)\, B(t)\, R_2(t)^{-1}\, B(t)^\mathsf{T}\, Q(t)$$

mit dem Anfangswert $Q(t_e) = R_0$. $P(t)$ hat die gleiche Bedeutung wie in Abschn. 11.2, es ist die Varianzmatrix des Schätzfehlers und genügt den Bedingungen

$$\dot{P} = A(t)\, P + PA(t)^\mathsf{T} + G(t)\, V(t)\, G(t)^\mathsf{T} - PC(t)^\mathsf{T}\, W(t)^{-1}\, C(t)\, P\,,$$

$$P(t_0) = P_0 = \mathrm{var}\ x_0\,.$$

Bemerkung. Die Aussage des Satzes kann auch so formuliert werden: Optimale Ausgangsrückführung ist nichts anderes als die naheliegende Kombination von optimaler Zustandsrückführung und optimaler Zustandsschätzung. Man benutzt das gleiche Steuergesetz wie bei der Zustandsrückführung, ersetzt aber den tatsächlichen (und somit nicht bekannten) Zustand durch die bestmögliche Schätzung. Mit anderen Worten: Die Funktion eines Reglers, mit dessen Hilfe sich die bestmögliche Steuerung unter ausschließlicher Benutzung des Ausgangs bewerkstelligen läßt, vereinigt in sich die beiden Funktionen: Bestmögliche Schätzung des Zustands und bestmögliche Rückführung des Zustandes (Separationsprinzip).

Die Aussage des Satzes enthält auch eine präzise Antwort auf die Frage, um wieviel schlechter Ausgangsrückführung im Vergleich mit Zustandsrückführung ist. Es ist nämlich

$$\mathrm{E}x(t_0)^\top Q(t_0)\, x(t_0) + \int_{t_0}^{t_e} \mathrm{Sp}\ (Q(t)\, G(t)\, V(t)\, G(t)^\top)\, dt$$

gleich dem Minimum des Zielfunktionals $I(u(\cdot))$ für das stochastische Reglerproblem (vgl. Abschn. 9.3).

Beweis. Wir gehen aus von den zum deterministischen Reglerproblem gehörigen Funktionen H und H_0 (vgl. Abschn. 9.2)

$$H(t, x, u, \lambda) := x^\top R_1(t)\, x + u^\top R_2(t)\, u + \lambda^\top((A(t)\, x + B(t)\, u)\,,$$

$$H_0(t, x, \lambda) := H\left(t, x, -\frac{1}{2}\, R_2^{-1}(t)\, B(t)^\top \lambda, \lambda\right).$$

Es läßt sich die Differenz von H und H_0 auch in der folgenden Form schreiben

$$\left[u + \frac{1}{2}\, R_2(t)^{-1}\, B(t)^\top \lambda\right]^\top R_2(t) \left[u + \frac{1}{2}\, R_2(t)^{-1}\, B(t)^\top \lambda\right],$$

wie man sofort durch Nachrechnen bestätigt. Unter Benutzung der Bezeichnung (11.63) können wir also die nachstehenden Beziehungen notieren:

$$H(t, x, u, 2Q(t)\, x) - H_0(t, x, 2Q(t)\, x) = [u + F(t)\, x]^\top R_2(t)[u + F(t)\, x]\,.$$

$$(11.64)$$

Es sei nun $u(\cdot)$ eine zunächst beliebige Steuerfunktion, die in Bezug auf $v(\cdot)$ nicht vorgreifend ist. Für den zugehörigen Wert des Zielfunktionals haben wir beim Beweis des Satzes 9.2 die nachstehende Darstellung gefunden (vgl. (9.37), (9.38)):

$$I(u(\cdot)) = \mathrm{E}\, \varphi(t_0, x(t_0))$$

$$+ \mathrm{E}\left\{\int_{t_0}^{t_e} \left[H\left(t, x(t), u(t), \frac{\partial \varphi}{\partial x}(t, x(t))\right) - H_0\left(t, x(t), \frac{\partial \varphi}{\partial x}(t, x(t))\right)\right] dt\right\},$$

wobei φ die Lösung des Anfangswertproblemes (9.35), (9.36) ist. Wie wir in Abschn. 9.3 gesehen hatten, ist diese Lösung explizit darstellbar als

$$\varphi(t, x) = x^\top Q(t)\, x + \int_{t}^{t_e} \mathrm{Sp}\ (Q(\tau)\, G(\tau)\, V(\tau)\, G(\tau)^\top)\, d\tau\,,$$

vgl. den Schluß des Beweises von Satz 9.2. Man hat daher die folgende Darstellung für $I(u(\cdot))$

$$\mathrm{E}x(t_0)^\top Q(t_0)\, x(t_0) + \int\limits_{t_0}^{t_e} \mathrm{Sp}\ (Q(t)\, G(t)\, V(t)\, G(t)^\top)\ dt$$

$$+ \int\limits_{t_0}^{t_e} \mathrm{E}\{[H(t, x(t), u(t), 2Q(t)\, x(t)) - H_0(t, x(t), 2Q(t)\, x(t))]\}\ dt\ .$$

Wir denken uns nun den Ausdruck unter dem Integralzeichen durch den Erwartungswert der rechten Seite von (11.64) ersetzt und diesen dann folgendermaßen umgeformt

$$\mathrm{E}\{[u(t) + F(t)\, x(t)]^\top R_2(t)\, [u(t) + F(t)\, x(t)]\}$$

$$= \mathrm{E}\{[u(t) + F(t)\, \hat{x}(t) + F(t)\, (x(t) - \hat{x}(t))]^\top R_2(t)\, [u(t) + F(t)\, \hat{x}(t) +$$

$$+ F(t)\, (x(t) - \hat{x}(t))]$$

$$= \mathrm{E}[u(t) + F(t)\, \hat{x}(t)]^\top R_2(t)\, [u(t) + F(t)\, \hat{x}(t)]$$

$$+ \mathrm{E}[x(t) - \hat{x}(t)]^\top F(t)^\top R_2(t)\, F(t)\, [x(t) - \hat{x}(t)]\ .$$

Der Wegfall des Termes $\mathrm{E}\{(F(t)\, (x(t) - \hat{x}(t)))^\top R_2(t)\, [u(t) + F(t)\, \hat{x}(t)]\}$ beim zweiten Schritt erklärt sich aus den Relationen (11.59) (für $s = t$). Hierbei haben wir nunmehr angenommen, daß $u(\cdot)$ zulässig in dem eingangs erklärten Sinne ist.

Indem man schließlich noch von den Beziehungen

$$[x - \hat{x}]^\top F^\top R_2 F[x - \hat{x}] = \mathrm{Sp}\ \{[x - \hat{x}]\, [x - \hat{x}]^\top F^\top R_2 F\}$$

$$= \mathrm{Sp}\ \{F^\top R_2 F \cdot [x - \hat{x}]\, [x - \hat{x}]^\top\}$$

und

$$P(t) = \mathrm{E}[x(t) - \hat{x}(t)]\, [x(t) - \hat{x}(t)]^\top$$

Gebrauch macht, erhält man folgenden einfachen Ausdruck für das Zielfunktional

$$I(u(\cdot)) = \mathrm{E}x(t_0)^\top Q(t_0)\, x(t_0) + \int\limits_{t_0}^{t_e} \mathrm{Sp}\ (Q(t)\, G(t)\, V(t)\, G(t)^\top\, dt$$

$$+ \int\limits_{t_0}^{t_e} \mathrm{Sp}\ (F(t)^\top R_2(t)\, F(t)\, P(t))\ dt$$

$$+ \int\limits_{t_0}^{t_e} \mathrm{E}\{[u(t) + F(t)\, \hat{x}(t)]^\top R_2(t)\, [u(t) + F(t)\, \hat{x}(t)]\}\ dt\ .$$

Die beiden ersten Integrale sind von $u(\cdot)$ unabhängig, das letzte ist stets ≥ 0 und verschwindet, falls $u(t) = -F(t)\, \hat{x}(t)$ für $t \geq t_0$ gilt. In der Tat führt diese Wahl von $u(\cdot)$ auch zu einer zulässigen Steuerung: $\hat{x}(t)$ ist dann Lösung einer linearen stochastischen Differentialgleichung mit Eingang $y(t)$, hängt also linear von $y(s)$ für $s \leq t$ ab.

Damit ist die Aussage des Satzes in allen Teilen bewiesen.   □

Wir schließen noch einige Bemerkungen an, die sich auf den zeitinvarianten Fall beziehen. Wir nehmen also an, daß A, B, G, C, V, W, R_1, R_2 konstante Matrizen sind. Wir wissen dann aus früheren Überlegungen (siehe Schluß von Abschn. 9.3 und Abschn. 11.3), daß unter gewissen Voraussetzungen (Stabilisierbarkeit, Entdeckbarkeit) die folgenden Aussagen zutreffen. Setzt man $t_0 = 0$ und läßt $t_e \to \infty$ gehen, so konvergiert $F(t)$ auf jedem kompakten t-Intervall gegen $F^* := R_2^{-1}B^\mathsf{T}Q^*$; ferner gilt $\lim\limits_{t \to \infty} K(t) = K^* := P^*C^\mathsf{T}W^{-1}$. Dabei ist Q^* bzw. P^* die eindeutig bestimmte positiv-semidefinite Lösung der algebraischen Riccatigleichung (9.40) bzw. (11.28), wobei man jetzt V durch GVG^T zu ersetzen hat. Die Eigenwerte der Matrizen $A - BF^*$ und $A - K^*C$ haben sämtlich negativen Realteil.

Denkt man sich nun die Verstärkungsmatrizen $F(t)$, $K(t)$ durch ihre jeweiligen Grenzwerte ersetzt, so erhält man eine zeitinvariante Filtergleichung

$$\mathrm{d}\hat{x}(t) = A\hat{x}(t)\,dt + Bu(t)\,dt + K^*(dy(t) - C\hat{x}(t)\,dt) \qquad (11.65)$$

und ein zeitinvariantes Steuergesetz

$$u(t) = -F^*\hat{x}(t) . \qquad (11.66)$$

Aufgrund analoger Aussagen, die wir früher bewiesen haben, ist es plausibel, daß eine Ausgangsregelung gemäß den beiden Vorschriften (11.65) und (11.66) wieder durch eine Minimaleigenschaft ausgezeichnet ist. In der Tat läßt sich dies zeigen. Man betrachte alle Steuergesetze, die auf einer Beobachter-Rückführungs-Konstellation der Form

$$dz = Az\,dt + Bu\,dt + K(dy - Cz\,dt) , \qquad u = -Fz$$

beruhen, wobei die Verstärkungsmatrizen K, F beliebig, aber konstant sind. Als Gütekriterium für die Steuerung nehme man

$$\lim\limits_{t \to \infty} \mathrm{E}\left[x(t)^\mathsf{T} R_1 x(t) + u(t)^\mathsf{T} R_2 u(t)\right] , \qquad R_1, R_2 \text{ konstant} .$$

Die Aufgabe besteht also darin, durch Wahl von K, F den Grenzwert zu minimieren. Dieses Optimierungsproblem wird dann gerade durch das Paar K^*, F^* gelöst, das zugehörige Minimum des Zielfunktionals ist durch

$$\mathrm{Sp}\,(Q^*GVG^\mathsf{T}) + \mathrm{Sp}\,(F^{*\mathsf{T}}R_2F^*P^*)$$

gegeben.

Mit diesem Resultat ist eine mathematisch befriedigende Lösung des Problems der Ausgangsrückführung bis zu einem gewissen Grade erreicht. Es ist in der vorliegenden Form an eine Reihe einschränkender Voraussetzungen gebunden (Unabhängigkeit von $v(t)$, $w(t)$, $W > 0$), doch spielt dieser Umstand bei praktischen Anwendungen weit weniger eine Rolle als der Mangel an Information über die auftretenden Störprozesse.

Anhang: Die Lyapunovsche Matrix-Gleichung $KX - XL = M$

Probleme der linearen Kontrolltheorie lassen sich nicht selten auf die Frage nach Lösungen einer solchen linearen Matrix-Gleichung zurückführen. K, L sind dabei gegebene quadratische Matrizen, etwa vom Typ (k, k) bzw. (l, l). Die gegebene rechte Seite M und die gesuchte Matrix X sind vom Typ (k, l). Elementweise geschrieben erhält man daher ein System von kl linearen Gleichungen für die kl Elemente von X. Die eindeutige Lösbarkeit der Matrix-Gleichung ist daher dann und nur dann gewährleistet, wenn die homogene Gleichung

$$KX - XL = 0 \tag{1}$$

nur die triviale Lösung $X = 0$ besitzt.

Satz. *Die homogene Lyapunovsche Matrix-Gleichung (1) besitzt dann und nur dann eine nicht-triviale Lösung, wenn ein gemeinsamer Eigenwert der Matrizen K und L existiert.*

Beweis. Nehmen wir an, λ sei ein gemeinsamer Eigenwert. Es gibt dann einen k-dimensionalen Vektor $x \neq 0$ und einen l-dimensionalen Vektor $y \neq 0$, derart daß diese Beziehungen bestehen:

$$Kx = \lambda x, \qquad y^{\mathsf{T}} L = \lambda y^{\mathsf{T}}.$$

Die Matrix $X := xy^{\mathsf{T}}$ ist dann eine nicht-triviale Lösung von (1), wie man sofort bestätigt.

Um die Aussage in der anderen Richtung zu beweisen, bemerken wir zunächst dies. Besitzen K und L keinen gemeinsamen Eigenwert, so sind ihre charakteristischen Polynome $\chi_K(s)$ und $\chi_L(s)$ teilerfremd. Daher lassen sich Polynome $\varphi(s)$ und $\psi(s)$ finden derart, daß die Beziehung

$$1 = \chi_K(s)\,\varphi(s) + \psi(s)\,\chi_L(s)$$

identisch in s besteht. Polynomidentitäten in einer Unbekannten s bleiben nun bekanntlich erhalten, wenn man für s eine quadratische Matrix A einsetzt (Einsetzen bedeutet: Jeder Term as^{v} ist durch aA^{v} für $v > 0$ und durch aI für $v = 0$ zu ersetzen). Aus dem Satz von Cayley-Hamilton folgt daher

$$I = \psi(K)\,\chi_L(K) \tag{2}$$

(zum Cayley-Hamiltonschen Satz vgl. etwa [S], Exercise 5.6.6)

Nehmen wir nun an, X sei orgendeine Lösung von (1). Mittels Induktion nach v ergibt sich dann sofort

$$K^v X = XL^v\,, \qquad v = 1, 2, \ldots \,,$$

und daher auch $\xi(K)\,X = X\xi(L)$ für jedes Polynom $\xi(s)$. Wählt man für ξ insbesondere das charakteristische Polynom der Matrix L, so ergibt sich – wiederum aufgrund des Satzes von Cayley-Hamilton –

$$\chi_L(K)\,X = 0\,.$$

Indem man (2) von rechts mit X multipliziert, erhält man daraus das gewünschte Resultat $X = 0$. $\qquad\qquad\square$

Wir wollen noch kurz einen wichtigen Spezialfall der Lyapunovschen Matrix-Gleichung diskutieren. Wenn die Eigenwerte der Matrix K alle in der linken Halbebene liegen, so haben die Matrizen K und $L := -K^\mathsf{T}$ offensichtlich keinen Eigenwert gemeinsam. Für jede Matrix M vom Typ (k, k) hat daher die Gleichung

$$KX + XK^\mathsf{T} = M \tag{3}$$

genau eine Lösung X, und diese Lösung ist ebenfalls quadratisch und vom Typ (k, k). Zudem wird X^T Lösung von (3), wenn man auf der rechten Seite M durch M^T ersetzt. Ist daher M eine symmetrische Matrix, so ist X auch notwendig symmetrisch.

Korollar. *Wenn die Eigenwerte von K alle in der linken Halbebene liegen, und wenn M eine symmetrische negativ-definite (negativ-semidefinite) Matrix ist, so ist die eindeutig bestimmte Lösung X von (3) symmetrisch und positiv-definit (positiv-semidefinit).*

Beweis. Wir betrachten die quadratischen Formen in $x = (x_1, \ldots, x_n)^\mathsf{T}$:

$$q(x) := x^\mathsf{T} X x\,, \qquad\qquad p(x) := x^\mathsf{T} M x\,.$$

(3) kann nun in folgender Weise als eine Beziehung zwischen $p(x)$ und $q(x)$ geschrieben werden:

$$(\partial q/\partial x)^\mathsf{T} \cdot K^\mathsf{T} x = p(x)\,.$$

Diese Identität läßt sich so interpretieren (vgl. [KK], Kap. III, Abschn. 6): Ist $x(\cdot)$ Lösung der Dgl. $\dot{x} = K^\mathsf{T} x$, so gilt für alle t

$$\frac{d}{dt}\,q(x(t)) = p(x(t))\,. \tag{4}$$

Die Voraussetzungen bezüglich der Matrizen K und M haben nun zur Folge, daß die nachstehenden beiden Aussagen zutreffen:

$$p(x) \leq 0 \quad \text{für alle} \quad x \quad \text{und} \quad \lim_{t \to \infty} x(t) = 0\,. \tag{5}$$

(4) und (5) zusammengenommen bedeuten aber: Es ist notwendig $q(x(t)) \geqq 0$ für alle t und für jede Lösung der Dgl. $\dot{x} = K^T x$. Daher ist $q(x)$ eine positiv-semidefinite quadratische Form.

Falls $p(x)$ negativ-definit ist, so muß $q(x)$ positiv-definit sein. Aus $q(x_0) = 0$ folgt nämlich, daß die Funktion $q(x(\cdot))$ ein relatives Minimum an der Stelle $t = 0$ besitzt, wenn x_0 der Anfangswert an der Stelle $t = 0$ der Lösung $x(\cdot)$ ist. Es verschwindet daher die Ableitung von $q(x(\cdot))$ an der Stelle $t = 0$. Diese Ableitung ist aber gemäß (4) gerade durch $p(x_0)$ gegeben. Somit ist notwendig $x_0 = 0$. $\qquad\qquad\square$

Literaturverzeichnis

J. Ackermann (1972)
„Der Entwurf linearer Regelungssysteme im Zustandsraum". *Regelungstechnik 20*, pp. 297–300

B. D. O. Anderson and J. B. Moore (1971)
Linear Optimal Control. Prentice-Hall, Englewood Cliffs, N.J.

L. Arnold (1974)
Stochastische Differentialgleichungen. Theorie und Anwendungen. Oldenbourg, München

K. Åström (1970)
Introduction to Stochastic Control Theory. Academic Press, New York

M. Athans and P. L. Falb (1966)
Optimal Control. McGraw-Hill, New York

G. Basile and G. Marro (1969)
"Controlled and conditioned invariant subspaces in linear system theory". *J. Opt. Th. and Appl. 3*, pp. 306–315

H. Bauer (1968)
Wahrscheinlichkeitstheorie und Grundzüge der Maßtheorie. W. de Gruyter, Berlin

K. Brammer und G. Siffling (1975a)
Stochastische Grundlagen des Kalman-Bucy Filters. Oldenbourg, München

K. Brammer und G. Siffling (1975b)
Kalman-Bucy-Filter. Oldenbourg, München

P. Brunovsky (1970)
"A classification of linear controllable systems". *Kybernetika* (Prague) *3* (6), pp. 173–188

A. E. Bryson and Y. C. Ho (1969)
Applied Optimal Control. Blaisdell, Waltham, Mass.

R. S. Bucy and P. D. Joseph (1968)
Filtering for stochastic Processes with Application to Guidance. Interscience, New York

J. L. Casti (1977)
Dynamical Systems and their Applications. Academic Press, New York

W. A. Coppel (1974)
"Matrix quadratic equations". *Bull. Austral. Math. Soc. 10*, pp. 377–401

W. A. Coppel (1981)
"Linear Systems: Some Algebraic Aspects". *Linear Algebra and its Applications 40.* pp. 257–273

F. Csaki (1972)
Modern Control Theories: Nonlinear, Optimal and Adaptive Systems. Akademiai Kiado, Budapest

M. H. A. Davis (1977)
Linear Estimation and Stochastic Control. Chapman and Hall, London

G. Doetsch (1970)
Einführung in die Theorie und Anwendung der Laplace-Transformation. Birkhäuser Verlag, Basel, Stuttgart

J. L. Doob (1953)
Stochastic Processes. Wiley, New York

P. M. van Dooren (1981)
"The generalized eigenstructure problem in linear system theory". *IEEE Trans. Aut. Control AC-26*, pp. 111–129

P. Eykhoff (1974)
System Identification: Parameter and State Estimation. Wiley, London

W. H. Fleming and R. W. Rishel (1975)
Deterministic and Stochastic Optimal Control. Springer-Verlag, New York

B. A. Francis (1977)
"The linear multivariable regulator problem". *SIAM J. Control and Optimization 15 (3)*, pp. 486 –505

I. I. Gichman und A. W. Skorochod (1971)
Stochastische Differentialgleichungen. Akademie-Verlag. Berlin

I. I. Gikhman and A. V. Skorokhod (1969)
Introduction to the Theory of Random Processes. W. B. Saunders, Philadelphia

K. Göldner (1981)
Mathematische Grundlagen der Systemanalyse. Verlag Harri Deutsch, Frankfurt/M.

W. Hahn (1967)
Stability of Motion. Springer-Verlag, Berlin, Heidelberg

P. R. Halmos (1974)
Finite-Dimensional Vector Spaces. Springer-Verlag, New York

M. L. J. Hautus (1969)
"Controllability and observability conditions for linear autonomous systems". *Nederl. Akad. Wet. Proc. A72*, pp. 443–448

M. Jamshidi (1983)
Large-Scale Systems: Modeling and Control. North-Holland, Amsterdam

A. H. Jazwinski (1970)
Stochastic Processes and Filtering Theory. Academic Press, New York

C. R. Johnson, A. S. Foss, G. F. Franklin, R. V. Monopoli, G. Stein (1981)
"Toward development of a practical benchmark example for adaptive control". *Control Systems Magazine 1* (4), pp. 25–28

T. Kailath (1980)
Linear Systems. Prentice-Hall, Englewood Cliffs, N.J.

G. Kallianpur (1980)
Stochastic Filtering Theory. Springer-Verlag, New York

R. E. Kalman (1963)
"Mathematical description of linear dynamical systems". *SIAM Journal on Control 1*, pp. 152–192

R. E. Kalman (1972)
"Kronecker invariants and feedback". In *Ordinary Differential Equations*, 1971 NRL-MRC Conference (L. Weiss, editor). Academic Press, New York

R. E. Kalman and R. S. Bucy (1961)
"New results in linear filtering and prediction theory". *J. Basic Engineering Trans. ASME Ser. D83*, pp. 95–108

R. E. Kalman, P. L. Falb and M. Arbib (1969)
Topics in Mathematical Systems Theory. McGraw-Hill, New York

[KK] H. W. Knobloch und F. Kappel (1974)
Gewöhnliche Differentialgleichungen. B. G. Teubner, Stuttgart

H. W. Knobloch (1984)
"Disturbance attenuation by feedback". In *Systems and Optimization* (A. Bagchi and H. Th. Jongen, eds.) Lecture Notes in Control and Information Sciences Vol. 66, pp. 156–170. Springer-Verlag, Berlin, Heidelberg

[K] H. J. Kowalsky (1971)
Einführung in die lineare Algebra. W. de Gruyter, Berlin

H. J. Kowalsky (1979)
Lineare Algebra, W. de Gruyter, Berlin

V. Kucera (1973)
"A review of the matrix Riccati equation". *Kybernetika 9*, pp. 42–61

[KS] H. Kwakernaak and R. Sivan (1972)
Linear Optimal Control Systems. Wiley-Interscience, New York

A. J. Laub (1979)
"A Schur method for solving algebraic Riccati equations". *IEEE Trans. Aut. Control. AC-24*, pp. 913–921

R. S. Liptser and A. N. Shiryayev (1977)
Statistics of Random Processes 1, 2. Springer-Verlag, New York

M. Loève (1977, 1978)
Probability Theory I, II, 4th edition. Springer-Verlag, New York

D. G. Luenberger (1964)
"Observing the state of a linear system with observers of low dynamic order". *IEEE Trans. Mil. Electr. ME-8,* pp. 74–80

C. Mohler (1981)
MATLAB User's Guide. Department of Computer Science, University of New Mexico

B. P. Molinari (1977)
"The time-invariant linear-quadratic optimal control problem." *Automatica 13,* pp. 347–357

L. Padulo and M. A. Arbib (1974)
System Theory. Hemisphere, Washington, D.C.

F. Pichler (1975)
Mathematische Systemtheorie: Dynamische Konstruktionen. W. de Gruyter, Berlin

J. R. Roman and T. E. Bullock (1975)
"Design of minimal order stable observes for linear functions of the state via realization theory". *IEEE Trans. Aut. Control AC-20,* pp. 613–622

H. H. Rosenbrock (1970)
State-Space and Multivariable Theory. Wiley, New York

H. Sachssee (1971)
Einführung in die Kybernetik. Vieweg, Braunschweig

H. Schwarz (1969)
Einführung in die moderne Systemtheorie. Vieweg, Braunschweig

L. M. Silverman and H. E. Meadows (1967)
"Controllability and observability in time-variable linear systems". *SIAM J. Control 5,* pp. 64–73

J. Stoer und R. Bulirsch (1973)
Einführung in die numerische Mathematik II. Springer-Verlag, Berlin, Heidelberg

[S] G. Strang (1980)
Linear Algebra and its Applications, 2nd edition. Academic Press, New York

M. Thoma (1973)
Theorie linearer Regelsysteme. Vieweg, Braunschweig

J. S. Thorp (1973)
"The singular pencil of a linear dynamical system". *Int. J. Control 18,* pp. 577–596

N. Wiener (1949)
The Extrapolation, Interpolation and Smoothing of Stationary Time Series. Wiley, New York

J. C. Willems and C. Commault (1981)
"Disturbance decoupling by measurement feedback with stability or pole-placement", *SIAM Journal on Control and Optimization 19,* pp. 490–504

H. K. Wimmer (1982)
"The algebraic Riccati equation without complete controllability". *SIAM J. Alg. Disc. Meth. 3,* pp. 1–12

E. Wong (1971)
Stochastic Processes in Information and Dynamical Systems. McGraw-Hill, New York

W. M. Wonham (1979)
Linear Multivariable Control: A Geometric Approach. Springer-Verlag, Berlin, Heidelberg

W. M. Wonham and A. S. Morse (1970)
"Decoupling and pole assignment in linear multivariable systems: a geometric approach". *SIAM J. Control 8,* pp. 1–18

W. M. Wonham and A. S. Morse (1972)
"Feedback invariants of linear multi-variable systems". *Automatica 8,* pp. 93–100

G. Wunsch (1975)
Systemtheorie. Geest und Portig, Leipzig

L. A. Zadeh and C. A. Desoer (1963)
Linear System Theory: The State Space Approach. McGraw-Hill, New York

Namenverzeichnis

Sachverzeichnis